100% 무료특강 　　　　　　　　　　　　　　**최신개정판**

버섯종균기능사 & 버섯산업기사
필기·실기 초단기 완전정복

박영사

PREFACE
| 머리말

인류는 오래전부터 다양한 용도로 버섯을 이용한 것으로 알려져 있으나 실제로 오늘날과 같이 인공재배하여 이용한 것은 종균의 무균 배양이 가능해진 1900년대 들어서이다. 중국에서는 600년대에 목이, 800년대에 팽나무버섯, 1000년경에 표고, 1600년대에 양송이, 1900년대에 느타리가 재배된 것으로 기록되어 있으나 현실적으로 이 당시에는 미생물을 순수 분리하여 배양할 수 있는 기술이 완성되지 않았기 때문에 자연에서 나무 등에 발생한 버섯을 채취하여 이용하였거나 이를 이용하여 새로운 나무에 접착시켜 배양과 발생을 유도하는 자연재배였을 것이다.

표고버섯의 경우 일본에서 1900년대 초반(明治시대, 1868~1912)에 버섯을 갈아 만든 포자와 균사 현탁액에 표고버섯의 원목을 침지시켜 접종을 유도하여 배양하는 방법으로 재배하였고, 그 이후(大正시대, 1912~1926)에는 표고가 발생한 골목의 나무 조각을 잘라내어 새로운 원목에 접종하는 방법을 사용하였다. 이것이 표고버섯 종목 종균의 태동이라고 할 수 있다. 1935년에 표고버섯의 생활사가 완전히 밝혀진 후에 균사를 순수배양하여 종균을 제조하였고 이것이 현재의 종균으로 발전하였다.

한편 양송이의 경우 1600년대 중반 프랑스에서 마분을 포함하고 있는 유기물에 양송이가 발생하면 이를 새로운 유기물, 양토 등과 섞어 동굴로 옮겨 증식 재배하였고 이것이 양송이 재배의 시작이었다. 1893년 파스퇴르 연구소에서 현재와 같이 종균을 순수배양하였고 이는 버섯 재배의 큰 전환점이 되었다.

우리나라에서의 버섯 인공재배는 일제강점기였던 1935년 이후 일본에서 도입한 표고 종균을 이용하여 표고를 재배하였고, 1955년 양송이 종균의 수입으로 본격적으로 버섯 재배를 하게 되었다.

1970년대 중반 느타리 볏짚 다발재배가 개발되어 농가에 보급되면서 우리나라에서의 인공재배가 본격적으로 시작되었고, 2000년대 전까지는 농가에서 소득율이 가장 높은 고소득 작목으로 각광을 받았다. 1980년대 중반부터 1990년대까지 우리나라의 버섯 산업이 비약적으로 발전하였고, 재배 품목도 다양화되어 식용으로는 표고, 양송이, 느타리, 팽이, 큰느타리, 만가닥, 목이 등이 재배되고 있으며, 기능성 버섯으로는 영지, 상황, 동충하초 등이 재배되고 있다. 최근에는 다양한 기능성 성분을 가지고 있고 식재료로 사용 가능한 꽃송이버섯, 노루궁뎅이버섯 등도 재배되고 있다. 1980년대 중반 이후에 자동화 시설재배가 도입되었고, 톱밥 종균에 의존하던 종균도 일부 품목에서 액체 종균을 사용하여 대량생산의 초석을 갖추었으며 일부 기술의 경우 세계 최고의 기술을 보유하고 있다.

품질 좋은 버섯을 안정적으로 생산하려면 일반 작물과 마찬가지로 유전적으로 우수하고 안정적인 생산이 가능한 품종과 종균의 확보가 필수적이다. 우리나라에서의 종균 관리는 1972년 종묘관리법령(법률 제555호)이 시행되면서 양송이 종균에 대한 본격적인 검사가 실시되었으며, 종균배양소는 생산 규모별로 배양시설과 종묘기능사를 보유하도록 규정하였다. 1982년에는 종묘관리요강이 개정되면서 종묘업의 시설이나 배양기술자의 변경 신고는 관할 광역시나 도지사에게 위임하고, 종균의 검사도 각도 농촌진흥원(현 농업기술원)으로 이관하였다. 그러나 1985년 종묘관리법 시행령이 개정되어(대통령령 제11708호) 1987년부터 종균 검사는 한국종균생산협회로 위탁하여 실시하고 있다. 종자산업을 육성하고 육성자의 권리를 보호하기 위하여 1996년 종자법과 종묘관리법을 통합한 종자산업법(법률 제5024호)이 공표되어 버섯의 육성품종은 국립종자원에 품종생산, 판매신고나 품종보호출원을 하며, 각 종균 배양소에서는 자체적으로 종균의 품질관리를 하도록 하였다. 그러나 2008년부터는 표고를 비롯한 일부 산림자원 버섯은 산림청 국립산림품종관리센터에서 관리하고 있다.

종균을 생산 판매하기 위한 허가 요건으로 종균기능사 자격이 필수적이고, 버섯을 재배하기 위해서는 종균의 취급이 필수적이다. 따라서 버섯을 재배하거나 취급하기 위해서는 종균에 대한 기초 지식이 필수적이다. 종자를 사용하는 일반 작물과는 달리 버섯은 미생물이기 때문에 무균 조작이 필수적이고 영양체인 균사 상태로 보존, 증식하기 때문에 안정적인 보존, 관리가 어렵다. 따라서 버섯에 종사하고자 하는 자는 기본적으로 종균에 대한 깊은 이해가 필요하다.

본 기술서에서는 국가기술자격시험인 종균기능사와 버섯산업기사 시험에 대비하여 빈출문제 중심으로 해설을 하였고, 버섯 전반적인 내용을 정리하여 종균 생산과 버섯 재배 뿐만 아니라 버섯산업에 종사하고자 하는 독자들에게 버섯에 대한 이해도를 높일 수 있도록 기초에서 응용까지 전반적인 내용을 다루었다.
 마지막으로 이 책으로 하여금 많은 사람들이 버섯을 바로 알고 궁극적으로는 버섯 산업 발전에 기여할 수 있도록 버섯 종균의 기본서가 되었으면 하는 바람이다.

저자 일동

INFORMATION
| 시험안내

■ 버섯종균기능사 vs. 버섯산업기사

		버섯종균기능사 Craftsman Mushroom Seeds	버섯산업기사 Industrial Engineer Mushroom
개 요		버섯을 재배하기 위해서는 원균을 배양, 증식시켜 접종원을 만들고, 그 접종원을 배지에 배양하여 종균을 만드는 복잡한 과정을 거치기 때문에 전문적인 지식을 필요로 한다. 우량 버섯종균의 생산과 버섯 재배기술을 개발·보급하여 농가부업과 소득증대에 이바지 할 수 있는 지능인력을 양성하고자 한다.	
관련부처		농촌진흥청	
시행기관		한국산업인력공단	
시험 과목	필 기	종균제조 버섯재배	1. 버섯종균 2. 버섯배지 3. 버섯생육환경 4. 버섯병해충
	실 기	버섯종균작업	버섯실무작업
출제기준			
검정 방법	필 기	객관식 4지 택일형, 60문항(60분)	객관식 4지 택일형, 과목당 20문항(과목당 30분)
	실 기	작업형(1시간 정도)	작업형(1시간 정도)
합격 기준	필 기	100점을 만점으로 하여 60점 이상	100점을 만점으로 하여 과목당 40점 이상, 전과목 평균 60점 이상
	실 기	100점을 만점으로 하여 60점 이상	100점을 만점으로 하여 60점 이상

※ 위 내용은 변동될 수 있으므로 반드시 시행처(www.q-net.or.kr)의 최종 공고를 확인하시기 바랍니다.

■ 한눈에 보는 시험과정

❶ 시험일정 확인 ➪ ❷ 필기시험 원서접수 ➪ ❸ 필기시험 응시 ➪ ❹ 필기시험 합격 확인 ➪
❺ 실기시험 원서접수 ➪ ❻ 실기시험 응시 ➪ ❼ 자격증 발급 신청

출제기준(필기)

주요항목	세부항목	세세항목	
		버섯종균기능사	버섯산업기사
버섯분류의 이해	버섯 분류	분류학적 위치	
		종류 및 특성	
		생태 및 생리	
버섯 균주 관리	버섯균의 관리 및 증식	원원균의 적정보존법	균주보존법
		배지의 종류 및 제조방법	배지종류
			배지제조방법
			원균 증식용 배지 조성
		원균 배양 최적 환경 조건	균주 배양 환경 조건
		이식배양기술	원균 증식의 생리적 특성
			원균 균주별 증식방법
		균주의 분리방법	
		현미경 검정기술	
버섯 종균 관리	종균제조	종균의 특성 및 관리방법	적정 종균 유형 선택
		종균별 제조방법	종균 유형별 적정 재료 선택
			종균배지살균
		우량종균의 기준 및 선별	우량종균선별
	종균배양	종균별 배양적 특성	종균배양환경관리
		종균 배양 환경	
			종균저장
버섯품종육종	품종육성		버섯균주분리
			교배 육종 방법
			버섯균의 유전
			현미경 검정기술
	육성균주 선발		교배균주 선발
			품종등록에 관한 사항
	종자업 등록		종자업 등록

주요항목	세부항목	세세항목	
		버섯종균기능사	버섯산업기사
버섯배지조제	배지재료선택	배지 재료	배지 재료의 특성
		배지 품질 상태 확인	재료 선별
	재료혼합	배지조성 및 혼합 방법	재료 혼합비율
			수분 함량 조절
			버섯 생육에 미치는 배지 재료의 영향
			배지 재료 혼합 시 고려사항
	발효	야외발효 방법	발효미생물의 특성
			배지의 발효 단계별 이화학성
		후발효 방법	배지의 발효공정
			발효배지 제조기술
	배지충진	균상재배 입상방법	균상재배 입상
		병재배 입병방법	병(봉지)재배 입병
		봉지재배 입봉방법	
			배지의 충진 시 고려사항
버섯배지살균	살균	재배방식별 살균방법	재배 유형별 살균방법
			살균방법 종류별 특성
		배지살균 후 관리	배지 냉각실 환경관리

주요항목	세부항목	세세항목	
		버섯종균기능사	버섯산업기사
버섯종균접종	종균준비		종균선택
			우량종균선별
			접종실 환경관리
	무균관리	접종실 환경관리방법	접종실 청결관리
		무균관리 원리 및 방법	소독제 사용법
		접종기계 및 기구의 종류 및 활용법	접종기자재관리
		작업안전도구의 종류 및 활용법	
	접종	종균접종량	재배 유형별 접종방법
		재배방식별 접종법	버섯종류별 종균의 특성
			무균조작원리
			종균접종 관련 기자재
버섯균배양관리	배양환경관리	버섯 종류별 배양환경	버섯균의 배양적 특성
		배양단계별 배양환경	버섯 종류별 균사생장
			배양실 환경관리 기술 및 시설
	단계별 배양상태 관리		버섯 종류별 배양 방식
			배양단계별 환경조건
			배양단계별 관능검사
	위생청결관리		위생관리방법
			배양실 시설 설비
버섯생육환경관리	발생관리	버섯 발생 원리	
		버섯 발생 유도기술	버섯 종류별 발생 환경
		종류별 발이 환경	버섯 종류별 발생 관리
			버섯 종류별 균긁기
	생육환경관리	적정생육환경	버섯 종류별 재배 방식
			버섯 종류별 생육환경

주요항목	세부항목	세세항목	
		버섯종균기능사	버섯산업기사
버섯생육환경관리		생육 주기별 관리	버섯 종류별 품질 관리
			버섯 종류별 생육 주기
			버섯 종류별 솎기 작업
	수확	수확 적기 및 수확요령	
버섯재배시설장비관리	재배사 관리	재배사 구조 및 특성	버섯종류별 재배사 특성
		재배사 시설 및 주변환경관리	재배사 환경관리
		위생 및 청결관리방법	재배사 위생관리
	기계시설장비관리	기계장비관리	시설장비 종류
		설비관리	시설장비의 유지관리
	안전관리	기계 및 설비 운영 안전관리	기계장비 운영 안전지침
		작업자 및 작업장 안전관리	작업자 안전관리 매뉴얼
			산업안전관리 관련 법
			자연재배 대비 사업장 안전지침
버섯수확후관리	수확관리		버섯 종류별 수확 시기
			버섯 종류별 수확 방법
			버섯 수확 시 환경 관리
	예냉 및 저장	예냉의 개념 및 수확요령	버섯의 예냉 및 저장
		저장원리 및 방법	예냉시설 유지관리
		신선도 기준 및 조건	
	선별	버섯 등급 및 선별 방법	버섯 등급 관리
			버섯 품질 관리
	포장	위생관리 방법	버섯 위생관리
		포장 원리 및 방법	버섯 포장 방법
			포장재 선택
	출하관리	선도 기준 및 특성	상품 선도 관리
		이력 및 출하 관리	출하상품 이력관리

주요항목	세부항목	세세항목	
		버섯종균기능사	버섯산업기사
버섯병해충	병해관리	주요 병해 종류 및 특성	병해 종류 및 특성
		병해 발생원인 및 방제 방법	병해 발생 원인
		병해 예방을 위한 환경조건 및 방법	병해 예방 및 방제
			PLS제도
	충해관리	주요 충해 종류 및 특성	충해 종류 및 특성
		충해 발생원인 및 방제 방법	충해 발생원인
		충해 예방을 위한 환경조건 및 방법	충해 예방 및 방제
			PLS제도
버섯생리장해관리	생리장해관리		생리장해 원인 및 진단
			생리장해 예방 및 대책
버섯수확후 배지관리	수확후 배지 관리	폐기물관리법, 사료법 등 관리 법령	폐기물관리법, 사료법 등 관리 법령
			유용·유해미생물의 생리적 특성
			수확후 배지의 구성 및 특성
		수확후 배지 재활용 방법	수확후 배지 처리 방법

STRUCTURE & FEATURES
| 구성과 특징

01 버섯 전문 집필진이 선별한 필수이론

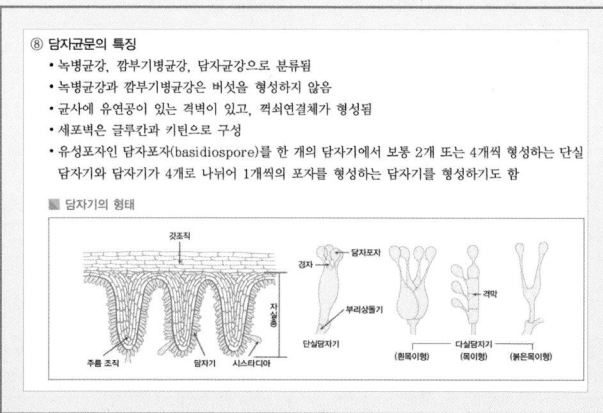

- 기능사와 산업기사 시험을 동시에 대비할 수 있도록 구성하였습니다.
- 이론 학습에 도움이 되는 다양한 학습 자료를 수록하였습니다.

02 단원별로 분류한 예상문제

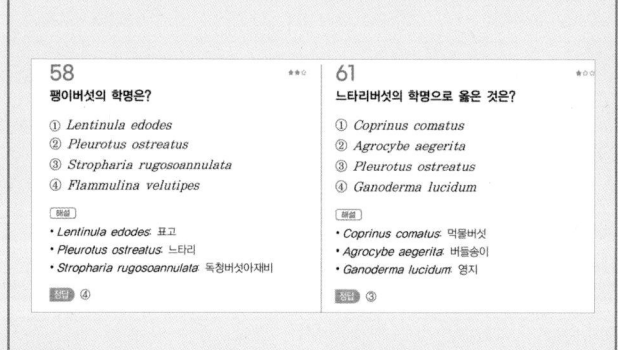

- 엄선한 빈출문제를 단원별로 분류하여 학습의 효율을 높였습니다.
- 빈출 정도(★)를 표시하여 체계적인 학습을 돕습니다.
- 해설과 보충자료를 수록하여 혼자서도 학습할 수 있도록 구성하였습니다.

03 영상으로 대비하는 실기

- 최근 출제경향을 반영한 실기시험의 핵심만 뽑았습니다.
- QR코드를 스캔해 실기 영상을 확인하세요.

04 플러스 학습자료

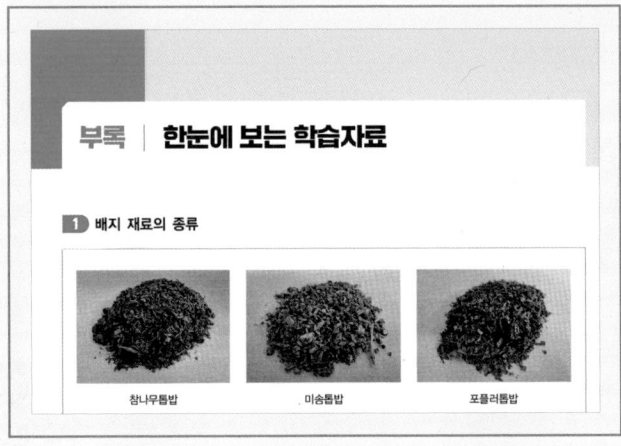

- 한눈에 보기 쉽게 정리한 컬러 학습자료로 학습효율을 높일 수 있습니다.
- QR코드를 스캔해 자료를 다운받아보세요.

CONTENTS
| 차례

PART 01　필기 한권 쏙 | 핵심이론

CHAPTER 01　버섯의 특징과 인공재배버섯의 종류 ·· 2
CHAPTER 02　버섯의 원균 및 종균 ··· 14
CHAPTER 03　버섯배지 ·· 46
CHAPTER 04　버섯의 생육환경 ··· 77
CHAPTER 05　버섯의 병해충 ··· 108

PART 02　필기 한권 쏙 | 필수문제

CHAPTER 01　버섯의 특징-형태 및 분류 ·· 154
CHAPTER 02　버섯종균 ··· 165
CHAPTER 03　버섯배지 ··· 213
CHAPTER 04　버섯의 생육환경 ·· 246
CHAPTER 05　버섯의 병해충 ·· 269
CHAPTER 06　버섯산업기사 빈출유형1 ·· 284
CHAPTER 07　버섯산업기사 빈출유형2 ·· 303

PART 03　실기 한권 쏙

CHAPTER 01　버섯종균기능사 실기(작업형) ·· 324
CHAPTER 02　버섯산업기사 실기(작업형) ··· 333

PART 04　별책부록(PDF 자료)

한눈에 보는 학습자료 ··

QR코드를 스캔하여
확인하세요.

참고문헌 / 사이트

본 QR코드를 스캔하시면
이 책의 참고문헌을 확인하실 수 있습니다.

버섯종균기능사 + 버섯산업기사

CHAPTER 01   버섯의 특징과 인공재배버섯의 종류
CHAPTER 02   버섯의 원균 및 종균
CHAPTER 03   버섯배지
CHAPTER 04   버섯의 생육환경
CHAPTER 05   버섯의 병해충

PART 01

필기 한권 쏙
핵심이론

CHAPTER 01 버섯의 특징과 인공재배버섯의 종류

1 버섯의 특징

(1) 버섯의 정의

① 버섯은 지하생 또는 지상생으로서 맨눈으로 볼 수 있고 손으로 채취할 수 있을 정도로 크며 유성포자를 형성하는 다양한 형태의 자실체를 가진 대형 균류(macrofungi)임
② 실모양의 균사로 정단 생장을 하고, 군집을 이루어 균총(colony)을 형성, 적당한 환경이 조성되면 자실체를 형성함
③ 식물과 다르게 엽록체가 없기 때문에 종속영양(기존의 유기양분에 의존)으로 영양원을 획득하며, 세포벽과 원형질막을 통하여 가용성 양분을 흡수함

> **Tip** 예외
> - 석이(*Umbilicaria esculenta*): 자낭균과 녹조류가 공생하는 지의류의 엽상체로서 그 자체가 균류의 자실체는 아님
> - 깜부기병균(*Ustilago maydis*): 겨울포자 덩어리
> - 균핵을 형성하는 균류

(2) 분류학적 위치

① 분류학상으로 고등생물인 진핵생물은 식물계, 동물계, 균계로 구분되는데 버섯은 균계에 속함

■ 휘태커의 생물 분류 체계

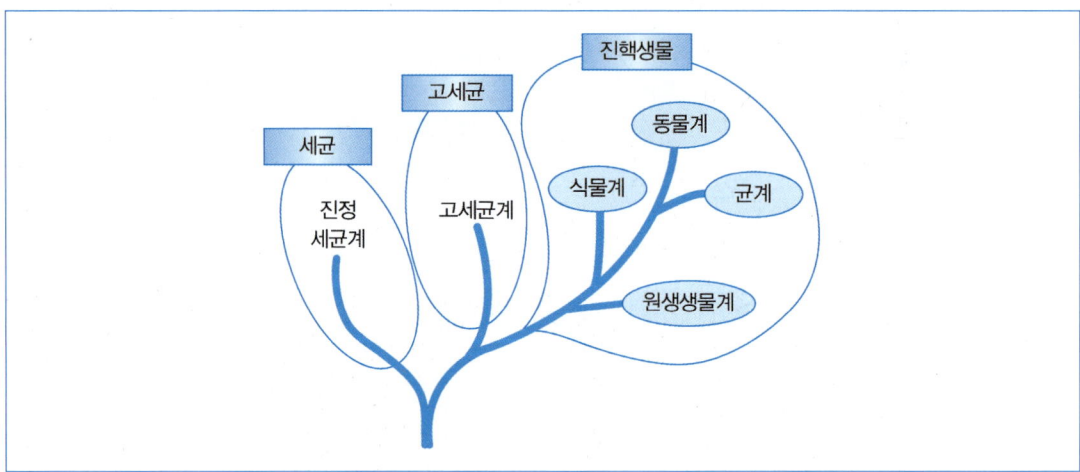

② 버섯의 분류와 명명은 국제식물명명규약(International Code of Botanical Nomenclature)에 따르며, 각 분류의 단계와 어미는 다음과 같다.

▣ 버섯의 분류

분류단계		어미
계	Kingdom	–
문	Phylum	mycota
강	Class	mycetes
목	Order	ales
과	Family	aceae
속	Genus	규정 없음
종	Species	규정 없음

③ 버섯은 분류학상 진핵생물인 균류계에서도 진균류에 속함

> **Tip** 영양원 획득 방식에 따른 버섯의 생태형
>
> - 부생성: 퇴비 등과 같이 유기물이 풍부한 장소에 발생하며, 생장하기 위하여 이미 다른 미생물이 1차로 분해한 유기물을 1차 영양원으로 이용함
>   . 먹물버섯, 양송이, 풀버섯 등
> - 기생성: 동식물 유래의 유기물을 분해하여 영양원을 얻는 버섯으로, 대부분 목재나 톱밥을 이용하면 인공재배가 가능, 동물기생형으로는 동충하초가 있고, 식물기생형은 목재의 주요 구성 성분인 리그닌과 셀룰로오스를 분해하여 자신의 영양원으로 이용함
>   . 영지, 느타리, 표고, 상황버섯 등
> - 공생형: 식물의 뿌리에 침입하여 서로 생장하는 데 필요한 영양원을 교환하며 생활, 균근성 버섯은 식물과 공생관계를 유지하면서 식물로부터 광합성 산물인 당을 얻고, 토양 중에서 식물의 생장에 필요한 물과 영양원(인산, 질소 등)의 흡수를 도와주는 역할
>   . 송이, 능이 등, 대부분 인공재배 어려움

④ 담자균류에 속하는 버섯은 담자포자를 형성하는데, 영양생장기에는 반수체핵을 갖고 있으며, 세포벽 구성성분으로 Chitin과 Glucan을 포함함
⑤ 유성생식의 결과인 담자포자뿐만 아니라 무성생식으로 다양한 포자를 형성하기도 함
⑥ 균계는 병꼴균문, 접합균문, 자낭균문, 담자균문과 불완전균류로 분류되며, 대부분의 버섯은 담자균류에 속하나 동충하초, 곰보버섯과 같이 자낭균류에 속하는 버섯도 있음

> **Tip** 자낭균 · 담자균에 속하는 버섯
>
> - 자낭균에 속하는 버섯: 동충하초, 곰보버섯, 트러플 등
> - 담자균에 속하는 버섯: 느타리, 표고, 팽이 등

⑦ 자낭균문의 특징
- 대부분 균사에 격벽(유격벽 균사)을 가지며, 효모는 자낭균이면서 단세포이지만 일부는 균사를 형성하기도 함
- 세포벽은 글루칸과 키틴 등으로 구성되지만, 효모균들은 글루칸과 만난을 가짐
- 유성생식의 결과로 자낭에서 보통 8개의 자낭포자(ascospore)를 형성함
- 특정 형태의 자낭과를 형성하며 무성 포자를 형성하는 경우도 많음

▌ 자낭과의 종류

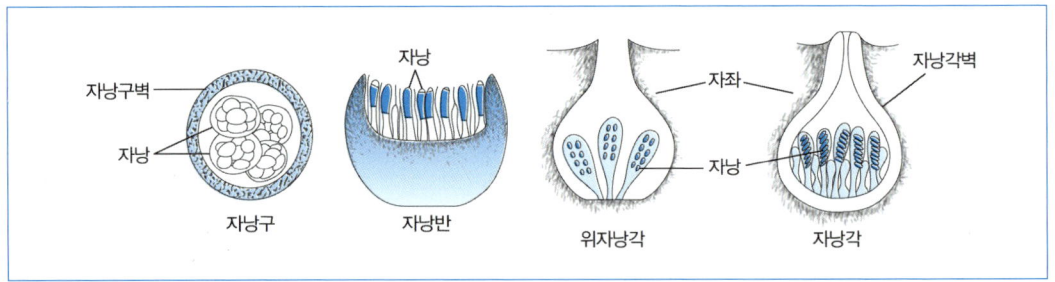

⑧ 담자균문의 특징
- 녹병균강, 깜부기병균강, 담자균강으로 분류됨
- 녹병균강과 깜부기병균강은 버섯을 형성하지 않음
- 균사에 유연공이 있는 격벽이 있고, 꺽쇠연결체가 형성됨
- 세포벽은 글루칸과 키틴으로 구성
- 유성포자인 담자포자(basidiospore)를 한 개의 담자기에서 보통 2개 또는 4개씩 형성하는 단실 담자기와 담자기가 4개로 나뉘어 1개씩의 포자를 형성하는 담자기를 형성하기도 함

▌ 담자기의 형태

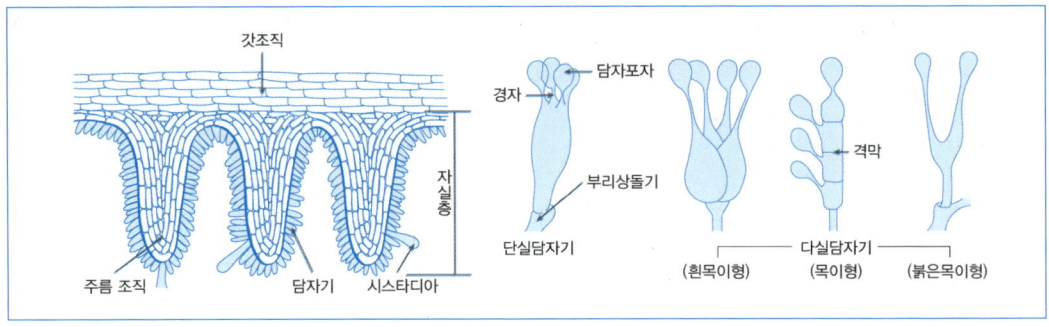

2 버섯의 생활사

(1) 버섯의 생활주기

1) 유성생식

버섯은 담자기에서 핵융합, 감수분열의 과정을 거쳐 유성포자인 담자포자를 형성하고, 성 양식에 따라 다음과 같이 구분함

■ 버섯의 성 양식에 따른 구분

	특성	대표적인 버섯 종류
자웅동주성 (homothallism)	• 교배를 하지 않아도 임성을 가짐 • 유전적으로 다른 핵이 하나의 포자에 존재함	풀버섯, 양송이
자웅이주성 (heterothallism)	유전적으로 서로 다른 균주 간에 교배되어야 임성을 가지는 것	느타리, 표고, 영지 등

① **담자포자 발아**: 적당한 환경조건(온도 및 습도 등)에서 발아하며 균사는 정단생장을 함
② **동형핵균사(1차균사, 1핵균사, 단핵균사, n)**: 한 개의 담자포자에서 발아해 자란 균사체는 세포 내에서 유전적으로 동질의 핵을 가짐
 - 자웅이주성 버섯: 대부분 하나의 담자포자 내에는 하나의 핵이 존재하므로 동형핵 균사체 대부분은 자실체를 형성하지 못함. 느타리
 - 자웅동주성 버섯: 하나의 담자포자가 대부분 2개의 핵을 가지므로 이 담자포자가 발아하여 균사체가 되면 2핵 또는 다핵체 상태로 하나의 담자포자에서 유래한 균사는 자실체를 형성하게 됨. 양송이
③ **이형핵균사(이차균사, 이핵균사, n+n)**: 균사 접합과 원형질 융합으로 한 세포 내에 서로 다른 핵이 공존하게 되며, 균사의 격벽에는 혹과 같은 꺽쇠연결체(clamp connection, 협구)가 형성되고, 버섯 자실체를 형성할 수 있는 균사
 - 자웅동주성 버섯: 다핵균사로 대부분은 꺽쇠연결체를 형성하지 않음. 양송이, 풀버섯 등
④ **자실체**: 영양 생장기의 균사는 적합한 환경조건(영양 축적, 온도 및 광)에서 원기가 형성되며, 유성포자를 형성하는 자실체로 발달함
⑤ **담자기**: 자실체가 성숙됨에 따라 갓(주름) 부위에서 담자기가 발달(성숙)하여 유성포자인 담자포자를 형성함
⑥ **핵융합**: 성숙한 담자기 내에서 이질핵 간의 융합으로 핵이 일시적 이배체(2n)인 상태
⑦ **감수분열**: 감수분열로 염색체 교차가 일어나면서, 유전적으로 양친핵과 동일한 형태와 유전자의 재조합으로 양친핵과는 다른 새로운 형태의 핵을 갖는 반수체 핵이 형성됨
 - 자웅이주성 버섯: 하나의 담자포자에 하나의 핵(n, 반수체)이 이동. 느타리 등
 - 자웅동주성 버섯: 하나의 담자포자에 2개 이상의 핵이 존재. 양송이
⑧ **담자포자**: 숙성된 담자포자는 방출되어 다시 발아를 시작으로 버섯의 생활주기를 반복함

■ 버섯을 형성하는 담자균강의 생활사

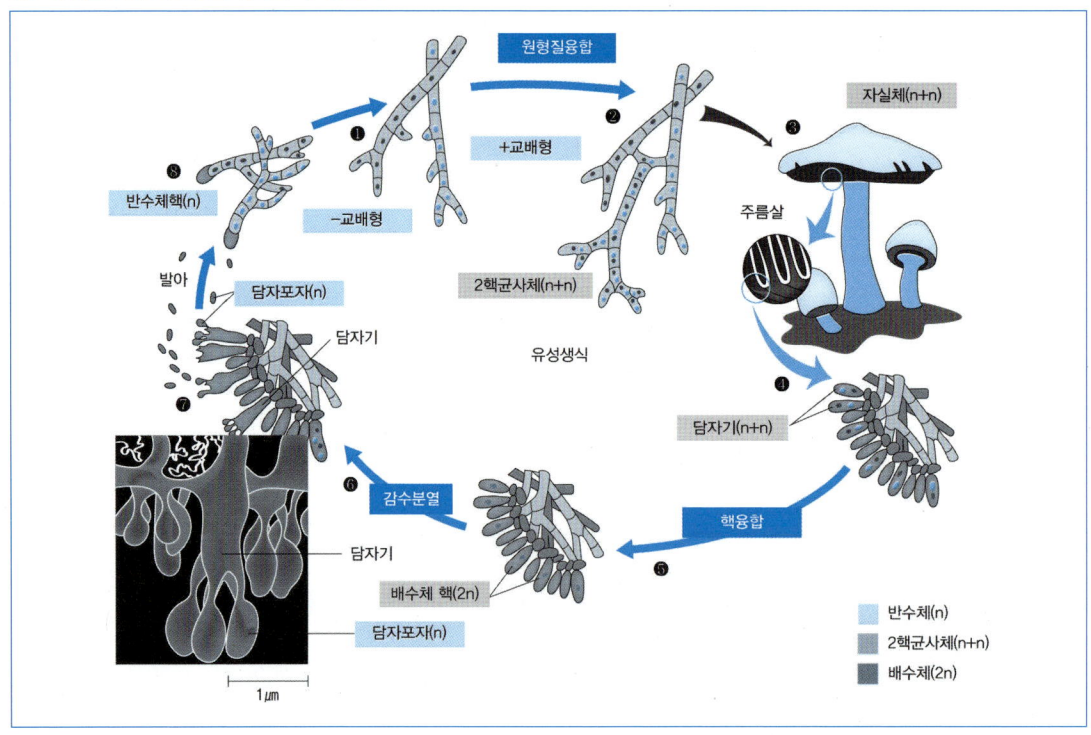

2) 무성생식
① 무성생식은 핵융합에 의한 염색체 교차과정이 없기 때문에 유전적으로 모균주와 동일함
② 무성포자는 모균주와 동일한 유전형질을 갖지만, 각 원형질의 핵의 배열에 따라 다소 다르게 나타날 수 있음
③ 예로 다핵인 균사가 핵이 1개, 2개, 다핵의 포자를 형성할 경우에는 다르게 나타날 수 있음
④ 번식 단위로는 포자낭포자, 분생포자, 분열자, 후벽포자, 균핵, 균사절편 등이 있음
⑤ 대부분 담자균류는 다른 균류와 달리 균사체의 무성포자를 거의 형성하지 않음
⑥ 인공재배 버섯 중에는 팽이버섯이 생육 조건이 불량할 경우(특히, 배지의 건조)에 분열자를 형성하고, 동충하초류는 분생포자를 형성함

3 주요 인공재배버섯의 종류 및 특성

(1) 양송이(*Agaricus bisporus*)
① 죽은 식물체의 잔해나 분해되어 퇴비화 된 유기물에서 발생하는 버섯(사물기생)
② 다핵으로 단포자에서 발아한 균사에서도 자실체 발생이 가능하며, 꺽쇠연결을 형성하지 않았고, 담자기 형성 포자는 보통 2개임

③ 주름살은 초기 백색에서 담홍색을 거쳐 포자가 성숙할수록 암갈색을 보임
④ 인공재배는 볏짚퇴비 균상재배 방식으로, 균사 배양 후에는 복토가 필수적임

▨ 양송이

(2) 느타리(*Pleurotus ostreatus*)

① 야생에서는 주로 포플러, 은사시나무, 플라타너스 등 활엽수 그루터기 등에 발생하며, 전 세계의 온대 지역에 분포하지만, 기후 등에 따라 특정 지역에만 발생하는 종이 있음
② 볏짚다발, 폐면을 이용한 균상재배, 봉지재배, 톱밥병재배 등으로 생산하고 있음
③ 우리나라의 대표적인 식용버섯으로 1970년대 이전 원목재배로 시작하여 1970~1980년대 균상재배, 1990년대 이후 봉지재배와 병재배로 생산

▨ 느타리

(3) 큰느타리(*Pleurotus eryngii*)

① 국내 자생하지 않는 버섯으로 아열대지방, 남유럽, 중앙아시아 및 북아프리카의 수목이 없는 초원지대에 널리 분포하는 버섯
② 느타리속에 속하며, 상품명 새송이버섯으로 1980년대 후반 외국의 도입 균주를 이용하여 인공재배를 시작

③ 액체종균의 도입, 배양과 생육 공정의 분리, 즉 배지분양 재배, 팽이버섯재배농가의 품목 전환 등으로 생산량이 빠르게 증가하여 최근에는 가장 생산량이 많은 버섯 중 하나임
④ 저장성이 높아 유럽, 미주 등지로 수출하고 있음

■ 큰느타리

(4) 기타 느타리

분홍느타리(*Pleurotus djamor*), 노랑느타리(*P. citrinopileatus*), 전복느타리(*P. cystidiosus*), 여름느타리(*P. sajor-caju*), 아위버섯(*P. ferulae*) 등도 *Pleurotus*속 버섯으로 식용으로 이용하고 있음

(5) 팽이버섯(팽나무버섯, *Flammulina velutipes*)

① 저온성 버섯으로 국내에서는 늦가을~초겨울에 팽나무, 느티나무 등의 활엽수 부후목에 주로 발생
② 야생종은 갓과 대가 짙은 황갈색~흑갈색, 표면에는 끈끈한 점성이 있음
③ 1980년대 중반에 일본에서 순백색으로 육성한 품종이 주로 재배되고 있으며 갈색품종도 재배하고 있으나 생산성이 백색품종보다 떨어짐

■ 팽이버섯

(6) 표고(*Lentinula edodes*)

① 주름버섯목 낙엽버섯과 표고속으로 분류됨
② 참나무류, 자작나무류, 서어나무류, 밤나무류 등 활엽수에 자생
③ 대, 갓부분에 인편이 있으며, 주름살은 백색의 톱니형으로 포자도 백색이며, 포자는 멜저액 반응에서 비아밀로이드 반응을 보임
④ 원목재배, 톱밥 봉지재배로 인공재배 가능
⑤ 중국, 일본, 한국의 대표적인 식용버섯

▶ 표고

(7) 느티만가닥버섯(*Hypsizygus marmoreus*)

① 동남아시아, 유럽, 북아메리카 등 북반구 온대 이북 지역에 분포
② 야생에서는 참나무류, 너도밤나무, 침엽수, 단풍나무, 느릅나무 등 활엽수 고사목이나 그루터기에 군생하는 목재부후균
③ 봉지 및 병재배 가능하고, 균사 생장이 느리고, 후숙배양도 필요하며 버섯 생산까지 약 100일이 소요됨
④ 백일송이, 백만송이, 해송이 등의 상품명으로 판매됨

▶ 느티만가닥버섯

(8) 목이(*Auricularia auricula*)

① 세계적으로 분포하며 한국, 중국, 일본 등에서는 야생에서도 흔히 발견되는 버섯
② 목이목, 목이과, 목이속에 속하는 흑목이(*A. heimuer*)와 털목이(*A. polytricha*)가 있으며, 각종 활엽수의 고사목 등에서 자생하고, 귀버섯이라고도 함
③ 다실담자기를 형성함
④ 참나무류, 피나무, 밤나무 등으로 원목재배, 봉지재배 가능

■ 목이

(9) 영지(*Ganoderma lucidum*)

① 전 세계적으로 광범위하게 분포하며, 참나무류 등 활엽수 그루터기에 발생
② 영지는 불로초라고도 하며, 중국고서에서는 갓과 대 표면의 색에 따라 적지, 자지, 흑지, 청지, 백지, 황지로 분류하기도 함
③ 경질의 자실체는 관공에 이중벽 구조의 담자포자를 형성함
④ 참나무류를 이용한 원목재배와 봉지, 병재배 모두 가능

■ 영지

(10) 상황(목질진흙버섯, *Tropicoporus linteus, Pellinus linteus*)

① 뽕나무, 버드나무, 참나무, 등 활엽수의 나무줄기에 자생하며, 목질진흙버섯, 말똥진흙버섯(*P. ignarius*), 마른진흙버섯(*P.gilvus*), 낙엽송층진흙버섯(*P.pini*) 등 12종 국내 자생
② 자실체는 다년생이고 반원형, 편평형, 말굽형으로 대가 없음
③ 참나무류을 이용한 원목과 톱밥 봉지재배 가능
④ 고려상황(*P. linteus* complex), 장수상황(*P. baumii*), 마른상황(*P.gilvus*) 재배
⑤ 최근 분자 분류 등을 통하여 *Sanghuangporus sanghuang*로 명명, 분류하기도 함

▣ 상황

(11) 동충하초(冬蟲夏草)

① 곤충에 침입하여 곤충을 양분으로 이용하여 자실체를 형성하는 자낭균류
② 중국동충하초(*Ophiocordyceps sinensis*), 번데기동충하초(*Cordyceps militaris*), 눈꽃동충하초(*Paecilomyces tenuipes*) 등이 있음
③ 현미, 번데기, 누에 등을 이용한 인공재배

(12) 복령(茯苓, *Wolfiporia cocos*)

① 중국, 한국, 일본, 미국 등에 분포하며, 소나무류에 기생하는 갈색부후균이고, 담자균류에 속함
② 백색 균사가 생장하다가 균사간에 서로 결합하여 온습도가 적합한 환경 조건에서 균핵을 형성하는데, 이 균핵을 복령이라고 함
③ 원목매몰재배(소나무, 낙엽송 등), 종목접착법, 무매몰 봉지재배법으로 재배
④ 한약재로 많이 이용

(13) 천마(天麻, *Gastrodia elata*)
① 난과에 속하는 다년생 식물
② 곤봉뽕나무버섯(또는 천마버섯, *Armillaria gallica*)과 공생 관계
③ 곤봉뽕나무버섯은 균사속을 만들어 토양과 원목의 영양분을 어린 천마에 전달해 줌

(14) 송이(松栮, *Tricholoma matsutake*)
① 소나무류와 공생하는 균근성(외생균근) 담자균류에 속하는 버섯으로 한국은 소나무, 일본은 소나무, 전나무류, 가문비나무, 중국은 운남송, 마미송 등에서 발생함
② 주름버섯강, 주름버섯목, 송이과, 송이속에 속함
③ 인공재배가 어려움

(15) 노루궁뎅이버섯(*Hericium erinaceus*)
① 일부 열대와 한대 지역을 제외한 전 세계에 고루 분포하며, 가을철에 참나무, 호두나무, 너도밤나무, 버드나무 등 활엽수의 수간부 또는 고사목에 발생하는 목재부후균
② 노루궁뎅이버섯균은 생장 환경의 악조건을 견디기 위해 후막포자(chlamydospore)를 생성함
③ 원목 및 봉지, 병재배 모두 가능

▪ **노루궁뎅이버섯**

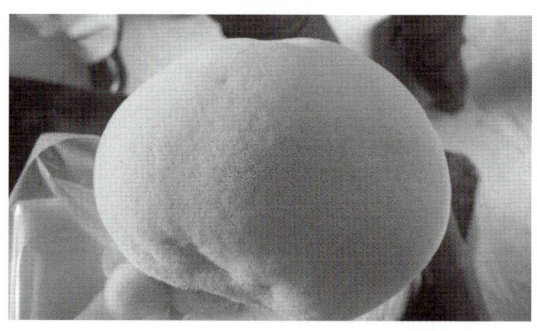

(16) 그 외 인공재배 버섯의 종류
① **식용버섯**: 노랑느타리, 분홍느타리, 아위느타리, 잿빛만가닥버섯, 검은비늘버섯, 맛버섯, 버들송이, 잎새버섯, 침버섯, 잣버섯, 망태버섯, 풀버섯 등
② **약용버섯**: 신령버섯, 꽃송이버섯, 복령 등

4 버섯의 형태

■ 버섯 부위별 명칭

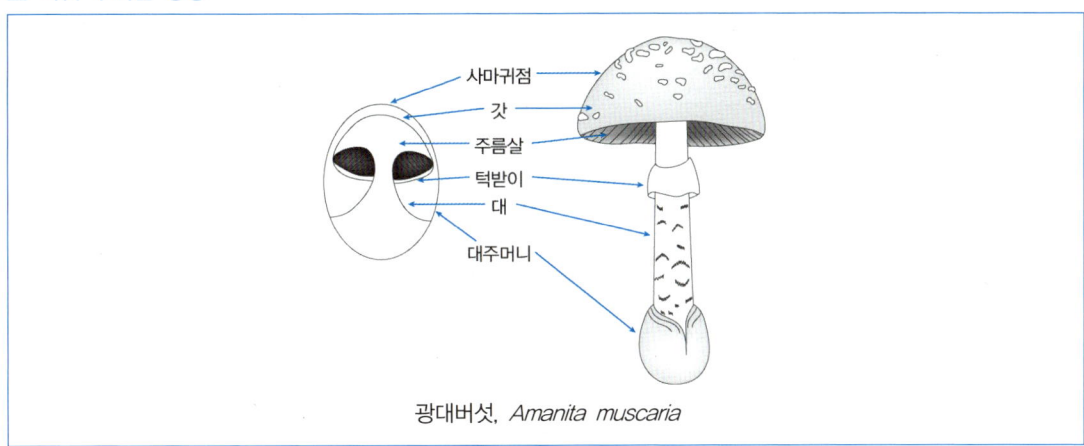

광대버섯, *Amanita muscaria*

CHAPTER 02 버섯의 원균 및 종균

1 버섯 균주관리

(1) 균주보존법

1) 순수 분리 배양된 균주의 고유한 유전적 형질이나 생리적 특성이 변화, 퇴화되는 것을 방지하고 장기간 안정적으로 보존하는 것을 목적으로 함
2) 퇴화의 원인은 영양원 감소, 산소결핍, 유독물질 축적, pH 변화(유기산 축적 등), 필수 세포 성분의 손실 및 손상 등임
3) 보존 방법

계대배양 보존법, 유동파라핀 봉입법, 물 보존법, 냉동 보존법, 부식질목질 보존 등

① 계대배양 보존법
- 적정 영양분을 함유한 한천배지를 사용하여 배양한 균주를 일정기간 보존 가능
- 균주를 배지에 키워 일정 온도에 보존하면서 일정기간 마다 새로운 배지에 이식하여 배양 후 보존하는 방법으로 접종원 주변 오래된 부분을 피하여 어린 균사체 부분을 이식하는 것이 좋음

> **Tip** 사면배지 보존법
>
> ◦ 대표적으로 사면배지 보존법을 사용함
> ◦ 보존 중에 균 생장을 억제하도록 환경을 조성해주어야 함
>   - 보존 온도: 일반적으로 버섯 균사 배양 후 4~5℃의 저온에 보관, 단, 저온성 버섯인 팽이는 1~2℃, 고온성 버섯인 풀버섯은 10~15℃ 정도로 보존
>   - 배지의 건조 및 외부 오염 방지를 위해 면전 혹은 실리콘 마개를 유산지 포장을 하며, 보존 장소의 공중 습도 70% 내외 유지
> ◦ 보존기간은 보존 환경(온습도)에 따라 다름
>   - 온도 8~15℃, 습도 60%에서, 면전은 3~6개월, 실리콘 마개는 5~12개월 보존 가능
>   - 보존 과정 중 환경조건 불량, 균체분비물에 의한 퇴화를 방지하기 위해 적기에 이식 배양해야 함

② 유동파라핀 봉입법(광유보존법): 사면배지에 배양된 균을 장기 보존하는 방법으로, 살균된 유동파라핀(광유)으로 배양된 균사체를 덮어 배지 건조 방지, 산소공급을 차단하여 대사 속도를 지연시키는 방법

> **Tip** 유동파라핀(광유, mineral oil)
>
> 파라핀계 고급 탄화수소로 매우 잘 정제된 광물성의 흰색 액체 기름

- 비중 0.8~0.9인 백색 유동파라핀을 살균(121℃에서 20분간 고압살균한 후, 110~170℃에서 1~2시간 유리수분을 증발시켜 건조) 후 사용
- 시험관 내 사면보다 1cm 정도 높이로 유동파라핀을 주입, 2cm 이상이 되면 혐기상태가 되어 균 보존에 불리해짐
- 15~20℃의 공기 순환이 양호한 곳에 보존(공중 습도 70% 내외 장소), 저온보다 실온에서 보존하는 것이 균주 생존율이 높음(4~6℃에서 보존하면 1~3년 보존 가능하지만, 2년마다 교체해주는 것이 바람직함)
- 적절한 보존 환경 조건에서는 10~20년간 보존 가능하고, 최장 50년 보존 기록이 있지만, 5~10년마다 교체하는 것이 바람직함

③ 물 보존법
- 멸균한 증류수에 균사, 포자 또는 균사를 포함한 한천 절편을 넣어 보존하는 방법으로 손쉽고 저렴하여 많이 이용
- 물 보존을 위하여 2ml의 마이크로튜브, McCartney병, 나사식 뚜껑(cryo tube)을 가진 시험관 등을 사용
- 보존 온도는 일반적으로 10~16℃가 적당하고, 보존기간은 2~5년(Smith & Onions, 1994)으로 담자균류의 보존에 흔히 이용됨

④ 냉동 보존법
- 전 배양된 균주를 동결시켜 생물 활성을 정지시킨 상태로 장기 보존하는 방법으로 균주의 생리적, 생화학적 특성을 가진 유전정보를 반영구적으로 보존 가능
- 운영 경비가 비교적 저렴하고 조작법이 간편하여 대학, 연구소 등에서 미생물 보존용으로 주로 이용
- 글리세롤, DMSO(Dimethyl sulfoxide) 등의 동해방제제가 필요함
- 예냉과 해동과정에서 보존 균주의 변이(modification)나 사멸할 가능성이 있음

> **Tip** 냉동보존법·초저온 냉동건조법
>
> ◦ 냉동보존법(-40~0℃)
>   - 냉동고(-40~-20℃), 드라이아이스(-40℃)를 이용하여 배양균사체 또는 자실체를 보존하는 방법
>   - -15~0℃에서 동결 과정 중 혹은 보존 중에 사멸하는 균류가 많음
> ◦ 초저온 냉동건조법(-100~-80℃)
>   - 초저온 냉동고를 사용
>   - Cryotube(2ml)에 10~20% 글리세린 1ml를 넣고, 배양 균사체(직경 6mm 정도)를 침적하여 4℃까지 예냉 후 냉동고에 넣어 동결 보존하는 방법

⑤ 액체질소보존법
- 액체질소(LN2)의 기상(-150℃) 또는 액상(-196℃)으로 동결보존하는 방법으로 생존율과 유전적 안정성 측면에서 가장 우수한 보존법
- 유전적인 특성이 변하지 않고 장기간 보존(25년 이상) 가능
- 시설비와 유지비가 많이 소요됨

> **→ Tip 동결보호제**
> - 10% 글리세린, 5~10% DMSO 등
> - 설치비 및 운영비 고가
> - 균주를 사용하기 위한 프로그램프리져에 의한 동결, 해동은 38~40℃의 온수에 급속(50~60초간) 해동이 필요함

⑥ 부식질 및 목재보존법
- 멸균된 토양에 곰팡이를 배양한 후에 보존하는 방법으로 6~12개월 보존 가능
    - ◎참고 단, 부식질(부엽토, 낙엽, 퇴비 등)의 경우 내열성 균 번식에 대비하여 살균을 확실히 해야 하고, 경우에 따라서 밀기울을 첨가하기도 함
- 목재는 1cm²의 큐브형이거나 4~5cm의 작은 나무토막을 수분 함량을 조절하고 멸균하여 사용함
- 시험관에 실리콘마개로 밀봉하면 1~2년 보존 가능

(2) 균주 수집 및 분리

1) 포자채집

① 채집 대상: 담자균류의 담자포자, 자낭균류의 자낭포자
   - ◎참고 담자포자의 경우, 단포자는 반수체로 원균으로 사용치 못함
② 포자 채집을 위해서는 어린 자실체보다는 갓이 성숙한 것으로 선택해야 함
③ 자실체의 형태에 따라 채집 방법이 다양해지지만, 채집용 종이나 그릇 위에 올려둔 갓부분에 오염원이나 공기 유동이 없도록 덮개를 덮고, 실온에서 12시간 정도 정치하여 포자를 낙하시킴
   - ◎참고 낙하온도는 버섯의 생육 온도가 적당함. 양송이(15~20℃), 팽이(10℃ 전후)

■ 버섯에서 포자받기(Spore print)

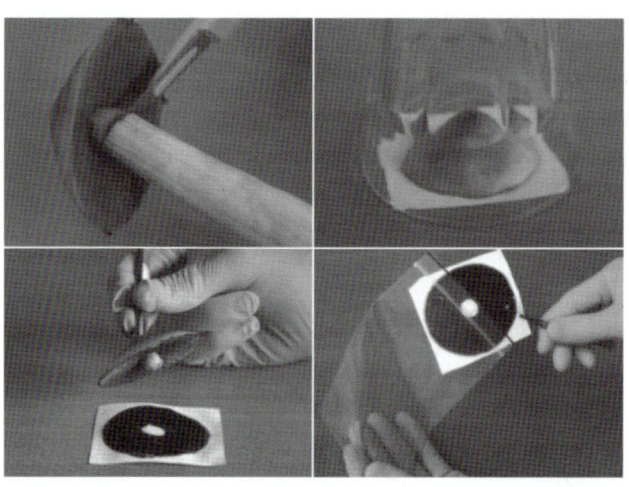

출처: © Milkwood Trading Pty Ltd.

④ 항생제가 첨가된 한천배지(PDA, MCM 등)에 희석한 포자 현탁액을 $100\mu l$을 분주하여 도말봉을 이용하여 도말하고, 버섯별 균사 생장에 적당한 온도(일반적으로 20~25℃)에서 배양
   - 참고 포자발아에 미치는 환경조건: 영양분, 온도, 광, pH, 산소, 수분조건 등
⑤ 단포자의 발아가 확인되면 새로운 배지에 옮겨 배양하고, 선별하여 관리해야 함
   - 참고 담자포자에서 발아한 1차균사(1핵균사)는 다른 특성을 갖는 1차균사와 접합하여, 2차균사(2핵균사)가 되어야만 버섯 생산용 원균으로 활용이 가능

2) 조직 분리

① 병해충 피해가 없고, 어리고 신선한 자실체를 선택하여 무균 상태에서 버섯 안쪽 육질의 조직을 분리하여 배지에 접종 배양함
② 조직의 크기는 1×3mm가 적당하며, 갓이나 대에서 주로 분리
③ 무균상 내에서 멸균된 칼, 핀셋, 백금이 등을 사용하여 분리 및 접종함
   - 참고 조직 분리용 배지: 세균 오염 방지를 위한 항생제(스트렙토마이신, 클로람페니콜, 암피실린, 테트라사이클린, 페니실린 등)를 첨가하고, 분리하는 버섯균에 적합한 배지 사용

3) 균사체 분리

① 자실체에서 조직 분리가 어려운 버섯인 경우, 버섯의 서식지(나무 혹은 배지 등)에서 분리하는 방법
② 나무인 경우, 표면을 소독하고, 수피 등을 제거 후 나무 조직을 배지에 접종
③ 배지인 경우, 배지의 안쪽에서 균사 활착이 잘 된 부위를 선별하여 분리하여 접종함

▶ 목재에서 버섯균 분리법

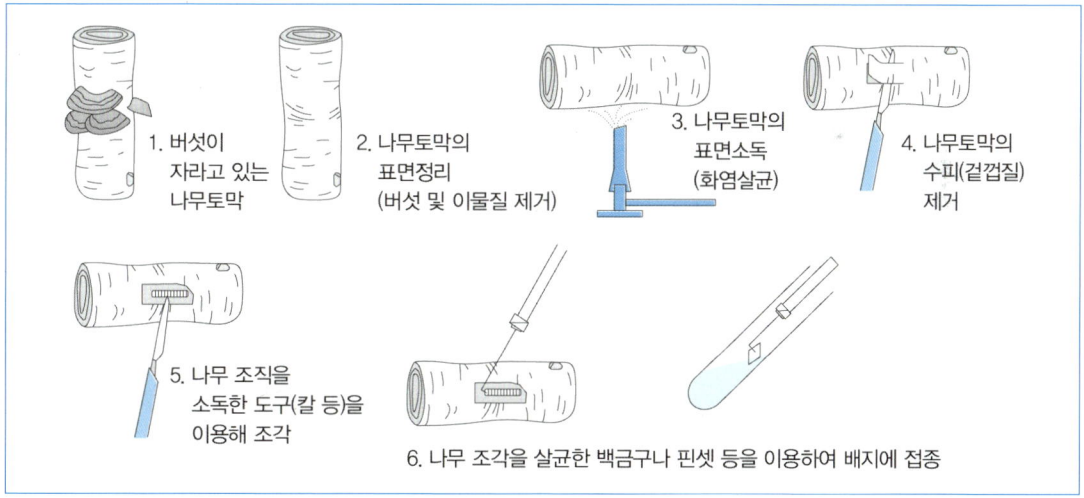

(3) 배지의 종류

① 버섯은 생태적 서식지 또는 버섯의 종류에 따라 요구하는 성분이 다름. 따라서 배지는 용도에 따라 적절한 배지 선정이 필요함

② 배지는 버섯균의 생장을 위한 영양원(탄소원, 질소원, 비타민, 무기염류 등)과 수분 등의 생명유지에 필요한 요소를 모두 함유해야 함
③ 버섯의 균사 배양에 사용하는 배지는 크게 합성배지와 천연배지로 구분함

▣ 합성배지와 천연배지

합성배지	천연배지
• 순수 정제된 성분을 사용하며, 가격은 비싸지만 정밀한 실험에 사용됨 • 영양원, 미생물 생리, 영양요구성변이균주의 선발, 원형질체 융합 등 특수한 실험에 많이 사용	저렴한 가격과 원료 수급이 편하여 원균의 증식, 보존 등에 주로 사용

④ 버섯류의 계대배양에 적합한 배지 종류

▣ 버섯 종류별 배지의 종류

버섯 종류	배지 종류
양송이, 여름양송이, 신령	퇴비추출배지, 버섯완전배지(MCM)
느타리, 표고, 팽이버섯, 주름버섯류	감자추출배지, 버섯완전배지, YM배지
영지, 민주름버섯목	감자추출배지, 맥아추출배지
꽃송이버섯	벌꿀바나나배지
송이, 외생균근균	Hamada배지, 감자추출배지

(4) 배지 제조 방법

① 제조하려는 배지의 조성에 맞게 배지 재료의 추출액이나 증류수에 조성분을 저울에 정확히 측량하여 넣은 후, 잘 녹인 다음 살균하여 만듦
② 액체배지의 경우, 한천을 첨가하지 않음
③ 원균용 배지는 주로 고압살균을 하여 이용함
④ 고압살균기는 배기벨브를 조절하여 초반에 충분히 배기를 한 후, 121℃, 15psi(약 $1.1 kg/cm^2$)에서 20분간 살균함

> ◎참고 살균시간은 배지량에 따라 조절되며, 500㎖ 이하일 때는 20분, 1,000~2,000㎖일 때는 5분 정도 더 추가함

⑤ 살균 후 자연배기가 되어 온도가 100℃ 이하가 될 때까지 기다린 후, 배지를 꺼내어 적정 온도가 되면 분주하여 사용함

(5) 균주 배양 환경 조건

① **버섯의 종류**: 동일종의 버섯이라도 품종에 따라 균사 배양 환경 조건이 다름
② **온도**: 일반적으로 최적의 균사 생장은 25~30℃이지만, 안정적인 배양을 위해 20~25℃에서 배양하고, 버섯의 종류에 따라 차이가 있음

③ 생장 기간에 따른 배지량 조절: 느타리와 같이 생장 속도가 빠른 버섯도 있지만, 송이와 같은 균근균 버섯류의 경우 생장 속도가 매우 느리므로 장기간 배양에 따른 배지량 증량과 접종 후 수분 증발과 오염 방지를 위한 철저한 밀봉이 필요함
④ 배지의 종류: 버섯의 종류에 따라 한천배지보다는 액체배지가 더 적합한 경우도 있음
⑤ pH: 일반적으로 pH6 전후에서 균사 생장이 양호하며 버섯의 종류에 따라 균사 생장에 적합한 산도 조절이 필요하여, 배지 제조 시 NaOH와 HCl을 사용함
⑥ 산소: 호기성 생물로 산소가 부족하면 균사 생장을 저해 받기도 함
⑦ 광: 일반적으로 균사 배양에는 광이 필요치 않음

(6) 원균 증식

1) 원균 증식 배양 온도

① 버섯류의 균사 생장에 미치는 온도의 영향은 크고, 모든 버섯균은 생장 시 생장 가능 온도 범위(최저~최고 온도)를 가짐
② 생장 적온은 버섯에 따라 차이가 있지만, 적온보다 온도가 낮거나 높은 경우에는 균사 생장이 일시 중단, 지연과 사멸하기도 함
③ 버섯 균사의 활력 있고 빠른 생장을 위해서는 각 버섯에 맞는 적온을 유지해 주어야 함

■ 버섯균 생장 적정 온도 및 pH

버섯 종류	온도 범위(℃)	적온(℃)	pH
양송이	3~30	24~25	6.8~7.0
여름양송이	10~35	25~30	5.0~6.0
느타리버섯	5~35	25~30	5.0~7.0
사철느타리	5~35	25~30	5.0~6.0
여름느타리	5~35	28~30	5.0~6.0
표고	5~35	24~27	3.0~5.0
목이	10~35	27~30	6.0~6.5
영지	10~40	28~30	4.2~7.5
잎새버섯	5~35	25~30	4.5~5.0
팽이버섯	3~34	22~25	4.0~8.0
맛버섯	8~32	25~30	5.0~6.0

2) 원균 증식 방법 및 배지 조성

① 버섯재배용 종균의 제조 또는 보존을 위한 계대 배양을 위해 원균 증식을 함
② 증식하고자 하는 버섯 균주에 알맞은 한천 배지에 일차적으로 접종한 후 균의 활력이나 오염 여부를 확인하고, 다수의 한천 배지에 접종하거나 액체 배지에 접종하여 증식함

■ 원균 증식 및 배양용 배지

PDA(감자추출배지)	• 가장 일반적으로 사용하는 버섯 원균의 증식용 배지 • 느타리, 표고 등
퇴비추출배지	양송이버섯 원균 증식용
물한천배지	포자 발아용 배지로 사용됨
버섯최소배지	돌연변이 균주 선발 및 배양용으로 이용함

3) 합성배지와 천연배지

■ 합성배지 조성

(단위: g/L)

	버섯완전배지 (MCM)	버섯최소배지 (MMM)	YM배지	맥아배지 (MEA)	Hamada 배지	물한천배지 (WA)
K_2HPO_4	1	1				
KH_2PO_4	0.46	0.46				
$MgSO_4 \cdot 7H_2O$	0.5	0.5				
HCl					1.6ml	
Thiamine HCl		120μg				
DL-Asparagine		2				
포도당	20	20			20	
Peptone	2		5	5		
맥아추출물			3	20		
효모추출물	2		3		2	
Hyponex					2	
한천	20	20	20	20	20	20

■ 천연배지 조성 및 제조법

(단위: g/L)

	감자추출배지	퇴비추출배지	참나무톱밥추출배지	벌꿀바나나배지(HBA)
포도당	20	10	20	
Peptone				1.5
맥아추출물		7	3	
효모추출물				3
	감자 200g을 작게 깍둑썰기하여 물 1L에 15분간 끓인 후, 망에 거른 물 1L	건조퇴비 40g을 물 1L에 15분간 끓인 후, 망에 거른 물 1L	참나무톱밥 200g을 1L에 15분간 끓인 후, 망에 거른 물 1L	바나나의 가식부 20g, 벌꿀 20g
한천	20	20	20	20

2 버섯 종균관리

(1) 종균 제조

버섯균의 순수분리, 안전한 보존, 인공재배를 위한 원균 대량 증식 과정을 포함

■ 버섯균 용어 정리

품종 (品種, cultivar)	품종은 재배 버섯 중 분류학상 동일종에 속하면서 형태적 또는 생리적으로 다른 개체군 또는 계통이 분리 육성된 것을 말하며 유래에 따라서 재래종과 육성종으로 구분됨
균주 (菌株, Strain, Isolate)	미생물을 순수 분리하여 배양했을 때 그 출처(source)가 다른 각각의 개체로 같은 종에서 다양한 균주가 있을 수 있으며 계통과 같은 의미
원균 (原菌, Seed stock)	인공배지에 순수 배양된 균사체로 목적에 따라 사용할 때까지 주로 시험관에 배양 보존
접종원 (接種原, Inoculum)	대량생산을 목적으로 각 균주의 원균을 새로운 배지에 배양한 것을 말하고, 종균 제조 시에는 원균에서 직접 많은 양의 종균을 제조하기 어렵기 때문에 중간단계의 증식용 종균
종균 (種菌, Spawn)	버섯균을 곡립이나 톱밥 또는 액체 배지에 순수 배양한 증식체로 작물에서 종자와 같은 역할

1) 적정 종균 유형 선택

① 종균은 버섯균을 곡립, 톱밥, 액체, 종목, 퇴비 등을 재료로 한 살균된 배지에 배양하여 버섯재배에 필요한 양만큼 증식한 것
② 버섯의 종류별, 재배 형태별 적합한 유형의 종균을 선택해야 함

> **Tip** 재배 버섯의 종류에 따른 적합한 종균의 종류
>
> - 톱밥종균: 느타리, 큰느타리, 표고, 영지, 뽕나무버섯(천마재배용), 목이, 만가닥버섯, 노루궁뎅이버섯, 잎새버섯, 꽃송이, 팽이버섯, 버들송이, 상황 등 병 및 봉지재배, 원목재배, 균상재배
> - 종목종균: 표고 등 원목재배
> - 성형종균: 표고, 영지 등 원목재배
> - 액체종균: 큰느타리, 팽이, 버들송이, 잎새버섯, 꽃송이, 노루궁뎅이버섯 등 병재배
> - 곡립종균: 양송이, 여름양송이, 신령버섯(균상재배), 동충하초(곡립 병재배), 느타리, 표고(봉지재배), 상황(살균 단목재배) 등
> - 퇴비종균: 풀버섯(균상재배)

2) 종균 유형별 적정 재료 선택

① **톱밥종균**: 톱밥을 주재료로 영양원을 적절히 혼합하여 살균시킨 배지를 이용
  - 주재료: 미루나무, 포플러, 참나무, 미송톱밥 등, 톱밥 입자크기는 3~5mm
  - 영양원: 미강, 밀기울, 옥수수피 등, 입자크기 1.5mm
  - 산도 조절: 탄산칼슘($CaCO_3$)
  - 배지 재료를 혼합하고, 수분 함량은 63~65%로 조절하여 살균이 가능한 폴리프로필렌 병(PP병)에 입병(550~650g/L)하고, 직경 1.5~2cm로 배지 중앙을 타공해 줌

■ 병배지 타공 모식도

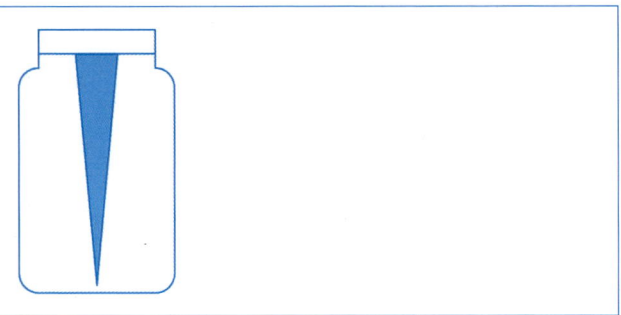

• 입병 후 바로 살균함

→ Tip 접종원 1L 병 기준

◦ 수작업으로 병당 5~10g 접종 시, 80~100병 접종 가능
◦ 자동으로 15g 정도 접종 시, 50~80병 접종 가능

■ 버섯종류별 톱밥과 영양원 비율

톱밥:영양원 비율(%)	버섯 종류
포플러(미루나무)톱밥:미강(쌀겨)=80:20	느타리, 큰느타리, 팽이, 만가닥버섯, 목이, 노루궁뎅이버섯
참나무톱밥:미강(쌀겨)=80:20	표고, 영지, 잎새버섯, 맛버섯, 뽕나무버섯, 상황버섯
소나무톱밥:미강(쌀겨)=80:20	버들송이, 복령

② 성형종균: 배양된 톱밥종균을 틀을 사용하여 일정한 형태로 성형한 종균
 • 배양된 톱밥종균을 잘게 부순 후 플라스틱 배양 틀에 넣고 그 위에 스티로폼 마개를 하여 일정 기간 재배양한 종균으로 최종적으로는 총알모양으로 성형

→ Tip 성형종균 제조 시 주의사항

◦ 성형작업실의 잡균의 오염이 없도록 사전에 반드시 소독하고 반드시 크린벤치에서 작업
◦ 접종실의 온도는 15℃ 이하, 습도는 70% 이하 유지
◦ 대량 생산이 아닌 농가의 접종 시기에 맞추어 계획 생산 필요
◦ 저온(3~5℃)에서 단기간 저장할 수 있고, 가능한 빨리 사용해야 함

• 성형종균 제조 과정

❶ 완전히 배양된 톱밥종균을 작은 덩어리 형태로 잘 부셔서 4~5mm 정도의 체로 침
❷ 성형종균제조기에 성형판을 맞추어 삽입하고, 체로 친 고운 종균을 성형판에 고르게 펼쳐 넣음
❸ 양쪽 가장자리부터 중앙으로 가볍게 펼치고, 적정량 외의 종균은 솔이나 평편한 기구로 긁어냄
❹ 스티로폼 안내판(중판)을 덮고 스티로폼 판을 놓고 위치 고정핀에 맞춘 후, 상판을 덮고 압착. 압착순서는 앞에서 뒤로 순차적으로 진행
❺ 성형종균을 하판과 함께 꺼내 뒤집어 쌓는다. 10~12판 정도로 쌓아 배양관리

❻ 배양실로 옮겨 종균 배양적온보다 약간 낮은 20~23℃에서 5~10일 정도 배양하여 사용
❼ 배양이 완료된 종균은 저온실에 넣어 보존

③ 종목종균
- 주로 표고 원목재배용 종균이기 때문에 참나무 원목을 롤러 베어링 모양으로 깎아 만든 조각에 버섯균을 배양하여 만든 종균으로 원목 구멍보다 작게 제작함
- 배양 시 습도가 낮거나 건조하면 균사의 활착률이 낮고 균사 생장이 느려지므로 습도관리에 주의해야 함
- 원목 접종 초기에는 활착이 느린 경향이 있으나, 이후 원목에 균사 활착도 빠르고 양호해짐

■ 종목종균의 장단점

장점	단점
• 톱밥종균보다 접종 작업 속도가 빠르고 쉬움 • 종균의 저장력이 강함	원목을 다루기가 까다롭고 재료 원가가 비싸고 배양속도가 느리기 때문에 국내에서는 생산하는 종균회사가 없음

- 종목종균 제조 방법

> ❶ 참나무 원목을 롤러 베어링 모양으로 깎은 것을 하룻밤 침수하여 함수율을 45%로 맞춤
> ❷ 용적비로 베어링 원목과 톱밥을 10:1로 혼합
>   참고 톱밥을 혼합하는 이유: 접종 후 균사의 생장을 촉진하여 종목에 빠른 활착을 위함
> ❸ 병에 넣은 후 윗부분에 톱밥을 5~10mm 정도로 덮고 면전
> ❹ 살균조건: 고압 살균으로 121℃, 60~70분
> ❺ 접종: 접종원으로 한천배지에 배양된 균사체나 톱밥종균을 사용
> ❻ 배양 환경: 온도는 23℃, 적정 습도 유지가 필요함
> ❼ 균사 배양 후, 동일조건으로 2개월 동안 후배양이 필요함
>   참고 후배양이 필요한 이유: 종목 내부까지 균사가 완전히 활착될 수 있도록
> ❽ 저장: 저온에서 약 6개월간 가능

④ 곡립종균: 통밀, 조 등 곡립에 배양한 종균
- 주로 밀, 호밀, 조, 수수 등 곡립을 사용하여 제조하는 종균
- 양송이, 여름양송이, 신령버섯 등 균상재배에 사용되고, 일부 농가에서는 상황버섯의 종균, 표고 톱밥 봉지재배용의 종균으로 사용
- 종균용 곡류는 벌레가 먹거나 변질되지 않고 찰기가 적은 것이 좋음
- 곡립종균 제조 방법(한국)

> ❶ 밀을 끓는 물에 침지하거나 수증기로 찜(수분 함량 45~50%로 조절)
>   – 밀은 수분과 열이 침투되어 익은 상태로 단면 중심의 1~2mm 정도만 백색 원형으로 남아 있는 정도로 익힘
>   – 밀을 너무 익히면 표피가 파괴되어 전분이 노출되고, 종균의 균덩이 형성의 원인이 됨

❷ 찐 밀의 유리 수분 제거 후 석고(황산칼슘, $CaSO_4$)는 밀 무게의 0.6~2.0% 첨가하고, 탄산칼슘(탄산석회, $CaCO_3$)을 석고량의 1/2 첨가

🟦 재료 혼합 비율 예시

재료명	비율	첨가량(g)
밀 (수분 함량 45~50%의 찐 밀)	1lb(≒454g)	454
석고(황산칼슘, $CaSO_4$)	밀 무게의 0.6~2.0%	2.72~9.08
탄산칼슘(탄산석회, $CaCO_3$)	석고 양의 1/2	1.36~4.54

* 석고: 곡립의 결착을 방지하고 물리적 성질을 개선
* 탄산칼슘: 배지의 산도(pH) 조절

❸ 골고루 섞이도록 혼합하여 입병하고, 면전을 하여 바로 살균

참고 밀은 수분조절 후, 건조 상태보다 용적 비율로 40% 이상 증가
밀 70kg은 수분조절 후에는 110~120kg 정도가 됨 → 종균 200~220병 제조 가능

⑤ **퇴비종균**: 밀짚, 볏짚 등을 발효시킨 퇴비로 만든 종균
- 퇴비를 이용하여 종균을 만드는 것으로서 아열대 지방에서 풀버섯에 사용
- 풀버섯 퇴비종균 제조 과정

❶ 볏짚을 5~6cm 길이로 절단하여 4배 정도의 물에 하루 동안 침지
❷ 유리수분 제거 후, 무게 비율의 2~3%의 탄산칼슘과 영양 첨가물을 넣고 혼합하여 입병
❸ 살균 및 접종은 톱밥종균과 동일
❹ 균사가 완전히 생장한 후 5일 정도 더 숙성시키면 병 표면이 자갈색을 띠면 사용 가능
❺ 풀버섯종균의 보존은 20℃ 정도에서 1개월간 가능하지만, 저온에 보존하면 사멸됨

⑥ **액체종균**: 액체배지에 균사를 생장시킨 종균
㉠ 버섯 균사가 생장하는 데 필요한 영양분을 함유한 액체배지에서 배양된 액체 상태의 종균
㉡ 고체종균에서 균사의 유전적 변이가 심한 팽나무(팽이)버섯, 톱밥배지에서 배양기간이 길게 소요되는 버들송이와 큰느타리버섯, 재배용 곡립배지에 접종하여 균사체를 이용하는 상황버섯, 동충하초 등의 종균으로 이용됨
㉢ 멤브레인필터(pore size $0.2\mu m$)를 통해 액체종균용 용기에 압축공기를 넣어줌으로써 액체배지와 버섯균이 교반되면서 균사체와 양분의 균일한 접촉과 높은 산소 농도로 배양 속도를 빠르게 함
㉣ 재료 선택
- 버섯의 종류에 따라 필요로 하는 성분은 다소 다름
- 현재 주로 사용하고 있는 배지는 감자추출배지와 대두박배지 2종류임

■ 액체종균용 배지 조성

감자추출배지 (Potato Dextrose Broth; PDB)		대두박배지	
감자	200g	대두박	3.0g
Dextrose 또는 설탕	20g	설탕	30.0g
		KH_2PO_4	0.5g
		$MgSO_4 \cdot 7H_2O$	0.5g
증류수	1,000ml	증류수	1,000ml
pH	6.0~6.5	pH	5.5~6.0

ⓜ 산도 조절
- 팽이버섯, 버들송이, 만가닥버섯: 산도 조정 필요 없음
- 느타리 및 큰느타리(새송이): 살균 전 배지의 pH를 4.0~4.5로 조정

ⓗ 거품방지제: 압축공기를 이용한 통기식 액체배양에는 거품방지제(소포제, 안티폼, Antifoam) 첨가

3) 종균배지 살균

① 곡립종균 및 톱밥종균
  ㉠ 영양 성분과 수분이 충분한 배지의 변질이나 오염 방지를 위해 입병 후 바로 살균
  ㉡ 살균 조건: 고압살균으로 온도 121℃, 기압 1.1kg/cm², 시간은 배지량과 살균기의 용량에 따라 차이는 있지만, 60~90분 정도 살균

> **Tip** 살균과정 중 배기 작업
> - 살균기에 배지를 투입 후, 배기를 하면서 온도는 100~102℃를 120분 정도 유지하다가, 배기를 줄여 고압(1.1kg/cm²)에서 121℃에서 60~90분간 살균 후 자연적으로 온도와 기압을 떨어지도록 1시간 정도 배기를 함
> - 총 소요 시간: 6시간
> 참고 불충분한 배기는 살균기 안의 배지 내부 온도 상승을 방해하여 완벽한 살균이 안 됨

② 액체종균
  ㉠ 고압 살균기로 살균기 내의 온도 121℃, 압력 1.1kg/cm², 배지 용량에 따라 시간 조절
  - 5ℓ 유리 배양병: 40분
  - 120ℓ 스테인리스 배양통: 60분
  ㉡ 장시간 살균은 액체배지의 영양분을 파괴하여 버섯균의 생장량이 감소됨
  ㉢ 살균 후, 살균기 내의 온도가 98℃ 이하, 압력이 0이면 살균기의 문을 열어 냉각
  ㉣ 살균기에서 꺼내는 즉시 살균 시에 열어 둔 원균 접종구의 실리콘 튜브 끝을 막아서 외부 공기의 흡입에 의한 잡균 오염 방지

(2) 종균배양

1) 종균배양 환경 관리

① 톱밥종균
- 접종 후 즉시 배양실로 옮겨 배양 관리
  > **참고** 배양실에는 당일 접종한 배지라도 분산 배치하여, 장시간 작업으로 인한 배양실 환경변화 예방을 위한 최소화
- 버섯마다 차이는 있지만, 배양실 내의 온도는 20~25℃ 내외에서 배양 단계별로 조절하고, 실내 습도는 병 내의 습도와 거의 같은 65~70% 정도 유지되도록 관리

> **→ Tip 온도조절 이유**
> - 배지에 균사가 활착을 시작하면 호흡열이 발생하여, 병 내의 온도가 상승함
> - 배지 내 온도가 30℃ 이상으로 상승하면, 균사 생장 지연이나 버섯균이 사멸될 수 있음
> - 배양실 내 온도를 적온보다 2~3℃ 낮게 조절하여 배지 내 온도를 조절해 주어야 함

- 적절치 못한 환기는 배양실 내의 급격한 온도 변화를 유발하여 배양병에 응결수를 형성할 수 있으므로 주의가 필요함 → 배양실의 이산화탄소 농도는 0.4%(4,000ppm) 이하로 관리
- 접종 후 7일이 경과하면, 육안으로 곰팡이 등의 오염 여부가 확인 가능해지므로 확인 즉시 제거하고 살균하여 폐기
- 배양 소요기간: 25일 전후

② 성형종균
- 성형판에 완성된 성형종균은 배양실로 옮겨 관리
- 성형이 된 종균을 하판과 함께 꺼내 뒤집어 10~12판 정도로 쌓아서 배양
- 배양실 내의 온도는 20~23℃로 유지하고, 배양 기간은 5~10일 정도
  > **참고** 고온이거나 장기간 배양은 배지의 건조를 유발하여 균사 활성 약화 등 저품질의 종균이 생산될 수 있으므로 주의가 필요
- 배양 중 육안검사를 통해 오염 여부 판단하여 오염이 있는 성형판 전체를 제거, 폐기

③ 곡립종균
- 접종 후 온도 24℃ 내외, 이산화탄소 농도 3,000ppm(0.3%) 이하로 유지되는 배양실로 옮겨 배양 관리함

> **→ Tip 곡립종균의 유리 수분 발생 원인**
> - 배지의 수분 함량이 높을 때
> - 배양 기간 중 배양실의 온도 변화가 심할 때
> - 냉동기, 에어컨의 찬 공기나 외부의 찬 공기가 곧바로 병에 유입될 때
> - 장기간의 고온 저장으로 균이 노화되었을 때
> - 배양 후 저장실로 바로 옮겨 온도 편차가 심할 때

- 배양 7일째쯤 균사 생장이 육안으로 확인이 가능하며 1차 흔들기 작업 실시

- 흔들기 작업은 배양 기간 중 3~4회 실시하며, 내부의 곡립이 마개 부분에 닿지 않게 조심하며, 균사의 뭉침 없이 고루 섞이게 해야 함

■ 곡립종균의 균덩이 형성과 방지 대책

형성 원인	방지 대책
• 원균 또는 접종원의 퇴화 • 균덩이가 형성된 접종원 사용 • 곡립배지의 수분 함량이 높을 때 • 흔들기 작업의 지연 • 배지의 산도가 높을 때	• 오래된 원균과 불량한 접종원의 사용 금지 • 증식한 접종원 중 균총이 불균일하게 생장하는 등 균덩이 형성 우려가 있는 접종원 사용 금지 • 곡립배지의 적절한 수분 함량 조절 및 석고의 사용량 조절 • 배지 재료의 균일한 혼합 • 적온에서의 균사 배양과 알맞은 시기에 종균 흔들기 실시 • 고온 및 장기간 저장 금지

- 다른 종균에 비하여 오염에 취약하므로 주의가 필요함

> **→ Tip 곡립종균의 오염원인**
> ◦ 종균 제조 시, 석고와 탄산칼슘이 잘 섞이지 않아 마른 부분이 입병되어 완전히 살균되지 않았을 때
> ◦ 오염된 접종원을 사용하였거나 접종 과정 중 부주의로 오염되었을 때
> ◦ 배양 중 흔들기 작업을 너무 세게 하여 버섯균이 마찰에 의해 생육 장애가 일어나거나, 곡립이 마개 부분에 접촉되거나 마개의 오염원이 배지에 떨어질 때
> ◦ 배양실의 온도가 적온보다 높거나 습도가 높을 때

- 배양 소요기간: 19~22일

④ 액체종균
  ㉠ 접종이 끝난 액체종균 통에는 pore size 0.2㎛ 멤브레인 필터를 통한 무균의 공기를 주입하고, 외부 공기의 역류로 오염원이 액체배지 통에 들어오지 않도록 공기 배출구에도 필터를 설치
    ◎참고 정전 등을 대비하여 공기 주입구 라인에는 체크 밸브를 설치
  ㉡ 대량 배양할 경우, 에어콤프레샤에서 나오는 공기 라인에 건조기를 설치, 수분이 포함된 공기가 공급되지 않도록 함
  ㉢ 배양 기간 중에는 원균 접종구와 종균 채취구는 오염 방지를 위해서 봉입함
  ㉣ 톱밥종균과 같은 온도 상승 등 온도 변화가 심하지 않으므로, 배양실 온도는 적온 유지
    ◎참고 배양실 온도가 낮으면, 오히려 균사 생장이 느려짐
  ㉤ 배양 소요기간
- 팽이버섯: 배양 온도 22℃, 5~7일
- 큰느타리: 배양 온도 23℃, 7~8일
  ㉥ 배양이 완료되면 즉시 사용하는 것이 좋음

2) 우량종균 선별

우량종균을 선별하기 위한 검정방법은 간이검정과 정밀검정으로 나뉨

① 간이검정(육안검정)

▣ 종균의 간이검정법

오염종균	• 품종 고유의 색택이 아닌 검은색, 붉은색, 푸른색 등이 나타나는 것 • 줄무늬 또는 경계선이 나타나는 것 • 균사 색상이 엷고 마개를 열면 쉰 냄새나 술 냄새가 나는 것
노화종균	• 균사 밀도가 엷고 부수면 응집력이 약하여 쉽게 부서지는 것 • 종균병 밑바닥에 붉은색 물이 고인 것 • 종균의 상부에 버섯 원기 또는 자실체가 형성된 것

② 정밀검정(생물학적 검정)

▣ 종균의 정밀검정법

세균 검정	종균을 세균용 한천배지(NA 등)에 접종하여 37℃에서 12시간 이상 배양하여 세균 증식 확인
곰팡이 검정	• 종균을 PDA 등 한천배지에 접종하여 배양된 균사의 색이나 생장 속도 등을 확인 • 배양된 균을 현미경으로 관찰하여 오염 여부를 판정 [참고] - 버섯 균사체는 대부분 꺽쇠연결체가 있고, 포자 형성을 안 함 - 양송이 균은 꺽쇠연결체가 없지만 균사체에서 포자도 형성하지 않으므로, 균사체에서 포자를 형성하는 오염균과 구분할 수 있음
바이러스 검정	dsRNA를 갖고 있어 바이러스 검정용 특이 프라이머를 이용하여 RT-PCR법으로 검정

3) 종균저장

① 어떤 종류의 종균이든 배양 완료된 종균은 바로 사용하는 것이 좋지만, 그렇지 못한 경우에는 저온 단기저장을 해야 함

> → Tip 저온저장 이유
>
> 대부분의 버섯균은 5℃에서도 느리지만 생육하기 때문에, 균사 생장 억제를 위해서 저온저장이 필요함. 특히, 장기간 저장이 필요한 종균은 배양 완료 즉시 바로 저온실에 보존해야 함

② 저장실 온도는 보통 2℃ 정도로 유지하고, 저장 중 온도 변화는 종균의 활력 저하를 유발하므로 일정한 온도로 유지해야 함. 저장실 팬(fan)에 의한 공기 유동이 심하면, 종균이 건조될 수 있으니 주의해야 함

> **Tip** 종균 저장 시 온도 설정 및 관리

- 보통은 2~5℃ 정도에서 저온저장
  - ■ 양송이 종균의 저장온도에 따른 종균 품질 변화(32주 저장)

구분	2℃	-2℃
백색 품종	이상 없음	이상 없음
갈색 품종	생산량 감소	이상 없음

    [참고] 풀버섯, 분홍느타리 등과 같은 고온성 버섯은 10℃ 이상에서 보관해야 함

③ 저장 시에도 암상태 유지: 빛에 의해서 버섯의 발생 유도 방지
④ 저장실의 청결, 위생 관리: 오염균이나 해충이 없도록 청소 및 소독을 철저히 해야 함

3 품종육종

(1) 품종육성

1) 버섯 균주분리 및 교배 육종방법

① 도입육종법
- 외국이나 다른 지역에서 재배되고 있거나 자생하는 종을 도입하여 새로운 유전자원으로 이용하여 그대로 재배품종으로 이용하는 것으로 검정 재배를 하여 실제 재배가 가능하고 우수한 특성을 나타낼 때 그대로 품종으로 하는 육종법
- 우리나라는 UPOV 가입(2002.1.7.) 이후부터는 품종개발자와의 정식계약에 의하지 않는 것은 모두 불법임
- 도입 품종: 양송이 505호, 705호, 느타리버섯 농기 201호, 2-1호, 사철느타리, 여름느타리, 영지 1호, 목이 1호, 만가닥 1호 등

② 분리육종법

■ 버섯균의 분리육종법

순계분리법	• 자웅이주성에 속하는 많은 버섯은 타식성이므로 야생버섯은 여러 유전자형이 혼합된 혼형 상태로 버섯 자실체를 조직 분리하여 얻은 후에 다시 우수한 계통을 선발할 수 있음 • 조직 분리한 균주는 완전히 유전형질이 고정되지 않음 → 담자포자를 발아시켜 검정 → 다양한 형질 분리 → 유용한 순계 분리하거나 유전형질을 고정한 후에 이용하는 방법
포자분리법	• 주로 자웅동주 버섯에 많이 이용되는 방법으로 야생의 버섯이나 재배되고 있는 버섯에서 포자를 분리하고 발아시켜 그 균주들을 재배 시험을 실시하여 좋은 품종을 육성해 내는 방법 • 단핵 포자는 여러 가지 가능성을 지니는 육종재료나 새로운 형질의 발견이 가능하기 때문에, 수집한 포자를 증류수 등으로 현탁하여 한천배지에 도말하고 포자 발아를 유도하여 한(1) 균주씩 분리하는 방법으로 간단하고 실용성이 높음 • 양송이 707호(갈색품종)

조직분리법 (조직배양법; tissue culture method)	• 버섯 자실체에서 분리한 균사체를 다른 미생물로부터 오염되지 않도록 안전하게 배양하는 방법으로 버섯은 거의 대부분 야생버섯과 돌연변이체를 이 방법에 의해 수집하여 육성된 것임 • 재배 중에 나온 좋은 형질의 자실체를 조직 배양 하거나, 조건이 다른 환경이나 지역에서 재배한 자실체에서 조직 배양한 균주를 선발 육성하는 방법으로 사용됨 참고 활물공생균(송이, 능이 등)의 경우에는 조직분리가 어려운 경우가 많음

→ **Tip** 주의사항

- 자실체를 조직분리할 때, 담자포자의 유입은 유전적 변이를 초래할 수 있으므로, 자실체의 대 또는 육질부분에서 분리하는 것이 좋음
- 조직배양이 어려운 종은 담자포자나 자실층에서 분리하는 것이 효과적임

③ 교배 육종방법
- 교잡육종법은 품종의 육성에 가장 많이 이용되는 방법으로 양친이 가진 유전자를 가장 많이 변화시킬 수 있는 육종방법
- 계통 간 균사 접합으로 두 계통 간의 핵이 공존하거나 유전자 재조합이 일어나 새로운 균주를 육성하는 방법

■ 버섯균의 교배육종법

잡종강세육종법 (heterosis breeding)	• 잡종에 나타나는 잡종강세(hybrid vigor)를 이용하는 육종법으로 동질성이 높은 계통, 유연관계가 먼 계통들의 조합일수록 유리함 • 버섯은 균사체를 증식하여 재배에 이용하므로 품종은 F1을 이용함
단교잡법 (single cross method)	• P1×P2와 같이 2개 계통을 교배하여 잡종(F1)을 만드는 것으로 버섯의 품종이나 계통은 동형보다는 이형성을 보임 • 균사접합을 통하여 교잡화하면 두 계통이 접합된 부위에 따라 다소의 유전자 조성이 차이가 나므로 목적하는 부위를 선택하여 증식하여 사용
여교잡법 (backcross method)	• 내병성 품종 육성이나 특수한 형태적 특성과 같은 목적하는 형질이 쉽게 감정되는 형질에 대해 적용되는 방법 • P1×P2 → (P1×P2)×P1이거나 (P1×P2)×P2
복교잡법 (double cross method)	• 많은 품종 또는 계통에 포함되어 있는 몇 가지 형질을 한 품종에 모으고자 할 때 사용 • (P1×P2)×(P3×P4) → F(P1×P2)×F(P3×P4)
삼계교잡 (three way cross)	(P1×P2) → F(P1×P2)×P3
다계교잡 (multiple cross)	[(P1×P2)×(P3×P4)]×[(P5×P6)×(P7×P8)] 또는 그보다 많은 계통을 교잡하는 방법
종속간교잡법 (interspecific and intergeneric hybridization)	• 종간 또는 속간 등 원연간 교잡에 의해 후대에 나타나는 다양한 변이를 이용하는 방법 • 예를 들면, 느타리속에서는 종간교잡이 가능한 경우도 있음 • 종속 간의 교잡은 양친의 게놈이 다르기 때문에 계통이나 품종 간에서 얻기 어려운 새로운 유전자형 획득 가능

포자접합법 (cross by spore germlings)	• 담자포자를 혼합하여 발아시켜 양친주와 다른 것을 분리해 내는 방법 • 유연관계가 낮은 종간 및 속간 이상에서는 불화합성이 확실하여 균사 접합이 일어나지 않음
이핵-단핵체 교잡 (Di-mono cross; Buller 현상)	• 이핵균사체와 단핵균사체를 교배하는 것으로 di-mono 접합이라고도 함 • 꺽쇠연결체(클램프)를 가진 이핵균사체와 단핵균사체를 교배하고 단핵 균주 쪽에서 꺽쇠연결체가 있는 균주를 선발하여 육종하는 방법 • 포자 발아가 어려운 영지버섯이나 단핵 균주를 얻기 어려운 양송이 육종에 이용 가능함

④ 유전공학적 육종

■ 버섯균의 유전공학적 육종법

원형질체 융합법	세포의 융합을 통한 육종방법으로 버섯 균사체에 효소처리 → 세포벽 제거 → 대량 원형질체 확보 → 다른 균주의 원형질체와 융합 → 이핵체 간의 융합(융합핵) → 세포벽 재생 과정
형질 전환 방법	유전형질(유전적 특징)을 개량하는 방법으로 유전자 조작 후 유용 DNA 등 유전물질을 삽입하여 형질 전환된 균주를 선발하는 것

⑤ 돌연변이육종법(mutation breeding)
- 방사선, 방사능물질, 화학약품 등으로 인위적인 유전자의 변화(돌연변이)를 유발하여 목적에 부합되는 균주를 육성하는 것
- 돌연변이 유발원: 자외선, X선, α선, β선, γ선, 초음파, nitrogen mustard, ethyl methane sulfonate 등
- 자외선은 무포자 버섯 육성에 이용한 사례가 있음

2) 버섯균의 유전

① 자웅동주성(암수가 같은 균주의 성): 담자포자 한 개가 발아하여 다른 균주와 교배를 하지 않아도 임성을 갖는 것
- 일차 자웅동주성(암수가 같은 균주의 성): 하나의 포자에서 발아한 균사는 불화합성 인자가 없으며, 단핵 균사가 임성을 가짐. 풀버섯
- 이차 자웅동주성(암수가 같은 균주의 성): 불화합성 인자를 가지며, 화합성인 2개의 핵이 하나의 포자로 이동해서 이 포자가 발아하여 균사가 되면 자가 임성을 가지는 것. 양송이

② 자웅이주성(암수가 다른 균주의 성): 한 개의 유성포자(담자포자)가 발아하여 자실체를 형성하지 못하며, 임성을 갖기 위해서 반드시 다른 화합성 균주와 교배해야 하는 것을 말함
- 2극성교배형: 불화합성 인자가 A 하나로 두 개의 교배형을 가지는데, 이들 두 교배형은 동일 수로 생성. 여름양송이, 맛버섯, 목이
- 4극성교배형: 불화합성 인자는 A, B 2개로 4개의 교배형을 가짐. 느타리, 표고, 팽이버섯, 영지 등

■ 버섯의 성 양식

구분	담자기의 포자 수	포자의 핵 수	클램프 연결체	불화합성 인자	성형태
풀버섯	4	1	–	없음	일차 자웅동주성
양송이	2-4	2	없음	A	이차 자웅동주성
여름양송이	4	1	없음	A	이극성 자웅이주성
목이	4	1	있음	A	이극성 자웅이주성
표고	4	1	있음	AB	사극성 자웅이주성
팽이	4	1	있음	AB	사극성 자웅이주성
느타리	4	1	있음	AB	사극성 자웅이주성

3) 현미경 검경기술

① 포자 발아나 조직분리로 얻어진 균사는 현미경으로 균사를 검경하여 4극성인 버섯은 꺽쇠 연결체의 유무에 따라 단핵 균주와 2핵 균주 여부를 확인 가능함
② 현미경 종류는 실체현미경 10~100배, 광학현미경 100~1,500배, 전자현미경으로는 수십~수만에 이르는 배율로 볼 수 있는 현미경 등이 있음
③ 실체 현미경과 광학현미경은 살아있는 자체로 검경 할 수 있고, 고배율인 전자현미경은 생체상태로 관찰할 수 없음

> **Tip** 현미경 관찰법
>
> - 현미경을 안정적으로 설치한 후, 재물대를 최대한 내리고 배율이 가장 낮은 대물렌즈를 재물대 위에 오게 한 다음, 빛(광원)의 세기 조절 나사를 조절하여 빛의 세기를 조절
> - 프레파라트를 재물대 위에 고정시켜 관찰할 부분이 대물렌즈의 바로 아래 오도록 조절
> - 조동 나사를 이용하여 대물렌즈와 관찰할 물체가 가까워지도록 재물대를 올림
> - 접안렌즈의 간격을 관찰자의 눈 간격과 맞게 조절하고, 조동 나사로 재물대를 천천히 내리며 상을 찾음
> - 상을 찾은 후에는 미동 나사를 돌리면서 상이 뚜렷이 보이도록 초점을 맞춤
> - 관찰물의 초점이 맞춰지면 프레파라트를 상하좌우로 움직이면서 관찰
> - 관찰하고자 하는 부분이 시야의 중심에 오도록 한 다음 순차적으로 높은 배율의 대물렌즈로 바꾸어 관찰
> - 조리개와 미동나사를 조정하여 선명한 상을 얻도록 조절

> **Tip** 현미경 관찰 최종 배율 & 초점 조절
>
> - 현미경 관찰 최종 배율은 접안렌즈 배율 × 대물렌즈 배율로 결정됨
> - 접안렌즈: 눈과 접하는 부분으로 10배, 15배 렌즈 사용
> - 대물렌즈: 재물대의 관찰물과 접하는 부분으로 보통 4, 10, 40, 100배의 렌즈 사용
>   [예] 10배 접안렌즈 × 40배 대물렌즈를 사용한 관찰의 최종 배율은 400배
> - 관찰물의 초점 조절은 조동나사와 미동 나사로 함
> - 조동나사: 재물대를 위아래로 큰 범위로 움직이며, 저배율 상의 초점 조절에 사용함
> - 미동나사: 저배율에서 고배율로 초점 미세조절을 위해 사용함

■ 광학현미경의 구조 및 명칭　　　　　■ 광학현미경

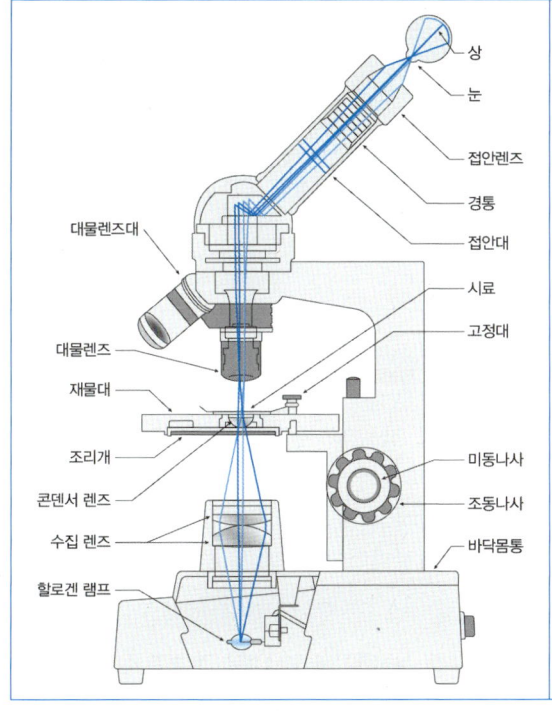
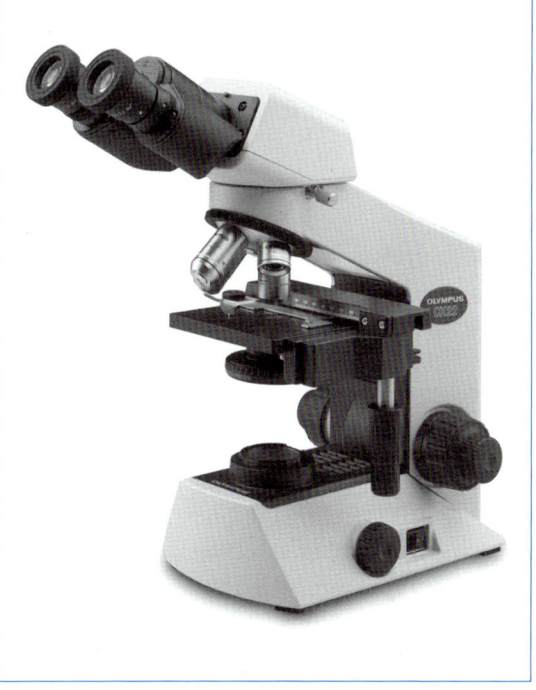

(2) 육성균주 선발

1) 교배균주 선발

버섯육종은 종래의 것보다 유전형질이나 특성을 개선하여 우량한 품종 또는 종을 만들어서 증식, 보급하는 것이 목적임. 즉, 유용한 특성이 가장 강하게 표현될 수 있는 환경 조건에서 목적하는 특성을 표현할 수 있는 유전자형을 하나의 균주에 모으는 작업

① 육종 단계: 종이나 품종 개량 → 육종기술 체계화 → 신품종 보급
- 변이: 기존에는 자연돌연변이를 이용하기도 했지만, 최근에는 인위적 변이(교잡, 돌연변이) 유발
- 변이 선택과 고정: 질적, 양적 형질에 대한 검정으로 우량균주 선택
- 신품종의 증식과 보급: 품종의 오염, 변이 방지를 위해 다양한 방법으로 균주 보존

> **→ Tip** 교배균주 선발 사례
>
> ◦ 빠른 생장력: 균사의 세력이 강하고 빠른 것
> ◦ 배지 적응성: 여러 가지 배지 재료에서도 동일한 수량을 얻을 수 있는 것
> ◦ 짧은 생활 주기형, 재배기간 단축
> ◦ 다수성: 수량이 많은 것
> ◦ 고품질: 품질이 우수한 것(자실체의 형태, 경도, 색깔, 향, 저장성 등)
> ◦ 내병성: 여러 가지 병에 강한 것
> ◦ 내충성: 여러 해충에 강한 것
> ◦ 내재해성: 열악한 환경에서도 강한 것

- 온도 적응성: 광범위한 온도에서도 잘 적응하는 것(저온성, 고온성 등)
- 무포자성: 포자가 적거나 없는 것
- 기능성 성분: 이용할 수 있는 좋은 기능성 물질을 가진 것

② 버섯은 균사체를 번식시키는 작물이기 때문에 돌연변이체나 교잡주가 우수하면 선택하여 품종으로 이용할 수 있음
③ 우량한 것을 선발하기 위해서는 질적, 양적 형질에 대한 정확한 검정이 필요함

2) 품종 등록에 관한 사항

식물신품종 보호법 관련
식물신품종 보호법(약칭: 식물신품종법) [시행 2020. 6. 11.] [법률 제16785호, 2019. 12. 10, 일부개정]

① 2012년 1월 7일부터 모든 식물이 품종보호출원의 대상 작물임
② 작물의 용도에 따라 농업용은 국립종자원, 임업용은 산림청의 국립산림품종관리센터, 해조류는 국립수산과학원의 수산식물품종관리센터에서 출원을 담당하고 있음
③ 2012년 종자산업법에서 식물 신품종보호법이 분리·제정되었고 2013년 6월부로 발효됨

> **Tip 식물신품종보호제도의 목적**
>
> - 식물신품종 육성자의 권리를 보호함으로써 우수품종 육성 및 우량종자의 보급 촉진과 농업 생산성의 증대와 농민소득 증대
> - 통상적으로 신품종 개발에는 오랜 시간, 기술 및 노동력이 소요되며 많은 비용이 투입되는 만큼, 타인이 육성자의 허락 없이는 신품종의 상업화를 할 수 없도록 규제하고, 품종보호권을 가진 육성자가 개발비용을 회수하고 육종 투자로부터 이익을 거둘 수 있도록 함

④ 식물신품종보호제도는 식물신품종 육성자의 권리를 법적으로 보장하여 주는 지적재산권의 한 형태로 특허권, 저작권, 상표등록권과 유사하게 육성자에게 배타적인 상업적 독점권을 부여하는 제도임
⑤ 식물신품종보호법에서는 신품종 육성자의 권리를 법적으로 보장하기 위해 특별법 형태 채택하고 있음

■ 신품종보호법과 특허법의 차이

구분	식물품종보호법	특허법
목적	농업의 발전	산업의 발전
보호목적물	식물의 품종	특허권
보호대상 범위	유성, 무성번식 식물	유무성번식 식물 여부 관계없이 식물발명 보호, 산업상 이용 가능한 발명
심사	서류심사, 재배심사	서류심사
보호요건	신규성, 구별성, 균일성, 안정성, 고유한 품종명칭	산업상 이용 가능성, 신규성, 진보성, 반복 가능성
육종가권리범위	법에 정한 범위에 따름	신청 범위에 따라 따름
출원인의 국적	자국 내에 주소를 둔 자	국내외인 가능

권리존속기간	등록 후 20년(과수, 임목은 25년)	특허권 설정등록이 있는 날부터 특허출원일 후 20년
권리존속기간 연장	불가능	가능

> **→ Tip 품종**
>
> 식물학에서 통용되는 최저분류 단위의 식물군으로서 제16조에 따른 품종보호 요건을 갖추었는지와 관계없이 유전적으로 나타나는 특성 중 한 가지 이상의 특성이 다른 식물군과 구별되고 변함없이 증식될 수 있는 것을 말한다. [식물신품종보호법 제2조2호]

⑥ 균일성, 영속성을 유지하고, 유용 형질이 타 품종과 명확한 구별이 되며, 그 형질이 균사체의 영양번식에 있어 유전적으로 유지되고 안정성이 있는 균사체를 신품종으로 인정됨

■ 신품종 판별을 위한 용어 해설

우수성	• 기존보다 우수한 유전형질과 명확히 구별되는 2개 이상의 특성 • 환경적인 조건을 배재하고 유전적인 우수성(구별성)을 기준으로 함
균일성	• 균일한 재배와 이용성을 가져야 함 • 지역, 시간적 차이에 의한 변이 발생은 환경 조건에 의해 생긴 생리적 변이로 판단
영속성	균일하고 우수한 특성 유지

⑦ 이 신품종에 대한 보호와 권한을 받기 위하여 [식물신품종보호법]에 정해진 요건을 구비하고 품종보호출원을 신청해야 함

⑧ **품종 보호 신청, 보증 및 분쟁**: 품종 보호를 받고자 출원한 품종이 품종보호 요건을 구비하여 식물신품종 보호법에서 규정한 출원 방식에 위배되지 않고 등록료를 납부하는 경우에는 품종보호권을 부여하도록 하고 있음

■ 품종보호 요건

신규성 (Novelty)	• 신품종: 품종이 국내에서 1년, 외국에서는 4년(과수, 임목 6년) 이상 해당 종자 또는 수확물이 이용을 목적으로 양도되지 아니한 것 • 알려진 품종(품종보호 대상작물로 신규 지정된 작물): 이미 유통 중이거나 알려진 품종은 품종보호 대상작물로 지정된 날부터 1년 이내에 출원하는 경우 신규성을 인정
구별성 (Distinctness)	품종보호출원일 이전까지 일반인에게 알려져 있는 품종과 한 가지 이상의 특성이 명확히 구별되는 것
균일성 (Uniformity)	품종의 본질적인 특성이 그 품종의 번식방법상 예상되는 변이를 고려한 상태에서 충분히 균일한 경우로서 품종의 집단 내에서 이형 주수가 허용 가능한 범위 내에 있을 것
안정성 (Stability)	반복적인 증식 후에도 그 품종의 본질적인 특성이 변하지 아니하는 것
품종의 명칭 (Denomination)	모든 품종은 하나의 고유한 품종 명칭을 가져야 함

⑨ 출원된 신품종의 심사 절차
- 품종보호출원: 접수된 출원서가 구비요건에 맞는지 확인

- 출원서 심사 및 심사방법 결정: 출원공개(품종보호 공보 게재)하며, 출원품종의 심사방법(서류심사 또는 재배심사) 결정
- 재배심사(DUS Test): 현지시험, 품종센터 실시 자체시험, 외부기관(대학 등) 위탁시험
  ◎참고 일반적으로 재배심사 기간은 2작기(버섯의 경우 4~5년) 소요
- 종합심사: 신규성 및 품종명칭 심사 결과와 재배심사 결과 보고를 바탕으로 출원품종의 품종보호 출원에 대한 종합판정
- 품종보호권 설정: 보호 결정된 품종은 설정등록을 함으로써 최종적으로 품종보호권 발생

■ 국립산림품종관리센터의 품종보호출원 처리절차

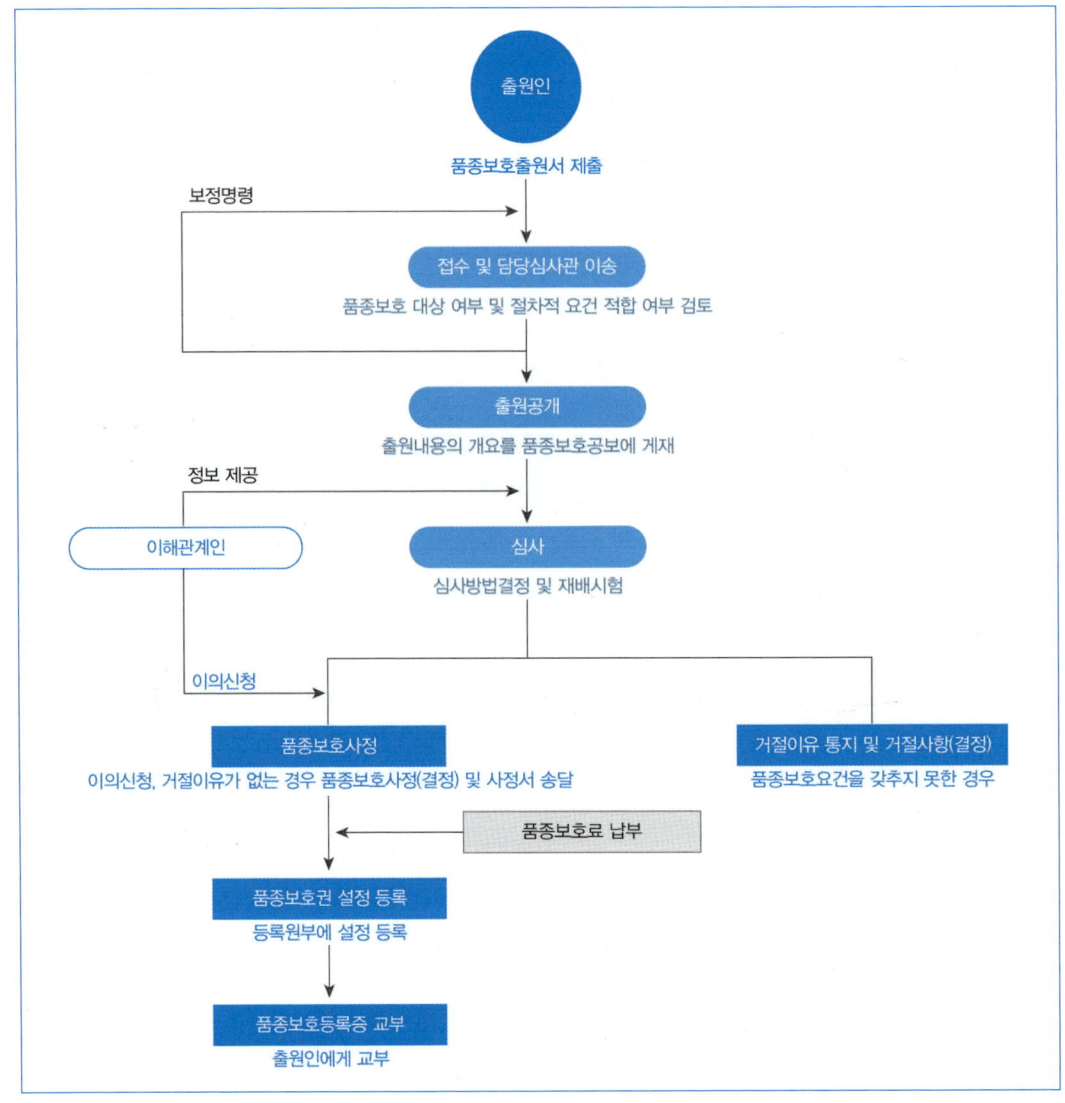

출처: 국립산림품종관리센터

■ 국립종자원의 품종보호 등록 절차

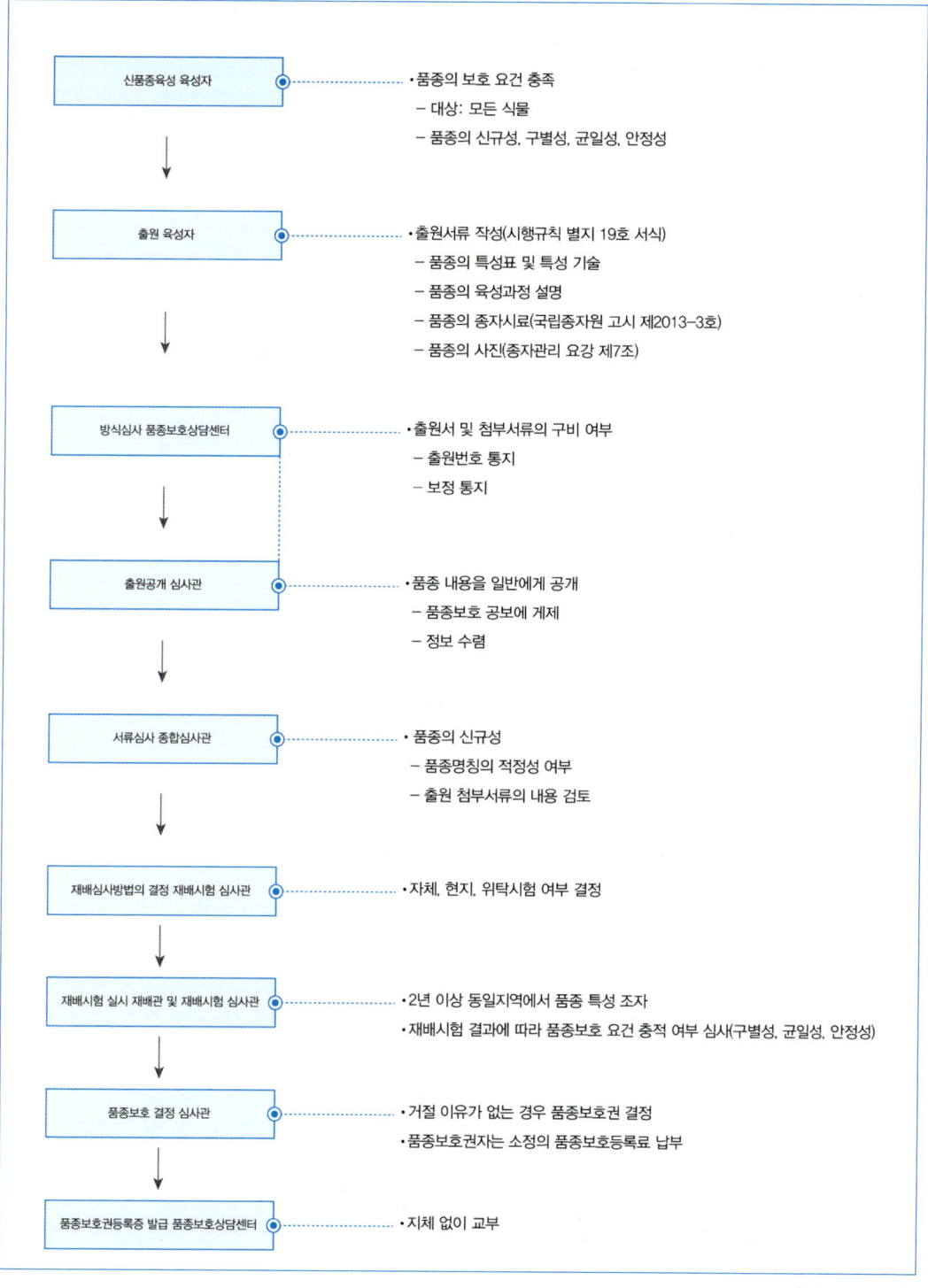

출처: 국립종자원

> **참고** 품종보호권 존속기간: 20년

■ **버섯 품종보호출원 담당 기관**

기관	버섯 종류
국립종자원	검은비늘버섯, 계종버섯, 노랑느타리, 노루궁뎅이버섯, 눈꽃동충하초, 느타리, 느타리×큰느타리, 느티만가닥버섯, 동충하초, 맛버섯(나도팽나무버섯), 먹물버섯, 백령버섯, 버들송이, 비늘버섯, 산느타리버섯, 상황버섯, 신령버섯(신령주름버섯), 아위느타리, 아위느타리×백령버섯(백령고), 아위느타리×큰느타리, 양송이, 여름느타리버섯, 여름양송이, 영지버섯(불로초, 영지), 왕송이버섯, 잎새버섯, 자흑색불로초, 주름버섯속, 진흙버섯, 차신고버섯, 큰느타리버섯, 팽이버섯(팽나무버섯), 풀버섯, 흰목이
국립산림품종관리센터	가송이, 꽃송이버섯, 목이, 복령, 뽕나무버섯, 새잣버섯, 석이, 소나무잔나비버섯, 송이, 싸리버섯, 아까시흰구멍버섯, 참바늘버섯, 털목이, 표고, 향버섯, 흰굴뚝버섯

⑩ **수입적응성시험**: 농림축산식품부장관이 정하여 고시하는 작물의 종자로서 국내에 처음으로 수입되는 품종의 종자를 판매하거나 보급하기 위하여 수입하려는 자는 그 품종의 종자에 대하여 농림축산식품부장관이 실시하는 수입적응성시험을 받아야 함

■ **수입적응성시험 대상 버섯 및 실시 기관**

기관	버섯 종류
한국종균생산협회	양송이, 느타리, 영지, 팽이버섯, 잎새버섯, 버들송이, 만가닥버섯, 상황
국립산림품종관리센터	표고, 목이, 복령

⑪ **품종보호권에 대한 보호**
- 품종보호권자나 전용실시권자는 자기의 권리를 침해하였거나 침해할 우려가 있는 자에 대하여 그 침해의 금지 또는 예방을 청구할 수 있음
- 청구를 할 때에는 침해행위를 조성한 물건의 폐기, 침해행위에 제공된 설비의 제거, 그 밖에 침해예방에 필요한 행위를 청구할 수 있음

> **Tip 식물신품종보호법 벌칙**
>
> ◦ 침해죄(식물신품종보호법 제131조): 7년 이하의 징역 또는 1억 원 이하의 벌금
>   - 품종보호권 또는 전용실시권을 침해한 자
>   - 품종보호 출원인이 출원 공개일부터 업으로서 그 출원품종을 실시할 권리(제38조제1항)를 침해한 자. 다만, 해당 품종보호권의 설정등록이 되어 있는 경우만 해당
>   - 거짓이나 그 밖의 부정한 방법으로 품종보호 결정 또는 심결을 받은 자
> ◦ 위증죄
>   - 선서한 증인, 감정인 또는 통역인이 심판위원회에 대하여 거짓으로 진술, 감정 또는 통역을 하였을 때에는 5년 이하의 징역 또는 5천만원 이하의 벌금
>   - 죄를 지은 사람이 그 사건의 결정 또는 심결 확정 전에 자수하였을 때에는 그 형을 감경하거나 면제 가능
> ◦ 거짓표시의 죄: 3년 이하의 징역 또는 3천만원 이하의 벌금
> ◦ 비밀누설죄: 농림축산식품부·해양수산부 직원(권한 위임받은 기관의 직원 포함), 심판위원회 직원 또는 그 직위에 있었던 사람이 직무상 알게 된 품종보호 출원 중인 품종에 관하여 비밀을 누설하거나 도용하였을 때에는 5년 이하의 징역 또는 5천만원 이하의 벌금

⑫ 과태료 부과

> ① 다음 각 호의 어느 하나에 해당하는 자에게는 50만원 이하의 과태료 부과
>   1. 품종보호권·전용실시권 또는 질권의 상속이나 그 밖의 일반 승계의 취지를 신고하지 아니한 자
>   2. 실시 보고 명령에 따르지 아니한 자
>   3. 선서한 증인, 감정인 및 통역인이 아닌 사람으로서 심판위원회에 대하여 거짓 진술을 한 사람
>   4. 심판위원회로부터 증거조사나 증거보전에 관하여 서류나 그 밖의 물건의 제출 또는 제시 명령을 받은 사람으로서 정당한 사유 없이 그 명령에 따르지 아니한 사람
>   5. 심판위원회로부터 증인, 감정인 또는 통역인으로 소환된 사람으로서 정당한 사유 없이 소환을 따르지 아니하거나 선서, 진술, 증언, 감정 또는 통역을 거부한 사람
> ② 과태료는 대통령령으로 정하는 바에 따라 농림축산식품부장관 또는 해양수산부장관이 부과·징수
>   − 위반행위의 횟수에 따른 과태료 부과기준은 최근 2년간 같은 위반행위로 과태료 부과처분을 받은 경우에 적용
>   − 가중하는 경우에도 법 제137조제1항에 따른 과태료 금액의 상한을 넘을 수 없음

■ 과태료 개별기준

위반행위	근거 법조문	과태료 금액(단위: 만원)		
		1회 위반	2회 위반	3회 이상 위반
가. 법 제62조제2항을 위반하여 품종보호권, 전용실시권 또는 질권의 상속, 그 밖의 일반승계의 취지를 신고하지 않은 경우	법 제137조제1항제1호	12.5	25	50
나. 법 제81조의 실시 보고 명령에 따르지 않은 경우	법 제137조제1항제2호	12.5	25	50
다. 법 제98조에 따라 준용되는 「민사소송법」 제143조, 제259조, 제299조 및 제367조에 따라 선서한 증인, 감정인 및 통역인이 아닌 사람으로서 심판위원회에 대하여 거짓 진술을 한 경우	법 제137조제1항제3호	12.5	25	50
라. 법 제98조에 따라 준용되는 「특허법」 제157조에 따라 심판위원회로부터 증거조사나 증거보전에 관하여 서류나 그 밖의 물건의 제출 또는 제시 명령을 받은 사람으로서 정당한 사유 없이 그 명령에 따르지 않은 경우	법 제137조제1항제4호	12.5	25	50
마. 법 제98조에 따라 준용되는 「특허법」 제154조 또는 제157조에 따라 심판위원회로부터 증인, 감정인 또는 통역인으로 소환된 사람으로서 정당한 사유 없이 소환에 응하지 않거나 선서, 진술, 증언, 감정 또는 통역을 거부한 경우	법 제137조제1항제5호	5	10	20

(3) 종자업 등록

1) 산림자원의 조성 및 관리에 관한 법률

① 버섯종균생산업자의 등록 자격(산림자원법 시행령 제12조제1항)

> 가. 다음의 어느 하나에 해당하는 자일 것
> 1) 「국가기술자격법」에 따른 버섯종균기능사의 자격을 가진 사람
> 2) 「고등교육법」 제2조 각 호에 따른 학교의 농업, 생물 또는 미생물 분야 학과를 졸업(법령에 따라 이와 같은 수준의 학력이 있다고 인정되는 경우를 포함한다)한 후 버섯종균 제조업무에 3년 이상 종사한 사람
> 3) 외국의 버섯종균 관련 기술교육기관 또는 연구기관에서 1년 이상 연수한 사람으로서 해당기관에서 발급하는 수료증 또는 자격증을 받은 후 버섯종균 제조업무에 3년 이상 종사한 사람
> 4) 「초·중등교육법 시행령」 제91조에 따른 농업 분야의 특성화고등학교를 졸업한 후 버섯종균 제조업무에 5년 이상 종사한 사람
> 5) 1)부터 4)까지의 규정 중 어느 하나에 해당하는 사람을 상시 고용하고 있는 개인 또는 법
> 나. 살균실·접종실 등 농림축산식품부령으로 정하는 시설을 갖출 것

■ **버섯종균생산업의 시설기준(제13조제3항 관련)**

산림자원의 조성 및 관리에 관한 법률 시행규칙 [별표 6] 〈개정 2019. 7. 9.〉

(단위: m²)

시설명 \ 종균배양 규모			25,000kg 미만	50,000kg 미만	100,000kg 미만	100,000kg 이상	기계·기구 설치요건
실험실			16.5 이상	16.5 이상	23.1 이상	30.0 이상	1. 현미경 1대(1,000배 이상) 2. 냉장고 1대(200ℓ 이상) 3. 항온기 2대 4. 건열기 1대 5. 오토크레이브 6. 그 밖에 산림청장이 실험에 필요하다고 인정하는 시설
준비실			33.0 이상	49.5 이상	66.0 이상	72.6 이상	1. 수도시설 2. 배지주입기 3. 그 밖에 산림청장이 접종 준비에 필요하다고 인정하는 시설
살균실	최소면적		23.1 이상	33.0 이상	49.5 이상	56.1 이상	
	고압살균기	압력	15~20파운드	15~20파운드	15~20파운드	15~20파운드	
		규모	150kg 이상	300kg 이상	500kg 이상	600kg 이상	
	보일러		0.3m/T 이상	0.5m/T 이상	1.0m/T 이상	1.0m/T 이상	
냉각실			16.5 이상	23.1 이상	33.0 이상	33.0 이상	

접종실	6.6 이상	13.2 이상	19.8 이상	26.4 이상	1. 무균상태를 유지할 수 있는 내부시설 2. 소독기구 설치 3. 그 밖에 산림청장이 접종에 필요하다고 인정하는 시설
배양실	99.0 이상	198.0 이상	297.0 이상	363.0 이상	1. 실온 20~25℃로 조절할 수 있는 항온장치 2. 1개 배양실당 종균배양능력 5,000kg 미만의 시설
저장실	33.0 이상	66.0 이상	99.0 이상	132.0 이상	실온 1~5℃로 조절할 수 있는 냉장장치

2) 종자산업법 및 신품종보호법 관련

① 종자업의 등록(종자산업법 제37조, 종자산업법 시행령 제14조)

- 종자업을 하려는 자는 대통령령으로 정하는 시설을 갖추어 시장·군수·구청장에게 등록하여야 한다. 이 경우 제39조의3제1항에 따라 종자의 생산 이력을 기록·보관하여야 하는 자의 등록 사항에는 종자의 생산장소(과수 묘목의 경우 접수 및 대목의 생산장소를 포함한다. 이하 같다)가 포함되어야 한다. 〈개정 2022. 12. 27.〉
- 종자업을 하려는 자는 종자관리사를 1명 이상 두어야 한다. 다만, 대통령령으로 정하는 작물의 종자를 생산·판매하려는 자의 경우에는 그러하지 아니하다.
- 농림축산식품부장관, 농촌진흥청장, 산림청장, 시·도지사, 시장·군수·구청장 또는 농업단체 등이 종자의 증식·생산·판매·보급·수출 또는 수입을 하는 경우에는 제1항과 제2항을 적용하지 아니한다. 〈개정 2013. 3. 23, 2015. 6. 22〉
- 제1항에 따른 종자업의 등록 및 등록 사항의 변경 절차 등에 필요한 사항은 대통령령으로 정한다. 〈신설 2016. 12. 27〉

② 종자관리사의 자격기준(종자산업법 시행령 제12조)

- 「국가기술자격법」에 따른 종자기술사 자격을 취득한 사람
- 「국가기술자격법」에 따른 종자기사 자격을 취득한 사람으로서 자격 취득 전후의 기간을 포함하여 종자업무 또는 이와 유사한 업무에 1년 이상 종사한 사람
- 「국가기술자격법」에 따른 종자산업기사 자격을 취득한 사람으로서 자격 취득 전후의 기간을 포함하여 종자업무 또는 이와 유사한 업무에 2년 이상 종사한 사람
- 「국가기술자격법」에 따른 버섯산업기사 자격을 취득한 사람으로서 자격취득 전후의 기간을 포함하여 버섯종균업무 또는 이와 유사한 업무에 2년 이상 종사한 사람(버섯 종균을 보증하는 경우만 해당한다)
- 「국가기술자격법」에 따른 종자기능사 자격을 취득한 사람으로서 자격 취득 전후의 기간을 포함하여 종자업무 또는 이와 유사한 업무에 3년 이상 종사한 사람
- 「국가기술자격법」에 따른 버섯종균기능사 자격을 취득한 사람으로서 자격 취득 전후의 기간을 포함하여 버섯 종균업무 또는 이와 유사한 업무에 3년 이상 종사한 사람(버섯 종균을 보증하는 경우만 해당한다)

> **Tip** 종자산업법 예외 조항
>
> - 종자업 등록의 예외: 농림축산식품부 장관, 농촌진흥청장, 산림청장, 시·도지사, 시장·군수 또는 농업협동조합법에 의한 농업협동조합 및 중앙회 등 대통령령이 정하는 농업단체
> - 종자관리사 보유의 예외: 양송이·느타리버섯·뽕나무버섯·영지버섯·만가닥버섯·잎새버섯·목이버섯·팽이버섯·복령·버들송이 및 표고버섯을 제외한 버섯류

■ 종자업 시설기준(종자산업법 시행령 제13조)

시설	1) 실험실: 16.5m² 이상일 것 2) 준비실: 49.5m² 이상이며, 수도시설이 설치되어 있을 것 3) 살균실: 23.0m² 이상일 것 4) 냉각실: 16.5m² 이상이며, 에어컨시설 또는 냉각시설이 설치되어 있을 것 5) 접종실: 13.2m² 이상이며, 무균상태를 지속할 수 있는 시설 및 자외선 등이 설치되어 있을 것 6) 배양실: 165.0m² 이상이며, 실온을 20~25℃로 조정할 수 있는 항온 장치시설이 설치되어 있을 것 7) 저장실: 33.0m² 이상이며, 실온을 1~5℃로 조절할 수 있는 냉각시설이 설치되어 있을 것
장비	1) 실험실: 현미경(1,000배 이상) 1대, 냉장고(200ℓ 이상) 1대, 소형 고압살균기 1대, 항온기 2대, 건열 살균기 1대 이상일 것 2) 준비실: 입병기 1대, 배합기 1대, 자숙솥 1대(양송이 생산자만 해당한다) 3) 살균실: 고압 살균기(압력: 15~20LPS, 규모: 1회 600병 이상일 것), 보일러(0.4톤 이상일 것)

※ 개별기준의 시설에 대하여 소유권이나 5년 이상의 임차권 등의 사용권을 확보할 것

③ 종균의 보증 및 표시
㉠ 보증 표시(종자산업법 제31조)
• 포장검사에 합격하고, 종자검사를 받은 보증종자를 판매하거나 보급하려는 자는 해당 보증종자에 대하여 보증표시를 하여야 함
• 보증종자를 판매하거나 보급하려는 자는 종자의 보증과 관련된 검사서류를 작성일부터 3년(묘목류 5년) 동안 보관하여야 함
㉡ 보증의 유효기간(종자산업법 제21조)
• 기산일(起算日)은 각 보증 종자를 포장(包裝)한 날부터이며, 다만, 농림축산식품부장관이 따로 정하여 고시하거나 종자관리사가 따로 정하는 경우에는 그에 따름

■ 유통종균의 품질 표시

번호	표시 내용	비고
1	품종명칭	
2	종균의 수량	
3	종균의 접종일	
4	종균 보증 시한	
5	포장년월	
6	재배상 주의 사항	
7	생산, 수입 판매신고번호	보호품종일 경우 해당 없음
8	수입년월, 수입자명	국내생산종균은 해당 없음
9	종자업 등록번호	수입업자 해당 없음
10	품종보호 출원공개번호 또는 품종보호등록번호	출원공개, 보호품종의 경우
11	유전자 변형 종자표시	유전자 변형 종균일 경우

* 버섯종균 품질 보증 기간: 1개월
* 위 품질표시를 하지 아니하거나 거짓으로 표시하여 종자 또는 묘를 판매하거나 보급한 자에게는 1천만원 이하의 과태료 부과

④ 피해보상의 범위와 기준(종자산업법 시행령 [별표 4])

1. 파종 전 피해가 종자의 결함으로 확인된 경우

피해 유형	보상 범위	보상기준
가. 무게, 종자 수(數) 미달 나. 이물 혼입 다. 부패, 변질	가. 종자 교환 나. 종자대금 환불	종자대금은 법 제22조에 따라 생산한 종자를 공급한 해의 가격으로 한다.

2. 종자의 파종 또는 육묘(育苗) 상태에서 피해가 종자의 결함으로 확인된 경우

피해 유형	보상 범위	보상기준
가. 발아 불량 나. 다른 품종 혼입 다. 생육 장애	가. 종자 교환 나. 종자대금 환불 다. 인건비, 자재비	가. 종자대금은 법 제22조에 따라 생산한 종자를 공급한 해의 가격으로 한다. 나. 인건비 및 자재비는 「통계법」 제3조제3호에 따른 통계작성기관이 매년 조사·발표하는 농산물 생산비 또는 소득조사 관련 통계를 종합적으로 고려하여 결정한다. 다. 나목의 통계자료가 없는 경우에는 관련 통계자료와 직접 조사한 자료를 종합적으로 고려하여 결정한다.

3. 그 밖에 농림축산식품부장관이 종자피해로 인정하는 경우: 제2호의 보상기준을 적용한다.
4. 종자피해의 판정기준 등에 관하여 필요한 사항은 농림축산식품부장관이 정하여 고시한다.

⑤ 과태료(종자산업법 제56조)

① 다음 각 호의 자에게는 1천만원 이하의 과태료를 부과한다.
  2. 종자의 보증과 관련된 검사서류를 보관하지 아니한 자
  2의2. 정당한 사유 없이 같은 조 제2항에 따른 보고·자료제출·점검 또는 조사를 거부·방해하거나 기피한 자
  2의3. 종자의 생산 이력을 기록·보관하지 아니하거나 거짓으로 기록한 자
  2의4. 종자의 판매 이력을 기록·보관하지 아니하거나 거짓으로 기록한 종자업자
  2의5. 정당한 사유 없이 자료제출을 거부하거나 방해한 자
  3. 유통 종자 또는 묘의 품질표시를 하지 아니하거나 거짓으로 표시하여 종자 또는 묘를 판매하거나 보급한 자
  4. 출입, 조사·검사 또는 수거를 거부·방해 또는 기피한 자
  5. 구입한 종자에 대한 정보와 투입된 자재의 사용 명세, 자재구입 증명자료 등을 보관하지 아니한 자
② 다음 각 호의 자에게는 500만원 이하의 과태료를 부과한다.
  1. 무병화인증 신청 및 심사에 관한 자료를 보관하지 아니한 자
  2. 종자의 판매 이력을 기록·보관하지 아니하거나 거짓으로 기록한 종자판매자
③ 다음 각 호의 자에게는 300만원 이하의 과태료를 부과한다.
  1. 변경신고를 하지 아니한 자
  2. 무병화인증 심사결과를 농림축산식품부장관에게 보고하지 아니한 자
④ 다음 각 호의 자에게는 200만원 이하의 과태료를 부과한다.
  1. 교육을 받지 아니한 자
  2. 종자의 수입신고를 하지 아니하거나 거짓으로 신고한 자
  3. 법을 위반하여 같은 조 각 호의 종자 또는 묘를 진열·보관한 자
⑤ 과태료는 대통령령으로 정하는 바에 따라 농림축산식품부장관 또는 시·도지사가 부과·징수한다.

■ 과태표 개별기준

위반행위	근거 법조문	과태료(단위: 만원)				
		1회 위반	2회 위반	3회 위반	4회 위반	5회 이상 위반
가. 법 제27조제3항을 위반하여 교육을 받지 않은 경우	법 제56조제4항제1호	10	30	50	70	100
나. 법 제31조제2항을 위반하여 종자의 보증과 관련된 검사서류를 보관하지 않은 경우	법 제56조제1항제2호	100	300	500	700	1,000
다. 법 제36조의5제5항을 위반하여 변경 신고를 하지 않은 경우	법 제56조제3항제1호	100	150	200	250	300
라. 법 제36조의5제8항제2호를 위반하여 무병화인증 신청 및 심사에 관한 자료를 보관하지 않은 경우	법 제56조제2항제1호	100	200	300	400	500
마. 법 제36조의5제8항제3호를 위반하여 무병화인증 심사결과를 농림축산식품부장관에게 보고하지 않은 경우	법 제56조제3항제2호	100	150	200	250	300
바. 법 제36조의8제3항을 위반하여 정당한 사유 없이 같은 조 제2항에 따른 보고·자료제출·점검 또는 조사를 거부·방해하거나 기피한 경우	법 제56조제1항 제2호의2	100	300	500	700	1,000
사. 법 제39조의3제1항을 위반하여 종자의 생산 이력을 기록·보관하지 않거나 거짓으로 기록한 경우	법 제56조제1항 제2호의3	100	300	500	700	1,000
아. 종자업자가 법 제39조의3제1항을 위반하여 종자의 판매 이력을 기록·보관하지 않거나 거짓으로 기록한 경우	법 제56조제1항 제2호의4	100	300	500	700	1,000
자. 종자판매자가 법 제39조의3제1항을 위반하여 종자의 판매 이력을 기록·보관하지 않거나 거짓으로 기록한 경우	법 제56조제2항제2호	100	200	300	400	500
차. 법 제39조의5제2항을 위반하여 정당한 사유 없이 자료제출을 거부하거나 방해한 경우	법 제56조제1항 제2호의5	100	300	500	700	1,000
카. 법 제40조의2제1항을 위반하여 종자의 수입신고를 하지 않거나 거짓으로 신고한 경우	법 제56조제4항제2호	10	30	50	70	100

위반행위	근거 법조문	과태료(단위: 만원)				
		1회 위반	2회 위반	3회 위반	4회 위반	5회 이상 위반
타. 법 제43조를 위반하여 유통 종자 또는 묘의 품질표시를 하지 않거나 거짓으로 표시하여 종자 또는 묘를 판매하거나 보급한 경우	법 제56조제1항제3호	100	300	500	700	1,000
파. 법 제44조를 위반하여 같은 조 각 호의 종자 또는 묘를 진열·보관한 경우	법 제56조제4항제3호	10	30	50	70	100
하. 법 제45조제1항에 따른 출입, 조사·검사 또는 수거를 거부·방해 또는 기피한 경우	법 제56조제1항제4호	100	300	500	700	1,000
거. 법 제47조제8항을 위반하여 구입한 종자에 대한 정보와 투입된 자재의 사용명세, 자재구입 증명자료 등을 보관하지 않은 경우	법 제56조제1항제5호	100	300	500	700	1,000

CHAPTER 03 버섯배지

1 버섯배지의 이해

(1) 버섯균의 생장 및 자실체 생육에 필요한 영양원을 함유하고 있는 유기물과 무기물 등의 단일 또는 복합의 혼합물을 버섯배지라고 말함

(2) 버섯배지는 버섯균을 배양하는 목적과 방법에 따라 사용하는 용기의 종류와 크기가 다르며 이에 따라 배지의 종류와 조성도 달라짐

■ 버섯배지의 종류

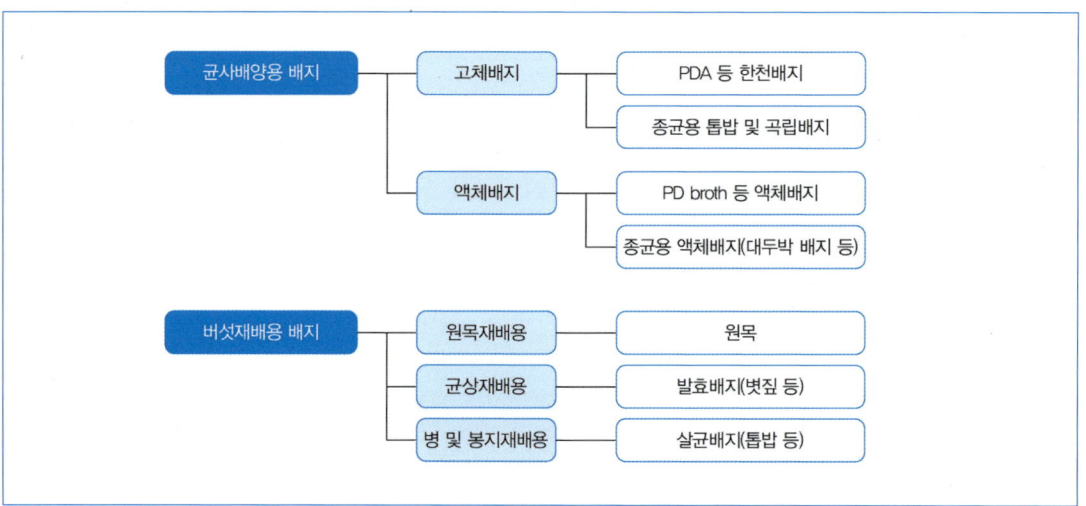

(3) 국내에서 주로 사용하고 있는 배지 재료는 톱밥류, 콘코브, 비트펄프, 면실피, 카사바줄기칩, 미강, 밀기울, 건비지, 대두박, 케이폭박, 면실박, 분쇄옥수수, 패화석분말, 탄산칼슘분말, 석고분말, 볏짚, 폐면, 원목 등으로 버섯재배 방법별로 다양하게 사용됨

■ 버섯재배 방법에 따른 배지종류

	균상재배	원목재배	봉지재배	병재배
배지종류	발효배지	나무토막	혼합배지	
사용재료	밀짚, 볏짚, 폐면	참나무류, 소나무 등	톱밥, 각종 첨가제	
재배버섯	양송이, 신령버섯, 풀버섯, 느타리 등	표고, 영지, 상황, 복령 등	느타리, 표고, 목이 등	느타리, 팽이, 새송이, 만가닥버섯 등

2 버섯배지 제조

(1) 배지 재료의 특성

1) 버섯배지 재료의 정의 및 종류

① 버섯배지 재료란 버섯균을 재배하기 위하여 사용되는 유기물과 화학물질을 말하며, 수분 함량 조절과 살균처리(발효 포함)를 거쳐 사용함
② 대부분이 농산부산물이나 농가공부산물로 연중 지속적으로 공급되기 어렵기 때문에 볏짚 등은 수확 후부터 저장해 두고 사용하거나 가공 후 저장·보관하여 사용해야 함
③ 원목재배에 사용하는 원목은 가을철에 양분이 충분히 저장되는 낙엽기인 11월 상순부터 이듬해 2월까지 벌채하여, 벌채 후 1~2개월 동안 수분조절을 위한 보관 과정(원목건조)을 거쳐야 함
④ 버섯재배용 배지에 요구되는 배지의 영양원은 주로 탄소원(carbon source)과 질소원(nitrogen source)으로 구성되고, 버섯의 종류에 따라 적당한 탄질비(C/N ratio)를 요구하고, 필수요소와 미량원소, 비타민 등이 필요함
⑤ 탄소원은 살아있는 세포에서 당분, 핵산, 단백질 합성을 위한 에너지원으로서 중요하며, 당분, 유기산, 알코올, 전분, 셀룰로오스, 헤미셀룰로오스, 리그닌의 유기화합물 등으로부터 생성됨
⑥ 질소원은 버섯의 세포 구성 원소인 단백질, 효소, 비타민 합성과 원형질 생성에 필수 요소임
⑦ 양송이의 경우 버섯재배에 사용되는 배지의 C/N비(탄질비)는 보통 버섯 영양생장에는 25:1, 버섯 생육기에는 40:1이 좋음
⑧ 인산(P), 황(S), 칼슘(Ca), 마그네슘(Mg), 칼륨(K)은 세포의 구성성분이며 물질대사에 관여하며, 세포의 삼투압 등을 조절함
⑨ 특히, 인산(P)과 칼륨(K)은 균사 생장과 자실체 형성에 관여함
⑩ 미량원소인 철(Fe), 구리(Cu), 아연(Zn), 망간(Mn), 붕소(B), 몰리브덴(Mo) 등과 비타민은 효소의 활성, 자실체 형성, 생장 및 촉진에 관여함

2) 균상재배용 배지

① 균상재배는 느타리, 양송이 등과 같이 3~5개월(2~3계절)에 걸쳐 버섯을 3~6주기까지 수확하는 재배방법으로 배지는 발효과정을 거쳐야 하며 마지막 주기까지도 균사체에 양분을 공급해 주어야 함
② 균상재배배지에 사용되는 볏짚이나 폐면 등은 농산부산물로써 연중 생산되는 것이 아니므로, 작물

의 수확 및 가공 후에 수분 함량 15% 이내로 잘 건조하여 보관되어야 함
③ 저장 및 유통 중에 곰팡이 등과 같은 오염으로 변질되지 않은 것을 선택해야 함
- 볏짚: 잎이 많고, 대가 연하여 수분 흡수력이 높고, 미생물을 분해하기 쉬움
- 밀짚: 볏짚보다 조직이 단단하여 수분 흡수력과 미생물 분해를 위해 잘게 분쇄하여 사용
- 유기태급원: 마분, 계분, 미강, 가용성 탄수화물, 면실박, 폐당밀 맥주박 등
- 무기태급원: 질소, 인산, 칼륨 등
- 석고, 탄산칼슘: 배지의 물리성 개선 및 pH 조절, 퇴비 표면의 교질화 및 과습 방지, 칼슘(Ca) 공급
- 폐면: 깍지솜, 방울솜, 백솜

> **Tip** 폐면 사용 시 주의사항
> - 폐면은 단섬유가 많아야 하며, 건조상태가 양호하며 깨끗한 것
> - 폐면은 지방질이 많고 왁스층이 있어서 다른 재료에 비해 수분조절이 가장 어려움

3) 병 및 봉지재배용 배지

① 배지재료로는 탄소 함량이 많고 수분 흡수율 등 물리성이 좋은 주재료와 질소 함량 등 영양분이 많은 재료를 첨가제로 혼합하여 배지의 수분 함량을 62~70%의 범위로 조절하여 사용. 버섯 종류에 따라 적당한 재료와 혼합비율 및 수분 함량을 선택하여 배지를 제조
② 주재료: 톱밥류, 콘코브, 비트펄프, 면실피, 카사바 줄기 칩 등
③ 첨가제(영양분): 미강(쌀겨), 밀기울(소맥피), 대두박, 건비지, 케이폭박, 면식박 등
④ 배지의 pH 조절 및 칼슘 등 무기물 첨가제로 석고, 탄산칼슘, 패화석 등

■ 배지재료

톱밥류	- 톱밥류는 버섯의 종류와 재배기간에 따라 톱밥(나무)의 종류와 크기에 차이가 있음
	- 페놀, 수지 성분 등 유해물질이 없고 변재부가 많은 나무가 좋음
	- 소나무 등 침엽수는 수지 성분이 많아 수분 흡수와 버섯균의 생장이 느리므로 야외퇴적을 하여 물주기로 침출수를 제거하면서 5~6개월 정도의 발효를 하여 사용함
	- 톱밥 종류에 따른 재배버섯
	
	  | 톱밥종류 | 재배버섯 |
	  |---|---|
	  | 포플러톱밥 | 느타리, 큰느타리, 팽이버섯, 만가닥버섯 등 |
	  | 참나무톱밥 | 표고, 목이, 노루궁뎅이버섯, 잎새버섯, 영지 등 |
	
	  * 참나무류: 졸참나무, 갈참나무, 상수리나무, 굴참나무, 신갈나무, 떡갈나무 등
	  * 영지, 표고 등은 탄닌산(tannin, 2.5% 내외)이 함유된 참나무류 톱밥 이용

콘코브 (Corn cob)	- 콘코브는 옥수수이삭속(옥수수속대)을 톱밥처럼 분쇄한 것으로 수입에 의존하는 재료임 - 품질이 좋은 콘코브를 제조하려면 곰팡이 등 해균이 없는 것으로 골라 수분 함량도 15% 이내로 잘 건조하여 분쇄하고, 압착 성형을 하여 보관 시에 부패하지 않게 해야 함 - 입자가 커서 배지 내의 공극 향상과 물리성 개선, 수분 조절 효과가 있음

비트펄프 (Beet pulp pellet)	• 사탕무에서 설탕원액을 추출하고 남은 찌꺼기, 펠릿으로 가공처리 후 수입 • 수분 함량을 13% 정도로 낮추어야 보관이 용이함 • 배지의 수분 함량 조절 효과가 있음
면실피 펠릿	목화 종자의 껍질 부분
카사바 줄기 칩	• 열대지방에서 재배하고 있는 1년생 작물인 카사바의 줄기를 칩(chip) 형태로 가공한 것 • 탄소원이지만, 질소 함량도 1.2% 정도로 다른 나무 톱밥(0.2%)과 콘코브(0.5%)에 비하여 양분 함량이 높고 가벼움
미강(쌀겨)	• 쌀 도정과정 중에 나오는 부산물 • 질소 함량이 2.5% 정도, 지방 함량이 높고 양이온과 비타민 등 각종 영양성분 등 함유 • 톱밥종균용 배지나 버섯재배용 배지의 영양원 첨가제로 주로 사용됨 * 특히 팽이버섯에서 변질된 미강의 사용은 생장과 수량을 감소시킴
밀기울(소맥피)	• 밀의 제분 공정에서 나오는 부산물 • 미강을 첨가한 배지보다 균사 생장 속도가 빠른 편
건비지	• 콩으로 두부 제조 후, 남은 찌꺼기(생비지)나 두유 등을 가공하고 나온 부산물 • 생산공정에 따라서 질소 함량이 2.5%~5% 내외로 차이가 나므로 구입 시 주의 필요
면실박	• 목화 종자에서 껍질(면실피)을 제거한 후 면실유를 짜낸 부산물 • 질소 함량이 7% 정도로 단백질, 칼슘, 섬유소를 함유하고 있어 영양원으로 사용 • 느타리(병재배, 봉지재배): 전체 재료의 부피에 대해 20% 정도로 많이 사용 • 팽이버섯, 큰느타리(병재배): 3~7% 정도 사용
패화석	• 패류와 해산물 등이 해저에서 화석화 된 것을 건조, 파쇄한 광물자원 • 일반적으로 석회질 비료와 토양개량제로 사용 • 탄산칼슘을 주성분으로 하고, 미네랄이 풍부하여 탄산칼슘을 대신하는 중화제로 사용됨

4) 원목재배용 배지(표고원목재배 중심으로)

① 재배하고자 하는 버섯과 재배방식에 따른 나무 선택이 중요함
② 페놀, 수지 성분 등 유해물질이 없고 변재부가 많은 나무가 좋은데, 주로 탄닌 성분이 적은 활엽수가 많이 이용됨
③ 소나무(복령재배에 사용), 은행나무, 잣나무 등은 원목으로 사용하기에 부적당함
④ 원목은 변재부가 많고, 심재부가 적은 수종에서 버섯의 수량과 품종이 우수함
⑤ 느타리버섯은 현재 원목재배를 거의 안 하지만, 포플러, 버드나무, 현사시나무 등 활엽수가 적당하고, 톱밥재배 시 활용 가능함
⑥ 현재 국내에서 주로 원목으로 재배되고 있는 버섯은 표고, 영지, 상황 등이 있음
   ⓒ 참고 표고는 탄닌 성분을 2.1~2.8% 함유한 상수리(15~20년생), 신갈나무(15~25년생)가 적합함
⑦ 원목의 종류: 참나무류(상수리, 굴참나무, 졸참나무, 물참나무, 떡갈나무, 신갈나무 등), 자작나무, 서어나무, 밤나무 등 활엽수, 침엽수(복령의 경우)
⑧ 벌채시기 및 준비과정
   ㉠ 벌채시기
   • 낙엽수의 경우 30~70% 정도 단풍이 들고 수액 유동이 정지된 11월 초순에서 이듬해 봄 2~3월경까지, 나무에 물이 오르기 전까지 가능

- 수피가 벗겨지지 않은 나무가 적당함
ⓒ 건조 및 토막치기
- 井자형으로 쌓아 1~2개월 정도 자연 건조하는데, 나뭇잎 가지나 차광막 등을 덮어주어 직사광선을 피해 건조해야 함
- 버섯 품목마다 조금씩 차이가 있지만, 원목의 수분 함량을 40% 내외로 건조
- 직경이 가는 원목은 40~60일, 직경이 굵은 것은 ~100일 정도 건조

■ 원목 직경 크기에 따른 재배학적 특징

원목 직경 크기	재배학적 특징
직경 12cm 미만	• 버섯 발생이 빠르지만, 품질이 낮은 편 • 고온성, 중·고온성 품종이 적합하고, 연중재배
직경 15cm 이상	• 버섯 발생이 늦지만, 품질이 좋은 편 • 중온성, 저온성 품종이 적합하고, 건표고와 겨울 생표고 재배

- 봄과 가을에 생산하는 적기 재배가 아닌 여름, 겨울 혹은 연중 생산할 수 있는 재배방법인 연중재배(시설재배)에 적합한 나무 직경은 10cm 정도
- 원목재배에서 경제적으로 알맞은 굵기는 10~15cm 내외
- 겨울 벌채 시에는 토막치기가 동시에 가능하지만, 잎이 있는 나무를 벌채한 경우, 자연 건조 후 잔가지의 건조상태에 따라 토막치기를 실시함
- 토막치기(120~150cm)를 하면 건조가 빠른 장점이 있음
- 원목을 절단하는 길이에 따라 장목재배(100~120cm, 표고, 영지 등), 단목재배(약 20cm, 영지, 상황 복령 등)로 구분
- 단목재배용은 건조 후, 사용 전에 20~30cm 내외로 절단하여 사용
- 영지, 상황 원목재배에 사용하는 원목은 상압살균하면 오염원 제거와 균사 활착이 빨라지는 효과도 있음

(2) 재료 혼합

1) 퇴비재료 혼합비율

① 양송이 균의 생장에 알맞은 발효배지 조성과 발효미생물의 생장을 위한 영양분도 같이 첨가해야 함
② 퇴비재료의 혼합비율은 재배시기(봄, 가을재배)와 작업계획 등에 따라 차이가 있음
③ 양송이 퇴비는 단백질, 아미노산 등 유기질소의 함량이 2% 이상과 P, K, Ca 등 각종 무기영양원이 다량 필요함 → 버섯 1kg을 생산하기 위해서는 200g의 유기물과 3.5~4.5g의 유기질소를 필요로 함

■ 양송이 퇴비배지 재료 비율

구분	볏짚	계분	미강	요소	석고
봄	100	10	5	1.2	1.0
가을	100	10	–	1.5	1.0

* 요소는 발효 시 전질소 수준을 1.5%로 조절하기 위한 첨가물이고, 석고는 퇴비 상태가 불량하면 3~5%까지 증량 가능
* 미강은 봄 재배에 발효미생물의 활성을 위해 첨가

2) 볏짚배지

재료는 가급적 간척지의 볏짚과 변색, 변질된 것은 사용하지 않고, 신선한 볏짚(수분 함량 12% 이하로 잘 건조된 것)으로 3.3m^2당 70~90kg 소요되며, 직경 20cm 정도의 원형다발로 묶어 침수시켜 수분 함량을 70% 정도로 조절함

■ 수분조절 방법

침수	• 계절과 물의 온도에 따라 침수시간 조절(15℃ 전후에서 약 10시간, 수온이 낮을수록 시간 길어짐) • 대량작업은 어렵고, 균일한 수분(65~70%) 유지 및 침수 후 깔판을 이용한 유리 수분 제거 필요
관수	• 입상 후 수분을 조절하는 방식으로 대량작업은 가능하나 관수시설과 난방시설이 필요함 • 침수법에 비하여 오랜 시간(3일 이내)과 물 소비가 크고, 수분조절이 어려움

3) 폐면배지

① 장기간 보관, 부피 압착으로 운반이 용이하며, 원료 자체의 형태가 균일하여 수분조절 작업과 기계화가 가능함
② 배지 제조 시 자체발열이 잘 되어 살균 및 후발효 시의 연료 절약도 가능함
③ 폐솜은 3.3m^2당 60kg 정도 준비하고, 솜털기 기계를 이용하여 균일하게 털어주며 살수 작업을 병행하면서 수분 함량 70~75% 정도로 조절하고, 과습에 주의해야 함

◎참고 폐면의 소요량은 봄, 가을은 60~70kg/3.3m^2, 여름에는 50~60kg/3.3m^2이 적당함

④ 수분 흡수가 볏짚보다 고르지 못하고 한 번 과습된 배지는 적정 수분 함량으로 개선되기 어렵고, 균상 표면이 쉽게 건조되어 수분 관리, 가스배출이 어려워지기 때문에 습관리가 중요함

4) 봉지, 병재배용 배지

① 비교적 버섯재배기간이 짧은 병재배에서는 주재료인 톱밥을 분해하여 영양원으로 이용하는 것은 시간적으로 짧아 어렵기 때문에, 주로 분해하기 쉬운 미강 또는 밀기울이 이용되며, 영양원의 종류와 양이 수확량과 품질의 중요한 요인으로 작용함
② 버섯 종류별로 차이는 있으나 탄소원인 톱밥과 질소원인 영양제의 비율은 8:2 정도로 함

■ 봉지재배용 배지 배합비율 사례

버섯	혼합비율(부피비, v/v%)
표고버섯	참나무톱밥:미강=85~90%:15~10%(영양원 20% 미만)
목이	톱밥(포플러톱밥 75%+참나무톱밥 25%):미강=80~85%:20~15% 탄산칼슘 0.2~0.3%

■ 병재배용 배지 배합비율 사례

버섯	혼합비율(부피비, v/v%)
종균용	톱밥:미강=80:20
느타리	532배지, 톱밥:비트펄프:면실박=50:30:20
영지버섯	미강 30% 첨가는 수량을 증가시키나 경제성을 고려하여 20% 첨가
노루궁뎅이	참나무톱밥:포플러톱밥:미강=40:40:20

③ 질소원의 비율이 너무 높으면 양분 과잉으로 자실체 형성 저해, 균사 생장 저하 및 해균 발생 촉진 등 문제가 유발될 수 있으니 주의하여야 함
④ 일반적인 봉지와 병재배용 배지의 수분 함량은 65~70%로 조절하지만, 표고 톱밥 봉지재배는 55% 이내로 조절함
⑤ 봉지와 병재배용 배지는 혼합기에서 모든 재료가 충분히 혼합된 후 수분조절을 시작하고, 재료나 계절에 따라 혼합 시간과 관수량을 조절하여야 함
⑥ 여름철에는 고온다습하여 산패되기 쉽기 때문에 혼합 즉시 입병하고 살균하는 것이 좋음
⑦ 톱밥 입자 크기에 따라 균사의 생장과 자실체 생육에 영향을 미치므로, 재료 특성에 맞게 혼합하여 사용하는 것이 좋음
⑧ 입자가 작으면 균사 생장에는 좋으나 통기성이 나빠질 수 있으므로, 여러 크기의 톱밥을 혼합하여 사용하는 것이 좋음

 참고 톱밥 입자 크기 3~4mm 15%, 2~3mm 35%, 1~2mm 35%, 1mm 이하가 15% 되도록 혼합

⑨ 톱밥 입자가 작은 경우 배지 내 공극을 위해서 연화왕겨를 20% 이내로 혼합시키기도 함
⑩ 톱밥 대용으로 사용되는 콘코프는 수확량 증가와 재배 후 퇴비화가 용이하지만, 보습력이 낮고, pH가 낮으므로 건비지, 대두피와 패화석 등으로 조절이 필요함
⑪ 사용하는 영양제의 보습성이 낮으면 배지 내 공극이 적어지고 균사 생장이 지연되어 결과적으로 수확량이 감소됨
⑫ 배지함수율은 수확량뿐만 아니라 살균의 불량, 품질의 저하 등을 초래하므로 배지혼합과 조제에 주의해야 함
⑬ 미강은 지방이 많아 산패하기 쉬우므로 신선하고 1.5mm의 고운 체로 싸래기를 제거하여 사용함
⑭ 또한 여름철 고온 시에는 배지 내 미강의 양을 줄이는 것이 잡균 오염 예방에 효과적임
⑮ 배지 pH 조절을 위해 석회, 패화석을 사용하고, 겨울철 pH가 높을 때는 구연산을 사용

(3) 발효

1) 발효미생물의 특성

① 발효는 미생물에 의해 유기물의 형태와 성분이 유익하게 변화하는 것을 말하며, 버섯배지의 발효는 배지재료가 되는 볏짚, 밀짚 등을 발효미생물이 분해한 후 분해산물을 버섯균이 이용할 수 있게 하는 과정

② 양송이 퇴비는 볏짚, 밀짚, 보리짚 등 탄소원, 계분, 깻묵, 미강 등 유기태 영양원, 요소와 같은 질소원 등을 배합한 재료를 미생물에 의한 발효를 통해서 만들어짐

③ 퇴비배지 조제 시 재료 혼합 후 수분을 가하여 야외퇴적과 후발효를 실시하는 과정 중 호기성 조건에서 중고온성 미생물에 의해 재료의 분해와 합성이 일어나 퇴비 내 버섯이 이용할 영양분이 축적이 됨

④ 발효미생물은 가장 이용이 쉬운 가용성 당류와 아미노산을 먹이로 하여 자라면서 짚 속의 섬유소(셀룰로오스, 헤미셀룰로오스)를 분해하고, 그 분해 산물인 각종 당류와 아미노산 등을 이용하여 증식되면서 열과 수분 및 탄산가스를 방출하는데, 이 과정을 통하여 짚 속의 셀룰로스와 헤미셀룰로스는 50% 이상이 분해되어 발효 미생물의 영양원으로 소모되고 암모니아태 질소는 미생물에 의하여 단백질로 고정되어 짚의 15~20%를 차지하는 리그닌과 결합하여 리그닌 단백질(다공질리그닌 복합체)을 구성하여 양송이의 질소원으로써 제공됨

⑤ 온도
- 양송이 퇴비 발효에 관여하는 미생물은 45~60℃에 생장하는 중고온성 미생물로서 세균, 방선균(방사상균) 및 곰팡이 등이고, 60℃ 이상 고온이 되면 이상발효로 각종 유해물질과 잡균발생이 유발됨
- 퇴적 초기(퇴비 발열 시작 전): 곰팡이 우점, 방선균 미약
- 퇴비 발열: 고온성 세균류가 증식하고, 방선균이 증식하면서 곰팡이는 없어짐
  중온성 미생물(25~37℃) 감소, 고온 및 중고온성 미생물 증가 → 세균, 방선균, 중온성 및 사상균 순으로 증가됨
- 발열최성기 및 후발효: 방선균($Sterptomyces$, $Themomonospora$ 등) 및 무포자 세균류($Pseudomonas$)가 우점하고, 후발효 말기에는 $Humicola$와 같은 중고온성 사상균이 우점함

▪ 퇴비 발효 시 퇴비의 미생물상

퇴적위치	우점 미생물	비고
표면	중고온성 세균 및 사상균($Mucor$ 같은 조균류)	
내부	고온성 세균, 방선균	호기성으로 뒤집기 필요

- 퇴비 온도가 높거나 뒤집기가 늦어질 때: 온도가 65℃ 이상이고, 뒤집기가 늦어지면 호기성인 세균과 곰팡이가 급격히 감소하여 발효가 중단되고, 혐기성 세균과 방선균이 나타나면서 셀룰로스와 리그닌의 급격한 분해와 단백질과 아미노산이 분해되어 암모니아가 다량 방출됨
- 발효 중단으로 온도가 저하되면서, 영양분의 분해만 되고, 탄수화물이 캐러멜화되어 양송이 균사 생장 중 검은곰팡이병 등 잡균 발생을 유발시키기도 함

⑥ 수분

■ 퇴비의 수분 함량에 따른 미생물상

	결과
수분 부족	고온성 세균 감소, 사상균과 방선균의 이상 발달 → 이상발효, 영양분 감소
수분 과잉	공극률 감소, 공기 유통 방해 → 혐기성 발효, 유해물질 축적

⑦ **산소**: 발효에 관여하는 미생물은 대부분 호기성으로 뒤집기 지연 등으로 산소공급이 어려워지면, 혐기성 발효가 일어나 각종 유기산과 알코올 등 혐기적 분해산물이 축적됨
⑧ **영양원**: 발효미생물이 쉽게 이용 가능한 가용성 탄수화물이나 단백질이 풍부해야 함 → 미강, 계분 등 유기태질소원 첨가

2) 배지의 발효 단계별 공정 및 제조기술

① 느타리 폐면배지의 발효
  ㉠ 폐면에 함유된 영양원이 발효미생물에 의하여 버섯에 적합한 영양분으로 전환되는 단계

■ 느타리 폐면배지의 발효

단계	공정 및 제조기술
야외발효 없이 바로 입상	발효가 불량이 될 우려가 있을 때, 수분만 맞춘 후 즉시 입상
야외발효 후 입상	• 외부 온도가 15℃ 이상, 강우에 의한 과습 피해가 없는 시기 • 겨울재배 시, 발열 촉진을 위해 영양분 첨가 • 수분 조절(70~75%)된 폐면은 깔판 위에 폭 180cm, 높이 150cm 정도 쌓아서 야외발효 • 퇴적한 더미 내부에 55~60℃로 발열이 진행되면 뒤집기 작업 • 뒤집기(야외퇴적 기간 중 3회 정도) • 폐면의 고른 공극 유지 및 수분 흡수 • 발효미생물을 위한 온도 조절, 공기 유통
후발효	• 배지 온도 50~58℃, 2~3일간 유지 • 고온성 미생물의 발생 유도 • 수분 관리: 입상 후 수분 함량에 따라 비닐의 피복 정도 및 시간 조절 • 환기: 지속적이지만, 재배사 내의 온도 변화가 없도록 짧게 실시하고, 수분 함량에 따라서도 환기 조절 필요 • 후발효 종료 후에는 배지 온도를 23℃ 내외로 가급적 빨리 하강시킴

  ㉡ 느타리의 좋은 폐면 배지
  • 폐면에 악취가 없고 부드러움
  • 수분이 적당하여 손으로 만지면 부드러운 촉감
  • 백색 또는 회색의 고온성 미생물의 균총이 많이 보임
② 양송이 퇴비의 발효
  • 야외발효(퇴적): 보온 및 관수 시설이 완비된 장소가 가장 좋고, 비가림 시설이 없는 곳에서는 병해충 오염방지, 악천후에 충분한 대비가 있어야 함

■ 양송이 퇴비의 야외발효(퇴적)

단계	공정 및 제조기술
가퇴적	수분 공급: 볏짚 연화와 발효미생물의 생장에 적합한 조건을 형성하는 과정 참고 볏짚 100kg당 물 370L가 소요되며, 그중 70% 정도를 가퇴적 시기에 공급함
본퇴적	• 가퇴적 2~3일 후 건조한 부분에 수분 공급 • 계분, 쌀겨, 깻묵 등 유기태 질소원과 요소 사용량의 1/3 정도를 혼합 참고 요소는 뒤집기 할 때 추가로 공급함
뒤집기	• 야외퇴적 기간 중 5~8회 실시함 참고 산소 공급과 퇴적 상태를 균일하게 하기 위하여 • 퇴비 온도는 45~60℃ 범위를 유지하고 55℃가 가장 적당함 • 고온으로 퇴비가 건조되면 관수하여 수분 함량을 75% 내외로 유지 • 마지막 뒤집기에 석고 1% 첨가 참고 퇴비가 과습하여 물리성이 좋지 않으면 석고를 3~5% 증량 처리함

• 입상: 온도가 떨어지지 않도록 주의하면서, 야외 발효한 배지를 균상에 38~45kg/m² 정도로 입상
• 후발효: 각종 병·해충과 재배사에 남아 있는 병·해충을 제거하기 위한 과정

■ 양송이 퇴비의 후발효

단계	공정 및 제조기술
후발효	• 정렬: 입상 후, 출입문과 환기구를 밀폐하고 가온을 하여 실내와 배지의 온도를 60℃에서 6시간 유지시킴 참고 퇴비 온도는 60℃ 이상 상승하지 않도록 주의: 고온 호기성 미생물이 사멸하고 초고온성 미생물이 자라면서 혐기성 발효가 일어나고 올리브 곰팡이병 발생 • 정렬이 끝나면 퇴비 온도를 55~58℃로 하여 1~2일, 50~55℃에서 2~3일, 48~50℃에서 1~2일 발효시킨 후, 45℃ 내외일 때 발효 종료 참고 퇴비 내의 미생물은 고온성 세균 → 고온성 방선균 → 중고온성 사상균으로 전환되면서 영양분이 축적되고 암모니아가 감소됨 • 환기: 배지의 온도가 떨어지지 않도록 단시간 자주 실시하여 암모니아 농도를 300ppm 이하로 유지해야 함 참고 암모니아 냄새가 없고, 퇴비에 방선균의 짙은 백색분말(백화현상)이 보임

→ **Tip** 퇴비배지의 구비요건

◦ 균의 생장과 자실체 발생 및 형성에 알맞은 영양분을 함유하고 있어야 함
◦ 균의 생장에 알맞은 물리적 성질을 갖추어야 함
◦ 양송이 균만 잘 자라고 다른 생물들은 자랄 수 없는 것이라야 함
◦ 균의 생장을 저해하는 병원균, 잡균 및 해충이 없어야 함
◦ 균의 생장을 저해하는 유해물질이 없어야 함

(4) 배지충진

1) 균상재배 입상

① 양송이 퇴비의 입상
- 퇴비의 야외퇴적이 끝나면 살균 및 후발효를 실시하기 위해 퇴비를 재배사 내의 균상에 채워 넣는 과정을 입상이라고 함
- 입상 시 퇴비 상태는 처음 재료 무게보다 25~30% 감소된 상태이고, 짚은 분해되어 겉은 흑갈색, 속은 황갈색을 띠며, 탄력이 있어 쉽게 끊어지지 않음
- 수분 함량은 70~75%이며, pH는 7.5~8.0 정도로 발열이 왕성함
- 후발효는 온도와 산소공급이 중요하게 작용하는데, 온도는 가온시설을 이용하며 조절 가능

▪ **야외발효 후 수분 함량에 따른 퇴비 상태**

수분 함량 낮음	수분 함량 높음
• 수분 함량이 70% 이하일 경우, 퇴비가 건조하여 영양분 축적이 적어 수량 감소 초래 • 입상 시 확인하고 관수로 조절해야 함	• 후발효 중 산소 부족으로 혐기성 발효로 퇴비 악변 • 수량 감소 초래

- 다지기: 퇴비가 두께가 일정하고 양이 고르게 분포되도록 하는 작업
  - ◎참고 과한 다지기는 산소공급 방해로 수량 감소 초래
- 다지기의 정도에 따라 퇴비의 온도 조절, 수분 함량, 공기 유통에 영향을 미치므로 중요함
- 퇴비의 입상은 열이 손실되지 않도록 신속히 작업
- 퇴비의 입상량: 원료볏짚 125kg/3.3m^2 기준으로 150kg 이상 권장함
- 입상한 후, 배지의 표면을 고르게 정리하고 신문지 등으로 덮어 살균과 후발효 작업 시 배지 표면의 과도한 수분 증발이나 과습을 방지함

② 느타리 볏짚다발재배와 폐면재배 입상
- 봄이나 겨울 재배 시 온도가 낮을 때에는 야외발효를 생략하고 바로 입상하여 살균 및 후발효 과정을 진행하기도 함
- 볏짚다발재배: 수분 조절한 볏짚 다발을 균상 표면을 평편하게, 또 단위면적당 입상량을 균일하게 조절하여 입상
  - ◎참고 과도한 입상량으로 통기 불량은 균사 생장 불량 및 푸른곰팡이 오염의 원인
- 폐면재배: 수분 함량 65~70%로 조절한 후 입상, 입상 전에 털기 작업을 하여 산소공급을 하고 입상 후 다지기 작업은 제외함
- 배지 입상 후, 배지의 표면을 정리하고 비닐 등을 덮어 살균과 후발효 작업 때 배지 표면의 과도한 수분 증발이나 과습을 방지함

2) 병재배용 배지의 입병

① 병재배용 배지를 담는 병은 121℃의 고온 살균작업에도 변형이 되지 않도록 내열성 플라스틱(PP병, Poly propylene) 제품을 사용

② 병의 크기와 입구 직경: 용량 850, 1,100, 1,400ml, 직경 58, 60, 65, 70, 75mm 등을 사용
③ 느타리 병재배: 850, 1,100ml를 주로 사용
④ 큰느타리와 팽이버섯: 1,100, 1,400ml를 주로 사용
⑤ 입병은 수분 조절이 된 혼합배지를 병에 담는 작업으로 대부분 기계화되어 자동 또는 반자동으로 작업함
⑥ 입병 배지량은 플라스틱병 용량 100ml당 배지 65g을 기준으로 입병

> 참고 850ml의 경우 550~570g, 1,100ml의 경우 700~720g 정도가 적당

⑦ 입병 후 배지 중앙부위에 직경 1.5~2cm로 타공을 해줌

> **Tip** 중앙에 구멍(타공)을 뚫어주는 이유
> - 버섯균이 호기성이므로 구멍으로 산소공급을 원활히 하여 균사 생장을 촉진하기 위함
> - 접종원(종균)이 병 하부까지 내려가 균 활착 촉진
> - 배양기간 단축 효과

- 병마개(뚜껑)는 솜이나 필터가 있는 폴리프로필렌 사용하는데, 원활한 산소공급과 잡균 오염 방지를 위한 것임
- 병 종류의 선택은 수량과 회수율의 차이가 있으므로, 수량을 우선하면 1,100ml, 75ϕ, 회수율을 우선하면 850ml, 65ϕ가 적당함

3) 봉지재배 입봉

① 버섯 봉지재배는 병재배의 원리와 거의 동일한 방법으로 내열성 비닐봉지를 사용
② 비닐봉지는 1회만 사용하지만, 봉지 내 배지가 수축하면 비닐이 쭈그러들면서 봉지 내의 공극을 유지가 비교적 용이함
③ 비닐봉지는 고온에서 녹거나 변형이 되지 않는 내열성 고밀도 비닐 제품으로 선택
④ 배지의 입봉량에 따라 800g~2.5kg 등 다양한 크기로 제조 가능
⑤ 기둥형, 블록형이 있으며, 입봉기의 종류 및 입봉 시간의 조절에 의해 설정할 수 있음
⑥ 봉지재배 버섯의 종류: 표고, 느타리, 노루궁뎅이버섯, 잎새버섯, 목이 등

■ 버섯별 봉지재배의 특성

느타리	• 봉지 크기에 따른 수량은 차이가 있고, 회수율(버섯무게/배지무게×100)도 직경이 클수록 점차 감소함 • 배지의 무게에 따라 배양 및 생장 특성, 수량 등이 달라지고, 배지의 균사 생장이 완료된 후에는 배지량과 봉지직경에 따라 발이소요기간, 생육일수, 수확일수 등에는 큰 차이가 없으나, 총 재배기간은 배양일수의 차이에 의해 배지량이 많을수록 길어짐 • 주로 원통형의 봉지에 보통 800g~1.0kg 배지가 사용되고 있으며, 배지 용량에 따라 1회~2회 정도 수확
표고 톱밥 봉지재배	• 내열성 비닐을 사용하며, 배지량은 1.0~3.0kg으로, 배지 형태는 둥글고 짧은 기둥형, 둥글고 긴 원통형과 사각 블록형의 3가지 형태가 있음 • 기둥형과 원통형 배지: 중국에서 주로 사용하는 방식으로 직경 12~15cm 내외, 높이는 배지의 입봉량에 따라 달라짐

표고 톱밥 봉지재배	• 블록형 배지: 일본과 대만에서 사용하는 방식, 특수 종이 필터가 붙어있는 내열성 비닐봉지에 사각의 벽돌 모양으로 배지를 넣어 밀봉하는 방식 • 국내: 배지량이 1~1.5kg 내외의 짧은 기둥형 배지를 주로 사용 • 입봉 시 주의 사항으로 배지량에 따라 수확량이 차이가 있어 적당량의 배지를 접종 구멍이 무너지지 않을 정도로 알맞게 다져 사용
노루궁뎅이버섯	• 직경 20cm의 내열성 비닐봉지, 2kg 정도 입봉하여 재배하면 2~3주기까지 수확 가능 • 균 배양 완료 후, 버섯 발생 시 뚜껑을 제거하지 않고, 솜만 제거한 것이 수량이 많음

> **Tip** 노루궁뎅이버섯
> ◦ 참나무톱밥:미강=80%:20%(v/v), 수분 함량 60%로 혼합하여 재배
> ◦ 균사 성장과 버섯 생육이 좋고 수량도 많음

3 버섯배지 살균

(1) 양송이 균상재배

① 야외퇴적 후 입상하고, 살균 과정을 정열이라고 함
② 입상 후, 재배사의 문과 환기구를 밀폐하고 보일러나 난로를 이용하여 실내를 가온하여 퇴비온도를 60℃에서 6~8시간 동안 유지하고, 실내 온도도 60℃로 유지함
③ 정열(頂熱)은 퇴비로부터 오염되는 각종 병, 해충과 재배사에 남아 있는 병, 해충을 제거하기 위한 과정임

(2) 느타리 균상재배

① 버섯 균사의 배양 및 버섯생육을 위해 유익 미생물 활성을 높이고, 유해 곤충이나 미생물을 죽이거나 밀도를 낮출 목적과 배지의 연화 및 물리성 개선으로 균일한 발효가 목적임
② 60~65℃, 10~14시간 정도 실시하는 것이 안전함
③ 살균온도가 65℃ 이상 고온에 노출될수록 유익한 미생물이나 유해 미생물이 사멸되어 유해균에 감염될 가능성이 높아짐. 즉, 무균 상태일수록 유해 미생물의 오염 가능성이 높음

■ 느타리 균상재배 시 배지 재료에 따른 살균(후발효)방법

폐면재배	• 가온은 스팀보일러 또는 간이식 보일러를 이용하여 습열로 실시함 • 70℃ 이상이면 배지가 건조하기 쉽고 고온성 미생물이 사멸하여 후발효가 어려워짐
볏짚다발재배	저온 60~65℃, 6~10시간 살균하고, 50~55℃에서 1~3일 후발효 실시

(3) 봉지재배 및 병재배

① 배지 내에 존재하는 미생물을 사멸시키고, 배지의 물리성 변화로 버섯균의 이용을 용이하게 함

② 여름철 고온기에 배지가 변질되기 쉬워 배지 혼합 후 살균 지연은 오염이 발생하거나 균 배양이 지연될 수 있음
③ 버섯재배용 배지의 경우, 상압살균(98~102℃, 4시간 이상), 고압살균(121℃, 1.2kg/cm², 약 90분)할 수 있음
④ 톱밥종균의 경우, 고압살균을 실시함

> **참고** 종균병의 크기, 종류, 배지의 종류 및 배지의 수분 함량, 살균할 수량 등을 고려하여 온도와 시간 등을 정해야 함

■ 상압살균의 장단점

구분	상압살균
장점	• 살균시간이 길어 살균기 증기량이 고압살균기보다 4~5배 정도 많아 배지 수분 증발이 적고 배양 초기부터 균사 생육 양호 • 장시간 살균으로 배지의 물리성이 개선되어 버섯균이 이용하기 유리 • 설치가 간단하며 법적 제약을 받지 않고, 구입가격 저렴한 편
단점	• 살균이 미흡하여 잡균 발생 피해 우려가 높고, 살균시간 및 연료비가 고압보다 많이 소요됨 • 에너지 손실 심함

■ 고압살균의 장단점

구분	고압살균
장점	• 연료의 소모량이 적음 • 살균시간 단축과 완전 살균이 가능하여 잡균 발생이 적음
단점	• 살균 후 살균기 안에서 고열에 의한 수분 증발이 심하고, 냉각실에서 응결수 발생 • 살균을 위한 보일러 시설이 별도로 필요하고, 제1종 압력용기에 해당하므로 시설 및 취급 시 법적 규제를 받으며 가격이 상압살균기보다 3~4배 정도 높음

> **Tip 고압살균과정**
> ◦ 살균기 내 온도가 100℃가 될 때까지 스팀 공급 배관과 스팀 배출 배관에 설치된 전자밸브(Electromagnetic Valve, 수동 시 밸브 설치)를 열고 스팀을 공급하면서 살균기 내부 공기가 뺌(탈기)
> ◦ 100℃에 도달한 후에도 동일한 조건으로 일정시간(약 20분)동안 스팀을 공급하면서 탈기
> ◦ 탈기 후, 스팀 공급배관과 스팀배관의 전자밸브를 닫고 121℃까지 온도를 상승시켜 약 90분간 살균을 실시
> ◦ 살균이 완료되면, 100℃까지 온도가 내려갈 때까지 스팀 배출 배관의 전자밸브를 개방하다가 100℃ 이하가 되면 스팀 배출 배관의 전자밸브를 닫아 살균기 내부로 외부공기가 유입되지 않도록 해야 함
> ◦ 드레인 배관에 설치된 증기트랩과 체크밸브를 사용하여 100℃ 이하로 내려가기 시작한 살균기 내부에 강한 음압이 형성되는데, 이로 인해 살균기 외부로부터 공기나 물이 내부로 역류하게 될 때 함께 유입될 수 있는 잡균에 의해 배지의 오염을 방지해야 함
> * 증기트랩: 살균기 내부에서 외부로 빠져나가는 증기를 잡아주고 물만 배출되게 하는 장치
> * 체크밸브: 증기 트랩에서 생성된 물이 살균기 바깥 방향으로만 배출되게 하고 거꾸로 역류하지 않도록 하는 장치

(4) 살균방법별 특성

1) 가열멸균

① 간헐살균
• 아일랜드의 물리학자이자 미생물학자인 John Tyndall이 고안한 간헐멸균법

- 80℃ 이상의 온도에서 1시간동안 가열하여 영양세포를 사멸시키고, 내열성 아포를 형성한 세균은 죽지 않기 때문에 멸균과정을 3일간 연속 실시 → 멸균 후 실온 또는 37℃에서 방치하면 내열성 아포가 발아하여, 다음 가열 시 영양세포를 사멸시키는 방법
- 가열멸균을 되풀이해서 멸균하는 방법으로 내열성 포자까지 사멸시키기 위해서는 1일 1회 100℃로 10~15분간씩 3일간 반복 → 1회 차에서 영양세포가 사멸되고, 2회 차에서는 발아한 포자가 사멸되며 3회 차로 완전히 살균시킬 수 있음
- 볏짚이나 솜재배의 살균방법으로 응용 가치가 높은 방법임

■ 습열멸균 조건

미생물의 종류	영양세포	포자
효모	50~60℃에서 5분	70~80℃에서 5분
곰팡이	62℃에서 30분	80℃에서 30분
세균	60~70℃에서 10분	100℃에서 2~80분 이상
바이러스 입자	60℃에서 30분	

② 고압습열법
- 고압습열방법은 100℃ 이상의 고압 수증기를 사용하므로 내열성 포자까지 단시간 내에 사멸시킬 수 있는 방법으로 고압살균기(autoclave)가 사용됨
- 살균조건은 보통 내부 압력 1.1~1.2kg/cm^{2}로 121℃에서 용기 내의 배지량에 따라 원균용 배지는 15~20분, 850~1,100ml 종균 및 배양용배지는 60~90분

③ 화염법
- 가스나 알코올램프 화염에 직접 가열함으로써 미생물을 사멸하는 방법
- 백금선, 핀셋, 조직분리용 칼 등의 살균에 사용

④ 건열살균법
- 초자기구(샬레, 유리막대 등)는 건열로 살균
- 알루미늄호일 또는 종이에 싸서 건열살균기에서 140℃에서 4시간 정도 살균

⑤ 자비법
- 끓는 물에 가라앉혀 가열함으로써 미생물을 사멸하는 방법
- 일반적으로 끓는 물에 15분 이상 끓임

2) 여과법

① 제거하고자 하는 미생물보다 작은 여과 구멍의 여과장치를 사용하여 여과하고 미생물을 공기나 액체로부터 제거하는 방법
② 열에 약한 용액, 비타민, 항생물질 등 열에 약한 물질의 오염원 제거에 이용됨
③ 일반적으로 여과 장치에는 막여과(membrane filter: 구멍 크기 0.2㎛ 이하)가 사용됨

3) 조사법
   ① 빛과 파장의 특성을 활용하여 미생물을 제거하는 방법
   ② 버섯재배에서 무균상, 예냉실, 냉각실 등에서 자외선법이 많이 이용됨
   ③ 자외선
   - 보통 254nm 파장으로 조사함으로써 미생물을 사멸하는 방법
   - 테이블 표면이나 편평한 물체와 같은 건조한 표면의 멸균에 사용
   - 무균실이나 무균상(크린벤치) 등 제한적 사용
   ④ 방사선법
   - X선(X-ray)과 감마선(gamma ray)을 조사함으로써 미생물을 사멸하는 방법
   - 자외선보다 10,000배 정도 강함
   ⑤ 고주파법(마이크로파, 전자레인지): 고주파(915~2,450MHz)를 직접 조사하여 발생하는 열에 의해서 미생물(대장균, 곰팡이, 병원성 세균 등)을 사멸하는 방법

4) 약품에 의한 살균

가열살균이 불가능한 손이나 무균상, 실험대, 고무 기구 등의 살균에 사용됨
   ① 역성 비누
   - 실험대, 유리 기구, 칼 등의 금속, 의류 등의 소독에는 3% 역성 비누 용액 사용
   - 손을 소독할 때에는 무자극성이므로 원액을 사용하기도 함
   ② 크레졸액: 살균력이 강하지만 물에 녹지 않아 알칼리화하여 이용해야 하고, 소독 시에는 30~50배로 희석하여 사용하며 피부에 자극이 있으므로 주의해야 함
   ③ 알코올류: 주로 70% 에탄올 용액으로 광범위하게 이용
   ④ 승홍수($HgCl_2$, 이염화 수은의 수용액)
   - 강력한 살균력이 있어 무균상이나 목재 등 살균이나 피부 소독에는 0.1% 용액 사용
   - 금속제품, 고무제품을 부식시키는 성질이 있고, 현재는 수은에 의한 환경오염의 문제를 일으키므로 점차 사용 빈도가 낮아짐
   ⑤ 염소계 소독액
   - 살균력이 강하며 금속은 부식되어 주의해야 하고 적절한 유효염소량은 0.02~0.05%
   - 작업자의 피부와 눈에 보호장비가 필수
   ⑥ 염화벤잘코늄액
   - 손 및 피부 소독제로 0.05~0.1%의 농도로 희석하여 사용
   - 비교적 조직 자극성이 낮아 피부, 조직, 점막에 적용 가능

(5) 살균 후 관리

   ① 살균기 온도가 100℃ 이하로 낮아질 때 생기는 강한 음압으로 인해 외부에서 유입되는 공기 중의 잡균에 의해 배지가 쉽게 오염될 수 있기 때문에 살균이 완료된 배지의 온도를 강제로 낮추어 주는 과정이 필요함
   ② 살균 후 배지를 꺼내 냉각실로 이동시켜야 함

③ 안전한 배지의 냉각을 위하여 냉각실의 청결과 건조한 조건으로 관리가 필요함

(6) 배지 냉각실 청결 관리
① 냉각실은 주기적으로 70% 에탄올이나 2% 차아염소산나트륨용액 등으로 소독
② 해파필터를 이용한 공기 여과 시설을 설치하고, 양압 유지 및 UV등 조사로 청정도 유지
③ 냉각실 출입 작업자는 위생복, 위생화 등을 반드시 착용해야 함

(7) 배지 냉각실 환경 관리
① 냉각실 온도는 5~15℃로 외부 기온에 따라 조절하고, 배지 표면 온도가 20~25℃가 되도록 냉각
② 하온 시간이 길면 배지 변질과 배지 고온으로 외부 잡균 오염 확률이 높아짐
③ 외부 공기 유입으로 잡균 오염 가능성이 높아지므로 냉각실은 양압을 유지하고, 외부공기 유입을 막아 오염 확률을 줄여줌
④ 공기 순환은 천장에 부착된 냉각장치로, 무풍 방식이 유리함

4 버섯종균 접종

(1) 종균 준비

1) 종균 선택
① 종균은 재배 버섯의 종류, 재배 방식에 따라 선택

■ 버섯의 종류와 재배방식별 종균의 종류

종균의 종류	버섯의 종류	재배방식
톱밥종균	느타리, 표고, 큰느타리, 영지, 팽이버섯 등	균상재배, 원목재배, 봉지재배, 병재배
성형종균	표고, 영지 등	원목재배
액체종균	큰느타리, 팽이버섯, 버들송이, 잎새버섯 등	병재배
곡립종균	양송이, 신령버섯, 느타리, 표고, 상황 등	균상재배, 봉지재배

② 선택한 종균의 소요량을 계산하여 구입하거나 자가 생산하여 사용함

■ 버섯재배형태에 따른 종균 접종량

재배형태	재배버섯		접종량
원목재배	장목	표고	• 톱밥종균 500g/원목 6개(원목크기 직경 12cm, 길이 120cm) • 성형종균 1판/원목 6개(원목 1개당 구멍 수 80~90개)
	단목	느타리 영지 목질진흙버섯	톱밥종균 80~100g/단목 1개

균상재배	느타리	톱밥종균 4.5~5.0kg/3.3m²
	양송이	곡립종균 2.0~3.0kg/3.3m²
봉지재배	표고 느타리	톱밥종균 20~30g/1kg봉지
병재배	느타리 큰느타리 팽이버섯	톱밥종균 10~15g/병, 액체종균 10~15ml/병

2) 우량종균 선별

① 건전한 종균은 정상 재배에 중요한 요인이므로, 오염종균 선별에 세심한 주의가 필요하며 오염종균은 발견하는 즉시 제거하여 확산을 방지하는 것이 중요함
② 균사 생장 균일정도, 버섯균 이외의 세균 및 곰팡이 오염 유무 등을 육안으로 확인하거나 버섯 균사 고유의 냄새를 맡아 판단하거나 생물학적 선별 방법을 사용하여 건전 종균을 선택해야 함
③ 간이 선별 방법
  - 오염종균: 종균의 배양과 저장기간 중 균사 생장의 균일 여부, 색택, 냄새 등 육안으로 오염 여부를 확인하여 푸른색, 검정색, 주황색을 나타낸 경우, 또는 종균 균사에 줄무늬 또는 경계선이 형성된 것, 균사색택이 진하지 않거나 마개를 열면 쉰 냄새 및 술 냄새가 나는 것은 오염가능성이 높으므로 사용하지 않아야 함
  - 노화종균: 균사밀도가 진하지 않고 응집력이 약해 쉽게 부수어지는 것, 배양이 오래되어 종균병 바닥에 붉은색 물이 고이는 것, 종균병 입구 부위에 버섯 원기 또는 자실체가 형성된 것은 오래된 종균으로 폐기하는 것이 좋음

■ 육안 확인으로 종균 불량 선별

구분	톱밥종균	성형종균	곡립종균	액체종균
잡균오염	• 갈색 대치선 • 병 입구 주변으로 갈색 물이나 푸른곰팡이 발생	• 푸른곰팡이 • 갈색 대치선 • 마개나 종균 이탈	• 푸른곰팡이 • 세균	곰팡이, 세균류
미성숙	• 종균을 반으로 쪼갰을 때 톱밥 본연의 색이 있는 경우	성형 틀에서 종균분리 잘 안 되고 부서짐		
노화	• 병 바닥에 갈색물이 있거나 배지가 수축한 경우 • 자실체 발생	성형종균이 과도하게 수축되어 있는 경우	유리수분 발생	덩어리 형성
기타	• 고온 피해: 쉰내 • 품종 특성: 표고의 중고온성 품종 종균은 융기 형성	• 장기배양: 종균 건조 • 고온: 균 활력 약화	균덩이 형성	쉰내

④ 생물학적 선별 방법
- 세균검정: 세균배양용 배지(NA)를 분주한 페트리디쉬에 종균 일부를 접종한 후 37~40℃에서 2~5일간 배양하면서 세균 증식 여부를 조사함
- 곰팡이 검정: 곰팡이배양용 배지(PDA)를 분주한 페트리디쉬에 종균 일부를 접종하여 25℃에서 배양하면서 균사색택과 균사 생장 속도를 관찰함. 버섯 균사와 다른 균사 생장 특성을 보이면 현미경 관찰을 통해 균사형태, 클램프 유무, 무성포자 형성 유무에 따라 오염균 발생 여부를 조사함

(2) 접종실 환경관리

접종은 살균한 배지에 균을 이식하는 작업으로 버섯재배단계 중 가장 청결하고 세심한 관리가 안정생산을 위해 필수적 요소임

1) 접종실 공기 청결관리

① 외부공기가 직접 투입되는 공기 공급방식은 높은 밀도의 먼지나 이물질 및 오염균이 아무런 여과장치 없이 투입되므로 오염 발생에 직접적인 영향을 줌
② 프리필터와 헤파필터를 설치하여 정화된 공기를 투입하여 크기 0.5㎛ 이하 미생물을 포함한 먼지량이 $1ft^2$ 당 100개 이하(100클라스 이하)로 유지하기 위해 정기적으로 필터를 교체하여 오염을 최소화함
③ 프리필터 및 헤파필터 정상 여부를 확인하기 위해서 **접종실 내부 낙하균(곰팡이, 세균) 밀도의 주기적인 조사**: PDA, NA 배지 이용하여 미생물 수를 파악하고 기록하면서 비정상적으로 증가하면 필터 교체

2) 접종실 환경

① 접종실 온도가 높거나 상대습도가 높으면 잡균 발생률이 높아지므로 온도는 15~20℃ 내외, 상대습도는 70% 이하로 연중 유지
② 접종실 내부에 온습도계를 설치하여 설정 값과 일치 여부를 매일 확인하고, 일치하지 않으면 냉난방기 작동에 이상 유무 확인
③ 바닥, 벽, 천장은 먼지가 나지 않는 재질로 설치하고 자외선등을 설치하는 것이 효과적임

(3) 접종실 무균관리

1) 접종실 청결관리

① 접종실 내부 자외선전등 설치
- 자외선전등(파장 290~320nm의 UVB)을 설치하고, 작업자가 없을 시에는 점등하고 작업자가 있을 때나 버섯균이 접종실 내부에 있을 때는 소등하여 접종실 내부 및 공기를 살균함
- 여분의 자외선전등을 준비하여 전등 고장 및 수명이 다 될 때 즉시 교체
② 접종실 사용 후 청소 및 소독
- 작업 종료 후, 접종기기 내부 이물질을 세척 솔이나 고압에어건을 사용하여 제거하고, 70% 에탄올을 분무한 후, 가스토치 등으로 화염소독

- 바닥에 있는 이물질은 쓸어 담거나 진공청소기로 제거하고, 정기적으로 소독제(크레졸비누액, 염소계 화합물, 염화벤잘코늄액 등)를 적정 농도로 희석하여 접종실 바닥 및 벽체에 분무하여 소독함

2) 접종 기자재 관리

① 접종은 무균상 및 무균실에서 실시하며, 균상재배는 종균분쇄기, 봉지 및 병배지는 자동접종기를 청결하게 관리함

㉠ 무균상(실), 접종실
- 실내에는 헤파필터와 자외선전등을 설치하여 외부 공기를 여과, 공급되도록 해야 함
- 접종작업을 하지 않을 때에 자외선전등을 점등하여 무균상태로 유지하고, 헤파필터는 주기적으로 교체하여 유해 미생물이나 먼지 투입을 최소화시킴

㉡ 종균분쇄기
- 느타리버섯 균상재배는 톱밥종균을 분쇄하여 볏짚 또는 폐면배지에 접종하는 방식
- 종균분쇄기의 칼날 등 종균이 닿은 부위는 70% 알코올과 화염 소독으로 오염 노출 최소화
- 분쇄 전 우량종균 선별은 필수적임
- 분쇄는 $3.3m^2$의 종균 접종 소요량(4.5~5kg)만큼 하고, 화염소독은 1회 분쇄마다 실시하며 종균은 봉지에 나누어 담아 사용하여 오염 확산 방지

㉢ 반자동접종기
- 봉지재배 또는 병재배에 사용하며 톱밥종균병을 1병 또는 2병을 한 번에 넣어 분쇄와 접종을 동시에 하는 방법
- 접종하기 전에 칼날, 종균 받침 부분 등 종균이 직접 닿는 부위는 잔여물을 제거하고, 70% 에탄올 분무 후, 화염소독을 하며 무균상 또는 무균실 안에서 작업함
- 버섯 품종이 변경되거나 종균병을 교체할 때마다 화염소독을 실시함

㉣ 자동접종기
- 무균상 내부 설치, 톱밥종균과 액체종균 접종기로 병재배에 주로 사용
- 버섯 품종이 변경되거나 종균병을 교체할 때마다 종균이 닿는 부위의 잔여물을 제거하고, 70% 에탄올 분무 후 화염소독 실시

② 모든 접종기기는 알코올과 화염소독을 실시하므로 화재 발생과 기기 작동 시 신체 부상을 예방할 수 있도록 관리해야 함

③ 사고 예방
- 알코올램프 및 화염소독 시 화재가 발생할 경우, 육안 확인 어렵고, 방화담요로 화재 부위를 덮어 초기 화재 진압
- 접종실 내부에서 작업 시에는 자외선전등 소등을 확인하고 접종 등 작업 실시
- 자동 및 반자동접종기 등 기기는 전원을 반드시 끄고, 청소하거나 이상 여부를 확인해야 함

④ 접종기기 유지관리
- 무균상(실)은 헤파필터의 정기적 교체와 수시로 낙하균 조사를 하여 헤파필터 기능이상 유무를 확인하는 것이 안전함

- 접종기는 칼날, 레일 등 작동 여부를 정기적으로 점검하여 고장 여부를 판단하고, 퓨즈 등 쉽게 교체할 수 있는 부품은 항시 준비하여 즉시 교체가 가능해야 함

3) 소독제 사용법

소독제의 제품설명서를 참고하여 희석배수, 주의사항 등을 준수하여 사용하고, 별도의 보관 장소에 모아서 보관하여 안전사고를 예방하며, 재고량을 파악하고 관리해야 함

① 에탄올(Ethyl Alcohol, Ethanol)
- 작업자 손, 접종도구, 접종기기 등을 소독하며, 적합 농도는 70%임
- 메탄올은 인체에 유해하므로 사용 불가

② 크레졸비누액(Cresol and soap solution)
- 비누와 5:5 비율로 크레졸액을 혼합하여 유화한 것
- 소독 시에는 30~50배 희석 사용함
- 작용 특성이 유사한 페놀보다 살균력이 2~3배 강함: 피부 손상 주의

③ 염소계 화합물
- 판매 제품: 차아염소산소다 1~10%, 차아염소산칼륨 65~75%, 표백분 등
- 화학적으로 불안정하고 살균력은 강한 편이나 금속 부식과 단백질 및 금속이온 유기물 등에 의해 불활성화로 효과가 저하되는 경우가 있음
- 세균류 일부와 바이러스의 세포 기능을 저해하여 살균 작용하지만, 세균아포, 사상균에 대한 살균 효과가 낮음
- 사용 적합 농도: 유효염소량 0.02~0.05%, 단일소독제로 사용
- 버섯 균사에 직접 닿으면 약해가 발생되므로 사용 시 주의 필요함

④ 염화벤잘코늄액(Benzalkonium Chloride)
- 아포 없는 세균, 곰팡이류 등 광범위 항균 작용
- 유효 농도에서 비교적 저자극으로 피부, 조직, 점막에 적용할 수 있음
- 양이온 표면 활성제로 표면 장력 저하와 청정작용, 각질용해작용, 유화작용이 있어 소독 및 세척에 효과적임
- 원제의 제품설명서에 제시한 희석 배수를 확인하고 사용하는 것이 바람직함

(4) 접종

원목재배, 균상재배, 봉지재배, 병재배 등 다양한 재배 형태에 따라 적합한 접종기를 이용함

1) 원목재배

표고는 장목에 구멍을 뚫어 접종하며, 그 외 버섯은 단목재배 형태로 살균과정을 거치지 않는 방법과 내열성 비닐에 단목을 넣어 살균하는 방법으로 재배

① 표고 장목재배 접종하기
  ㉠ 접종장소 및 접종시기
  - 간이하우스: 최저 기온이 0℃ 정도인 2월 말~3월 초에 접종하기 적당함

- 노지: 3월 중순~4월 중순 이전
  > 참고 접종 시 기온이 낮으면 버섯균 활착이 늦어지고, 접종시기가 늦어지면 고온에 번식이 잘되는 잡균 발생이 많아 종균 활착 불량이 초래되기 쉬움
- ⓛ 천공 및 접종방법
- 원목에 지그재그로 천공하며, 구멍의 크기는 직경 12mm, 깊이 20~25mm로 전기드릴로 뚫음
- 접종구의 간격: 원목 끝부분에서 3~5cm 띄우고, 접종구멍 사이 간격은 10~15cm, 줄 간격은 3~5cm가 적당
- 옹이가 있는 부분과 상처가 있는 부분은 추가로 천공하여 접종
- ⓒ 접종구의 개수
- 직경 10cm, 길이 120cm인 원목일 때 구멍 수는 56~65개 적당
- 직경 12cm, 길이 120cm인 원목일 때, 구멍 수는 80~90개 적당
- ② 종균소요량: 500g인 톱밥종균 1병으로 원목 6개, 성형종균 1판으로 원목 6개를 접종 가능
- ⓜ 접종부위는 스티로폼마개 또는 파라핀으로 밀봉: 표면에 종균이 노출되지 않도록 함
- ⓑ 상처 부위, 벌레 먹은 부위와 옹이 및 가지 부위에는 주위에 추가로 천공하여 접종
- ⓢ 접종 후 원목은 땅에 닿지 않게 받침목을 깔고 위에 쌓은 후 비닐을 씌우고, 성형종균은 접종 당일 관수 가능, 에어식으로 톱밥종균을 접종한 경우는 균사가 재생된 후에 관수
- ⓞ 접종장소는 작업 전후 주변 정리 및 청소: 천공할 때 생긴 톱밥은 접종작업 종료 후 바로 청소

② 단목재배 접종하기
- ⓛ 살균과정이 없는 단목재배
- ⓒ 접종장소 및 접종시기: 기온 5~20℃ 전후의 3~4월이 적당하며, 바람이 없고 직사광선을 피할 수 있는 서늘한 곳
- ⓒ 접종방법
- 크기가 유사한 단목으로 선택하여, 단목 단면에 분쇄한 종균을 두께 5~10mm로 바름
  > 참고 단목 중심부는 얇게 주변부는 두껍게 하여 종균의 건조 및 잡균 침입 방지
- 종균을 바른 후 그 위에 단목을 쌓고 그 위에 종균을 같은 방법으로 다시 바르는 작업을 반복하여 7~10개의 단목을 연탄쌓기처럼 쓰러지지 않게 쌓기
- 종균 소요량: 종균 1병(약 500g)으로 직경 15~20cm 단목 5~6개 접종 가능
  > 참고 단목 1개당 80~100g 접종이 적당
- 너무 높게 쌓으면 중앙 부위에서 열이 발생하여 잡균오염이 발생할 수 있으므로 5~6단이 적당
- 최상부의 단목 단면에도 접종하고 비닐(천막)로 덮어 온습도를 유지하고 직사광선을 피하도록 관리

■ 원목 구멍 뚫기(천공)

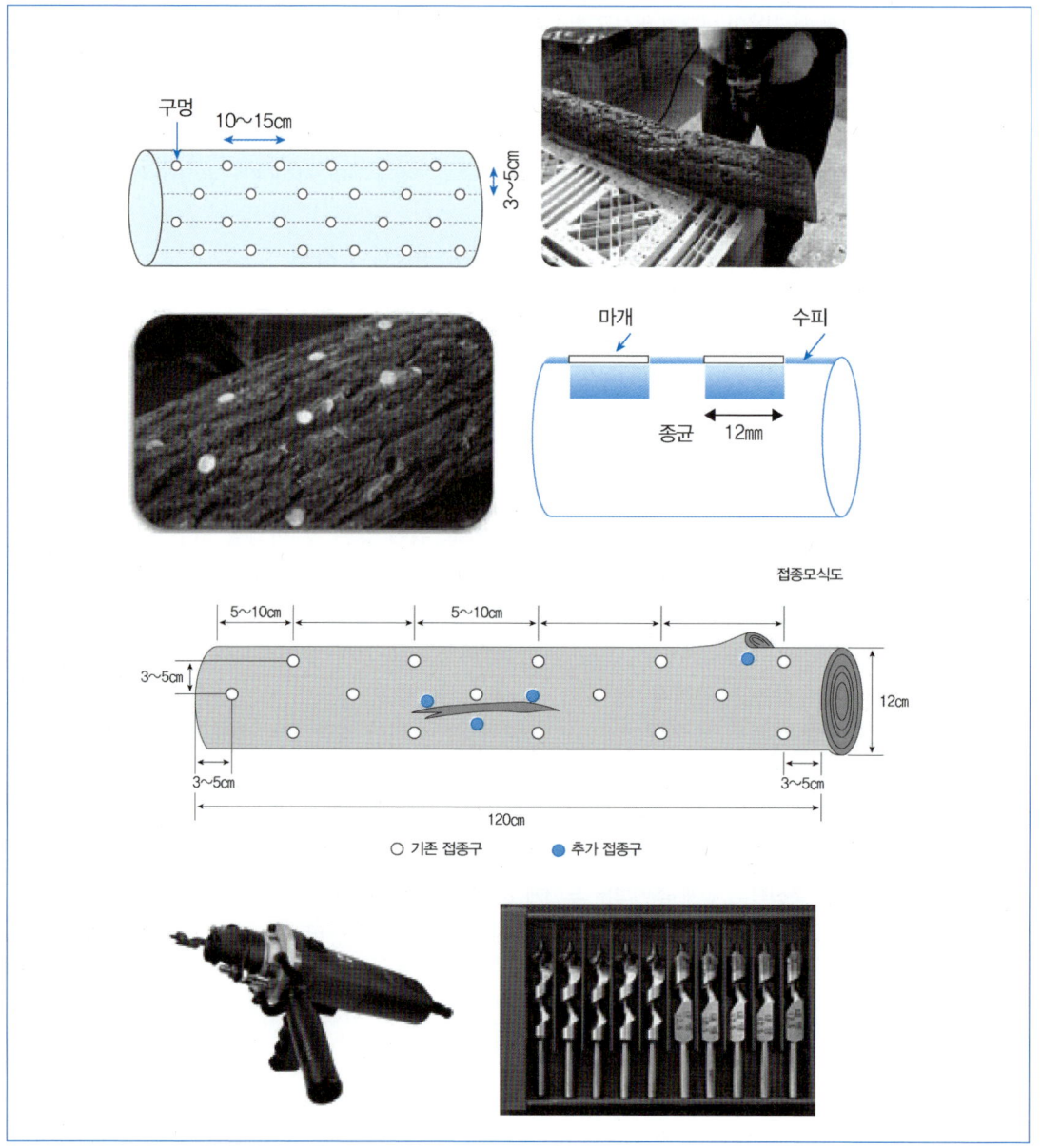

2) 균상재배

균상재배 버섯은 느타리와 양송이가 대표적이며 볏짚, 폐면을 발효하여 재배함

① 느타리
  ㉠ 느타리 비멀칭재배
    • 종균 접종 전, 재배사는 소독제를 뿌려 잡균 및 해충 침입을 방지하고, 접종용기 및 작업자의 손발은 70% 알코올로 소독 등 청결 관리

- 종균 접종: 접종량의 60%는 배지와 혼합하고 40%는 배지 표면에 접종
  - **참고** 균상 중앙 부분을 다소 높게 하는 것이 광선이 골고루 닿을 수 있으며 관수 시 물고임이 없게 하며 수확 작업에 편리함
- 접종작업은 최대한 신속하게 완료하고, 유공비닐을 덮어 배지 건조 및 유해균의 침입 방지
- 접종도구 및 남은 종균 등은 깨끗하게 즉시 정리하고 및 청소

ⓒ 느타리버섯 멀칭재배
- 멀칭비닐의 구멍 직경은 9~10cm 내외, 구멍 간의 간격은 9~10cm로 제작
- 종균 50%는 배지와 혼합 접종하고, 10%는 균상 표면에 고르게 접종
- 멀칭비닐로 균상 전체를 덮고, 멀칭비닐의 구멍을 종균의 40%로 완전히 덮이도록 접종
- 멀칭비닐 위로 비닐터널을 설치하여 종균 건조를 방지
- 접종도구 및 남은 종균 등은 깨끗하게 즉시 정리하고 청소

② 양송이 균상재배 접종하기

㉠ 종균 준비
- 육안과 냄새 검사 등으로 우량종균을 선별하고, 접종도구 및 작업자 손발을 70% 알코올로 소독
- 크레졸이나 알코올로 소독한 용기에 20~30병씩 담아 잘 혼합한 후에 접종하는 것이 균사 생장이 균일하여 배양관리에 유리함
  - **참고** 권장 접종량: 2~3kg/3.3m^2

㉡ 혼합한 종균 접종하기

> **→ Tip** 양송이 종균 접종방법
>
> ◦ 혼합접종법
>   - 퇴비배지와 종균을 골고루 섞어서 접종하는 방법
>   - **참고** 노동력이 많이 요구되는 작업으로 기계 작업으로 수행하기도 함
>   - 배지 상태가 나쁠 경우, 균사 활착이 어렵고 생장이 불량하며, 잡균에 의한 오염 발생
> ◦ 층별접종법
>   - 배지를 3~4층으로 나누어 층간에 접종하는 방법으로 노동력이 많이 요구됨
>   - 균사 생장이 빠른 장점이 있음
>   - 접종량은 중간층에 가장 적게 접종하고 하층, 상층, 표층 순으로 많게 하는 것이 안전
>   - **참고** 표층에 접종량이 가장 많은 이유: 균사 생장을 빠르게 진행하여 배지 표면을 균사로 피복하면 배지 수분 증발을 억제하고 잡균 침입을 최소화하기 위해서
> ◦ 표층접종법
>   - 배지 표면에만 접종하는 방법으로 가장 노동력이 적게 요구됨
>   - 균사 생장(활착) 기간이 길어져 배지 밑부분에 잡균에 의한 오염이 발생할 수 있음
>   - **참고** 장기간 배양으로 배지의 이화학성의 변질 및 하층부분의 잡균 피해가 발생할 가능성 높음

㉢ 접종 후 배지를 유공비닐로 덮어 건조 방지
㉣ 접종 도구 및 남은 종균 등을 청소하고, 주변 정리와 재배사 소독

3) 병·봉지재배

① **봉지재배**: 표고, 느타리, 노루궁뎅이버섯 등 다양한 버섯에 적용 가능하며, 배지량을 조절할 수 있다는 장점이 있음
② **병재배**: 자동화시설을 이용한 연중 재배로 대량생산시스템이며, 느타리, 큰느타리, 팽이버섯이 대표적임
③ 봉지 및 병재배의 톱밥종균 접종
  - 살균한 배지는 냉각 후 바로 접종
  - 무균상(실)의 팬을 5~10분간 작동시키고, 자외선전등을 소등하고 내부와 종균 접종기를 70% 알코올로 분무하고 화염 소독
  - 선별한 종균병 외부를 70% 알코올로 분무한 후 닦아 소독하고, 종균배지 상부의 노화된 접종원 부분을 소독한 스푼으로 제거
  - 종균을 분쇄하여 수작업을 하거나 종균 접종기를 이용하여 적당량씩 재배용 봉지 및 병에 접종하고, 바로 봉지 마개 및 병뚜껑을 닫음
    > **참고** 권장 접종량: 20g/kg(배지)
  - 접종 작업 후, 봉지 및 병 외부에 묻은 종균 등을 제거하고, 접종기기 및 도구를 즉시 70% 알코올과 화염 소독하는 등 청소 및 정리
  - 청소와 정리가 끝나면 무균상(실)의 팬(fan)을 끄고 자외선전등을 점등하여 실내 살균

④ 봉지 및 병재배의 액체종균 접종
  - 살균한 배지는 냉각 후 바로 접종
  - 무균상(실)의 팬(fan)을 5~10분간 작동시키고, 자외선전등을 소등하고 내부를 70% 알코올을 분무하여 소독
  - 액체종균 용기 외부를 70% 알코올을 분무하여 소독하고, 액체접종기와 연결하여 배지량에 맞게 적정량 접종
    > **참고** 권장 접종량: 20ml/kg(배지)
  - 접종 작업 후, 접종기기 및 도구를 바로 70% 알코올 소독과 화염 소독하는 등 청소 및 정리
  - 청소와 정리가 끝나면 무균상(실)의 팬(fan)을 끄고 자외선전등을 점등하여 실내 살균

5 버섯균 배양관리

(1) 배양환경 관리

① 버섯종균 배양 환경조건과 크게 다르지 않음
② 버섯의 종류나 재배 방식에 따라 조금의 차이는 있으나, 일반적으로 버섯균의 배양 조건은 온도, 습도, 산소(이산화탄소), 광, 배지(pH, 용량, 조성 비율, 수분 함량 등) 등의 환경 요인의 영향을 받음

(2) 버섯의 단계별 배양상태 관리

1) 양송이 균상재배

① 종균 접종 후 퇴비배지 균사 배양
- 종균 접종 후, 신문이나 유공 비닐 등으로 덮어 수분의 증발을 막고, 퇴비 온도 22~25℃에서 배양함
- 접종 2~3일 후부터는 배지에 균사 활착이 시작하고, 5~7일 후부터 급격히 균사가 생장함
  - 참고 이 시기에 호흡열 등으로 배지 온도도 상승하는데, 지나친 상승으로 퇴비의 재발열이 일어나지 않도록 수시로 환기를 해 주면서 배양해야 함
- 실내 온도를 적온보다 5~10℃ 정도 낮게 유지함

> **Tip 호흡열에 의한 재발열의 피해**
> - 발열로 버섯 균사 생장이 억제되거나 사멸되어 먹물버섯이나 푸른곰팡이병의 발생과 선충, 응애, 버섯파리 등 병해충의 피해가 커질 수 있음
> - 과잉 환기는 온도를 너무 낮추어 균사 생장의 불량으로 이어져 버섯 발생 불균형화와 수확 지연 등 생육 전반에 영향을 미쳐 수량 감소로 나타날 수 있음

- 배지의 수분 함량은 후발효와 배양 과정 중에 호흡열에 의한 증발로 배지가 건조되는 경우가 많으므로, 배지의 수분 함량은 68~70%를 유지하도록 해야 함

② 복토 및 복토배양
- 퇴비배지에 균사가 70~80% 정도 활착되었을 때 복토를 함
  - 참고 복토의 종류, 물리성, 수분 함량 등은 수량을 결정하는 중요한 요인이 됨

> **Tip 복토**
> - 재료: 식양토를 주로 사용하며 부식질로 토탄, 흑니, 부식토 등을 석회와 혼합해 사용
> - 복토 재료는 75~80%의 공극률, 보수력이 좋으며 유기물 함량이 4~9%, pH 7.5인 것이 적합함
> - 토양 중에는 많은 미생물과 곤충의 알 등이 서식하기 때문에 80℃ 이상에서 소독을 하여 복토로 사용해야 함

- 복토층 균사 생장을 위해서 온도는 23~25℃를 유지하고, 수분 보존을 위해 비닐이나 신문지로 덮어 관리함

2) 느타리

① 느타리 볏짚다발재배
- 볏짚배지 내부 온도는 20~25℃, 수분은 65% 내외로 유지
  - 참고 변온과 고온 배양의 경우에는 잡균 발생의 원인이 됨
- 오염균 발생 즉시 방제하고, 버섯파리의 침입을 막기 위해 방충망 등을 설치
- 볏짚의 아래 부분까지 균사가 활착되면 3~5일 정도 숙성 배양 실시

② 느타리 폐면재배
- 실내 온도는 20~25℃, 배지의 온도는 25~30℃, 수분 함량은 65% 내외 유지
  - 참고 변온과 고온 배양의 경우, 잡균 발생의 원인이 됨

- 환기를 자주하여 산소 공급과 축적된 가스를 신속히 제거시킴
- 오염균 발생 즉시 방제하고, 버섯파리의 침입을 막기 위해 출입구에 방충망 등을 설치
- 균사 배양이 완료되면, 3~5일 정도 숙성 배양을 하는 것이 유리

③ 느타리 봉지 · 병재배
- 배양실 내 온도는 20~25℃, 습도는 65~70% 내외로 유지

> **Tip | 배양실 온도 관리**
> - 접종 초기 배지 온도는 20~25℃이지만, 균사가 생장할수록 배지 온도가 상승함
> - 배지 내 온도가 30℃ 이상이 되면 균사 생장이 저하되거나 사멸할 수 있으므로, 균사 활성화되는 시기에는 배양실 실내 온도를 적온보다 2~3℃ 낮게 관리해야 함
> - 배지 내 균사 생장과 온도가 안정화되면 다시 배양실 온도를 23℃ 정도로 유지하여 실내와 배지 내부의 온도 격차가 없도록 관리해야 함

- 이산화탄소의 농도는 3,000ppm(0.3%) 이하를 유지하도록 환기에 유의
- 오염된 봉지 · 병배지는 즉시 제거
- 배양 기간은 25~40일 정도로, 배지의 용량, 버섯의 품종에 따라 차이가 있음

④ 큰느타리 병재배
- 배양실은 온도 20~22℃, 상대습도 65~68%, 이산화탄소 농도를 1,000~2,000ppm으로 조절하고, 암배양을 함
- 접종 후 균사 배양은 24~26일 정도면 완료됨
- 버섯의 특성상 균사 숙성과정(후배양)이 필요하여 7~10일 정도 같은 조건으로 배양함

  참고 총 배양 기간은 40일 전후

3) 팽이 병재배
① 배양실 내의 온도는 18~20℃, 습도 65~70%로 유지하고, 이산화탄소 농도는 최대 3,000ppm(0.3%) 이하가 되도록 관리

  참고 초기 호흡열을 고려하여 온도 관리 필요

② 환기 및 풍량: 배양실 구석이나 상하의 온도 편차가 적고, 상부 병의 배지가 건조되지 않도록 주의
③ 오염된 배지는 즉시 제거
④ 배양 소요기간: 30~35일

4) 표고
① 표고 원목재배: 원목재배에서 배양은 원목에 표고버섯의 종균을 접종하고 균사를 생장시켜 골목(버섯나무)을 만드는 단계임

  ㉠ 가눕히기
  - 균사 활착을 위한 더미쌓기나 다발세우기

    참고 높이: 옥외는 30~40cm, 하우스 내에서는 1m 이내

  - 골목의 보습을 위한 급수와 짚이나 보온덮개를 덮어 일정한 온도를 유지하는 것이 매우 중요

ⓛ 본눕히기
- 시기: 종목종균을 접종한 골목은 종목종균에서 흰색의 균사가 생장해 나오는 시기
  > **참고** 성형종균과 톱밥종균을 사용한 경우는 골목의 절단면에 균사의 무늬가 형성된 시점을 기준으로 함
- 배양방법: 본눕히기는 임내(林內)눕히기, 나지(裸地)눕히기 등으로 하며, 차광막 등으로 덮어 직사광선을 피하며 배양하는 방법

> **→ Tip 나지눕히기**
> 나뭇가지나 갈대 등으로 만든 발을 덮거나 대나무나 파이프로 기둥을 세워 차광막 등으로 그늘을 만들어 직사광선과 골목의 건조를 막아 주어야 함

- 골목의 쌓는 방법: 정(井)자쌓기, 엇갈려쌓기, 베갯목쌓기, 삼각쌓기, 가윗목쌓기 등
- 장소와 환경: 봄~가을까지 골목에 수분관리가 용이하고 통풍과 배수가 좋으며, 직사광선을 피할 수 있는 곳이 바람직함

> **→ Tip 재배장 관리**
> - 여름에 직사광선에 의해 골목의 내부 온도가 40℃ 이상이 되면, 균사의 세력이 약해지거나 사멸하는 경우도 있으니 주의 요망
> - 여름 장마철에는 통풍을 위해 재배장 주변의 잡초 등과 같은 방해물을 제거해 주어야 함
> - 나무 그늘 등도 이용 가능하지만 여름에는 직사광선을 피해야 하며, 여름철만이라도 차광막이나 부직포 등을 골목 위에 걸쳐 차양해야 함

ⓒ 골목관리
- 9월경에는 골목을 다른 방법으로 쌓거나 뒤집기를 하여 균사가 균일하게 생장하도록 해주어야 함
- 정상적인 버섯 균사 생장은 원목을 부후(腐朽)시켜 골목이 가벼워지는데, 품종과 사용한 종균의 형태에 따라 차이가 있지만, 중량이 접종 시 보다 30% 정도 가벼워지면 버섯이 발생할 수 있는 조건이 된 것으로 판단하며, 생표고재배용 품종은 1~1.5년, 건표고 재배용 품종은 1.5~2년이 걸림
- 골목화는 굵은 원목보다 가는 원목이, 노령목보다 어린나무가 빠름

② 표고 톱밥 봉지재배
- 배양실 온도는 20~25℃, 습도는 65~70%로 유지하고, 이산화탄소의 농도는 3,000ppm(0.3%) 이하로 환기 관리
- 오염된 봉지는 즉시 제거
- 배지의 크기, 형태에 따라 다르지만, 균사 배양은 암배양으로 60일 전후로 완료됨
- 배양이 완료된 배지의 후숙과 일정한 빛에 노출하여 갈변시키는 단계(명배양)로 광을 조사하고 환기를 충분히 하여 40~50일 정도 갈변 배양

5) 영지, 상황
① 원목재배(무살균)
ⓛ 장목관리
- 표고 원목재배와 같이 직사광선을 피하고 통풍이 잘되는 곳에서 우물정(井)자로 쌓아 배양
- 높이는 1.5m 내외로 쌓고, 수분과 통풍관리 중요

- ⓒ 단목관리
  - 초기: 균사 활착열이 발생하는 초기 1주일간은 온도는 15~20℃, 습도는 15~20℃, 습도는 85~93%를 유지
  - 약 1주일이 경과되면 버섯균이 생장하여 균사가 만연하고 원목으로 균사가 생장하기 시작
  - 그 후, 원목 상단부의 온도를 20~23℃ 이내로 유지
- ⓓ 환기관리
  - 원목의 건조 방지를 위해 피복 비닐을 덮어야 함
  - 덮개에 의한 밀폐로 산소 결핍, 온도 상승 등 환경이 불량하여 균사 생장 지연과 균사활력이 약화될 수도 있음
  - 1일 중 온도가 높은 시간에 15~20분간, 1~2회 비닐을 걷어 주어 환기하고, 모래나 지면, 거적 등에 물을 뿌려 습도 유지
② 개량 단목재배(살균): 내열성 비닐(PE 또는 P.P)에 절단된 원목을 넣어 살균하고, 냉각하여 접종
  - 배양실(혹은 재배사) 내 온도는 20~25℃, 습도는 65~70% 내외를 유지하며 균사 배양
    ◎참고 초기 균사 호흡열 등을 고려하여 온도 관리
  - 배양 소요 기간: 보통 1.5~2개월
  - 잡균에 오염된 원목은 세척 후, 벤레이트 1,000배 용액으로 씻어 비닐에 넣은 후 재 살균을 하면 다시 균 배양이 가능함

■ 단목재배법과 개량 단목재배법 차이점

구분	단목재배	개량 단목재배
• 기본 시설		
-살균기	필요 없음	필요함
-배양실	〃	〃
-무균실	〃	〃
• 건조 과정	필요함	필요 없음
• 살균 과정	필요 없음	필요함
• 비닐 피복	〃	〃
• 종균 소요량	4.5kg/3.3m²	0.45kg/3.3m²
• 균사 배양기간	4개월	1.5~2개월
• 종균 접종방법	단면 층별 접종	무균 접종
• 배지제조 가능시기	1~3월	연중
• 균배양 완성율	낮음	높음

6) 목이 톱밥 봉지재배

① 배양실 내의 온도는 22~28℃, 습도는 65% 전후로 유지
② **배양 소요 기간**: 45~60일
③ 오염된 봉지는 발견 즉시 제거
④ 환기는 배양실의 상하단의 온도 편차를 감소시키고, 이산화탄소 농도 1,500ppm 이하로 유지

(3) 배양실 환경관리 기술 및 시설

배양실은 접종 후 배지에 균사가 완전히 생장 할 수 있도록 균을 배양하는 장소

1) 배양 환경관리 기술

① 배양실 사용 전, 청소 및 소독을 하여 항상 청결함 유지
② 온도 조절을 위한 냉·온방 장치, 습도 유지를 위한 가습 장치를 설치하며, 버섯균 배양에 적정한 온도와 습도를 조절, 관리
③ 버섯 종류, 배지 크기 등에 따른 최적 온도는 차이가 있으나, 배양 초기 균사의 호흡열로 인한 배지의 온도 상승을 방지하기 위해 최적 온도보다 실내 온도를 2~3℃ 낮게 관리
④ 배양실 내 배지 적재 시, 배지와 배지 사이 공기 순환 등을 위한 간격을 두는 것이 유리함
⑤ 배양실은 양압 관리하는 것이 외부 유해물질의 유입 차단에 유리함
⑥ 배양 중 균사 생장이 부진하거나 오염된 종균은 조기에 선별하여 고압 살균 후 폐기

2) 배양실 환경제어 시설

① 공조설비
- 냉난방기를 필요로 하지만 일체형보다는 분리형이 관리에 유리
- 배양용 냉방기는 풍량 조절로 공기 순환과 외부공기 흡입 기능이 필요하고, 환기팬(fan)이 부착되어 있음
- 환기팬은 환기뿐만 아니라 공기가 배양실 내부 구석까지 흐르도록 압력을 유지하는 기능으로 배양실의 하부에 설치
- 흡기구는 상부에 두어 외부의 신선한 공기가 공급되도록 설치
- 겨울철 배양실에 난방기를 사용하는 경우, 공중 습도가 건조해질 수 있기 때문에 배양 중인 배지의 보습을 위한 가습기 등의 설치가 반드시 필요함

② 조명설비
- 표고 톱밥 봉지재배를 제외하고 균사 배양에는 빛이 필요하지 않고, 작업을 위한 조명의 개념임
- 배양실에서 작업자의 안전을 위해 조명시설이 필요하지만, 버섯균의 배양에 좋지 않으므로 최소한의 조명으로 신속하게 작업하거나 균생장과 무관한 적색광을 사용하기도 함
- 표고 톱밥 봉지재배에서 암배양을 완료한 배지의 갈변화를 위해 100lx 정도의 밝기로 충분

3) 배양실의 구조와 시설

① 온습도, 이산화탄소 농도, 광 등의 환경 조건을 관리함과 동시에 실내 환경의 편차가 없도록 관리할 수 있는 구조
② 실내 환경 편차를 줄이기 위해서는 팬(fan)을 설치하여 공기를 유동시킴
③ 버섯 종류와 재배 방식에 따라 배양실 내의 배지 적재 방법을 달리 할 수 있음
④ 일반적으로 1,200~1,400병/3.3m^2 정도로 배양실 규모 설정

■ 배양실 공간배치 및 공기 흐름

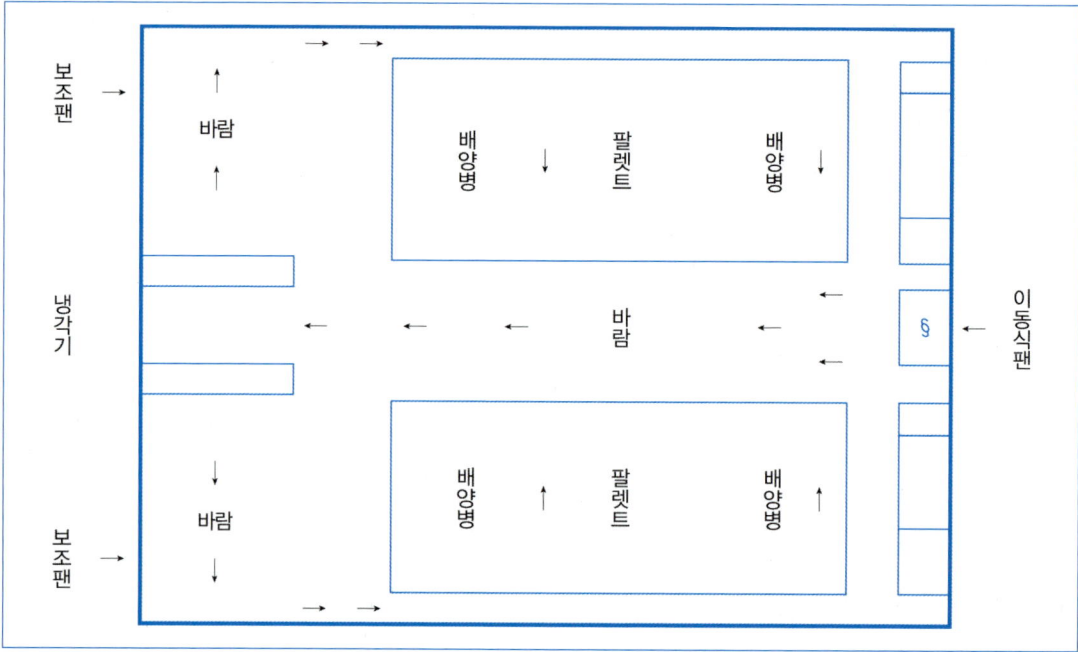

(4) 위생청결관리

① **작업자**
- 작업화, 의복, 마스크 등을 작업자 자신의 안전과 이물질 혼입을 방지하도록 착용
- 작업자에 의한 오염 방지를 위해 배양실 출입구에는 에어샤워를 설치
- 배양실의 작업 전후에 노출된 신체 부분을 비누 세척(손 씻기)

② **배양실 바닥**: 이물질이나 먼지 등을 제거하고, 물이나 차아염소산나트륨 수용액(0.05~0.1%)으로 청소 후 잘 건조

③ **공조시설**: 공기 흐름을 위한 시설·설비인 환기팬(fan)이나 공기필터 등의 청소 및 교체

④ **가습장비**: 가습에 사용되는 물은 여과하여 사용

CHAPTER 04 버섯의 생육환경

1 버섯 생육환경관리

(1) 발생관리

1) 버섯 발생 유도는 영양생장을 완료한 배지를 버섯 발생을 위하여 온도, 습도, 공기조건, 광 등의 환경을 버섯의 종류별로 적당히 조절하는 과정. 버섯 발생 유도실에 옮겨 발생 유도를 하는 것이 가장 효과적이나 생육실에 버섯 발생에 적합한 환경을 조절하여 실시할 수도 있음
2) 버섯 발생 유도를 위하여 배지 입상 전에 재배사의 시설 및 설비의 이상 유무를 확인하고, 청소와 오염균 제거를 위한 소독을 완료한 후에 입상해야 함
3) 온도 · 습도 · 환기 · 광
   ① 온도: 느타리, 큰느타리, 표고, 팽이버섯 등 중온성과 저온성 버섯의 경우 배양 온도 보다 낮은 온도로 설정하여 온도 충격을 주고, 영지버섯, 신령버섯 등 고온성 버섯은 배양온도와 동일한 범위에서 버섯 발생을 유도함

   > **Tip** 버섯의 온도 특성 구분
   > ◦ 저온성: 균사 배양(영양생장기) 온도보다 10℃ 정도 낮은 온도에서 최적의 버섯발생(생식생장)을 하는 버섯
   > ◦ 중온성: 균사 배양(영양생장기) 온도보다 5℃ 정도 낮은 온도에서 최적의 버섯발생(생식생장)을 하는 버섯
   > ◦ 고온성: 균사 배양 온도와 버섯 발생 유도 온도가 동일한 조건에서 최적의 버섯발생(생식생장)을 하는 버섯이나 품종

   ② 습도: 관수나 가습기를 이용하여 공중 습도 90% 이상을 유지하여 주어야 함
   ③ 환기: 환기를 충분히 하여 실내 이산화탄소 농도를 1,000ppm(0.1%) 내외로 유지하는 것이 효과적이나 버섯에 따라서는 3,000ppm 내외에서 버섯 발생량이 많아지는 경우도 있음
   > 참고 느타리, 큰느타리, 팽이버섯 등의 균긁기를 하는 병재배 버섯의 경우, 균긁기 후 병을 뒤집어서 발생 유도하는 것은 버섯 발생 부위의 이산화탄소 농도를 높은 수준으로 유지하여 버섯 발생을 촉진하기 위함임

   ④ 광
   • 복토를 하는 양송이버섯을 제외한 대부분의 버섯에서 광은 버섯 발생 유도를 촉진시킴
   • 효과적인 광원은 청색광 계통이고, 600nm 이상의 장파장의 광은 효과가 없음

4) 버섯 종류별 발생환경 및 관리
   ① 양송이(*Agaricus bisporus*)
   • 관수를 하여 퇴비와 복토 모두에 충분한 수분 공급과 온도 충격, 환기를 충분히 실시함

- 균배양기에는 배지와 복토층 온도를 23~25℃로 유지하고, 버섯 발생 유도기에는 15~17℃ 정도까지 실내 온도를 낮추어 버섯 발생을 유도함
- 이산화탄소 농도가 1,200ppm 정도를 유지하도록 환기를 충분히 실시
- 발생 유도 시작 4~5일이 지나면 자실체 원기가 형성
- 양송이버섯 발생 유도기에 광조사는 필요 없음

② 느타리(Pleurotus ostreatus)
- 온도는 15~18℃, 가습으로 습도는 95% 이상, 환기로 이산화탄소 농도를 1,000~1,500ppm으로 유지하고, 광은 340~500nm의 파장으로 $6.8mW/m^2$ 정도의 밝기로 조사해 줌
- 병·봉지재배의 경우, 비슷한 조건에서 버섯 발생 유도가 가능하지만, 균상재배의 경우, 관수로 물을 충분히 공급해야 효과적임

③ 큰느타리(새송이, Pleurotus eryngii)
- 균긁기 후 병을 뒤집어서 버섯 발생을 유도
- 온도는 16~17℃, 공중 습도는 95%, 이산화탄소 농도는 2,000ppm 이하로 유지
- 광은 $6.8mW/m^2$ 정도 밝기의 광을 조사해도 되지만, 작업 시 켜지는 짧은 광으로도 버섯 발생에는 문제가 없음

④ 팽이버섯(팽나무버섯, Flammulina velutipes)
- 발이 온도 12~15℃, 상대습도 90~95%, 이산화탄소 농도 1,000~1,500ppm
- 광은 버섯 발생을 촉진시키지만, 큰 영향은 없음
- 버섯 발생 유도 후, 2~3℃의 억제 처리 : 균일한 버섯 발생을 위해서 저온의 억제실에서 관리

⑤ 표고(Lentinula edodes)
  ㉠ 표고 원목재배(자연재배)
- 원기 형성(버섯 발생) 가능 시기의 온도는 15~25℃의 범위에서 하루 온도 편차가 10~15℃일 경우가 가장 효과적임
- 충분한 수분 공급과 온도충격을 주기 위해서 차가운 지하수를 이용하는 것이 유리함
- 광은 버섯 발생을 촉진시키기 때문에, 버섯 발생장에 직사광선을 피하는 범위에서 최대한 밝게 유지해 주는 것이 유리함

  ㉡ 표고 톱밥 봉지재배
- 온도는 15~23℃에서 온도 편차는 8~10℃ 정도가 적당함
- 공중 습도는 80~90%로 유지, 관수나 가습기 이용
- 광은 광차단율 70% 정도의 차광막을 이용하여 직사광선을 차단하고, 최대한 밝게 유지

⑥ 영지(Ganoderma lucidum)
  ㉠ 고온성인 영지는 재배장의 온도를 26~32℃로 유지해야 함
    참고 온도가 26℃ 이하로 낮거나 34℃ 이상이 되면 생장이 멈추기 때문에 주의해야 함
  ㉡ 관수를 충분히 하여 습도를 90~95%로 유지해 주면 버섯이 발생함
- 모래 표면의 마른 부분이 젖을 정도로 매일 2회 이상 관수
- 과도한 관수량은 잡균오염과 버섯 발생 지연을 초래하므로 주의

ⓒ 자연 재배인 경우가 많기 때문에, 이산화탄소 농도를 조절할 필요는 없으나 충분한 환기는 필요함
② 광은 광차단율 70% 정도의 차광막을 이용하여 직사광선을 차단하고, 최대한 밝게 유지
⑪ 다량의 자실체 원기가 형성되면 솎아내기 필요

5) 버섯 종류별 발생 유도 기술

① 버섯 발생을 유도하기 위한 환경 조건, 즉 온도, 습도, 환기, 광 조건 이외에도 균긁기, 타목 등 물리적 자극과 변온, 수분 공급 등은 버섯 발생을 촉진시킴
② 균긁기는 병재배에서 실시하고, 타목 등 충격 자극은 원목재배에서 주로 실시함

■ 버섯발생 유도작업

균긁기	• 균긁기로 절단된 균사가 다시 생장할 때, 버섯이 발생하는 환경으로 관리하면 자실체 원기가 많이 형성되고, 버섯을 균일하게 발생시킬 수 있음
	• 장점
	  − 버섯 배양 후 균긁기를 하면 배지 표면의 노화균을 제거하여 균일한 버섯발생 가능
	  − 원기 형성 촉진(버섯 발생 촉진)
	  − 균긁기 후 물주기는 수분을 공급하여 표면 건조 방지 및 병 입구 등에 부착된 찌꺼기 제거
	  − 균 배양 중 오염된 배지를 선별하여 2차 오염을 예방할 수 있음
	• 균긁기 실시 버섯: 팽이버섯, 새송이, 느타리, 만가닥버섯류 등 병재배 버섯
	• 균긁기 형태: 편평형, 오목형, 볼록형
	• 균긁기 주의사항
	  − 균긁기 기계의 날은 배지 표면이 매끄럽게 균긁기가 되도록 항상 철저히 관리
	  − 균긁기의 칼날의 빠른 회전 속도로 발생한 마찰열로 균사가 사멸하여 버섯 발생이 지연되는 경우도 있으므로, 적정 회전 속도로 조절 필요함

살수 및 침수	• 배양 완료된 배지에 수분을 공급하면 버섯 발생을 촉진시키는 효과가 있음
	• 살수 처리 버섯: 보통 균상재배, 표고버섯의 원목재배 및 봉지재배, 영지버섯의 원목재배
	  [참고] 균상과 톱밥 봉지재배: 고운 입자의 안개 분무로 빠른 시간 안에 실시하고, 살수 후에는 충분한 환기로 고인 물을 증발시켜야 함
	• 침수 처리 버섯: 표고버섯 원목재배와 톱밥 봉지재배
	  [참고] 침수는 침수조가 별도로 구비해야 하고, 운반 및 작업의 어려움이 있지만, 버섯을 동시에 발생시키기에 유리함

타목 및 충격	• 타목: 표고버섯 원목재배 시 살수 후 쓰러트리기 등을 통하여 물리적 충격 • 고무망치 등으로 두드려서 충격을 주면 버섯 발생을 촉진시키는 효과가 있음 • 오래된 원목일수록 장시간의 살수와 강한 충격이 필요함 • 표고버섯 톱밥 봉지재배 시, 갈변이 완료된 배지는 운반 등의 작은 충격에도 버섯이 발생하기 때문에 주의해야 함
변온	• 저온성 버섯과 중온성 버섯은 온도 변화에 의해 버섯 발생이 촉진됨 • 노지나 냉방시설이 없는 간이재배사와 같이 인위적으로 온도 조절을 할 수 없는 경우, 낮과 밤의 일교차를 이용한 변온 실시: 온도 편차는 보통 10℃ 전후가 효과적임

■ 균긁기의 형태

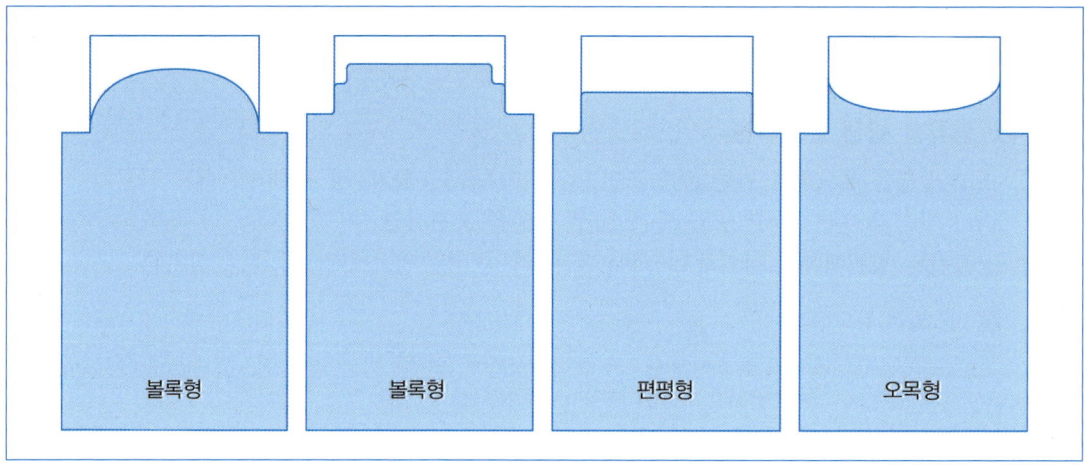

볼록형	볼록형	편평형	오목형

(2) 생육관리

■ 버섯 종류별 재배방식

재배방식	버섯 종류	사용 종균 종류
균상재배	양송이, 신령버섯, 풀버섯, 느타리, 표고 등	곡립, 톱밥, 퇴비종균
원목재배	표고, 영지, 상황, 느타리 등	톱밥, 성형종균
봉지재배	느타리, 표고, 목이, 노루궁뎅이버섯, 버들송이, 잎새버섯 등	곡립, 톱밥, 액체종균
병재배	느타리, 큰느타리, 팽이버섯, 만가닥버섯, 노루궁뎅이버섯, 영지 등	톱밥, 액체종균

1) **버섯 생육환경**
   ① 자실체 원기가 형성되면 갓과 대 등으로 분화하면서 생육을 하게 되는데, 갓과 대의 분화, 포자 형성 등 일련의 자실체 생육 과정은 각기 다른 환경 요인이 요구됨
   ② 버섯은 종류에 따라 생산 목적에 따라 자실체의 형태를 결정하여 생육시켜야 함
      • 팽이버섯, 큰느타리: 갓의 발달을 억제하고 대를 신장시킴
      • 표고: 대의 신장과 비대를 억제하고 갓을 크고 두껍게 생육시켜야 함
      • 수출 등의 장기 저장이 필요한 버섯: 자실체를 단단하게 생육시켜야 함

2) **온도·습도·환기·광**
   자실체의 형태는 유전적인 요인과 자실체 생육 중의 환경 조건(온도, 습도, 환기, 광 등)에 의해서 크게 영향을 받음
   ① 온도
      • 버섯 발생 유도기보다 2~3℃ 높게 하여 생육
      • 자실체 발생 온도와 같거나 낮은 온도에서 생육시키면 자실체가 단단해지고 형태가 균일한 효과는 있으나 생육기간이 길어지고, 이에 따라 냉난방비가 상승함

② 습도: 자실체 생육기에는 80~90% 범위 안에서 유지 관리
③ 환기
- 갓을 발달시켜 재배하는 버섯류: 1,000ppm 내외로 환기 관리하는 것이 효과적
- 대를 길고 굵게 재배하는 버섯류: 3,000ppm 내외로 관리하는 것이 효과적
④ 광
- 갓을 발달시켜 재배하는 버섯류: 필수
- 대를 길고 두껍게 재배하는 버섯류: 광조사에 큰 영향 없음
- 자실체 생육기의 광원과 광량도 버섯 발생 유도기와 다르게 조절
- 연속광조사보다 일정한 광주기(광, 암 교체)로 조사하는 것이 효과적

3) 버섯 종류별 생육환경

① 양송이(*Agaricus bisporus*)
- 버섯 발생 유도기와 비슷하지만, 주기가 반복될수록 온도와 습도를 낮추고, 이산화탄소도를 낮게 유지해 주는 것이 유리함

■ 양송이버섯 주기별 환경관리 기준

구분	1주기	2주기	3주기
기온(℃)	17~19	16.5~18	16~17
퇴비온도(℃)	20~25	19~20	18~20
상대습도(%)	88~89	86~88	86
CO_2 농도(ppm)	1,400~1,200	1,100~900	900~700

출처: NCS 버섯재배

- 양송이는 주기가 반복될수록 배지 내 균사의 호흡량 감소 → 배지 온도와 이산화탄소 농도 저하 → 양송이 균사 세력 약화 → 버섯 발생량 감소
- 정상적인 발생 유도를 위해 충분한 환기로 원활한 산소 공급해주어야 함
- 생육기에도 광조사가 필요 없음

② 느타리(*Pleurotus ostreatus*): 느타리버섯은 균상재배와 공조시설을 갖춘 시설재배인 병 및 봉지재배에서 자실체 생육기의 환경 관리를 달리할 필요가 있음

㉠ 균상재배
- 환기(이산화탄소 농도)
  - 자실체 발생에서 어린 자실체까지는 이산화탄소 농도가 1,000~1,200ppm가 유지되도록 환기를 억제해야 함
  - 버섯이 성숙할수록 산소 요구도가 증가하기 때문에, 이산화탄소 농도는 500~1,000ppm이 되도록 환기가 필요함
- 습도는 90%, 온도는 13~15℃로 유지함
- 생육실의 밝기를 균일하게 하고, 광을 주기적으로 조사하여 균상 전체에 고른 버섯 발생을 유도함

- 자실체 생육기의 과도한 온·습도의 편차는 기형버섯의 발생과 세균병의 원인이 되기 때문에 주의해야 함
- 양송이와 같이 주기가 반복됨에 따라 온도, 상대습도, 이산화탄소 농도를 점점 낮게 유지해 주는 것이 필요함

ⓒ 병재배
- 느타리 품종에 따라 약간의 차이가 있지만, 온도는 14~18℃, 습도는 95~97%, 이산화탄소 농도는 800~1,500ppm, 광은 30~300lx로 관리함
- 습도의 경우, 버섯 발생 유도기보다 낮은 80~90% 범위에서 생장시키면 버섯을 단단하게 생육시킬 수 있음
- 이산화탄소의 농도
  - 이산화탄소 농도가 높게 유지되면 갓이 작아지고 대가 가늘고 길어짐
  - 이산화탄소 농도가 과도하게 낮으면 갓이 커지고 대가 굵어짐
  - 고품질의 느타리 병버섯을 생산하려면, 생육 후기로 갈수록 환기량을 늘려 이산화탄소 농도를 낮추어주어야 함
- 생육 소요 기간: 4~5일

③ 큰느타리(새송이, *Pleurotus eryngii*)
ⓐ 발생 유도 후 환경에 예민하게 반응하는 버섯으로 적절한 환경관리가 요구됨
ⓑ 온도: 버섯 발생 유도는 17℃, 초기 생육단계는 16℃, 성숙기에는 15℃로 관리
- 낮은 온도 조건에서 생육: 갓색이 짙어지나 대 길이가 짧아짐
- 높은 온도 조건에서 생육: 대의 길이가 길어지나 가늘고 저장성 저하와 갓이 쉽게 손상됨
ⓒ 습도: 생육 초기에는 85~90%, 후기는 80~85%가 적당
ⓓ 광: 필수적이지는 않지만, 후기에 광조사는 자실체를 단단하게 함
ⓔ 이산화탄소 농도: 2,000ppm 내외로 유지
- 이산화탄소 농도가 높음: 갓의 발달이 억제되고 대가 길어짐
- 이산화탄소 농도가 낮음: 대가 짧아지고 갓이 발달하여 상품성이 떨어짐
ⓕ 생육 초기에는 높은 농도를 유지하고, 생육 후기나 수확 직전에 환기량을 증가시켜 갓을 발달시키는 방법이 고품질 버섯을 생산하기 위해서는 효과적임

④ 팽이버섯(팽나무버섯, *Flammulina velutipes*)
ⓐ 억제: 발생한 자실체의 길이가 3~4mm 정도면 균일한 발이와 크기를 위하여 습도 80~85%, 온도 2~3℃의 억제실에서 3~4일간 관리
ⓑ 권지 씌우기
- 억제 후, 바로 실시, 버섯이 병 입구에서 2~4cm 정도 생장하였을 때
- 이산화탄소를 축적시켜 대를 신장시키고, 대가 굽는 것을 방지하기 위해
- 통기성이 좋은 플라스틱 재질의 권지를 씌워 수확기까지 관리함
ⓒ 생육
- 버섯의 길이가 12~14cm 정도까지 생육

- 온도 7±1℃, 습도 75~80%, 이산화탄소 농도 3,000~4,000ppm으로 관리

⑤ 표고(Lentinula edodes)

㉠ 원목재배
- 고·중온성 품종: 20℃ 전후의 5월 하순~6월 상순과 9월 중에 수확
  - 1일의 최저 기온이 22℃ 이상인 시기에는 쿨러 등을 사용하여 18~20℃의 원기 발생 적온을 확보하거나, 시설이 여의치 않은 경우, 수분 공급 등 침수조에 담가 3일 정도 원기 유도를 하거나 시원한 임지 내에서 발생시킴
  - 저온 조건이면 생육 지연과 발생량 저하가 유발되므로 난방 필요
- 저·중온성 품종을 연내에 발생시키는 경우, 저온 자극(10℃ 이하)을 준 후에 침수
  - 동절기에는 야외에서만 저온 자극을 주는 방법도 있음
  - 겨울에는 버섯의 생육이 늦어져 골목과 버섯이 건조되는 경우가 있으므로, 골목을 하우스에서 수확하기 4~5일 전까지 비닐로 덮어 보습을 하며 관리함
- 버섯 생육기에는 과도한 관수는 물버섯을 양산하므로, 가능한 관수를 억제관리
- 휴양관리
  - 버섯이 발생하면서 양분과 수분을 소모하여 골목이 약해지기 때문에, 발생이 끝난 골목은 휴양시켜야 함
  - 적당량의 수분과 온도(15~25℃)로 관리하면 균사의 생장과 원기의 발생이 촉진됨

→ Tip 표고 원목의 휴양기간 수분관리

- 건표고 재배: 수확기(가을~봄) 후 다음의 발생 시기까지 골목의 회복과 수분관리가 필요
- 생표고 재배: 수확 후부터 다음의 침수까지의 수분관리 중요
- 일반적으로 침수 횟수가 많아짐에 따라 골목의 회복에 시간이 걸려 휴양기간을 길게 해주어야 함

㉡ 톱밥 봉지재배: 품종에 따라 적정 온도로 관리, 광 및 환기관리로 품질을 조절함
- 온도는 15~23℃로 유지하며 온도 편차는 8~10℃ 정도가 적당
- 공중 습도는 70~80%가 적당
- 이산화탄소 농도가 1,000ppm 이하가 되도록 충분한 환기
- 광은 광차단율 70% 정도의 차광막을 이용하여 직사광선을 차단하고, 최대한 밝게 유지

⑥ 영지(Ganoderma lucidum)

㉠ 실내 습도 90~95%, 실내 온도 26~32℃ 유지
㉡ 환기: 갓이 형성되기 시작하면 환기를 실시하여 갓 형성을 촉진하여야 함
- 환기 부족: 갓이 형성되지 않고 2~3일 사이에 대가 2~3개로 갈라져 자람
- 원목재배는 대 길이가 길어지기 쉬우므로 많은 환기를 실시하여 갓의 생장을 촉진시켜야 함
㉢ 갓이 적당한 크기로 생장하면 실내 습도를 70~80%로 낮추어 갓을 두껍게 생육시켜야 함
㉣ 수확 10~15일 전, 관수를 중지하고 환기를 하여 실내 습도를 30~40%로 낮추고, 실내 온도도 24~32℃ 범위 내에서 변화를 주며 갓이 두꺼워지도록 관리

참고 갓 부분이 밝은 노란색에서 점차 진한 색으로 변하면, 갓의 생장은 중지되고 포자가 형성되기 시작하는 시기임

ⓜ 녹각형 영지버섯을 생육할 시에는 광을 완전히 차단하고 환기를 억제하여 생육시키는 것이 유리

4) 버섯 종류별 품질관리

① 솎기
  ㉠ 자실체를 크게 재배하는 버섯의 고품질 버섯 생산을 위해서 필요함
  ㉡ 과도한 발생으로 인한 버섯의 품질 저하 방지(예방)
  • 버섯의 과밀 형성 방지
  • 배지의 영양 고갈 방지
  ㉢ 인위적으로 어린 버섯일 때 건강한 버섯 일부만 남겨서 생육을 시키고 나머지 버섯을 제거해주는 작업
  ㉣ 솎기 작업이 필요한 버섯: 큰느타리, 표고, 양송이, 영지 등

② 권지 씌우기
  • 대표적으로 팽이버섯의 재배에서 실시
  • 버섯이 벌어지는 것을 방지하고 이산화탄소의 농도를 높게 유지하여 갓의 발달을 억제하고 대의 신장을 촉진하는 효과가 있음
  • 씌우기 시기는 수확기 버섯의 균일성, 생장 속도, 품질 및 수량에 영향을 줌
    ◎참고 버섯 생육 초기에 갓이 발달하기 시작하면, 즉시 권지 씌우기 실시
  • 통기성이 좋은 것을 사용하고 물을 흡수하는 재질은 잡균이 오염될 수 있어 피하는 것이 좋고 세척과 건조가 용이한 재질을 사용해야 함

5) 버섯 종류별 생육주기

> **→ Tip 주기**
> 버섯 균사를 배양한 배지를 재배하여 자실체를 수확한 후 일정 기간 휴양 과정을 거쳐 다시 버섯을 발생시키고 수확하는 것을 반복하는 것

◎참고 양송이, 느타리 균상재배, 표고 톱밥 봉지재배와 원목재배: 수차례 반복하여 버섯을 생산, 주기관리를 하면서 장기간 재배 가능
◎참고 병재배: 1회 생산 후 관리하면 재생산이 가능하지만, 수량과 품질 저하로 경제성이 떨어짐

① 양송이
  • 수확 후에 균상 표면의 죽은 버섯 및 이물질 제거
  • 온도를 20℃ 내외로 올려 약 1주일간 영양 균사 생장 유도
  • 배지 및 복토가 건조되지 않도록 수분관리
    ◎참고 휴양기 과도한 수분공급은 미생물의 오염을 유발할 수 있으므로 주의
  • 복토층으로 영양 균사가 보이기 시작하면 다시 버섯 발생 작업 실시
  • 휴양기간은 재배 초기에는 짧아도 괜찮지만, 주기가 반복될수록 길게 하는 것이 좋음

② 느타리
  • 균상재배 1주기 수확 후, 잔재하는 버섯과 이물질을 깨끗하게 제거

- 충분한 양의 물을 관수하고, 공중 습도를 높여 배지 표면의 건조 방지관리
- 환기를 억제하고, 온도는 생육 온도보다 2~3℃ 높여 1주일 정도 관리
- 주기 관리는 주기가 반복될수록 휴양기간을 길게 주는 것이 좋음

③ 표고
ㄱ) 원목재배
- 수확 후 다음 발생까지 일정 기간의 휴양기간 필요
  - 균사체 내에 버섯을 재발생시킬 수 있는 충분한 양분 축적을 위해서 필요함
  - 휴양기간이 부족하면, 수량 감소, 품질 저하, 기형버섯 발생 가능성이 높아짐
- 전 주기에 버섯 발생이 많았던 경우에는 휴양 기간을 더 길게 주어야 함
- 휴양기간은 품종에 따라 다르지만 보통 25~40일 정도 필요

  ◎참고 최대 4년까지 원목을 관리하면서 재배하기 때문에, 휴양기간의 원목 관리가 중요함

- 가장 주의해야 할 사항: 원목의 건조. 건조된 원목은 원상태로 회복이 어렵기 때문에 특히 겨울철 휴양기간 중에는 원목의 건조 방지를 위해 반드시 눕혀놓고, 상황에 따라 살수도 해야 함

ㄴ) 톱밥 봉지재배
- 배지 건조 예방이 중요함

  ◎참고 과도한 수분 공급으로 인한 유해균의 발생에 주의

- 휴양관리는 충분한 수분 공급과 환기 억제, 광 차단으로 배지 내 균사 생장 유도
- 보통 일주일 이상 관리한 후에 살수량을 증가시켜 버섯 발생을 유도
- 휴양기간: 버섯의 발생량, 상태 등을 고려하여 가감
- 사각형 배지와 원통형 톱밥 봉지재배: 침수, 침봉을 통하여 버섯 발생을 유도하고, 20~30일 간격으로 주기를 관리함

6) 버섯 종류별 솎기 작업
① 솎기
ㄱ) 큰느타리
- 솎기를 하는 대표적인 버섯임
- 재배 용기의 크기에 따라 2~3개의 자실체만 남기고, 나머지는 칼을 이용하여 제거한 후 생육시킴
- 매끈하게 한 번에 제거하고, 남기는 자실체에 상처가 생기지 않도록 주의
- 솎기용 칼은 병을 바꿀 때마다 70% 알코올로 소독하여 세균성 무름병 등이 전반되는 것을 예방해야 함

ㄴ) 표고
- 톱밥 봉지재배에서 솎기 작업
- 과도하게 발생한 버섯을 제거
- 봉지에서 전체적으로 발생하기 때문에, 칼로 제거하는 것이 어렵고, 어린 자실체를 손가락 등으로 눌러서 더 이상 생육을 하지 못하도록 제거해 주는 방법

ⓒ 양송이
- 일정한 간격으로 건강한 자실체만 남기고 나머지는 제거하는 방법
  - 참고 배지의 배양 상태가 불량해서 좋은 버섯을 기대할 수 없는 경우
  - 참고 포토벨라처럼 초대형 버섯의 생산을 원할 경우
- 복토층에 균사(끈)가 제거 작업 중에 상하지 않도록 주의함

② 팽이버섯 권지 씌우기
- 억제과정으로 2~4cm 정도 균일한 버섯이 발생했을 때 권지를 씌움
- 팽이버섯의 수확기 자실체는 14cm 정도로 길고 가늘기 때문에 자실체의 꺾임 현상 등으로 자실체 보호
- 이산화탄소 축적으로 대를 길게 신장시키고, 바람의 영향을 받지 않도록 권지로 병 입구를 둘러싸놓는 것

2 버섯재배시설 장비관리

(1) 재배사관리

1) 재배방식별 재배사 특성
  ① 원목재배용 하우스
  - 보통 봄, 가을 자연 재배로 버섯을 생산할 수 있는 간이식 하우스 재배 방법
  - 기본적으로 차광과 살수시설 및 재배사 환기창의 개폐 시설을 갖추고 있음
  - 배수시설과 골목(배양된 원목)에 살수를 위한 스프링클러(sprinkler), 관정(지하수) 시설을 갖추고 있어야 함
  ② 톱밥재배용 하우스
  - 기본적으로 원목재배 시설과 유사하지만, 균사 배양이나 자실체 발생 및 생육에 적당한 환경 조건을 유지할 수 있는 공조시설이 필요함
  - 연중재배를 위해서는 외기에 의한 변온이 적고 미세먼지 등을 여과시킨 공기가 흡입될 수 있는 설비와 강제 환기 설비가 있어야 함
  - 재배과정에서는 배지 표면의 건조 방지를 위한 살수 또는 실내 습도를 조절 가능한 가습(스프링클러) 시설이 설비되어야 함
  ③ 균상재배용 하우스
  - 일반적으로 하우스 골조시설에 부직포와 단열재로 피복된 상태에서 균상 면적이 165~198m^2 규모로 폭 7.0~8.0m×길이 24.0~25.0m×높이 3.5~4.0m 규격으로 기초 설비되어야 함
  - 바닥 표면은 약 30cm 두께로 구덩이를 파고 지표면에서 열 차단을 위해 1차 0.05mm 비닐을 깔고, 2차로 스티로폼이나 우레탄 같은 단열재를 피복, 다시 0.05mm 비닐을 깔고 그 위에 시멘트로 타설 작업하여 온도 편차를 최대한 줄여야 함

④ 자동화 시설재배
- 내외부의 온도 편차를 최소화하고 환경조건을 감지하는 센서에 의해 자동으로 조절이 가능한 시스템

> **Tip** 자동 제어 장치 및 관련 장비
> - 냉난방기: 콘덴싱 유니트(냉난방용 실외기)와 실외 응축기로 구성
> - 가습장치: 초음파 가습기, 비발식 가습기
> - 환기장치: 시로코팬, 송풍기
> - 공기 여과장치: 헤파필터(HEPA filter) 등

- 자동화시설이더라도 기계에 의존하기보다는 수시로 점검과 체크하여 문제가 발생할 요소를 사전에 제거해야 함
- 자동화 시설재배는 인력 절감과 상품성 향상을 위해서 많이 투자된 만큼 시설이나 기계장비에 사전 체크리스트를 사용하여 작업자와 작업공정이 원활하게 진행되도록 관리해야 함

2) 재배사 환경관리

① **가습장치**: 표고 원목재배와 느타리 및 양송이 균상재배, 자동화 병재배 등 재배방법에 따라 설비와 종류에 차이가 있음
  - ㉠ **표고 원목재배**: 하우스 내부에 플라스틱형 스프링클러 노즐 분사기를 재배사 상단에 1.8m 간격으로 2열 배치하고, 자동타이머 센서에 의해 설정된 시간대 또는 분당으로 작동
  - ㉡ **표고 톱밥재배**: 상면 재배 방법은 초음파 가습기 또는 비발식 가습기 및 플라스틱 스프링클러 노즐 분사기를 이용
  - ㉢ **느타리 균상재배**: 재배 농장의 규모에 따라 비발식 원형 가습기 및 초음파 가습기 이용
  - ㉣ **양송이 균상재배**: 복토의 상태를 관찰하면서 수시로 관수하여 실내 가습 상태를 조절
  - ㉤ **자동화 병재배**
    - 배양실과 재배사에 가습 장치를 설치함
    - 제어판(컨트롤패널, control panel)에 설정된 자동 센서의 감지 상태에 따라 자동으로 가습 조절
    - 초음파 가습기, 비발식 가습기를 주로 이용

② **냉·난방 설비**
  - 구조는 실외기와 실내기로 구분
  - 압축기, 증발기, 응축기, 팽창 밸브 등으로 구성됨

③ **제어판(컨트롤패널, control panel)**
  - 온도, 습도, CO_2 농도, 환기 타이머, 광 조절용 센서 등에서 실시간 설정 조건을 감지받아 디지털식으로 값이 표시되도록 설비되어 있음
  - 온도와 습도 센서는 주 1회 정도 센서에 붙은 이물질을 제거
  - CO_2 센서는 월 1회 정도 0점을 보정해 주고, 환기 타이머는 CO_2 센서와 연결하여 설정 값에 맞게 자동으로 흡입 및 배기 닥트가 동시에 가동되도록 설비되어야 함
  - 전기의 과부하 등으로 화재 발생이 우려되기 때문에 수시로 점검하여 예방

3) 재배사 위생관리
    ① 작업자의 위생관리나 재배사 주위의 소독 및 청결하고 위생적 관리가 유지되어야 함
    ② 모든 작업 도구 및 용기, 기계, 의복, 신발 등은 세척과 소독된 상태에서 작업해야 함
    ③ 재배사 주변에 잡초와 우거진 숲이 많으면 통풍에 장해를 받기도 하고 잡초나 낙엽에서 발생하는 해균의 포자에 의해 공기 중 오염될 가능성이 높아지므로, 제거하거나 관리 필요
    ④ 재배사 주변 토양 속에는 다양한 미생물과 소곤충이 서식하고 있기 때문에, 재배사 주변은 항상 소독하고 청결하게 관리되어야 하고, 작업자가 재배사에 출입할 때 의복과 신발은 항상 소독하고 출입해야 함
    ⑤ 수확 후 배지나 용기는 고온에 살균처리를 하거나 약품으로 소독 또는 깨끗하게 세척하여 재활용

(2) 기계시설장비관리

1) 시설장비 종류
    ① 에어콤프레샤(Aircompress)
        • 종류: 스크류식, 피스톤식으로 나뉨
        • 용량은 다양하며, 버섯재배시설 장비에 사용되는 에어콤프레샤는 오일이 없는 것을 많이 사용
        • 용도: 입병기, 마개닫기, 대차 상·하차 적재기, 살균기, 접종기, 균긁기, 탈병기, 포장기 및 액체배양기 등과 연결하여 사용
    ② 에어샤워(Airshower)
        • 종균관리를 포함하여 예냉실, 냉각실, 접종실의 출입 전 작업자의 위생과 청결 및 소독을 유지시키며, 이 시설에 출입되는 모든 도구와 장비 및 용기의 1차적 살균과 소독 과정을 거쳐서 통과시킴
        • 작업자는 손 등 세척 후 먼지나 이물질이 부착되지 않는 방진복 등 작업복으로 환복하고 에어샤워
    ③ 혼합기: 재배 농장의 일일 투입 재료량에 맞추어 소형(3,000병 이하), 중형(5,000병 이상) 또는 대형(10,000병)으로 구분하고, 스크루는 체인 감속형과 벨트 감속형으로 나뉨
    ④ 컨베이어(Conveyor belt) 시스템
        • 재료 혼합이 끝나면 유압식, 공압식으로 혼합기의 하단 부분 재료의 토출 부분으로 배지 재료가 빠져 나오면서 입병기의 호퍼까지 배지 재료를 이송해주는 역할을 수행함
        • 종류: 벨트식 콘베어, 바스켓식 체인 콘베어 및 스크루식 콘베어 등이 있지만, 재배농장의 자금과 실정에 맞게 선택함
    ⑤ 입병기
        • 종류: 16구형으로 유압실린더에 의한 피스톤식과 스크류식, 블록식, 턴테이블식으로 다양함
        • 입병기는 시간당 10,000병 이하 규모의 경우 스크루식이나 피스톤식 및 턴테이블식의 입병기를 설비하고, 시간당 10,000병 이상의 규모는 블록식 입병기를 주로 사용함
        • 스크루식, 피스톤식 및 턴테이블식의 입병기: 시간당 10,000병 이하의 경우
        • 블록식 입병기: 시간당 10,000병 이상의 규모에서 선호함
    ⑥ 마개 닫기
        • 시간당 작업 능률과 생산 규모에 따라 성능과 규모에 차이가 있음

- 작업 능력: 시간당 3,000~10,000병이면 소농가, 시간당 20,000~100,000병 규모이면 기업형 농가에 적당함

⑦ 대차 적재기: 입병이 완료된 바구니를 롤러 콘베어 또는 체인 콘베어로 3~4개의 바구니씩 이송시키는 로봇형 팔걸이식 적재 상·하차기로 살균기에 들어가는 대차 적재기에 바구니를 이동 안착시키는 방법으로 사용

⑧ 살균기
- 상압용 살균기와 고압용 살균기로 나뉘고, 원형 살균기와 사각형 살균기로 구분
- 고압살균기는 압력용기 분류에서 1급 압력용기에 해당, 보일러는 1년에 1회, 살균기는 2년에 1회 안전 검사를 실시함

⑨ 보일러 및 연수기
- 일반적으로 0.2톤 정도의 입형 수관식 보일러나 다관식 소형관류 보일러를 많이 사용함
- 버섯재배농장의 경우 보일러가 0.2톤 이상이면 보일러 안전관리 기사가 필요함
- 유류 연료비 상승으로 비교적 값싼 전기보일러와 펠릿(pellet) 보일러가 정부의 보조지원을 받으면서 일부 재배농가에 보급되고 있음
- 연수기 설치: 지하수의 석회질과 철분, 마그네슘 등의 성분 함유로 보일러의 관, 배관에 석회질, 철분과 같은 이물질이 끼어 보일러의 성능을 저하시키므로 관리 차원에서 설치함

⑩ 예냉 및 냉각장치
- 외부에서 흡입되는 공기가 헤파 필터를 통하여 무균적으로 여과되어 예냉실이나 냉각실로 공급되고, 공급된 공기량만큼 배기구를 통해 배출되는 양압 상태의 공조시스템으로 설비
- 냉각 능력은 살균된 배지를 냉각시킬 용량보다 크고, 빠르게 냉각시킬 수 있는 냉각 용량을 선택

⑪ 종균 접종기
- 접종실의 공조시설은 냉각실의 공조시설과 동일하게 설비
- 버섯의 종류, 사용 종균에 따라 다양함

> **Tip** 액체종균 배양 및 종균 접종시설
> - 에어콤프레샤 에어라인 시설: 오일프리 콤프레샤, 리시브 탱크, 에프터 쿨러, 에어드라이어, 흡착식 에어드라이어, 에어필터, 에어파이프 라인 등의 시설장비 필요
> - 액체배지 배양실: 냉·난방시설인 유니트 쿨러 설비

⑫ 균긁기기
- 균일하게 빠른 버섯 발생 유도를 위하여 배양 완료된 배지 표면을 일정하게 긁어주는 기계
- 물주기 장치가 포함되어 있기도 함

⑬ 탈병기
- 수확이 완료된 병을 재활용하기 위해 병 내부에 남아 있는 배지 찌꺼기를 자동으로 제거시키는 작업
- 진공형과 스크롤 회전형이 있음

(3) 안전관리

1) 기계장비 운영 안전지침

① 안전운전지침
- 기계 취급자는 자신과 타인에게 위해가 가하지 않도록 안전의식을 갖추고 작업에 임해야 함
- 주위 환경을 배려하고, 원활한 작동을 위해서는 기계의 일상적인 점검과 조작 관리가 되어야 함
- 관리자로써 피고용자인 작업자에 대한 안전성을 확보하여야 함
- 작업자 및 고용주는 기계작업에 관한 교육 및 홍보활동에 적극적 참여하고, 안전의식을 높이고, 관련 법규를 숙지시키는 등 작업자의 안전관리를 위해 노력하여야 함

② 기계 안전점검 및 주의사항
- 기계의 전원 on-off 장치 확인
- 안전장치나 안전장비를 포함하여 점검하고 조작 및 응급대응 요령을 사전 교육 실시
- 안전장치에 이상이 있을 경우 작업 전에 사정 조정 또는 수리 등 필요 조치 실시
- 작업자 주위 안전성 확보, 불필요한 작업자 접근 제한
- 작업 후 기계 주위 청결상태 및 문제점 안전조치 실시
- 기계류의 컨트롤 판넬 및 기계, 전선 연결부위 볼트 풀림 확인 체크

2) 안전관리 매뉴얼

① 기계의 안전사고 대비
- 작업 시작 전 해당 작업에 위험성을 예측하고 대응책을 생각해 두는 습관 교육
- 안전사고 대비 긴급 상황 발생 시에 연락체계 확인
- 안전사고 발생 시 응급처치 대한 사전지식 교육 철저 실시
- 항상 안전한 작업에 필수적인 안전교육 실시

② 재고관리 철저
- 고장난 기계 부속은 철저한 수리를 거쳐 응급대응 처리
- 작업자는 사용기계의 정리관리, 부속관리 및 정리
- 기계 부속을 원래의 목적 외에 사용 금지
- 안전장치는 절대로 떼어 내지 말아야 하며, 임의로 개조해서는 안 됨
- 사용 전에는 반드시 점검하고 이상이 있을 경우는 반드시 사전 정비관리 철저
- 정기적으로 교환이 지정된 품목은 교환 시기에 맞추어 반드시 교환 실시

③ 관리요령
- 작업자는 기계의 운행일지, 점검·정비일지를 작성 기록함
- 보관창고는 출입구의 높이나 폭, 천정 높이, 바닥 면적 등에 여유가 있어야 함
- 보관창고 내부는 최대한 밝고, 환기창이나 환기팬을 설치하여 환기 상태를 관리
- 작업 후 깨끗이 세척하고, 정비 후 보관관리
- 무거운 기계장비 이동은 안전하게 결속한 후 이동 실시
- 인화성이 높은 유류 및 재료는 철저한 관리 후 보관 실시

3) 산업안전관리 관련 법

산업안전보건법

① 정의(제2조 관련)

> 1. "산업재해"란 노무를 제공하는 사람이 업무에 관계되는 건설물·설비·원재료·가스·증기·분진 등에 의하거나 작업 또는 그 밖의 업무로 인하여 사망 또는 부상하거나 질병에 걸리는 것을 말한다.
> 2. "중대재해"란 산업재해 중 사망 등 재해 정도가 심하거나 다수의 재해자가 발생한 경우로서 고용노동부령으로 정하는 재해를 말한다.
> 3. "근로자"란 「근로기준법」 제2조제1항제1호에 따른 근로자를 말한다.
> 4. "사업주"란 근로자를 사용하여 사업을 하는 자를 말한다.
> 5. "근로자대표"란 근로자의 과반수로 조직된 노동조합이 있는 경우에는 그 노동조합을, 근로자의 과반수로 조직된 노동조합이 없는 경우에는 근로자의 과반수를 대표하는 자를 말한다.
> 〈…중간 생략…〉
> 12. "안전보건진단"이란 산업재해를 예방하기 위하여 잠재적 위험성을 발견하고 그 개선대책을 수립할 목적으로 조사·평가하는 것을 말한다.
> 13. "작업환경측정"이란 작업환경 실태를 파악하기 위하여 해당 근로자 또는 작업장에 대하여 사업주가 유해인자에 대한 측정계획을 수립한 후 시료(試料)를 채취하고 분석·평가하는 것을 말한다.

② 안전보건관리책임자(제15조 관련)

> ① 사업주는 사업장을 실질적으로 총괄하여 관리하는 사람에게 해당 사업장의 다음 각 호의 업무를 총괄하여 관리하도록 하여야 한다.
>   1. 사업장의 산업재해 예방계획의 수립에 관한 사항
>   2. 제25조 및 제26조에 따른 안전보건관리규정의 작성 및 변경에 관한 사항
>   3. 제29조에 따른 근로자의 안전보건교육에 관한 사항
>   4. 작업환경측정 등 작업환경의 점검 및 개선에 관한 사항
>   5. 제129조부터 제132조까지에 따른 근로자의 건강진단 등 건강관리에 관한 사항
>   6. 산업재해의 원인 조사 및 재발 방지대책 수립에 관한 사항
>   7. 산업재해에 관한 통계의 기록 및 유지에 관한 사항
>   8. 안전장치 및 보호구 구입 시 적격품 여부 확인에 관한 사항
>   9. 그 밖에 근로자의 유해·위험 방지조치에 관한 사항으로서 고용노동부령으로 정하는 사항
> ② 제1항 각 호의 업무를 총괄하여 관리하는 사람(이하 "안전보건관리책임자"라 한다)은 제17조에 따른 안전관리자와 제18조에 따른 보건관리자를 지휘·감독한다.
> ③ 안전보건관리책임자를 두어야 하는 사업의 종류와 사업장의 상시근로자 수, 그 밖에 필요한 사항은 대통령령으로 정한다.

③ 안전보건관리규정 작성(제25조 관련)

> ① 사업주는 사업장의 안전 및 보건을 유지하기 위하여 다음 각 호의 사항이 포함된 안전보건관리규정을 작성하여야 한다.
>   1. 안전 및 보건에 관한 관리조직과 그 직무에 관한 사항
>   2. 안전보건교육에 관한 사항
>   3. 작업장의 안전 및 보건 관리에 관한 사항
>   4. 사고 조사 및 대책 수립에 관한 사항
>   5. 그 밖에 안전 및 보건에 관한 사항

② 제1항에 따른 안전보건관리규정(이하 "안전보건관리규정"이라 한다)은 단체협약 또는 취업규칙에 반할 수 없다. 이 경우 안전보건관리규정 중 단체협약 또는 취업규칙에 반하는 부분에 관하여는 그 단체협약 또는 취업규칙으로 정한 기준에 따른다.
③ 안전보건관리규정을 작성하여야 할 사업의 종류, 사업장의 상시근로자 수 및 안전보건관리규정에 포함되어야 할 세부적인 내용, 그 밖에 필요한 사항은 고용노동부령으로 정한다.

④ 근로자에 대한 안전보건교육(제29조 관련)

① 사업주는 소속 근로자에게 고용노동부령으로 정하는 바에 따라 정기적으로 안전보건교육을 하여야 한다.
② 사업주는 근로자를 채용할 때와 작업내용을 변경할 때에는 그 근로자에게 고용노동부령으로 정하는 바에 따라 해당 작업에 필요한 안전보건교육을 하여야 한다. 다만, 제31조제1항에 따른 안전보건교육을 이수한 건설 일용근로자를 채용하는 경우에는 그러하지 아니하다. 〈개정 2020. 6. 9.〉
③ 사업주는 근로자를 유해하거나 위험한 작업에 채용하거나 그 작업으로 작업내용을 변경할 때에는 제2항에 따른 안전보건교육 외에 고용노동부령으로 정하는 바에 따라 유해하거나 위험한 작업에 필요한 안전보건교육을 추가로 하여야 한다.
④ 사업주는 제1항부터 제3항까지의 규정에 따른 안전보건교육을 제33조에 따라 고용노동부장관에게 등록한 안전보건교육기관에 위탁할 수 있다.

⑤ 안전조치(제38조 관련)

① 사업주는 다음 각 호의 어느 하나에 해당하는 위험으로 인한 산업재해를 예방하기 위하여 필요한 조치를 하여야 한다.
  1. 기계·기구, 그 밖의 설비에 의한 위험
  2. 폭발성, 발화성 및 인화성 물질 등에 의한 위험
  3. 전기, 열, 그 밖의 에너지에 의한 위험
② 사업주는 굴착, 채석, 하역, 벌목, 운송, 조작, 운반, 해체, 중량물 취급, 그 밖의 작업을 할 때 불량한 작업방법 등에 의한 위험으로 인한 산업재해를 예방하기 위하여 필요한 조치를 하여야 한다.
③ 사업주는 근로자가 다음 각 호의 어느 하나에 해당하는 장소에서 작업을 할 때 발생할 수 있는 산업재해를 예방하기 위하여 필요한 조치를 하여야 한다.
  1. 근로자가 추락할 위험이 있는 장소
  2. 토사·구축물 등이 붕괴할 우려가 있는 장소
  3. 물체가 떨어지거나 날아올 위험이 있는 장소
  4. 천재지변으로 인한 위험이 발생할 우려가 있는 장소
④ 사업주가 제1항부터 제3항까지의 규정에 따라 하여야 하는 조치(이하 "안전조치"라 한다)에 관한 구체적인 사항은 고용노동부령으로 정한다.

⑥ 보건조치(제39조 관련)

① 사업주는 다음 각 호의 어느 하나에 해당하는 건강장해를 예방하기 위하여 필요한 조치(이하 "보건조치"라 한다)를 하여야 한다.
  1. 원재료·가스·증기·분진·흄(fume, 열이나 화학반응에 의하여 형성된 고체증기가 응축되어 생긴 미세입자를 말한다)·미스트(mist, 공기 중에 떠다니는 작은 액체방울을 말한다)·산소결핍·병원체 등에 의한 건강장해
  2. 방사선·유해광선·고열·한랭·초음파·소음·진동·이상기압 등에 의한 건강장해
  3. 사업장에서 배출되는 기체·액체 또는 찌꺼기 등에 의한 건강장해
  4. 계측감시(計測監視), 컴퓨터 단말기 조작, 정밀공작(精密工作) 등의 작업에 의한 건강장해
  5. 단순반복작업 또는 인체에 과도한 부담을 주는 작업에 의한 건강장해

> 6. 환기·채광·조명·보온·방습·청결 등의 적정기준을 유지하지 아니하여 발생하는 건강장해
> 7. 폭염·한파에 장시간 작업함에 따라 발생하는 건강장해
> ② 제1항에 따라 사업주가 하여야 하는 보건조치에 관한 구체적인 사항은 고용노동부령으로 정한다.

⑦ **사업주의 작업중지(제51조 관련)**: 사업주는 산업재해가 발생할 급박한 위험이 있을 때에는 즉시 작업을 중지시키고 근로자를 작업장소에서 대피시키는 등 안전 및 보건에 관하여 필요한 조치를 하여야 한다.

⑧ **근로자의 작업중지(제52조 관련)**

> ① 근로자는 산업재해가 발생할 급박한 위험이 있는 경우에는 작업을 중지하고 대피할 수 있다.
> ② 제1항에 따라 작업을 중지하고 대피한 근로자는 지체 없이 그 사실을 관리감독자 또는 그 밖에 부서의 장(이하 "관리감독자등"이라 한다)에게 보고하여야 한다.
> ③ 관리감독자등은 제2항에 따른 보고를 받으면 안전 및 보건에 관하여 필요한 조치를 하여야 한다.
> ④ 사업주는 산업재해가 발생할 급박한 위험이 있다고 근로자가 믿을 만한 합리적인 이유가 있을 때에는 제1항에 따라 작업을 중지하고 대피한 근로자에 대하여 해고나 그 밖의 불리한 처우를 해서는 아니 된다.

⑨ **안전검사(제93조 관련)**

> ① 유해하거나 위험한 기계·기구·설비로서 대통령령으로 정하는 것(이하 "안전검사대상기계등"이라 한다)을 사용하는 사업주(근로자를 사용하지 아니하고 사업을 하는 자를 포함한다. 이하 이 조, 제94조, 제95조 및 제98조에서 같다)는 안전검사대상기계등의 안전에 관한 성능이 고용노동부장관이 정하여 고시하는 검사기준에 맞는지에 대하여 고용노동부장관이 실시하는 검사(이하 "안전검사"라 한다)를 받아야 한다. 이 경우 안전검사대상기계등을 사용하는 사업주와 소유자가 다른 경우에는 안전검사대상기계등의 소유자가 안전검사를 받아야 한다.
> ② 제1항에도 불구하고 안전검사대상기계등이 다른 법령에 따라 안전성에 관한 검사나 인증을 받은 경우로서 고용노동부령으로 정하는 경우에는 안전검사를 면제할 수 있다.
> ③ 안전검사의 신청, 검사 주기 및 검사합격 표시방법, 그 밖에 필요한 사항은 고용노동부령으로 정한다. 이 경우 검사 주기는 안전검사대상기계등의 종류, 사용연한(使用年限) 및 위험성을 고려하여 정한다.

⑩ **유해인자의 유해성·위험성 평가 및 관리(제105조 관련)**

> ① 고용노동부장관은 유해인자가 근로자의 건강에 미치는 유해성·위험성을 평가하고 그 결과를 관보 등에 공표할 수 있다.
> ② 고용노동부장관은 제1항에 따른 평가 결과 등을 고려하여 고용노동부령으로 정하는 바에 따라 유해성·위험성 수준별로 유해인자를 구분하여 관리하여야 한다.
> ③ 제1항에 따른 유해성·위험성 평가대상 유해인자의 선정기준, 유해성·위험성 평가의 방법, 그 밖에 필요한 사항은 고용노동부령으로 정한다.

⑪ **유해인자 허용기준의 준수(제107조)**

> ① 사업주는 발암성 물질 등 근로자에게 중대한 건강장해를 유발할 우려가 있는 유해인자로서 대통령령으로 정하는 유해인자는 작업장 내의 그 노출 농도를 고용노동부령으로 정하는 허용기준 이하로 유지하여야 한다. 다만, 다음 각 호의 어느 하나에 해당하는 경우에는 그러하지 아니하다.
>   1. 유해인자를 취급하거나 정화·배출하는 시설 및 설비의 설치나 개선이 현존하는 기술로 가능하지 아니한 경우
>   2. 천재지변 등으로 시설과 설비에 중대한 결함이 발생한 경우

3. 고용노동부령으로 정하는 임시 작업과 단시간 작업의 경우
4. 그 밖에 대통령령으로 정하는 경우

② 사업주는 제1항 각 호 외의 부분 단서에도 불구하고 유해인자의 노출 농도를 제1항에 따른 허용기준 이하로 유지하도록 노력하여야 한다.

⑫ 건강진단에 관한 사업주의 의무(제132조 관련)

① 사업주는 제129조부터 제131조까지의 규정에 따른 건강진단을 실시하는 경우 근로자대표가 요구하면 근로자대표를 참석시켜야 한다.
② 사업주는 산업안전보건위원회 또는 근로자대표가 요구할 때에는 직접 또는 제129조부터 제131조까지의 규정에 따른 건강진단을 한 건강진단기관에 건강진단 결과에 대하여 설명하도록 하여야 한다. 다만, 개별 근로자의 건강진단 결과는 본인의 동의 없이 공개해서는 아니 된다.
③ 사업주는 제129조부터 제131조까지의 규정에 따른 건강진단의 결과를 근로자의 건강 보호 및 유지 외의 목적으로 사용해서는 아니 된다.
④ 사업주는 제129조부터 제131조까지의 규정 또는 다른 법령에 따른 건강진단의 결과 근로자의 건강을 유지하기 위하여 필요하다고 인정할 때에는 작업장소 변경, 작업 전환, 근로시간 단축, 야간근로(오후 10시부터 다음 날 오전 6시까지 사이의 근로를 말한다)의 제한, 작업환경측정 또는 시설·설비의 설치·개선 등 고용노동부령으로 정하는 바에 따라 적절한 조치를 하여야 한다.
⑤ 제4항에 따라 적절한 조치를 하여야 하는 사업주로서 고용노동부령으로 정하는 사업주는 그 조치 결과를 고용노동부령으로 정하는 바에 따라 고용노동부장관에게 제출하여야 한다.

⑬ 유해·위험작업에 대한 근로시간 제한 등(제139조 관련)

① 사업주는 유해하거나 위험한 작업으로서 높은 기압에서 하는 작업 등 대통령령으로 정하는 작업에 종사하는 근로자에게는 1일 6시간, 1주 34시간을 초과하여 근로하게 해서는 아니 된다.
② 사업주는 대통령령으로 정하는 유해하거나 위험한 작업에 종사하는 근로자에게 필요한 안전조치 및 보건조치 외에 작업과 휴식의 적정한 배분 및 근로시간과 관련된 근로조건의 개선을 통하여 근로자의 건강 보호를 위한 조치를 하여야 한다.

4) 자연재해 대비 사업장 안전지침

① 자연재해

태풍, 홍수, 호우(豪雨), 강풍, 풍랑, 해일(海溢), 대설, 한파, 낙뢰, 가뭄, 폭염, 지진, 황사, 조류(藻類) 대발생, 조수(潮水), 화산활동, 「우주개발 진흥법」에 따른 자연 우주 물체의 추락·충돌, 그 밖에 이에 준하는 자연현상으로 인하여 발생하는 재해를 "자연재난"이라고 하는데, 이러한 자연재난으로 인해 발생하는 피해를 "자연재해"라고 함(「자연재해대책법」 제2조제2호 및 「재난 및 안전관리 기본법」 제3조제1호가목)

㉠ 가뭄(건조) 대비 세부 관리 대책

	문제점	관리 대책
시설	• 화재발생 위험 • 용수 확보	• 소방시설(소화기, 화재경보기 등) 유지 보수 • 연소 가능 위험물 제거 • 절수시설 및 물저장고 설치, 유지 보수 • 물 손실을 최소화를 위한 관개시설 구축 및 유지 보수

작물	• 버섯의 생리장해	• 지하수 확보(관정 개발 등) • 수분 증발 최소화 및 재활용수 이용
사람	• 식수 부족 및 경제적 피해	• 물 절약

ⓒ 고온, 폭염 대비 세부 관리 대책

	문제점	관리 대책
시설	• 시설 표면 등 과열로 인한 화재나 설비 고장 • 냉방장치 과잉 작동으로 인한 과열, 화재 • 전기 사용량 증가로 정전 유발	• 냉방시설 등 전기 시설 안전 관리 • 관수, 스프링클러 시설 관리 • 차광막이나 건물 외부의 분무 시설 설치 등 복사열 방지
작물	• 고온으로 인한 자실체 고사, 건조, 생육 정지 유발 • 실내외의 온도 격차로 병해충 유발	• 냉방시설 관리: 온도 관리 • 수분 관리: 건조 및 과다 방지, 가습 및 관수 • 환기 및 통풍시설 관리
사람	• 열사병, 탈수	• 하우스 등 작업 축소 및 작업시간 변경 • 충분한 휴식과 수분 보충

ⓒ 강풍 대비 세부 관리 대책

	문제점	관리 대책
시설	• 강풍에 의한 지붕, 옥상 등 시설물 파손 및 붕괴, 낙하 사고 • 전기시설 파손: 정전 등	• 견고한 건축 및 강풍 대비 보강 • 파손 주의 시설 보호 설비 보강 • 정전 시 예비 전력 확보
작물	• 전기시설 파손으로 생육환경시스템 오류에 의한 피해	• 예비전력 확보 • 파손에 대한 예비 설비 구축
사람	• 낙하물 등에 의한 부상	• 그물망 설치 등 농장 주변 낙하 위험물 정비

ⓔ 폭우(장마, 태풍 등) 대비 세부 관리 대책

	문제점	관리 대책
시설	• 지붕 등 누수, 누수에 의한 전기시설 파손 • 정전 등으로 인한 환경관리 시스템 고장 • 하수도 역류 등으로 시설 침수 • 주변 토사 유입 및 산사태 및 지반 약화에 의한 붕괴	• 전기 시설 안전관리 및 정전 대비용 예비전력 구축 • 하수도 등 주변 배수시설 정비 및 구축 • 토사나 산사태 방지를 위한 축대 구축
작물	• 고습에 의한 병해충 유발 • 자실체 이상 생장 등 생리장해 • 지하수 오염	• 제습장치 구비 • 정전 대비 예비전력 확보 • 수질 정화장치 및 물 저장고 구축
사람	• 익사, 감전, 골절 등	• 농장 주변 맨홀 및 배수로 덮개 등 안전 장치 • 전기시설 안전장치 설치 • 장화 등 안전장비 및 비상의약품 구비 • 시설 바닥 등 미끄럼 방지 설비

ⓜ 폭설 대비 세부 관리 대책

	문제점	관리 대책
시설	• 하우스 붕괴 • 전기시설 파손: 정전 등	• 건축 규격에 맞게 건설 • 제설작업을 위한 시설장비 구축 • 정전 시 예비 전력 확보
작물	• 버섯의 냉해 피해 • 하우스 붕괴에 의한 버섯 손상	• 정전 등에 대비한 보온보습 시설 설치 및 관리 • 간이재배사는 비닐이나 보온 덮개 등 보온 강화 • 비상용 전열기구 배치
사람	• 동상, 골절 등 부상	• 제설작업을 위한 시설설비 구축 • 미끄럼 방지시설 구축 • 방한 장비 및 비상의약품 구비

ⓗ 한파 대비 세부 관리 대책

	문제점	관리 대책
시설	• 동파에 의한 수도시설 파열 • 얼음에 의한 건물 균열 등의 파손 • 보일러 및 난방시설 파손	• 관수시설의 동파 방지를 위한 방한(보온재)시설 • 건축물 유지보수 및 보온재 설치 • 난방시설의 정기적 점검 및 유지 보수 • 소방시설(소화기, 화재경보기 등) 유지 보수
작물	• 버섯의 생리장해	• 정전 등에 대비한 보온보습 시설 설치 및 관리 • 간이재배사는 비닐이나 보온 덮개 등 보온 강화
사람	• 동상, 골절 등 부상	• 미끄럼 방지시설 구축 • 방한 장비 및 비상의약품 구비 • 건물 주변 청소 관리

3 버섯 수확 후 관리

(1) 수확관리

1) 버섯 종류별 수확시기 및 방법

> • 품질, 저장성 등을 고려하여 수확시기를 결정함
> • 수확 시 버섯에 작업자의 체온에 의한 손상이나 버섯에 상처가 생기지 않도록 비닐 등 위생 장갑 안에 작업용 면장갑을 착용하고 수확해야 함

① 양송이
  ㉠ 수확시기: 갓 끝이 대에 붙어 있거나 주름살이 약간 보이는 정도일 때 수확
    ◎참고 갓이 전개되어 포자가 비산하면 상품성과 저장성 저하

ⓛ 수확방법
- 수확 시 복토층의 균사 끈이 상하지 않게 조심해서 수확
- 칼로 대의 기부를 제거하고 양송이 수확 전용 부드러운 솔이나 붓으로 복토 등 이물질을 털어 제거
- 수확과 동시에 선별. 스티로폼 박스에 직접 계량하면서 담아 저온 저장고에 보관

② 느타리
  ㉠ 균상재배
  - 수확시기
    - 갓의 크기가 5cm 내외에서 수확
    - 느타리버섯은 포자가 비산하기 직전에 수확하는 것이 조직이 치밀하여 저장성이 좋음
  - 수확방법
    - 수확 시에는 대를 잡고 수확을 하며 버섯 잔재물이 균상에 남지 않게 수확
    - 균상배지가 같이 떨어지는 경우 오염의 원인이 되기 때문에 주의
  ㉡ 병재배
  - 수확시기
    - 갓 크기 2~3cm에서 수확, 자동수확기 사용 가능
    - 생육실에서 수확하여 박스 포장하기도 하지만, 소포장(200g 등)을 하기 때문에 생육실에서 수확하여 포장실에서 선별 포장
  - 수확방법
    - 수확 시에는 버섯 대의 기부를 잡고 배지의 상층부와 함께 들어내는 방식으로 수확
    - 강한 힘을 가하면 버섯이 짓눌리는 등 상처가 생기므로 주의해서 수확

③ 큰느타리
  ㉠ 수확시기: 갓 중심이 볼록한 형태를 유지하고 갓 끝이 완전히 전개되지 않은 상태가 수확 적기
  ㉡ 수확방법
  - 버섯 대의 기부를 칼로 베어내는 방법
  - 배지가 약간 붙어 있는 상태로 수확하는 방법: 저장성 유리

④ 팽이버섯
  - 수확시기: 자실체의 길이가 12~14cm이고, 갓이 전개되기 전에 수확
  - 수확방법: 배지가 약간 붙어 있는 상태로 수확. 수확에서 포장까지 자동화 시스템이 구축된 대규모 농장 많음

⑤ 표고
  ㉠ 수확시기: 갓이 전개되어 포자가 비산하기 전에 수확
  ㉡ 수확방법
  - 갓 손상 방지를 위해 대를 잡아 돌리면서 수확
  - 여름철 고온 다습한 경우, 갓의 전개가 빠르기 때문에 수시로 확인하고 수확해야 함

⑥ 영지
  ㉠ 수확시기
  - 갓 위에 포자가 비산해서 쌓이고 갓 주연부가 완전히 갈색이 되면 수확 적기

- 경질버섯이기 때문에 수확 적기가 비교적 긴 편
ⓒ **수확방법**
- 수확 전용 전정 가위 등을 사용하여 대를 자름
- 건조대 위에 관공이 위로 가게 뒤집어 건조

2) 버섯 수확 시 환경관리

> - 수확 후 유통 등을 고려하여 생육 온도와 습도를 낮게 유지하면서 관리하면 자실체가 단단해지고 수분 함량이 높지 않아 저장 및 포장 등에 유리함
> - 고품질의 버섯 수확을 위하여 고려해야 하는 환경 요인으로 온도, 습도는 생육기보다 낮게 관리하고, 환기는 증가시켜 이산화탄소 농도를 감소시키고, 광주기는 짧게 반복하여 조사하며 관리해야 함

① 양송이
- 버섯의 단단함을 위해 관수를 피하고, 환기를 증가시켜 유리 수분 증발 유도
- 과도한 건조는 자실체 표면 건조로 상품이 저하되므로 주의해서 관리
- 전 재배기간 광이 필요 없는 버섯으로 불필요한 광조사는 갈변 등 품질 저하 초래

② 느타리
- 수확 2~3일 전 관수 중지, 온·습도는 생육기보다 낮은 수준으로 관리
- 환기를 증가시켜 이산화탄소 농도를 떨어트리고 광주기를 짧게 반복 조사
- 수출용 등 장기 저장 목적으로 재배하는 경우, 생육기에서 수확기까지 수확기 관리 요령으로 관리하는 경우도 있음

③ 큰느타리(새송이)
- 수확 2~3일 전 관수 중지, 온·습도는 생육기보다 낮은 수준으로 관리
- 환기를 하여 이산화탄소 농도를 감소시킴
- 광은 크게 필요치 않고, 산소 공급만 원활하면 갓 부분도 튼튼히 발달함
- 수출용 등 장기 저장 목적으로 재배하는 경우, 생육기에서 수확기까지 수확기 관리 요령으로 관리하는 경우도 있음

④ 팽이버섯(팽나무버섯): 팽이버섯은 생육기 관리 요령에 따라 관리

⑤ 표고
- 관수 중지와 환기를 증가시킴
- 재배실(사)에서 산란광을 이용하여 밝게 유지하여 버섯의 색택을 좋게 함

⑥ 영지
- 관수 중지와 환기를 증가시킴
- 재배실(사)에서 산란광을 이용하여 밝게 유지하여 버섯의 색택을 좋게 함

(2) 예냉

1) 버섯 예냉 및 저장

대부분의 식용버섯은 95% 이상의 수분과 탄수화물, 단백질 등으로 구성되어 있고, 다른 농작물과는 달리 피층 조직이 발달되어 있지 못하여 세포가 그대로 노출되어 있고 호흡량이 많기 때문에 변질되기 쉬움

① 저장 전처리 조작
- 예건: 수분 함량을 15% 이하로 건조시키는 것
- 예냉: 수확한 농산물을 저온 저장 혹은 저온 유통 전에 급속히 품온을 떨어트리는 것

   ◎참고 버섯의 종류에 따라 그 방법과 온도 조건 등이 다름

> **→ Tip 예냉 방식**
> - 강제통풍냉각
>   - 다양한 적용 대상 품목
>   - 예냉과 저장고의 겸용이 가능하지만, 냉각 시간이 길게 소요됨
> - 차압통풍방식
>   - 버섯과 과채류에 많이 이용됨
>   - 강제통풍과 비교해 냉각 시간을 1/2 단축 가능하며, 냉각 장해가 비교적 적음
>   - 예냉과 냉장 겸용 사용이 가능하지만, 용기에 통기공이 필요하며, 설치비가 높음
> - 진공냉각
>   - 냉각이 빠르고 냉각 장해가 적어 엽채류에 적합
>   - 적용 대상 한정적이고, 중량 감소가 많고, 설치비용이 높음

② 저장
- 식품의 영양학적 · 기호적 · 위생학적 가치 등의 품질이 변하지 않도록 하는 것
- 농산물의 저장은 생산, 유통, 소비 과정을 원활하게 해주는 수단이며 신선도, 영양성분, 품질을 보전하여 소비자의 기호 충족 및 저장기간의 연장, 조절로 원활한 수요와 공급을 조정할 수 있게 함

2) 버섯 종류별 예냉 및 저장

① 양송이
- 수확한 버섯은 빠른 시간 안에 1℃에서 1시간 정도 1차 예냉을 하여 생장을 정지시킴
- 0℃에서 2~4시간 2차 예냉을 하여 호흡을 정지시킨 후 포장
- 포장한 버섯은 3℃의 저온 저장고에 보관
- 같은 온도의 냉동 차량으로 출하

② 느타리
- 양송이 버섯에 준하여 예냉 실시
- 양송이보다 호흡량이 많은 버섯으로 수확한 후 0~2℃에서 하루 정도 저장한 후에 출하
- 출하 시에도 반드시 5℃ 이하의 냉장 차량으로 수송
- 마켓 등지에서 유통 시에도 7℃ 이하에서 관리되어야 함

③ 큰느타리
- 호흡량이 적은 버섯으로 유통에 유리함
- 출하 전 저온저장고에서 하루 정도 저장 후 출하하는 것이 품질 유지에 더 유리함

④ 팽이: 큰느타리와 같은 방법으로 관리함

⑤ 표고
- 강제통풍식 예냉실에서 설정온도 −3℃, 반냉각시간(half cooling time) 1~1.5시간 조건으로 예냉
- 조직이 비교적 다른 버섯에 비해 치밀하기 때문에 열풍건조 혹은 자연광에 건조하여 장기간 보존하거나 가공용으로 사용할 수 있음

> **Tip** 표고의 열풍건조
> - 열풍 순환 가열방식으로 건조
> - 건조는 45~50℃에서 1~4시간 배기구를 완전히 개방하여 건조하고, 온도를 55℃로 올려 3시간 정도 배기구를 1/3 정도 개방하여 건조시킨 후 배기구를 완전히 밀폐시킨 후 60℃에서 1시간 정도 건조시킴
> - 수분 함량 8% 내외로 건조시킨 후 비닐봉지에 밀봉하여 5~8℃에서 저장

3) 예냉시설 유지관리

① 예냉실 환경제어장치
- 예냉 전 환경제어장치를 가동해서 기계의 이상 유무 확인
- 항시 환경제어판과 예냉실 내부의 온도 및 습도 확인
- 온·습도 센서, 냉동 팬(fan) 등 센서 작동 확인 필요
- 버섯 종류에 맞도록 환경 설정

② 예냉실 환경 유지관리
- 차압송풍방식과 같은 예냉에서 버섯 건조 및 동해 방지를 위해 바람이 직접 닿지 않도록 피복 처리하고, 빙점 이하로 내려가지 않도록 온도관리
- 예냉 시에 건조, 탈수로 인한 중량 감량이 생기므로, 광목(천), 부직포, 비닐 등을 덮어 예냉으로 인한 탈수 방지
- 탈수 방지를 위해 덮개를 한 경우에는 내부의 습기 여부를 확인하여 예냉 시간을 늘리거나 덮개를 벗기는 등의 관리를 해주어야 함
- 예냉 시 사용된 광목(천) 등의 덮개는 일광 소독 등 관리하며 사용해야 함
- 예냉한 버섯은 상온에 방치하지 말고 저온 상태로 유통해야 함

(3) 선별

1) 수확 후 선별은 버섯 자체 영양분의 소실을 방지하고, 성분과 선도 유지를 위한 작업으로 다음과 같은 버섯은 상품에서 제외

① 갓에 갈변 또는 반점, 병해 등이 발생된 버섯
② 갓에 2차 균사가 부상한 버섯

③ 갓의 손상이 많거나, 대가 갈변되고 물러진 버섯
④ 모양이 기형에 가까운 버섯

2) 선별작업자는 작업모자, 작업복, 앞치마 등을 반드시 착용하여 청결함을 유지하고, 마스크와 손 세척 후 위생장갑 등을 착용하여 선별 과정에서 불순물 등이 유입되어 버섯을 손상시키는 일이 없도록 해야 함
3) 버섯 선별은 대부분 작업자가 직접 판단하여 다듬기 작업을 하면서 특품, 상품과 보통(또는 하품)의 등급으로 분류

4) 버섯 등급관리

- 버섯의 품질은 자실체의 형태, 크기, 갓의 전개 정도, 색택, 저장성 등을 기준으로 분류할 수 있음
- 품질 등급은 대부분 생산자가 출하하기 전 선별 포장 단계에서 자실체의 크기와 색택 정도로 분류
- 유통 현장에서는 소포장 시 포장 단위별 버섯의 균일성과 저장성을 더 중요시하고 있음

① 표고
㉠ 선별의 정확도에 따라 시장 출하가격의 차이가 심한 버섯이므로 선별에 최대한 유의
㉡ 선별 기준은 버섯의 크기, 갓의 색택, 갓의 전개 정도에 따라 5~7등급으로 나눔
㉢ 생버섯의 품질 및 등급: 생표고의 등급은 버섯의 고르기와 모양 등에 따라 특, 상, 보통으로 나눔

■ 생표고 등급 규격, 출처: 임산물 표준규격(시행 2025. 3. 18) 제9조 관련]

항목/등급	특	상	등외품
고르기	크기 구분표상의 규격이 정확히 준수되고 타등급의 혼입이 5% 이하인 것	크기 구분표상의 규격이 정확히 준수되고 타등급의 혼입이 10% 이하인 것	"특", "상" 등급에 미달하는 것
갓의 두께	두께 구분표상 "상" 이상이 80% 이상인 것	두께 구분표상 "상" 이상이 60% 이상인 것	
갓의 모양	균일한 모양이 유지된 원형, 타원형인 것이 80% 이상인 것	균일한 모양이 유지된 원형, 타원형인 것이 60% 이상인 것	
갓의 펴짐	갓이 5% 이하로 펴진 버섯을 채취한 것	갓이 10% 이하로 펴진 버섯을 채취한 것	
갓의 색택	신선버섯 고유의 색깔이 균일하고 갈변현상이 3% 이하인 것	신선버섯 고유의 색깔이 균일하나 갈변현상이 10% 이하인 것	
이 품	없는 것		
피해품	없는 것		

㉣ 건조버섯의 품질 및 등급
- 갓의 크기나 두께, 수분 함량으로 구분
- 버섯의 갓이 개열된 정도, 형태, 크기에 따라 동고, 향고, 향신으로 구분

> **Tip** 동고와 향신
>
> ◦ 동고
>   - 봄이나 늦가을에 수확한 것으로 갓의 가장자리가 안쪽으로 오므라든 형태
>   - 육질이 두껍고, 갓은 50~70% 개열된 상태
> ◦ 향신: 온도가 높을 때 수확한 것으로 갓이 얇고, 갓이 70~90% 개열된 상태

■ 동고·향고·향신 등급 규격, 출처: 임산물 표준규격(시행 2025. 3. 18) 제9조 관련

항목/등급	특	상	등외품
고르기	크기 구분표상의 규격이 정확히 준수되고 타등급의 혼입률이 5% 이하인 것	크기 구분표상의 규격이 정확히 준수되고 타등급의 혼입률이 10% 이하인 것	"특", "상" 등급에 미달하는 것
갓의 두께	(동고·향고) 두께 구분표상 "상" 이상이 80% 이상인 것 (향신) 두께 구분표상 "중" 이상이 80% 이상인 것	(동고·향고) 두께 구분표상 "중" 이상이 60% 이상인 것 (향신) 두께 구분표상 "하" 이상이 60% 이상인 것	
갓의 모양	(동고) 균일한 모양이 유지된 원형, 타원형인 것이 80% 이상인 것 (향고) 균일한 모양이 유지된 원형, 타원형인 것이 60% 이상인 것 (향신) 균일한 모양이 유지된 원형, 타원형인 것이 50% 이상인 것 (공통) 갓 끝둘레가 고르게 오므라든 것		
갓의 펴짐	(동고·향고) 갓이 30% 이하로 펴진 버섯을 채취하여 건조시킨 것 (향신) 갓이 60% 이하로 펴진 버섯을 채취하여 건조시킨 것	(동고·향고) 갓이 50% 이하로 펴진 버섯을 채취하여 건조시킨 것 (향신) 갓이 80% 이하로 펴진 버섯을 채취하여 건조시킨 것	
갓의 색택	버섯 고유의 색깔이 건조 후에도 일정하게 고르며 갓의 내면이 밝은 노란색인 것	버섯 고유의 색깔이 건조 후에도 일정하게 고르며 갓의 내면이 노란색, 백색인 것	
수 분	수분함유량이 13% 이하인 것		
이 품	없는 것		

② 양송이

■ 양송이 등급 규격, 농산물 표준규격(시행 2023. 11. 23)

항목 \ 등급	특	상	보통
① 낱개의 고르기	별도로 정하는 크기 구분표 [표 1]에서 크기가 다른 것이 5% 이하인 것. 다만, 크기 구분표의 해당 크기에서 1단계를 초과할 수 없다.	별도로 정하는 크기 구분표 [표 1]에서 크기가 다른 것이 10% 이하인 것. 다만, 크기 구분표의 해당 크기에서 1단계를 초과할 수 없다.	특·상에 미달하는 것
② 갓의 모양	버섯 갓과 자루 사이의 피막이 떨어지지 아니하고 육질이 두껍고 단단하며 색택이 뛰어난 것	버섯 갓과 자루 사이의 피막이 떨어지지 아니하고 육질이 두껍고 단단하며 색택이 양호한 것	특·상에 미달하는 것

③ 신선도	버섯 갓이 펴지지 않고 탄력이 있는 것	버섯 갓이 펴지지 않고 탄력이 있는 것	특·상에 미달하는 것
④ 자루길이	1.0cm 이하로 절단된 것	2.0cm 이하로 절단된 것	특·상에 미달하는 것
⑤ 이물	없는 것	없는 것	없는 것
⑥ 중결점[*1]	없는 것	없는 것	5% 이하인 것(부패·변질된 것은 포함할 수 없음)
⑦ 경결점[*2]	3% 이하인 것	5% 이하인 것	20% 이하인 것

*1 중결점(重缺點): 치명 결점은 아니지만, 검사 단위의 실용성이 실질적으로 저하되어 소기의 목적을 달성하기가 곤란한 정도의 결점

*2 경결점(經缺點): 검사단위의 실용상 거의 지장을 주지 않는 결점을 말함

■ 양송이 크기 구분

구분 \ 호칭	L	M	S
갓의 지름(cm)	5.0 이상	3.0 이상~5.0 미만	3.0 미만

※ 갓의 지름 : 갓의 최대지름을 말한다.

③ 느타리
- 품질 및 등급 기준은 갓의 직경과 두께, 대의 길이와 굵기, 대와 갓의 명도, 경도, 갓의 고르기, 대의 곧기, 갓의 색, 저장성 등에 의해 등급을 나눌 수 있음
- 생산 농가, 품종, 재배 방법 등이 너무 다양하여 아직 정확하게 정해진 기준은 없음

■ 느타리 등급 규격, 농산물 표준규격(시행 2023. 11. 23)

항목 \ 등급	특	상	보통
① 낱개의 고르기	느타리버섯, 애느타리버섯 : 별도로 정하는 크기 구분표 [표 1]에서 크기가 다른 것이 20% 이하인 것	느타리버섯, 애느타리버섯 : 별도로 정하는 크기 구분표 [표 1]에서 크기가 다른 것이 40% 이하인 것	특·상에 미달하는 것
② 갓의 모양	품종의 고유 형태와 색깔로 윤기가 있는 것	품종의 고유 형태와 색깔로 윤기가 있는 것	특·상에 미달하는 것
③ 신선도	신선하고 탄력이 있는 것으로 갈변현상이 없고 고유의 향기가 뛰어난 것	신선하고 탄력이 있는 것으로 갈변현상이 없고 고유의 향기가 뛰어난 것	특·상에 미달하는 것
④ 이물	없는 것	없는 것	없는 것
⑤ 중결점	없는 것	없는 것	5% 이하인 것(부패·변질된 것은 포함할 수 없음)
⑥ 경결점	3% 이하인 것	5% 이하인 것	10% 이하인 것

■ 느타리 크기 구분

구분 \ 호칭	2L	L	M	S
갓의 지름(cm)	6 이상	4 이상~6 미만	2 이상~4 미만	1 이상~2 미만

※ 갓의 지름 : 갓의 최대지름을 말한다.(군생 버섯의 경우 가장 큰 갓의 최대지름을 말한다.)

④ 큰느타리
- 품질 및 등급 기준은 대의 길이와 두께, 갓 직경/대의 두께 비율, 무게 등으로 다음과 같이 특, 상, 중, 하품으로 구분
- 품종 고유의 색택을 가지며, 갓은 우산형으로 개열되지 않고, 대는 굵고 곧은 것을 선별
- 육질이 부드럽고 단단하며 탄력이 있는 것으로 고유의 향기가 뛰어난지 확인

■ 큰느타리 등급 규격, 농산물 표준규격(시행 2023. 11. 23)

항목 \ 등급	특	상	보통
① 낱개의 고르기	별도로 정하는 크기 구분표 [표 1]에서 무게가 다른 것의 혼입이 10% 이하인 것. 단, 크기 구분표의 해당 무게에서 1단계를 초과할 수 없다.	별도로 정하는 크기 구분표 [표 1]에서 무게가 다른 것의 혼입이 20% 이하인 것. 단, 크기 구분표의 해당 무게에서 1단계를 초과할 수 없다.	특·상에 미달하는 것
② 갓의 모양	갓은 우산형으로 개열되지 않고, 대는 굵고 곧은 것	갓은 우산형으로 개열이 심하지 않으며, 대가 대체로 굵고 곧은 것	특·상에 미달하는 것
③ 갓의 색깔	품종 고유의 색깔을 갖춘 것	품종 고유의 색깔을 갖춘 것	특·상에 미달하는 것
④ 신선도	육질이 부드럽고 단단하며 탄력이 있는 것으로 고유의 향기가 뛰어난 것	육질이 부드럽고 단단하며 탄력이 있는 것으로 고유의 향기가 양호한 것	특·상에 미달하는 것
⑤ 피해품	5% 이하인 것	10% 이하인 것	20% 이하인 것
⑥ 이물	없는 것	없는 것	없는 것

■ 큰느타리 크기 구분

구분 \ 호칭	L	M	S
1개의 무게(g)	90 이상	45 이상~90 미만	20 이상~45 미만

⑤ 팽이

▌ 팽이 등급 규격, 농산물 표준규격(시행 2023. 11. 23)

항목 \ 등급	특	상	보통
① 갓의 모양	갓이 펴지지 않은 것	갓이 펴지지 않은 것	특·상에 미달하는 것
② 갓의 크기	갓의 최대 지름이 1.0cm 이상인 것이 5개 이내인 것(150g 기준)	갓의 최대 지름이 1.0cm 이상인 것이 20개 이내인 것(150g 기준)	적용하지 않음
③ 색택	품종 고유의 색택이 뛰어난 것	품종 고유의 색택이 양호한 것	특·상에 미달하는 것
④ 신선도	육질의 탄력이 있으며 고유의 향기가 있는 것	육질의 탄력이 있으며 고유의 향기가 있는 것	특·상에 미달하는 것
⑤ 이물	없는 것	없는 것	없는 것
⑥ 중결점	없는 것	없는 것	5% 이하인 것(부패·변질된 것은 포함할 수 없음)
⑦ 경결점	3% 이하인 것	5% 이하인 것	10% 이하인 것

5) 버섯 품질관리

① 색깔
- 농산물 품목별 고유의 색을 유지하여야 함
- 절단된 농산물을 육안으로 판정하여 변색이 나타나지 않아야 함

② 형태 및 외관
- 병충해, 상해 등의 피해가 발견되지 않아야 함
- 버섯류 등이 짓물렀거나 점액질이 심하게 발견되지 않아야 함

③ 이물질: 포장된 신선편이 농산물의 원료 이외에 이물질이 없어야 함

④ 신선도
- 표면이 건조되어 마른 증상이 없고, 부패된 것이 나타나지 않아야 함
- 물러지거나 부러짐이 심하지 않아야 함

⑤ 포장상태: 유통 중 포장재에 핀 홀(구멍)이 발생하거나 진공포장의 밀봉이 풀리지 않아야 함

⑥ 이취: 포장재 개봉 직후 심한 이취가 나지 않아야 함

(4) 포장

- 포장이란 식품의 수송, 보존, 위생, 취급의 편리성 및 상품적 가치를 높이기 위해 적절한 용기에 담거나 싸 주는 것을 말함
- 버섯 포장의 재료로 종이박스, 플라스틱필름, 스티로폼 등을 사용할 수 있음
- 식품 포장재 선택 요소로 ① 식품의 보호 기능(물리적 강도, 외부와의 차단성, 식품 성분과의 반응에 따른 안정성) ② 작업성, ③ 경제성, ④ 상품성, ⑤ 저장성, ⑥ 간편성이 충족되어야 하고, ⑦ 포장재에는 상품에 관한 정보를 수록할 수 있어야 함

1) 버섯 포장지 선택 및 포장방법
   ① 포장상자 선택
      • 내습성 우수, 적재 하중이 큰 재질 선택
         ◎참고 종이상자의 경우, 습기를 흡수하여 버섯 포장으로는 사용하기 부적당
      • 그 외 포장규격, 디자인, 포장재질 등은 판매처, 유통기간, 유통 방법 등을 고려하여 선택함
   ② 포장규격
      • 포장재료는 식품위생법에 따른 기구 및 용기 포장의 기준 및 규격과 폐기물관리법 관계법령에 적합하여야 함
      • 포장치수의 길이, 너비는 한국산업규격(KS T 1002)에서 정한 기준에 준하며, 5kg 미만 소포장 및 속포장 치수는 별도 제한 없음
      • 거래 단위는 유통 여건에 따라 자율적으로 정하여 사용함
   ③ 포장방법
      ㉠ 필름 소포장
      • 선도 및 저장성을 향상시켜 유통 효율을 높일 수 있음
      • 소포장은 산지유통을 원칙으로, 상품성을 높이고 신선한 상태로 유통기간 연장을 위해서는 예냉 처리 후 필름으로 소포장하여 저온 상태로 유통하는 것이 바람직함
      • 자동 포장기 이용으로 노동력과 시간 단축 가능
      ㉡ 스티로폼 포장
      • 유통 시 중량 감소 및 온도 변화에 따른 변질 문제를 최소화하므로 2kg 포장용으로 일부 허용, 장기 유통용
         ◎참고 도매시장에서 쓰레기 문제로 스티로폼을 사용하지 못하게 규정하고 있음
      • 상자 및 스티로폼에 대형 포장 시 작업자는 버섯의 손상에 주의하여 수동 포장
      • 품질이 보통 또는 하품인 버섯을 식자재로 유통하기 위해 주로 수동 포장을 이용함

2) **포장실 위생관리**
   ① **포장실 바닥**: 청소 등이 용이한 에폭시(Epoxy)수지로 코팅하여 청결한 상태를 유지
   ② **포장실 온도**: 15℃ 내외로 저온 유지(포장작업 중 버섯의 선도 유지를 위해서)
   ③ 포장 장비 및 컨베이어 등을 작업자의 동선을 고려하여 배치함
   ④ **포장실 작업등**: 적당한 조도 유지와 전등에서 유인될 수 있는 불순물 및 먼지 등의 유입을 막기 위해 커버를 씌워 관리함
   ⑤ 포장 작업 후 포장 컨베이어, 자동 포장기기, 바닥 등의 이물질을 바로 제거하고 바닥은 락스를 희석하여 소독하고 건조시킴

(5) 출하관리

1) 상품 선도관리

① 상품화 과정을 마친 버섯: 소비지로 수송되기 전 저장고에 임시 보관
- 포장이 완료된 버섯은 효율적인 수송을 위해 팔레트(pallet, 팰릿)에 적재하여 저온 저장(0~4℃)
- 저온 저장고에 수확이 오래된 순서부터 쉽게 출하할 수 있도록 배치하여 적재
- 버섯의 품질 유지를 위해 출하 전까지 수시로 온도 확인
    - ◎참고 포장된 상태로 저장 기간이 길어질수록 생리적 장해가 일어날 확률이 높아지므로 주의함

② 운송과정
- 냉장 차량에 버섯을 탑재하기 전, 냉장 차량의 온도는 2~4℃ 내외로 유지시킴
- 냉장 칸의 내부 온도계와 차량 외부 제어장치의 설정 환경을 수시로 확인하여, 이상 유무를 체크함
- 수송 및 상·하차 시 온도 변화, 충격 등 물리적 장해가 발생하므로 신속히 상·하차
- 적재 중에 하중을 견딜 수 있는 포장재를 선택하여 압력에 의한 장해를 방지하고, 효율적 적재를 위해 지게차를 이용하여 일괄 수송용 팔레트(pallet, 팰릿)를 이용한 단위적재가 유리

③ 판매장 내에서의 선도 유지관리
- 판매장 입고 후에도 철저히 저온 유지관리
- 10℃ 이하로 유지하여 진열대 및 선반에 저장하는 것이 유리
- 소포장 형태로 출하된 상품은 물리적 장해에 노출을 줄이기 위해 적당량만 진열하고, 나머지 상품은 저온 저장고에 보관함

2) 출하상품 이력관리

① 출하 일시, 출하처별 정보(가격, 포장 규격, 출하량 등)를 기록함
- ◎참고 출하된 상품의 생육 및 수확 후 관리 기록도 함께 보관함

② 일별로 출하관리를 하는 경우, 당일 출하에 대한 매출을 바로 확인할 수 있고, 해당 날짜에 대한 기록으로 필요시 쉽게 찾을 수 있음
- ◎참고 출하 상품의 하자 관련 문제점 파악 등 해결 방안 제시 등 대처하기 쉬움

③ 출하처별 출하관리를 하는 경우에는 해당 출하처의 요구하는 상품 규격이나 가격 변화, 다른 요구 사항에 대처하기 쉬움

CHAPTER 05 버섯의 병해충

1 버섯병해충 관리

(1) 병해관리

1) 병해 발생원인

① 생물적 요인(전염성 병원)
- 전염성 병(infectious disease): 병원체가 버섯 또는 버섯배지에 감염된 후에 급속히 생장·증식하여 점차 건전한 버섯과 배지로 전염되어 피해를 주는 형태의 병
- 진전될수록 발병 면적 및 피해 정도가 증가함
- 전염성 병원은 기생성(parasitism)인 것과 병원성(pathogenicity)인 것으로 나뉨

■ 전염성 병원의 구분

기생성	어떤 생물체가 다른 생물체 내외에서 생활하며 기주를 영양분으로 이용하여 생활하는 것. 기생체
병원성	기생체가 기주에 침입하여 기주의 생화학적 및 형태적 이상 증상을 초래할 수 있는 능력

◎ 참고 병해는 기주와 병원성을 가진 기생체 간의 상호관계가 성립되어야만 발생하며, 전염성 병원은 이러한 속성을 지닌 병원체들을 통칭함

② 비생물적 요인(비전염성 병원)
  ㉠ 전염성을 가진 생물성 병원 이외의 요인에 의해 발생하는 이상 증상
  ㉡ 버섯재배 시 부적당한 배지, 환경 조건, 재배시설, 약해 등
- 배지상태 불량: 배지의 물리, 화학적인 상태
- 재배환경 불량: 공기 중의 상대습도와 배지의 수분 함량, 온도, 공기(환기), 광, 풍속, 환경오염 등

◎ 참고 비전염성 병원은 전염성 병원에 의한 병 발생 및 진전을 결정하는 중요한 요인이 될 수 있음

③ 병원균의 서식지 및 전염경로
- 주요 서식지

■ 병원균의 주요 서식지

토양	재배사 내의 토양은 온·습도의 변화가 적고, 병원균 생존에 필요한 영양원이 풍부하기 때문에 병원균의 훌륭한 서식처임
수확 후 배지 (폐상 퇴비 등)	병이 발생하였던 수확 후 배지(폐상 퇴비 등)에는 많은 병원균이 존재함
병에 감염된 버섯	재배사 안쪽이나 주위에 방치된 병에 감염된 버섯은 병원균의 주요 서식처
재배사	재배사의 건축 재료를 목재로 할 경우 잡균이 발생하기 쉬움

배지 재료	볏짚, 폐솜, 톱밥, 미강 등에 배지 재료에 병원균이 존재
종균	종균의 잡균 오염
물	저수통에 있는 물이 병원 세균에 오염
공기	공기 중에는 각종 곰팡이의 포자가 존재함

- 전염경로: 병원균의 전파는 수동적이므로 물이나 바람 같은 비생물적 요인과 곤충이나 사람 같은 생물적 요인으로 나누어짐

▧ 병원균의 전염경로

물	오염된 저수통 사용과 저수통의 물에 손 세척 등으로 세균성 갈반병 등 오염
공기(바람)	곰팡이 포자가 공기(바람)를 통하여 전파
곤충	버섯파리, 응애 등이 세균성 갈반병균 및 푸른곰팡이병균 전파
기타	작업자의 옷, 신발, 손 및 작업 도구를 통하여 병원균 전파

2) 병해 예방과 방제

- 병원균은 재배시설 주변의 공기, 토양, 물, 배지 재료 등에 항상 존재하기 때문에 전염원을 완전히 제거하는 것은 현실적으로 불가능함
- 버섯병의 관리는 버섯의 생육 단계에 따라 버섯균에 가장 유리하고 병원균에는 가장 불리한 환경 조건을 조성해 주어야 함
- 병이 발생하면 정확하고 신속하게 진단하여 병원균의 확산을 최대한 막거나 버섯균에 피해가 없이 병원균을 제거하는 방제 방법을 취해야 함

① 경종적 방제
- 재배법을 개선하여 병을 예방하거나 방제하는 방법으로 발병 억제가 목표로 가장 기본적이고 바람직한 방제법임
- 재배사 주변을 청결하게 관리하고, 재배사의 폐상 소독을 철저히 실시하고, 우량종균을 사용하며, 재배 중의 온도 및 습도를 철저히 관리하고, 전염원이 될 수 있는 버섯파리를 구제함

② 생물적 방제
- 버섯의 유해균은 억제하고, 버섯균의 생장과 생육에는 무해한 길항미생물을 이용한 방제법
- 아직 실용화된 경우는 많지 않음

> **Tip** 생물적 방제의 장단점
> - 장점: 친환경적 방제법으로 약해와 환경오염 등을 막을 수 있음
> - 단점: 신속하고 정확한 방제 효과를 기대하기 어렵고, 병 발생 후의 치료 효과가 매우 낮으며 환경의 영향을 많이 받기 때문에 효과가 일정하지 않음

③ 화학적 방제
  ㉠ 살균제, 항생제 등의 화학약제(농약)를 사용하여 방제하는 방법

  > **→ Tip** 화학적 방제의 장단점
  >
  > ◦ 장점: 효과가 정확하고 신속하며 사용이 간편하고 병이 발생한 후에도 탁월한 방제 효과를 보임
  > ◦ 단점: 약해, 잔류 등의 부작용, 초기에 가장 효과적임

  ㉡ 병의 발생과정을 정확히 파악하여 꼭 필요한 약제를 적당한 시기에 사용해야 함
  • 세균성갈반병: 농용신수화제, 테라마이신, 가나마이신, 가스가마이신
  • 푸른곰팡이병: 벤레이트수화제, 스포르곤수화제
  ㉢ 우수한 약제라도 버섯에 직접 살포는 금하며, 사용시기와 사용량을 정확히 지켜야 함

④ 물리적 방제(예방)
  • 전염원, 감염 자실체 및 균상, 재배용 병, 감염 골목 등을 제거 또는 격리하는 방법
  • 재배사 관리를 통하여 가장 쉽고 간단하며 효과적으로 할 수 있는 방제법이지만 병든 부위의 조기 진단이 반드시 필요함
  • 방제 시 한 가지 방법보다 2~3가지를 복합적으로 사용하는 것이 효과적임

  > **참고** 세균성갈반병의 방제: 약제 사용과 환경 조절(과습 방지)

3) 병해의 종류 및 특징

① 느타리
  ㉠ 푸른(녹색)곰팡이병(Green mold)
  • 병원균: *Trichoderma pleurotum, T. pleuroticola, T. atroviride, T. citrinoviride, T. harzianum, T. longibrachiatum, T. virens* 등과 *Trichoderma* spp.의 완전세대로 알려진 *Hypocrea*속 균에 의한 피해도 심각함
  • 병징
    − 배지에서 병원균의 균사가 자란 다음 포자가 형성되어 푸른색을 보여서 푸른(녹색)곰팡이병이라고 함
    − 초기에는 백색의 균사가 자라다가 포자가 형성되면서 푸른색(녹색)을 보임
    − 병이 발생한 부위의 버섯 균사는 병원균이 내는 독소(gliotoxin)에 의하여 사멸되거나 발생한 버섯은 황변 사멸함
  • 전염경로
    − 푸른(녹색)곰팡이병균의 포자는 공기와 흙이 있는 곳이라면 어디에서나 발견 가능
    − 주요 서식처와 전염경로: 재배사 안팎의 공기, 작업자의 의복 및 손, 버섯파리, 응애, 쥐 등의 동물, 오염된 종균, 오염된 배지, 작업도구 등
  • 발병조건
    − 배지의 수분 과다 또는 과부족, 고온
    − 세균성갈반병 발생에 적당한 수분 조건에서는 푸른(녹색)곰팡이병의 발생 및 포자 형성도 많음
    − 배지의 수분 함량이 균일하지 않은 경우, 배지 살균 및 후발효의 불량으로 큰 피해 초래

- 배지의 수분이 80% 이상이면, 느타리의 균사 생장이 저조하여 푸른(녹색)곰팡이병이 쉽게 발생
- 방제법
  - 푸른곰팡이병은 병이 발생하지 않도록 예방하는 것이 가장 이상적
  - 재배사 바닥을 콘크리트로 개선하여 병해충의 서식지를 제거
  - 병의 전염 매개체인 버섯파리 방제
  - 수확 후 배지 정리를 철저히 함. 배지 위에 잔여물은 2차적인 병원 발생의 원인
  - 병해는 종균의 상태에 따라 차이가 나므로 양질의 종균 선별하여 사용
  - 종균 접종 시 잡균오염 예방
  - 균사 생장을 관찰하여 균사 생장의 속도, 균사밀도 등의 이상 현상 유무 확인하고, 응급조치
  - 버섯 수확 및 균상 관리 과정에서 균상 표면의 심한 건조는 균사 사멸과 푸른곰팡이 등 다른 병원균이 발생하기 쉬우므로 균상 표면이 건조하지 않도록 수분 관리
  - 폐상 퇴비는 살균 후 폐상하며, 되도록 먼 곳으로 이동시켜서 2차적인 오염 방지
  - 벤레이트수화제 6.0g, 스포르곤수화제 6.6g/3.3m² 1,000배액을 살포하여 종균 접종 후 초기의 병 발생을 억제 가능함

ⓒ 세균성 갈반병(Bacterial brown blotch)
- 병원균: 주로 *Pseudomonas tolaasii*, *Pseudomonas agarici*에 의해 발생
- 병징
  - 초기: 버섯 갓의 표면에 황갈색의 점무늬가 생기고 점차 진갈색의 불규칙한 큰 병반으로 확대
  - 후기: 버섯 표면은 점액성을 띠고 부패하면서 심한 생선 비린내를 풍김
  - 성숙한 버섯의 갓의 일부에 감염되는 경우: 감염 부위의 생장이 중단되어 기형 버섯 형성
  - 색 변화: 초기 담갈색에서 병이 진전됨에 따라 진갈색으로 변색, 생장 중지
- 전염경로
  - 병원세균은 볏짚, 폐솜과 같은 배지 재료와 관수용 물 등에 존재
  - 재배사의 관수용 물, 버섯파리, 작업자의 손 등에 의해 전염됨
- 발병조건
  - 발병 지표는 버섯 자실체 표면의 수분, 버섯 표면의 수분은 환기정도, 공기 중의 습도, 재배사 내부와 자실체의 온도 편차 등에 의해서 결정됨
  - 보온력을 상실한 재배사에서 많이 발생하며, 재배사 내의 온도가 하강하는 저녁에 재배사 벽면, 균상, 버섯 등에 결로 현상이 일어날 때 크게 발생함
- 방제법
  - 병해를 예방하기 위해서는 각종 병원균을 전파하는 매개체인 버섯파리, 응애를 철저히 방제
  - 유기물이 집적되어 있는 재배사의 바닥 및 주위를 소독제로 소독
  - 관수로 사용하는 지하수 저수조를 정기적으로 세척하고 소독, 관수는 소량씩 나누어 실시
  - 재배사 바닥의 콘크리트 포장으로 병원균의 서식을 억제, 폐상 시에는 60℃ 이상의 건습열로 6~8시간 살균

- 재배적인 방법: 버섯을 발생시킬 때는 재배사 내의 공기 중 습도는 90~95%, 배지 내의 수분 함량은 65~70%가 되게 균상을 관리하여 병 발생을 억제
- 균상 표면이 건조되면 배지 내의 수분흡수와 공기유통이 불량하게 되고 특히 표면 균사가 사멸 병원균의 먹이로 제공되므로 균상관리를 철저히 해야 함
- 버섯 수확 후 균상의 버섯 잔재물을 방치하면 부패되면서 버섯에서 발생할 수 있는 각종 병해의 영양원이 되므로 균상정리를 철저히 해야 함
- 재배사의 단열 보완과 환기 관리를 하여 밤낮의 온도 편차를 줄임

> **Tip 약제 방제**
> - 농용신수화제(브라마이신, 아그렙토) 3,000배액을 2~3일 간격으로 2~3회 살포
> - 테라마이신, 가나마이신 100ppm(10,000배액), 가스가마이신 150ppm(750배액)을 2일 간격으로 2~3회 살포, 가능한 최소 사용 권장

ⓒ 세균성 무름병(Bacterial soft rot)
- 병원균: *Burkholderia gladioli* pv. *agaricicola*에 의해 일어나는 병으로 느타리, 양송이, 큰느타리 등 다양한 버섯에서 발생하고 있음
- 병징
  - 초기: *Pseudomonas tolaasii*와 마찬가지로 버섯 갓의 표면에 황갈색의 점무늬가 생기고 점차 진갈색의 불규칙한 큰 병반으로 확대됨
  - 후기: 황갈색의 무름 증상을 보이면서 심할 경우 점액이 흐르며 부패하여 심한 악취가 남
  - 외국에서는 양송이에 많이 발생하며 cavity disease로 알려져 있음
- 전염경로 및 발병조건
  - 정확하게 알려져 있지 않지만, 세균성갈반병과 마찬가지로 볏짚, 폐솜과 같은 배지 재료와 관수용 물, 버섯파리, 작업인부의 손 등에 의해 전염될 가능성이 높음
  - 발병조건은 대기습도, 재배사 내부와 자실체의 온도차에 의해 자실체 표면에 수분이 생기면 많이 발생함
  - 재배사 내외부의 온도 차이로 인한 재배사 벽면, 균상, 버섯 등에 결로 현상이 일어날 때 대발생
- 방제법: 세균성 갈반병의 방제법에 준함

ⓓ 큰느타리 세균성 무름병
- 병원균: *Pantoea* sp.
- 병징
  - 병원균에 감염된 액체종균이 배지에 접종될 경우에는 버섯 균사의 초기 활착이 불량하며 활착이 되어도 균사밀도가 현저히 떨어지면서 정상적인 배양이 불가능함
  - 균긁기 이후 물 축이기 또는 가습과정에 병원균이 감염될 경우에는 배지 표면에 갈색의 물방울 및 점액질을 형성하기 시작하면서 비릿한 냄새를 동반함
  - 배지 상부의 측면을 중심으로 노란색의 점액질을 형성하면서 원기 형성을 방해하거나 비정상적인 생육 유도

- 정상적인 원기 형성이 이루어지더라도 병원균에 의한 감염부위가 발생되면 외부 환경조건이나 병원균의 자체 운동능력에 의해 정상 조직으로 침투하여 병을 일으키고, 병원균에 감염되면 점액의 형성 및 주변 부위에 수침증상을 동반하게 되어 결국 수확이 불가능
- 전염경로 및 발병조건
  - 습도 유지를 위해 공급되는 물, 불완전한 살균, 버섯의 품질 및 수량 증대를 위해 사용되는 다양한 배지 재료 등으로 인해 발생되는 것으로 추측
  - 병원균의 산발적 확산은 배양 이후 균긁기 과정이나 불량한 환경의 생육 과정에서 일어남
  - 뒤집기 및 솎음 과정에서 작업자의 무분별한 접촉에 의해서도 확산됨
  - 버섯농가에서의 병원균 감염 버섯에 대한 불완전한 처리도 주요 전염경로임
  - 주 병원은 *Pantoea* sp.이지만, 환경 조건(과도한 수분의 공급, 재배사 내부의 온도 상승, 양분 과다 및 환기 불량)에 의한 자실체의 외부 오염 환경에 대한 방어 능력 약화가 중요하게 작용
- 방제법
  - 고압 살균법을 이용하여 배지를 살균하고, 균긁기 과정에서 세균 오염이 의심되는 배지는 반드시 사전에 제거
  - 균긁기 날을 일정 간격으로 화염살균 실시
  - 재배사 내부로 공급되는 물에 대해 미생물 배양 배지(Nutrient agar 또는 Luria-Bertani agar)를 이용하여 세균 오염 여부를 검사하고 주기적으로 염소계 약제를 이용하여 소독 관리
  - 생육 이후 폐상배지에 대해 염소계 약제를 이용 소독
  - 배양용기 및 뚜껑의 경우 락스 또는 클로르칼키 등의 염소계 약제(유효염소농도 기준 100~200ppm)를 이용하여 24시간 정도 침지한 뒤에 깨끗한 물로 세척 후 건조하여 재사용
  - 병원균 감염 버섯과의 접촉 이후에는 신속히 비누 또는 손 소독제 등을 이용하여 세척
  - 균긁기 이후 물축이기에서 공급되는 물을 오염 정도에 따라 클로르칼키 140~1,400ppm(유효 염소 농도 기준)으로 소독
  - 버섯 발이 유도 및 생육기에 공급되는 물의 경우 클로르칼키 140ppm 이하로 희석하여 공급
  - 폐상 이후 생육시설에 대해 고압 분무기를 이용하여 클로로칼키 100~200ppm 살포, 약 12시간 후에 세척하고, 20~25℃ 내외에서 재배사 내부 건조

⑩ 바이러스병
- 병원균 : dsRNA genome을 가진 21, 23~26, 30 및 50nm인 구형 바이러스와 ssRNA genome을 가진 16×47, 4×23인 막대형 바이러스
- 병징 : 현재까지는 공식적으로 인정할 수 있는 느타리 바이러스 병징은 발견되지 않음
- 방제법
  - 느타리버섯을 가해하는 바이러스는 순활물기생성이고, 발병기작과 발병요인이 아직 밝혀지지 않았기 때문에 전염방법과 예방 및 방제법 등은 식물병원성 바이러스에 준하여 기술함
  - 바이러스 무병주를 육성하고 사용
  - 바이러스를 가진 포자가 비산하여 전파될 수 있기 때문에 바이러스 증상을 보이는 자실체는 가능한 빨리 제거

- 곤충 매개체에 의해 전반될 가능성이 있으므로 종균 접종 즉시 약제를 살포하고, 재배사에는 망을 설치하여 곤충의 침입 차단
- 폐상 퇴비는 소독 후 폐기하고, 재배사 내외의 청결 유지
- 작업자나 작업도구에 의한 전파를 방지하기 위하여 위생 및 소독 실시
- 균사체에 바이러스 입자가 존재하는 경우에는 재배 환경 스트레스에 의해 병의 발생과 진전이 결정될 가능성이 있기 때문에 품종에 따라 최적의 재배환경을 조성해야 함

② 양송이

㉠ 괴균병(균덩이병, False truffle)
- 전국적으로 발생, 퇴적장이 포장되지 않고 시설이 불량한 농가 재배사에서 피해가 심함
- 퇴비 배지량이 많고 재배사 온도가 높을 때와 복토 소독을 하지 않고 사용할 때 많이 발생
- 병원균: *Diehlimyces microsporus*
  - Eurotiales목에 속하는 자낭균으로 균사는 백색이고, 뇌 모양의 특징적인 자낭과를 형성, 1개의 자낭에 8개의 자낭포자 형성
  - 생장 적온: 28~30℃
- 병징
  - 퇴비에 병원균이 감염되면 균상 밑바닥에 회백색의 가는 균사가 솜털처럼 부풀어 내리고, 담황색을 띠면서 양송이 균사가 소멸하고, 나중에는 퇴비가 흑갈색을 띠고 수분이 증가함
  - 병든 부위의 복토 표면과 균상 밑바닥에는 직경 0.5~3cm 정도의 자낭과가 출현
  - 자낭과는 백색이고 육질이 양송이와 유사하여 기형버섯으로 오인하기 쉬우나 병이 진전되면 표면에 담홍색의 작은 반점이 있고 뇌와 같은 주름이 있어 쉽게 구분됨
  - 병든 부위에서는 버섯이 전혀 발생하지 못하거나 발생한 버섯도 사멸하며, 발병 부위는 매일 10cm 이상씩 확대됨
- 방제법
  - 퇴적장을 포장하여 퇴비에 토양의 혼입을 유의하고, 복토는 80~90℃에서 1시간 이상 증기 소독 실시함
  - 고온에서 피해가 심하므로 종균 접종 후 28℃ 이하로 유지하여 퇴비가 재발열되지 않도록 관리하고 복토
  - 퇴적장과 재배사를 깨끗이 유지하고 정기적 소독
  - 병이 발생하는 즉시 병든 부위로부터 60~100cm 앞의 균상을 20cm 폭으로 잘라내어 병의 전파 차단

㉡ 마이코곤병(Wet bubble)
- 전국적으로 기온이 높은 봄 재배 후기~가을 재배 초기에 발생
- 백색종을 재배할 때, 복토를 소독하지 않은 경우에 피해가 심함
- 병원균: *Mycogone perniciosa*
  - 균사는 잘 발달하고 백색이며, 분생포자와 흑갈색의 표면돌기가 있는 후벽포자 형성
  - 토양 중에 생활하며 후벽포자로 월동하고, 생장 적온은 25℃, 생장 최적 pH 7.0

- 감염시기가 빠를수록 피해가 큼
• 병징
- 버섯의 갓과 대에 발생, 병든 버섯은 기형이 되고 누런 물 누출과 부패하며 악취
- 초기: 갓의 감염부위가 부풀어 오르고 백색의 균사와 포자로 덮임
- 복토재료, 작업자, 버섯파리 등에 의하여 전염되며, 한 번 발생한 재배사에서는 계속 발생됨
• 방제법
- 복토를 통하여 감염되므로 무병지 토양을 사용하거나 복토는 소독하여 사용
- 복토는 80℃ 이상에서 30분간 증기소독하고, 복토 직후에는 베노밀 600~800배액을 표면 살포
- 저항성 품종인 703호, 705호 등 크림종을 재배
- 실내소독, 버섯파리 등의 해충방제 및 작업자와 작업도구의 소독으로 2차 전염을 차단하며, 폐상퇴비와 재배사 소독 실시

ⓒ 미이라병(Mummy disease)
• 전국적으로 발생, 793호 크림종에서 피해가 심함
• 병원균: 병원균에 대한 연구가 미흡하여 특성이 밝혀져 있지 않음
• 병징
- 감염되면 버섯이 0.5~2cm일 때 생장이 완전히 정지하면서 갈변 고사하고, 그 균상에서는 더 이상 버섯이 발생하지 않음
- 병든 버섯은 대와 갓이 휘어져 한쪽으로 기울고, 발생부위는 1일 30cm 이상 확대되나 대게 10~15cm에서 멈춤
• 방제법
- 폐상 퇴비와 기타 잔여물을 재배사에서 철저히 제거하고, 재배사 주변을 깨끗하게 유지
- 백색종과 갈색종을 교대로 재배
- 발병 시 병든 부위의 전후방 2~3m 지점에 골을 파서 확대 방지

ⓔ 세균성갈반병(Bacterial brown blotch)
• 일교차가 심한 봄 재배 초기~가을 재배 후기에 발생하고, 백색종과 크림종 모두 감수성
• 병원균: *Pseudomonas tolaasii*
• 병징
- 초기: 갓 표면에 황갈색 점무늬가 생기고 점차 진갈색의 움푹 들어간 병징으로 진전
- 과습인 경우: 버섯 전체가 부패하기도 함
- 건조인 경우: 병반 부위에 균열이 생겨 상품가치 하락
- 톨라신(tolaasin)이라는 독소를 분비하여 버섯의 세포막을 파괴함, 세포막이 파괴되면서 분비되는 물질이 산화되어 갈색으로 변색되고, 세포의 파괴가 심하면 그 부분이 움푹 파이는 증상을 보임
• 전염원 및 전염경로: 병원세균은 볏짚과 같은 배지 재료와 관수용 물 등에 존재하며 재배사의 관수용 물, 버섯파리, 작업자의 손 등에 의해 전염

- 방제법
  - 철저한 배지의 살균 및 발효를 실시하고, 우량종균을 사용하여 버섯생육의 최적 환경조건을 조성하여 버섯을 건강하고 활력 있게 키우는 것이 최선의 예방법
  - 재배사의 공중 습도 80% 이하로 유지, 관수 후에는 즉시 환기하여 버섯 표면의 물기 제거
  - 각종 병원균을 전파하는 매개체인 버섯파리와 응애의 방제
  - 재배사의 바닥과 주위의 토양을 소독(유산동 800배액 관수)하고, 관수로 사용하는 지하수 저수조는 정기적으로 소독(클로로칼키 500배액)
  - 염소계 소독제인 클론 79와 클로로칼키의 살포는 예방적으로는 5~6ppm, 병이 발생한 경우에는 20ppm의 농도로 사용하는 것이 적당
  - 염소는 버섯균에도 살균력이 있으므로 정확한 농도의 사용이 중요함
  - 스트렙토마이신, 가나마이신, 농용신수화제 등을 버섯이 없는 복토에 살포

⑩ 세균성 갈색무늬병(Bacterial brown discoloration)
- 병원균: *Pseudomonas agarici*
- 병징
  - 초기: 갓 표면에 갈색의 작은 병반을 형성, 진갈색의 불규칙한 병반으로 확대됨
  - 갓 표면이 움푹 들어가거나 썩는 증상은 보이지 않고, *Pseudomonas tolaasii*보다는 갈변정도가 훨씬 낮으며, 단지 표면에 갈색의 무늬만 형성
- 방제법
  - 철저한 배지의 살균 및 발효를 실시하고, 우량종균을 사용하여 버섯생육의 최적 환경조건을 조성하여 버섯을 건강하고 활력 있게 키우는 것이 최선의 예방법
  - 각종 병원균을 전파하는 매개체인 버섯파리와 응애의 방제
  - 재배사의 바닥과 주위의 토양을 소독(유산동 800배액 관수)하고, 관수로 사용하는 지하수 저수조는 정기적으로 소독(클로로칼키 500배액)
  - 재배사 내부의 급격한 온·습도의 변화(주야간 온도차 5℃ 이내)를 억제하고, 관수 후에는 적절한 환기로 버섯 표면의 물기 제거
  - 염소계 소독제인 클론 79과 클로로칼키의 살포는 예방적으로는 5~6ppm, 병이 발생한 경우에는 20ppm의 농도로 사용하는 것이 적당
  - 염소는 버섯균에도 살균력이 있으므로 정확한 농도의 사용이 중요함
  - 항생제로 농용신수화제나 아그리마이신을 300배 희석하여 1차 관수하고 2일 후에 5,000배액으로 2차 살포하여 병원균을 경감시킴
  - 항생제는 가능한 최소한으로 사용하고, 무분별한 남용은 삼가야 함

⑪ 양송이 대속괴사병(Internal stipe necrosis)
- 병원균: *Ewingella americana*
- 병징
  - 초기: 대의 중앙에 담갈색의 증상을 보이며 점차 조직이 붕괴되고, 갈변하면서 진갈색의 괴사 증상으로 나타남

- 대를 갓으로부터 분리하였을 경우 특징적인 갈색의 쐐기 모양 조직이 갓에 붙어있음
- 겉으로 보기에 전혀 증상이 없고 수확 후에 확인 가능하기 때문에 농가에서 버섯파리에 의한 피해로 잘못 알려져 있음
- 수확 후 상품성의 저하로 농가마다 5~15%의 심각한 피해를 주고 있는 실정

• 방제법
- 폐상 소독은 70℃의 건·습열로 10~12시간 살균하거나 재배사 내에 포르말린(30cc/m³) 훈증 소독
- 각종 병원균을 전파하는 매개체인 버섯파리와 응애 방제
- 관수용 지하수 저수조는 정기적으로 세척하고 클로로칼키 3,000~5,000배액으로 소독
- 관수 시 차아염수산나트륨(150ppm)과 클로로칼키(20ppm)로 관리하면 병원균 밀도를 줄일 수 있음
- 항생제로 농용신수화제나 아그리마이신을 300배 희석하여 1차 관수하고 2일 후에 5,000배액으로 2차 살포하여 병원균을 경감시킴

ⓐ 푸른곰팡이병(Green mould disease)
• 균사 배양 온도가 고온이거나 습도가 높고, 환기가 불량한 배지에서 발생
• 병원균: *Trichoderma harzianum*
• 병징
- 균상 배양 시 주로 발생
- 초기: 백색의 기중균사가 발달한 균총을 형성하고, 푸른색의 포자를 형성
- 대부분 균상 표면에 발생하나 배지의 상태가 좋지 않으면 배지의 내부까지 감염시켜 버섯이 발생하지 않음

• 방제법
- 퇴비배지와 복토의 산도 7.5 이상으로 조절, 병든 부위는 석회분을 바르거나 베노밀 500~600 배액을 처리
- 균사 배양기간 중의 재배사 온도는 낮게 유지, 환기를 관리하여 재발효 방지

ⓞ 바이러스병
• 전국 발생하며, 백색종이 심하고, 해에 따라 피해 정도가 다름
• 병원체
- 19, 25, 34, 50, 19×50nm 크기의 바이러스가 많이 확인되고 있으며, 이외에도 350×17, 150×17, 70, 120~170×20~70, 75nm 크기의 바이러스도 보고됨
- 25nm, 34nm, 36nm 크기의 바이러스는 ds RNA genome을 가지며, 간상형 바이러스 genome은 ss RNA임
- 구형의 바이러스로 크기가 다른 몇 가지 종류가 동시 감염되며 균사 및 버섯의 담자포자에 의해서 전파될 수 있음
- 백색종과 크림종은 서로 융합되지 않으므로, 바이러스 전이는 없음

- 병징
  - 감염균사는 생장이 느리고, 감자한천배지 상에서 솜털모양의 균총을 형성하며, 쉽게 노화함
  - 'drumstick' 기형 형태, 갓이 작고 대가 길고 굽은 형태, 배형 대와 작은 갓 형태
  - 갓은 일찍 퍼지며, 뿌리가 약하여 쉽게 뽑히고, 버섯은 전체적으로 탄력이 없고 시든 것처럼 쉽게 부서짐
  - 감염이 심할 때는 버섯이 발생하지 않음
- 방제법
  - 무병 종균을 접종하고, 백색종보다는 크림종을 재배하거나 교대로 재배
  - 폐상 퇴비와 재배 잔여물을 철저히 제거하고, 재배사 소독
  - 버섯이 성숙하여 갓이 전개하기 전에 수확

③ 표고

> - 표고의 병해는 재배 기질을 목재나 목재 부산물을 사용하는 경우가 많기 때문에 자실체나 균사에 직접 가해하여 피해를 주는 유해균보다 재배 기질인 골목을 가해하여 표고균이 활착할 장소를 선점함으로써 표고균의 활력을 저하시키는 경합형이 많음
> - 원목재배에서 유해균이 발생하면 생산량 감소, 골목 수명 단축, 버섯 품질 저하 등의 피해를 줌
> - 골목에 발생하는 유해균은 단독으로 피해를 주는 경우보다는 여러 종류의 유해균이 함께 발생하여 피해를 입힘

㉠ 골목을 가해하는 병해
- 영양 섭취 방법이 표고균과 유사하여 목재를 분해하여 영양원으로 이용하는 경우 : 활엽수의 고사목에 주로 발생, 목재부후균
- 목재부후력은 약하지만 세포 내에 저장되어 있는 전분 등을 영양원으로 이용 : 연부후균, 벌채 전에 이미 침입하였거나 벌채 또는 골목 토막내기(조제) 직후에 침입하여 표고 균사가 정착되기 전까지 세력을 확장함
- 표고 균사를 직접 가해하여 자신의 영양원으로 이용하는 경우 : 살생균으로 종균을 접종한 원목의 접종구로 침입하여 생장하고 있는 표고 균사를 직접 가해함

㉡ 골목 유해균류의 발생과 환경
- 종균 접종 후 2년차 골목에서 표고 이외의 버섯과 곰팡이가 발견되면 유해균에 감염된 것으로 인식
- 유해균류의 대부분은 이미 종균을 접종한 해의 8월경까지 감염되어 골목의 내부로 침입하는 경우가 많음
- 환경조건은 유해균류의 종류에 따라 다르고 또 동일종이라고 해도 생장단계, 즉 그 균의 감염시기, 균사 생장기, 자실체 형성기에 따라 감염력에 차이가 있음
- 직사광선에 노출되었을 때 발생하기 쉬운 유해균류
  - 빨간색송편버섯(간버섯), 흰구름버섯, 시루송편버섯, 줄바늘버섯, 치마버섯, 검은단추버섯 등이 대표적으로 31℃ 이상에서도 포자의 발아와 균사 생장이 양호한 고온성 유해균임
  - 직사광선에 노출되면 골목의 온도가 상승하여 고온피해의 원인이 됨
  - 고온성은 아니지만 검은혹(팥)버섯, 주홍꼬리버섯, 겹껍질버섯 등도 감염
  - 유해 균류의 예방을 위해서는 직사광선을 피하는 것이 중요

■ 표고 골목에 발생하는 대표적인 유해균류

검은단추버섯	• *Hypocrea schweinizii*(완전세대), *Trichoderma longibrachiatum*(불완전세대) • 표고균을 가해하는 대표적인 유해균 • 5월~9월 사이 직사광선에 노출되면 발생 • 균총의 중앙부가 연녹색, 가장자리가 흰색을 띤 곰팡이로 균총 안에 직경 4~12mm의 자좌가 형성되면 푸른곰팡이는 보이지 않음 • 자좌는 회녹색에서 점차 갈색~흑색으로 변함 • 골목 수피 안쪽의 표고 균사는 죽고, 자갈색으로 대치선이 확대됨 • 감염을 초기에 발견하여 골목을 그늘진 곳으로 옮겨 관리하면 표고 균사는 유해균이 감염된 부위로 다시 생장하여 원래 상태로 회복 가능
검은팥버섯	• *Hypoxylon truncatum*(완전세대) • 접종한 해의 5~7월에 골목 수피의 홈과 절단면에 옅은 황록색의 곰팡이가 발생하고, 8월경부터 이 곰팡이의 안쪽에 검은색으로 직경 2~7mm의 혹 모양의 자좌 형성 • 표고버섯 균사가 생육 저해를 받고 피해가 확대됨 • 월동한 포자는 습도가 높아지고 기온이 20~25℃ 정도가 되면 자좌에서 방출되고, 포자는 습도 95% 이상, 온도 21~35℃에서 쉽게 발아함 • 4월의 평균기온이 낮아도 통풍이 좋지 않고, 골목이 직사광선이 노출되었을 경우에는 포자의 방출 및 발아 조건으로 유리 • 4월의 제1차 감염기 이후, 이 균이 좋아하는 환경이 되지 않도록 골목 관리 중요
주홍꼬리버섯	• *Diatrype stigma*(완전세대), *Libertella* sp.(불완전세대) • 장마철 골목의 수피에 황적색~주홍색 계통의 실 모양의 균 덩어리(분생포자)로 발생 • 골목의 수피와 목질부 사이에 얇고 넓은 자좌를 형성하며 수피가 떨어져 나가 자좌가 노출됨 • 자좌는 회갈색에서 점차 흑갈색으로 변하고, 포자는 늦가을~이른 봄에 걸쳐 성숙됨 • 감염시기: 3월 초·중순경으로 추정되고, 이 시기에 충분히 건조되지 않은 원목을 잘라 골목으로 사용하면 감염이 많음 • 표고 균사는 이 균과 생장할 수 있지만, 기온이 낮은 봄철에는 받는 피해가 크고, 종균 접종 후 균사의 초기 생장이 현저하게 떨어짐
겹껍질버섯 (이층버섯)	• *Graphostroma platystoma* • 장마철~한여름까지 골목의 수피에 균열이 생기고, 회색의 분생포자가 다수 비산하는 것을 흔히 볼 수 있음 • 수피의 균열부분의 안쪽에 얇고 넓은 자좌를 형성, 상하 2층으로 상층은 분생포자, 하층은 자낭포자를 만들며, 자낭포자가 형성되면 상층부가 떨어져 나감 • 자실체가 형성됨에 따라 수피가 탈락되어 검은색의 자실체가 노출됨 • 자낭포자의 발아 온도는 25~30℃, 균사의 생장 적온은 25℃ • 여름의 고온기에 표고 균사의 생장을 저해하고 경계면에 대치선을 형성하지만, 25℃ 이하가 되면 세력이 약화됨

• 생목 상태의 골목에 발생하기 쉬운 유해균류
  – 늦은 벌채와 덜 건조된 원목에 발생하는 유해균은 고무버섯, 기와충 버섯이 대표적
  – 목재를 착색시키는 변색균, 연부후균으로 불리는 *Acremonium*, *Phialophora*, *Rhinocladiella* 등의 곰팡이도 생목 상태의 원목과 골목에 쉽게 감염됨
• 고습조건에서 발생하기 쉬운 유해균류
  – 마른진흙버섯, *Hypocrea pachybasioides* 등이 대표적
  – 장마철에 어둡고 과습한 장소에서 많이 발생

- *Hypocrea*는 3월 하순~4월 중순에 물을 흡수하여 수분이 많아진 골목에 발생
- 균사 생장 적온이 다른 유해균에 비해 낮고 표고 균사의 생장 적온에 가깝기 때문에 장마가 끝나고 고온 건조기에 세력이 약해지고, 골목의 피해도 멈춤

■ 하이포크레아 패치패시오이데스의 특징]

하이포크레아 패치배시오이데스 (*Hypocre pachybasioides*)	• 불완전 세대는 *Trichoderma plysporum* • 자좌는 직경 1~4mm, 두께 1~3mm의 반구형이나 서로 붙어서 불규칙한 형태 • 담황백색에서 성숙하면 황갈색으로 됨 • 접종한 종구의 노출부, 골목의 수피 손상부, 표고버섯을 채취하고 난 후의 버섯 찌꺼기 등 표고 균사의 나출부에서 감염되고, 항생물질 트리코신을 생산하여 표고균을 죽여가면서 생장함 • 균사는 고온에 약하여 30℃에서 생장을 멈추고, 20~25℃에서 가장 잘 생장함 • 방제: 비가 그친 후 골목의 표면이 빨리 건조되도록 환경을 조절해 주는 것이 중요하고, 통풍과 배수를 좋게 하여 물 빠짐을 좋게 할 필요가 있음

- 고온·과습 조건에서 발생하기 쉬운 유해균류
  - 장마철에서 한여름까지 통풍이 나쁘고, 고온 과습한 환경에 많이 발생하는 유해균
  - 균사 생장 적온은 25~32℃, 구름버섯, 조개껍질버섯, 송곳니구름버섯, 가는주름버섯, 고약버섯 등이 있고, 살생균인 *Hypocrea lactea*, *H. peltata*(큰단추버섯), *H. nigricans*, *Trichoderma viride* 및 *T. virens* 등도 포함
  - *Hypocrea*와 *Trichoderma*균은 표고 균사가 만연된 부분을 침입하고, 제1차 감염경로는 통상적으로 종균 접종구
  - 다른 유해균에 의해 피해를 받은 부위, 표고 수확 후의 찌꺼기, 골목의 손상부도 감염경로

■ 고온, 과습조건에 발생하는 대표적인 유해균

검은썩음병 (흑부병)	• *Hypocrea nigricans*(완전세대), *Trichoderma harzianum*(불완전세대) • 자좌는 직경 2~4mm, 두께 약 1mm의 녹색을 띤 흑색으로 플라스크형의 자낭각 형성 • 불완전세대는 *T.harzianum*이며, 표고균 살생력 강함 • 졸참나무보다도 상수리나무, 직경이 작은 것보다 큰 것, 눕히기의 침목에서 많이 발생 • 표고균이 골목의 표층부에만 만연한 골목에 흔히 발생 • 5~9월의 강우가 많고, 안개가 발생하기 쉬운 지형과 보습력이 풍부한 표층토 지역에 많이 발생 • 예방 및 방제 대책: 통풍을 위해서 잡초 제거, 골목의 뒤집기를 철저히 실시하며, 고온다습 조건에서 발병하기 때문에 골목과 습도 조절 관리
트리코더마 비리데 (*Trichoderma viride*)	• 완전세대(자좌)는 알려지지 않았지만, 살생력이 매우 강한 균 • 접종한 종균 접종구의 노출부로 초기 감염되는 것이 많으나, 노란긴대주발버섯, 고무버섯 등과 같이 다른 유해균에 의해 약해진 골목 또는 버섯에 기생하여 골목 내부로 침입, 표고 수확 후 흔적과 수피 손상부에 노출된 표고 균사에 감염됨 • 기온이 높은 5~9월에 통풍과 배수가 나쁜 장소에서 발생함

ⓒ 골목에 발생하는 유해균의 예방 및 방제
- 예방
  - 낙엽이 모두 떨어지기 전에 벌채하여 잎의 증산작용을 이용하여 빠른 건조 유도
  - 자른(토막치기) 원목은 가능한 빨리 종균을 접종하고, 원목의 죽은 부분 또는 수피 손상부의 주위는 종균 접종량을 늘려 접종함
  - 종균 접종구는 완전히 막아 *Trichoderma*균 등 유해균의 침입 차단
  - 활력이 좋은 종균을 사용하여 빠른 시일 안에 골목 전체에 만연할 수 있도록 관리
  - 임지원목재배의 경우, 눕히기는 배수가 좋고, 여름에 산바람, 계곡바람 등이 발생하는 장소 또는 공기가 정체되지 않고 흐르는 장소를 선택, 5월에서 8월까지는 잡초를 자주 제거하여 골목이 고온·고습으로 피해를 받지 않도록 함
  - 눕히는 장소는 연작장해를 고려하여 매년 같은 장소에 눕히기하는 것은 좋지 않음
  - 접종 전의 원목도 3월 이후의 직사광선은 피하고, 비가 그친 후에는 골목의 표면이 가능한 빨리 건조되도록 통풍이 좋은 눕히기 방법을 택함
  - 인공피복은 주위 환경을 충분히 이용하고, 빗물의 빠짐과 통기가 잘 되도록 함
  - 생목상태의 골목은 뒤집기와 단 바꾸어 쌓기 등을 실시하여 나무의 건조 촉진
  - 유해균에 오염된 골목은 격리하거나 폐기
- 조기발견, 조기처리: 종균 접종 후, 매달 2~3회 골목을 확인하여 의심이 가는 골목의 수피를 벗겨보거나 절단하여 수피 내부와 변재부를 잘 관찰하고, 유해균의 침입 가능성이 있을 때에는 즉시 방제법을 강구
- 약제 방제
  - *Trichoderma* 방제로 베노밀 수화제, 스포르곤을 사용
  - 가는주름버섯, 기와층버섯 등 표고버섯과 같은 담자균에 속하는 목재부후균에는 효과 없음
  - *Tricoderma*의 감염 시기는 4월~10월로 길기 때문에 농약의 살포시기를 결정하는 데 어려움이 있고 효과도 미약함
ⓔ 버섯을 가해하는 병해
- 표고버섯재배의 보급, 확대, 집약화에 따라 버섯(자실체)을 직접 가해하는 병해가 많이 발생하고 있으나, 병의 원인이 해명된 사례가 매우 적은 실정임
- 병원체는 세균, 사상균 등으로 육질에 검은 변색을 일으키는 경우가 대부분임

④ 영지버섯
ⓐ 노랑썩음병
- 병원균: *Arthrographis cuboidea*, 토양 내에 서식하는 목재부후균
- 형태 및 병원성
  - 분절포자를 형성하는 균으로 영지버섯재배용 원목 내부에 검은 구슬같은 많은 자낭각을 형성
  - 강한 병원성으로 원목 내부에 존재하는 영지버섯 균사체를 완전히 사멸시킴
  - 이 병에 감염된 영지버섯 원목은 거의 버섯을 형성하지 못하므로 폐목 처리해야 함

- 발생환경 및 전염원
  - 영지 원목을 재배사 토양에 매몰하고 1~2개월 후부터 원목의 아래 부위에서 감염이 보임
  - 1년차 원목의 경우 1차 수확기까지는 어느 정도 수확을 할 수 있지만 2차 수확기부터 영지버섯 생육 및 발생에 심한 피해를 일으키고, 2년 차에는 거의 수확을 할 수 없고, 버섯이 발생되더라도 작아서 상품적 가치가 전혀 없는 실정
- 병징
  - 종균이나 원목의 균사 배양에서는 나타나지 않고, 매몰 후 병이 감염되는데, 초기 증상은 원목 내부에 연노랑의 얼룩이 형성되며, 영지버섯 균사와 갈색의 띠 대치선이 형성됨
  - 진전됨에 따라 노란색이 짙어지며 원목의 조직 사이에 검은 구슬 같은 자낭각이 다수 형성되며, 감염이 진전된 부위가 푸르스름하게 변색됨
  - 원목의 수피와 목질부 사이에 감염이 일어나면 원목의 수피가 쉽게 벗겨짐
- 방제법
  - 주로 연작에 의해 발생하는 병해이므로 영지버섯을 재배하지 않은 신규 경작지를 활용하는 것이 바람직함
  - 초기 감염을 억제할 수 있는 개량 단목재배법을 사용하고, 버섯발생 시에도 비닐을 완전히 벗기지 않고 버섯을 발생시키는 방법을 사용하여 발생 예방 가능

ⓒ 푸른곰팡이 병해
- 발생환경
  - 습도가 높고 온도가 20℃ 이상 유지되는 곳에서 많이 발생
  - 특히 영지 균사를 원목에 배양하는 과정에서 많이 발생하지만, 균사 배양이 완성되면 감염이 억제됨
- 병징
  - 균사 배양 중에 푸른색의 포자를 형성하는 곰팡이 발생
  - 병이 더 진전되면 종균을 접종한 원목 표면에 노란색과 푸른색의 병징을 보임
- 전염원
  - 공기 전파, 접종시기가 따뜻한 계절일수록 발생 빈도 높음
  - 겨울철 1~2월에 종균 접종작업을 실시하면 심한 피해를 예방할 수 있음
- 방제법
  - 경종적 방제로 종균 접종 시기를 기온과 습도가 낮은 겨울철로 선택
  - 화학적 방제로는 완전히 방제할 수 없으나, 베노밀 수화제 등의 살균제를 사용하면 어느 정도 예방 효과

⑤ 병재배 버섯의 병해

> - 병재배 시 발생하는 병해의 유형은 종균 접종 후 균사 배양 시에 피해를 주는 형태, 균긁기 후 자실체 유도기에 피해를 주는 형태, 그리고 자실체에 피해를 주는 형태로 구분할 수 있음
> - 병재배는 거의 모든 버섯에 사용되는 배지의 재료가 톱밥과 미강이 주류를 이루고 있기 때문에 종균에 발생하는 병해와 비슷하며, 자실체 유도기와 생육기에 발생하는 병해도 버섯의 종류와 관계없이 비슷하게 발생함

㉠ 흰곰팡이병
- 버섯의 종류에 관계없이 병재배 시설에서 많이 발생하며, 특히 팽이버섯에 피해가 큼
- 병원균: *Cladobotryum varium*
- 병징
    - 팽이버섯과 큰느타리의 병재배시설에서 발생
    - 발이 유도 후에 흰 균사체가 배지 표면과 자실체를 덮음
    - 발병 초기에는 버섯 균사와 유사하므로 구별하기 어렵고, 병이 진전되면 대량의 분생포자를 형성하여 공기 중에 비산시킴으로써 재배사 전체에 확산됨
    - 비교적 저온에서 발생
- 방제
    - 병원균 포자는 40℃에서 60분, 50℃에서 40분, 60~70℃에서 20분 그리고 80℃에서는 10분 살균하면 완전하게 사멸하기 때문에 병이 발생하면 재배사 전체를 열로 살균
    - 외부 유입 공기의 청정도를 높여 감염의 기회를 줄이기
    - 이미 병이 발생되었을 경우, 다소 온도를 높여 재배
    - 병이 발생된 병은 즉시 제거하여 살균하여 폐기
    - 스포르곤과 베노밀수화제가 효과 있으나, 이들 두 약제는 팽이버섯의 자실체 형성에 영향을 주므로 가급적 사용하지 않는 것이 바람직

㉡ 자실체에 발생하는 병해
- 세균에 의한 갈반병과 썩음병은 *Pseudomonas*속, *Bacillus*속에 의해 발생
- 자실체에 해를 주는 대표적인 곰팡이는 *Cladobotryum varium*
- 대부분의 병원성 곰팡이는 자실체에 직접 병을 일으키는 경우가 많지 않음

(2) 충해관리

1) 충해 발생원인

① 양송이나 느타리버섯재배에서 심각한 피해를 주고 있는 버섯파리류는 *Sciaridae*, *Cecidomyiidae*, *Phoridae* 등에 속해 있음
② 원래의 서식처인 숲속의 부엽토, 유기질이 많은 풀밭, 퇴비더미, 썩은 나무 등에서 생활하다가 버섯재배가 시작되면 성충이 버섯 균사의 독특한 냄새에 유인된 것으로 추정
③ 재배사 내로 침입하여 균상에 산란하고, 부화된 유충이 버섯 균사 및 자실체를 섭식하여 버섯의 수량 감소와 품질의 저하를 가져오고 각종 병해충의 전파 매개체가 됨

2) 버섯해충의 종류 및 생태

① 느타리, 양송이 등 균상재배

㉠ 버섯파리(mushroom fly)
- 버섯파리는 부엽토, 유기질이 많은 초지, 퇴비더미, 부후 목재 등에서 생활하다가 성충이 버섯 균사의 독특한 냄새에 유인되어 재배사 내로 침입하여 균상에 산란함

- 부화된 유충은 버섯 균사 및 자실체를 섭취하면서 성장하여 번데기와 성충이 되는 과정을 되풀이하면서 증식하고 버섯에 피해를 줌
- 전국에 걸쳐 매년 심하게 발생하며 느타리뿐 아니라 양송이, 기타 식용버섯도 가해함

■ 대표적인 버섯파리류의 특징

시아리드 (Sciarid)	• 긴수염버섯파리(*Lycoriella mali*), 검정날개버섯파리과(Sciaridae)에 속하는 버섯파리류 • 암갈색에서 흑색의 가는 목과 긴 촉각, 긴 날개를 가지고 있고 유충의 두부에 흑색의 각피가 있으며, 크기는 6~7mm로 다른 버섯파리보다 큼 • 완전변태: '알-유충-번데기-성충'의 과정을 거침 • 암컷 1마리가 150개 이상의 알을 낳고, 1세대는 18℃에서 28일 내외이나 25℃에서는 21일 정도로 짧아지고, 번데기는 주름이 없는 것이 특징임 • 균상의 균사를 가해하거나 버섯의 대에 구멍을 만드는 것을 시작으로 주름까지 섭식함 • 어린 버섯의 기저부를 가해하면 생장이 부진하고 약해져 심하면 고사하여 갈변 부패함
포리드 (Phorid)	• 버섯벼룩파리(*Megaselia tamiladuensis*) • 시아리드 보다 작고 활동성이 강함 • 유충은 4mm 정도, 두부에 흑색 각피가 없고, 입은 함몰, 몸은 황백색, 번데기에 주름살 있음 • 완전변태: '알-유충-번데기-성충'의 과정을 거침 • 1세대 기간은 18℃에서 38일, 24℃에서 23일 • 성충은 자실체나 균상에 50개 정도의 알을 낳고, 부화 후 유충은 주로 균상의 균사를 섭식하나, 간혹 버섯 기저부에 구멍을 뚫어 식해하기도 함
세시드 (Cedid)	• 버섯혹파리(*Mycophila speyeri*) • 성충은 다른 버섯파리에 비교해 작은 1mm 정도이고, 몸체에 황색~흑색의 작은 반점이 있음 • 유충은 2mm 정도이며 황색, 백색 또는 오렌지색으로 다른 버섯파리 유충과는 쉽게 구별됨 • 완전변태도 하지만 환경 조건에 의해 유태생(乳胎生, paedogenesis)으로 매우 빠르게 증식 • 유태생 시 1세대 기간은 6일이고 유충 1마리가 14~20마리의 유충을 산자(産仔) • 대의 표면이나 갓 부분에 육안으로 구별하기 어려운 작은 구멍을 만들며, 주름살에도 침입 • 유충은 관수 후 균상 표면이 장시간 습하면 자실체에 대량으로 침입하여 품질 저하를 초래 • 유충이 버섯 균사를 식해, 자실체에 병해를 옮겨 오염시킴
마이세토필 (Mycetophil)	• 성충(4~5mm)은 모기와 비슷한 형태이고, 유충(15~20mm)은 회갈색 • 유충은 균상 표면과 어린 버섯에 거미줄과 같은 실을 분비하여 집을 짓고 버섯을 가해하면서 생활하기 때문에 버섯이 생장하지 못하고 갈변되어 부패함 • 성숙한 버섯의 대를 가해하여 중앙부위에 큰 구멍을 만드는 등의 피해가 심함

- 예방 및 방제법
  - 재배사의 출입구 및 환기창에 1mm 크기의 방충망을 설치하여 성충의 침입 방지
  - 종균 접종 시 더스반 입제 혹은 디밀린(주론) 수화제를 종균과 혼합 처리하여 초기에 균상 속으로 침입하는 성충 방제
  - 균사 생장기간 동안 재배사 내에 1주일 간격으로 DDVP 유제 1,000배액을 공중에 살포하여 침입한 성충 방제
  - 폐상 전에 DDVP를 균상 위에 살포하거나, 포르말린(37%)을 30cc/m³씩 50배로 희석하여 살포 또는 훈증을 실시하는 등의 철저한 폐상 소독
  - 약해: DDVP와 더스반 등의 적정량보다 과도한 약제 사용과 부적절한 처리 시기의 사용은 균사 생장과 자실체 발생을 억제하여 수량이 감소하거나 기형 버섯 형성을 유발하므로 사용 주의

ⓛ 응애(Mite)
- 분류학상 거미강(Arachnida) 응애목에 속하며 거미와 비슷한 모양이나, 크기가 0.5mm로 작으며, 따뜻하고 습한 곳에서 균류나 부식질의 즙액을 섭취하여 생활
- 번식력이 강하여 지구상 어디에나 분포
- 종류: 타소응애(*Tarsonemus* spp.), 타이로응애(*Tyrolyphus* spp.), 피그미응애(*Pygmephrus* spp.), 흰버섯응애(*Caloglyphus* spp.) 등
- 피해 형태
  - 버섯 균사를 섭식하거나, 자실체 조직을 작은 구멍을 뚫으며 식해하여 버섯 수량을 감소시키고, 더욱 중요한 문제는 자실체에 오염이 되어 버섯의 상품 가치를 저하시킴
  - 작업자도 감염될 경우 가려움증을 유발하여 작업에 지장 초래함
  - 간접적으로는 유해한 병원균이나 선충을 옮기는 매개체로서의 역할을 함
- 침입경로 및 방제
  - 특히 유기질이 풍부하며 따뜻한 장소를 선호하므로, 재배사는 응애의 생활에 최적 환경이라 할 수 있음
  - 볏짚 배지 입상 시 재배사 주위에서 유입된 응애 또는 재배사 바닥에 남아있는 응애는 종균 접종 후부터 배지는 25℃의 온도와 65% 정도의 습도를 유지하기 때문에 방제를 소홀히 하면 대량 증식이 가능함
  - 1세대 기간이 매우 짧아 24℃에서 4~7일 소요, 암컷 한 마리가 200~300개의 알을 산란하므로 증식 속도가 매우 빠름
  - 불량 조건하에서는 휴면형으로 되어 건조, 고온 등과 농약에 대한 저항성이 크므로, 같은 약제를 계속 사용할 때는 약효가 없음
  - 응애 방제약인 살비제는 대부분 버섯에 약해를 주기 때문에, 버섯재배 기간 동안의 사용은 피해야 함
- 방제법
  - 응애는 볏짚 배지 중의 잡균류를 선호하므로 양질의 배지를 제조하여 최상의 균상을 제조하는 것이 응애의 발생을 억제할 수 있음
  - 응애의 장거리 이동은 사람이나 매개충에 의해서 일어나므로 가급적 외인의 출입을 금지하고, 버섯파리 등을 철저히 방제
  - 입상한 후 살균은 최소 60℃, 6시간을 유지하고, 실내 공기 온도의 유지관리
  - 재배사 바닥에 살비제나 토양 살충제 살포
  - 재배사 내외의 응애의 서식처를 제거하고, 폐상 시에 반드시 증기에 의한 열처리나 약제 소독(DDVP, 합성피레스로이드계)을 실시

ⓒ 선충류(Nematodes)
- 버섯재배에서 문제가 되는 선충류에는 *Rhabditis lambdiensis*, *Ditylenchus dipsaci*, *Ditylenchus* sp., *Aphelenchoides composticola*, *Caenorhabditis elegans*, *C. lambdiensis* 등이 보고됨
- 버섯 생산이 지연되고, 생장 패턴을 방해하여 버섯의 변색과 물리적인 뒤틀림 현상을 유발

- 형태
  - 원형동물문에 속하는 0.25~2mm의 크기를 가진 실모양의 미세한 동물
  - 알, 유충, 성충 3단계로, 알은 15℃ 이상에서 부화가 왕성해지고 유충은 4번 탈피하여 성충이 됨. 암컷 1마리의 알주머니에 200~600개의 알을 가짐
- 피해
  - 퇴비 및 복토의 버섯 균사를 소멸시켜 버섯 수량의 감소를 초래하여 버섯재배에 가장 치명적인 타격을 줄 수 있는 해충
  - 기생성 선충: 몸의 앞쪽 끝에 있는 구기에 10~100μm 크기의 창같이 생긴 구침(Stylet)을 갖고 있음. 이 구침으로 버섯 균사 조직의 세포를 뚫고 내용물을 흡즙하여 균사를 사멸시켜 버섯 수량의 감소를 초래함
- 전염원
  - 주로 퇴비와 복토용 토양에 의해서 전염되나 작업도구, 재배자의 손과 신발, 버섯파리, 응애와 같은 매개충에 의해서도 전파
  - 재배사 내에 잠복하고 있는 선충도 차기 재배의 전염원
- 방제법
  - 퇴비 후발효와 복토 소독 과정을 통하여 효율적으로 선충의 밀도를 최소한으로 감소시키고, 최대한 2차적인 감염을 막도록 노력해야 함
    > **참고** 후발효 정열은 60℃, 6시간 이상 실시하고, 복토 증기 소독은 60℃, 1시간이거나 80℃, 30분
  - 에틸포메이트 훈증제 같은 약제를 종균 접종 전에 재배사 용적으로 210g/㎥으로 훈증한 후 실내 뒤집기를 실시하면서 종균을 접종하는 방법
  - 선충은 온도, 습도 같은 환경조건의 변화에 생식력, 활동력 및 균사 가해정도가 다르게 나타나므로, 퇴비가 과습하지 않도록 관리

② 표고, 영지 등 원목재배

> **Tip** 표고버섯을 가해하는 해충의 구분
> - 자실체를 직접 가해하는 식균성(食菌性) 해충
> - 골목을 가해하여 균의 생장에 피해를 주는 골목 해충
> - 건조버섯에 발생하여 상품성을 저하시키는 저장 해충

㉠ 골목을 가해하는 해충
- 골목을 가해하는 해충으로는 하늘소류, 남좀류, 딱정벌레류, 풍뎅이류 등이 있음
- 원목을 벌채하여 종균 접종 후부터 발생: 하늘소류, 나무좀류 등
- 잡균이나 골목 해충이 발생된 골목, 2~3년차 부후 골목: 딱정벌레류, 풍뎅이류
- 국내 가장 발생이 심각한 해충: 털두꺼비하늘소, 가문비왕나무좀

■ 표고 골목에 피해를 주는 대표적인 해충의 특징

털두꺼비하늘소
(*Moechotypa diphysis*)
	• 형태
	  − 성충의 몸체는 흑색이며, 담적갈색의 가는 털로 덮혀 있고, 흑갈색의 미세털뭉치가 산재되어 있음
	  − 앞날개의 위쪽에 흑갈색의 긴 털이 밀생한 돌기가 있고, 몸 아랫면에는 적색 얼룩무늬가 존재
	  − 성충의 크기는 16~27mm, 유충은 대포 모양이며, 복부 9번째 마디에 작은 갈고리가 있음
	• 생태
	  − 성충은 8~10월에 우화(羽化), 탈출하여 낙엽이나 쓰러진 나무 아래에서 월동하고 이듬해 3월에 활동을 시작하여 5월~8월 사이 산란함
	  − 유충은 안쪽의 수피를 불규칙하게 식해(食害)하는데, 표고 균사가 신장된 부분은 식해하지 않음
	  − 식해한 목재 가루를 구멍을 통해 내보내기 때문에 쉽게 발견할 수 있고, 1세대는 보통 1년
	• 방제
	  − 산란기에 방충망을 골목에 씌워 성충을 포살
	  − 피해 확산을 막기 위해 비닐 피복과 메칠브로마이드로 야간에 훈증 처리를 실시

가문비왕나무좀
(*Xyleborus validus*)
	• 형태
	  − 성충은 원통형, 광택이 있는 흑색이며, 3.6~4.0mm 정도의 크기
	  − 앞날개의 뒷부분에는 작은 과립과 강모(剛毛)가 존재
	• 생태
	  − 성충은 1년에 1회 발생, 성충으로 월동
	  − 성충이 원목 속에서 월동하고 5~6월에 교미한 후 암컷이 탈출하여 새로운 번식목으로 이동
	  − 암컷은 원목의 수피에서 목재 중심까지 깊게 구멍을 뚫고, 구멍 밖으로 미세한 섬유상의 톱밥을 배출하며, 벽면에 암브로시아균을 번식시킴
	  − 암컷이 만들어 놓은 구멍은 *Trichoderma* sp.의 침입 경로
	  − 유충은 목질 대신 균을 먹고 생장, 8월경에는 유충, 번데기 및 어린 성충이 존재
	• 방제
	  − 마른 가지 등의 기생목을 제거, 소각
	  − 빠른 시기에 종균 접종하여 표고 균사를 조기에 만연시켜 침입을 예방

ⓒ 생버섯을 가해하는 해충
- 큰무늬버섯벌레, 보라톡토기, 딱정벌레류, 민달팽이류 등
- 딱정벌레의 일종은 생버섯 및 건조버섯 모두에 피해를 줌
- 식해를 입은 생버섯의 주름살은 진갈색으로 변색되고, 갓 조직에 구멍이 형성되어 품질을 저하시키고, 건조버섯에서는 저장버섯을 분말화하여 그 피해가 심함
- 생버섯만을 가해하며 막대한 피해를 초래하는 해충: 민달팽이류 등

■ 표고 생버섯을 가해하는 대표적인 해충의 특징

가는버섯벌레 (*Dacne fungorum*)	• 형태: 성충은 광택이 나는 적갈색, 앞날개에 흑색의 V자형 무늬, 길이는 3~4.5mm • 생태 　- 성충은 여름과 가을 2번 발생하고, 표고 자실체에 약 3mm 깊이로 산란 　- 유충은 짧은 꼬리돌기가 있고, 표고 내부에 침입하여 불규칙하게 식해함 　- 생표고와 건조표고 모두 피해를 줌 • 방제 　- 가능한 빨리 수확하고 열풍 건조 　- 골목장을 청결히 관리하고, 폐골목과 수확할 수 없는 표고를 바로 제거하여 예방
민달팽이 (*Philomycus confusa*)	• 형태: 성충의 길이는 6cm, 몸은 담갈색 또는 밤색이고, 등과 배 쪽에 각각 2개의 촉각과 세 줄의 암갈색 띠가 있음 • 생태 　- 전국 분포, 산림과 배추밭 등에 주로 서식하고, 월동은 흙, 낙엽 등에서 함 　- 자웅동체이나 서로 교미하고 3~6월경 산란, 60일 후 부화하여 유충이 활동을 시작하고 5~6개월 후 성충이 됨 • 방제: 비가 온 후 많이 나타나므로 수시로 인력에 의해 구제하거나 배추 등 채소로 유인 포살해야 함

ⓒ 건조버섯을 가해하는 해충: 곡식좀나방류, 딱정벌레류 등

■ 건조버섯에 피해를 주는 해충의 특징

곡식좀나방 (*Nemapogon granellus*)	• 형태 　- 성충의 길이는 7mm 내외(날개 포함 15mm 내외), 황백색으로 머리에는 담갈색의 가는 털이 밀생 　- 날개 포함 길이가 15mm 내외이며, 앞날개는 회백색인데 중앙에 갈색~흑갈색의 무늬가 산재해 있고, 뒷날개는 암회색의 긴 깃털 모양을 하고 있음 • 생태 　- 유충으로 월동을 하며 성충은 연 2~3회 발생 　- 건표고의 주름살에 산란하여 유충은 버섯 육질 내부를 식해하고, 갓과 주름살 표면에 소립의 배설물을 배출 　- 번데기는 버섯 표면에 돌출되어 나타나고 성충으로 변태 • 방제 　- 피해 건표고를 비닐봉지에 넣고 황화탄소를 훈증 처리하거나, 열 건조 혹은 밀봉냉장 보관을 하여 피해를 감소시킬 수 있음 　- 지속적인 피해가 발견되면 50℃ 이상의 건조기에 피해 건표고를 가열 살충하거나 훈증처리하는 것도 방법

◎참고 표고 충해 유형 요약

충해의 종류	특징
골목해충	• 원목을 벌채하여 종균 접종 후 균사 생장 전 시기에 발생 • 표고 골목의 목질부를 식해하는 천공성 해충 • 잡균을 옮김, 골목의 수명 단축, 균사의 활착 지연 • 털두꺼비 하늘소: 특히 피해가 큰 대표적 해충, 접종 전 건조원목에 산란, 유충이 목질부를 식해, 구멍 주변에 톱밥 배설물 • 종류: 하늘소류, 나무좀류, 풍뎅이류, 표고나방

생버섯 해충	• 재배사를 청결하게 관리, 과습을 피하고 유인 포살함 • 종류: 민달팽이, 톡토기, 큰무늬벌레
건버섯 해충	• 열풍건조 후 밀봉, 냉암소 저온 저장하여 예방 • 종류: 곡식좀나방(표고나방), 큰무늬벌레

3) 예방 및 방제

① 재배사 주위의 환경을 청결하게 유지. 주위의 잡초 제거, 퇴비 및 유기물 관리, 고인 물 제거 등을 통하여 버섯 해충이 서식할 수 있는 환경을 제거함
② 재배 후 폐상 관리를 철저하게 실시. 주위 재배사의 폐상 관리에도 신경을 써야 함. 재배 후 폐상된 배지는 병해충의 온상이 됨
③ 재배 전과 후에 재배사 내외를 철저한 약제소독을 실시하여 청결 상태를 유지함
④ 살균작업을 철저히 실시. 특히 재배 중에 진드기(응애)류의 발생이 심한 재배사에서는 폐상하지 않은 상태에서 재배사 바닥에 응애약을 살포하고, 환기창을 버섯파리 성충이 도망가지 못할 정도로 밀폐하고 60℃ 이상으로 6시간 정도 스팀살균하면서 포르말린(60평 기준, 20ℓ)으로 동시에 훈증 소독하면 효과적임. 재배 중에 버섯파리는 병해충을 매개하므로 버섯파리의 밀도를 낮추는 것도 중요함
⑤ 균사 생장을 왕성하게 유지. 균사 생장이 좋고 활력이 높으면 어느 정도 병해충이 발생해도 지장 없이 재배가 가능함
⑥ 재배 중에 균상 및 재배사 관리를 철저히 실시. 각 재배주기 사이에 균상 정리를 잘해야 함. 균상 표면에는 버섯파리류의 알이나 번데기 등이 흔히 분포하므로 균상 위에 고압의 물을 살포하거나 균상정리를 실시해주는 것으로도 밀도를 상당히 낮출 수 있음
⑦ 버섯파리류 방제를 위해 약제 혼합이나 살포 시에는 적용기준을 준수하여 사용해야 함. 사용시기 이외에 사용하면 약해를 일으킬 뿐만 아니라 약제가 잔류되어 문제를 일으킬 수 있음

(3) PLS 제도

1) PLS 도입 배경

① 국내 농약 잔류허용기준 미설정 농약의 경우 국제기준(Codex)과 유사작목 기준 등을 적용함에 따라 수출국의 잔류허용기준보다 높은 농산물을 수입하는 사례 발생
② 식품의약품안전처에서는 잔류허용기준이 없는 농약 성분에 대한 안전관리를 강화하기 위해 농약 허용기준 강화제도(PLS)를 시행하게 됨

2) 농약 안전 관리 제도

생산자의 안전한 농약 사용과 잔류 농약으로부터 소비자를 보호하기 위한 제도
① 농산물 생산자는 농약의 안전한 사용과 관리를 위해 농약 안전사용기준이 설정된 「농약관리법」을 준수
② 안전한 소비를 보장하고자 작물별 농약 잔류허용기준에 마련된 「식품위생법」을 통해 소비자 보호

③ 「농수산물품질관리법」에 잔류농약 조사 근거를 마련하여 농식품부·식약처 등이 협업하여 부적합 농산물 유통 사전 차단
　㉠ 생산·유통 단계 농산물 안전성 조사 결과 잔류허용기준을 초과한 경우 해당 농산물에 대하여 폐기·출하 연기 등의 조치
　㉡ 농약관리법을 통해 위반자에게는 과태료(5백만원 이하)를 부과하고, 식품위생법을 통해서는 벌금(1천만원 이하) 등 재제 조치

3) 농약허용기준 강화제도(PLS, Positive List System)

국내 사용 등록 또는 수입식품의 잔류허용기준(MRL) 설정 신청을 통해 잔류허용기준이 설정된 농약 이외에는 일률기준(0.01ppm)으로 관리하는 제도
→ 안전성이 입증되지 않는 농약이 사용된 농산물의 유입을 사전에 차단하여 안전한 농산물이 유통되도록 관리하고자 함

　📌 참고　2019년부터 모든 농산물에 적용 중

① 농약 잔류허용기준 강화
　㉠ 농약 잔류 허용기준이 설정된 농산물: 기준 이하만 적합

> **Tip　농약 잔류허용기준 규정**
> ◦ 식품위생법 제7조의3, 농약 등의 잔류허용기준 설정(식약처 고시)
> ◦ 농약의 잔류허용기준은 그 농약을 사용한 작물로부터 섭취하는 농약의 양이 1일 섭취허용량을 넘지 않는 범위 내에서 정하는 이론적 근거임

　㉡ 농약 잔류허용기준이 미설정된 농산물

■ PLS 시행 전후 잔류 농약 미설정 농산물의 허용 기준

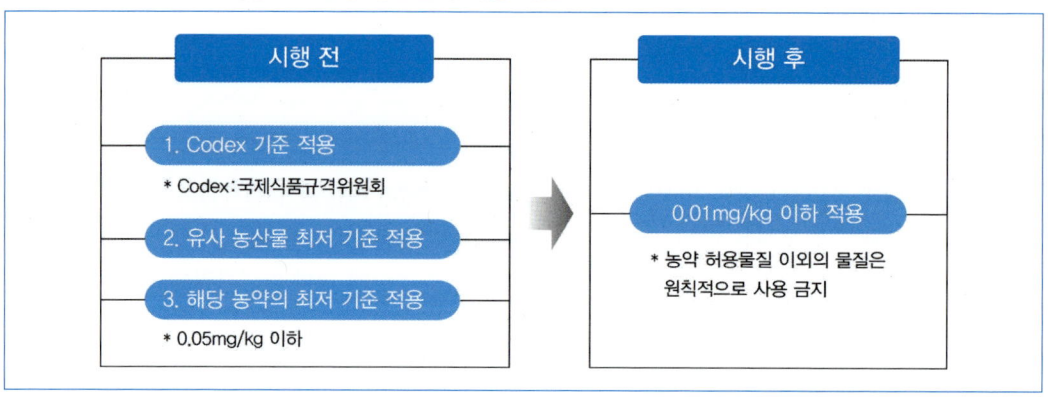

출처: 국립농산물품질관리원

ⓒ 주변에서의 사용한 농약의 비산(drift)과 농약을 사용한 농(림)산물을 만진 손으로 그대로 새로운 농산물을 만지는 것만으로도 검출될 가능성이 있음

> **→ Tip 농약 살포 시 주의사항**
> - 비산의 위험이 높은 곳에서는 소형 방제기구와 같은 비산하기 어려운 살포 방식 채택
> - 풍향에 주의하여 다른 작물이 있는 방향으로 살포하지 않도록 작업
> - 작물에 최대한 가까운 위치에 살포하고, 필요 이상으로 높은 압력 살포 금지

② 올바른 농약 판매 및 구매: 아래 사항을 위반하면 처벌됨
  ㉠ 사용 작물과 방제 병해충, 사용 방법 등 농약안전사용기준을 확인하여 정확하게 처방 후 판매해야 함
  ㉡ 올바른 농약 사용이 이루어질 수 있도록 농약안전사용교육을 실시한 후 판매, 사용해야 함

> **→ Tip 농약안전사용교육**
> - 교육대상: 농민(수출입식물방제업자 외의 농약사용자), 농약 제조업자·수입업자·판매업자가 지정한 판매관리인
> - 교육기관: 농촌진흥청장, 특별자치도지사·시장·군수·구청장
> - 교육시간: 매년, 1회 3시간 이상(단, 농민은 매년 새해 농업인 실용교육과 병행 가능)
> - 교육내용: 농약관리법규, 농약등록·유통관리 제도, 농약의 안전사용방법, 농산물 안전성조사제도 등 제반 관련 법규
>
> 출처: 농사로(http://www.nongsaro.go.kr)

  ㉢ 농약 사용 방법 등에 관하여 등록사항과 다르게 광고하거나 추천, 판매하면 안 됨
  ㉣ 등록 업소에서만 판매 및 구매
  ㉤ 판매가격 표시

> - 미등록(밀수)농약 판매 적발 시 3년 이하의 징역 또는 3천만원 이하의 벌금
> - 위법행위신고 포상금 최고 200만원
> - 부정·불량 농자재 신고센터: 063-238-8005

③ 농약 사용 주의사항
  ㉠ **농약안전사용기준**: 농약으로 인한 작물 및 인체의 피해를 최소화하는 수준에서 병해충 방제를 위한 농약 사용방법, 「농약관리법」 시행령 제19조
  - 적용대상 농작물에만 사용할 것
  - 적용대상 병해충에만 사용할 것
  - 적용대상 농작물과 병해충별로 정해진 사용방법, 사용량을 지켜 사용할 것
  - 적용대상 농작물에 대하여 사용시기 및 사용가능 횟수가 정해진 농약 등은 그 사용시기 및 사용가능 횟수를 지켜 사용할 것
  - 사용대상자가 정해진 농약 등은 사용대상자 외의 사람이 사용하지 말 것
  - 사용지역이 제한되는 농약 등은 사용제한지역에서 사용하지 말 것
  ㉡ 등록 농약은 농촌진흥청 농약안전정보시스템(http://psis.rda.go.kr)에서 검색
  ㉢ 농약 구매 시 농약 판매업자에게 확인, 농약 사용 시 농약 포장지 라벨 확인

■ 농약 포장 시 표기 및 사용 방법 확인 방법 예시

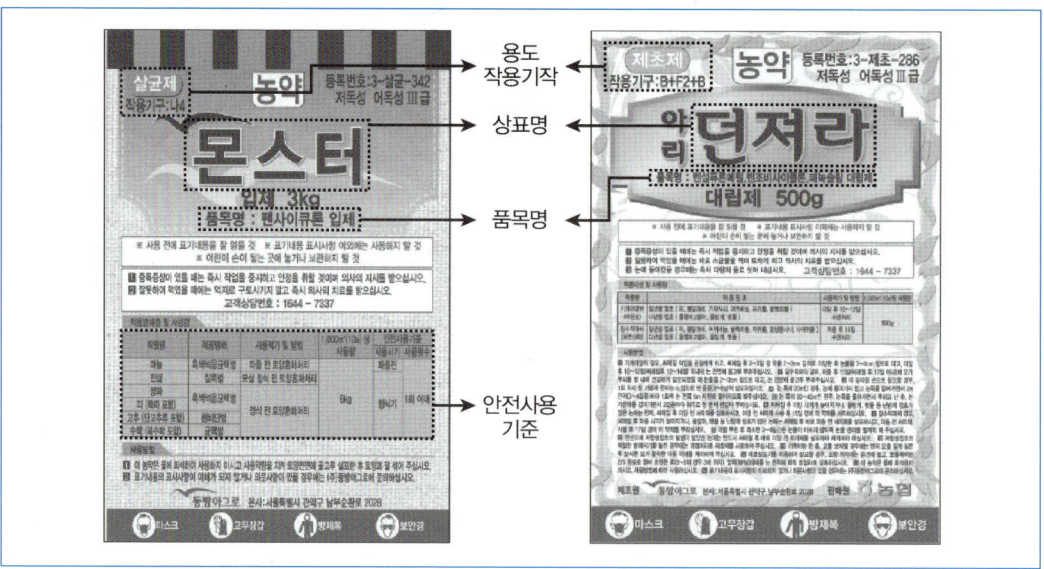

출처: 농림축산식품부

4) 버섯 PLS

① 등록 약제

- 2015년에 버섯의 잔류 농약을 검사한 결과 미등록 약제 Fludioxonil 등 8종이 검출되었고, 부적합율이 2.1%이었던 것이 PLS 적용 시 36.4%로 17배 상승 가능성이 있음(2016년 국가잔류농약조사 결과)
- 잔류허용기준(MRL): 국내 기준이 없어 외국의 기준을 적용하여 설정하였고, 2019년 삭제 예정이었으나, PLS 때문에 2021년까지 유예, 2021년 일괄 삭제함

㉠ 느타리

■ 느타리의 사용 가능한 등록약제

살균제		
병해충	농약품목명	상표명
푸른곰팡이	베노밀 수화제	다코스, 동방베노밀, 베노레이트, 베노밀, 벤레이트, 사일런트, 아리베노밀, 유원베노밀, 임팩트, 팜한농베노밀, 선문베노밀, 벤허, 하이베노밀
	프로클로라즈망가니즈 수화제	머니업, 스포르곤
살충제		
병해충	농약품목명	상표명
버섯파리	디플루벤주론 수화제	디밀린
	사이로마진 수화제	스포티지

병해충	농약품목명	상표명
긴수염버섯파리	스피네토람 액상수화제	엑설트
	클로르페나피르 액상수화제	화신, 헌티드, 하이충, 패스트롱, 팜큐어, 팍자바, 티큐어, 토네이도, 클린메이커, 충킥, 충엔킬, 충방패, 충레스, 총채도사, 잭큐어, 와일더, 올래팜, 엔젤팜, 아리큐어, 써커데드, 섹큐어, 블랙원, 미네아, 델타스타, 나방충, 나방앤드, 공로자
	클로란트라닐리프롤 입상수화제	알타코아
	이미다클로프리드 수화제	호리도, 트랙다운, 타격왕, 크로스, 코사인, 코르니, 코니도, 총채·진디·꽃매미·가루이뚝, 젠토래피드킬, 옵티머스, 아리이미다
	아세타미프리드, 루페뉴론 액상수화제	젠토런

ⓛ 양송이

■ 양송이의 사용 가능한 등록약제

살균제		
병해충	농약품목명	상표명
마이코곤병	프로클로라즈망가니즈 수화제	머니업, 스포르곤
푸른곰팡이	베노밀 수화제	팜한농베노밀
	폴리옥신디입상수화제	잘류프리
	티오파네이트메틸 수화제	과채탄, 균다이, 동방지오판, 삼공지오판, 샹그리라, 아리지오판, 지오판, 지오판엠, 치오톱, 톱신엠, 팜한농지오판, 하이지오판, 청양단, 키아로델타, 톱네이트엠, 히타이트

살충제		
병해충	농약품목명	상표명
버섯파리	디플루벤주론 수화제	디밀린
긴수염버섯파리	아세타미프리드, 루페뉴론 액상수화제	젠토런
	클로티아니딘 액상수화제	빅카드

ⓒ 표고

■ 표고의 사용 가능한 등록약제

살균제		
병해충	농약품목명	상표명
푸른곰팡이	베노밀 수화제	다코스, 동방베노밀, 베노레이트, 베노밀, 벤레이트, 벤허, 사일런트, 선문베노밀, 아리베노밀, 유원베노밀, 임팩트, 팜한농베노밀, 하이베노밀

살충제		
병해충	농약품목명	상표명
긴수염버섯파리	펜토에이트 분제	엘산
	디플루벤주론수화제	디밀린
	제타사이퍼메트린 유탁제	도미넥스
표고버섯좀나방	디클로르보스 람다사이할로트린 분산성액제	돌격대
	비펜트린입상수화제	메가줄, 메이저, 캡처
	인독사카브수화제	암메이트

ⓔ 버섯류

■ 버섯류의 사용 가능한 등록약제

살충제		
병해충	농약품목명	상표명
긴수염버섯파리	에틸포메이트 훈증제	퓨메이트
	포스핀 훈증제	비바킬
버섯파리	테플루벤주론 액상수화제	노몰트

② 안전안심 버섯 생산을 위한 주의사항
  ㉠ 무등록 약제의 사용을 절대 금하고 등록된 약제일지라도 사용 시기와 사용량 준수
  ㉡ 재배 현장과 주변 환경을 잘 정비하여 병해충의 발생을 원천적으로 봉쇄
  ㉢ 버섯재배 환경을 최적화하여 병해충의 발생을 예방
  ㉣ **농약과 중금속 등으로 오염된 원자재의 사용 금지**: 오염된 것으로 예측되는 원자재는 농약 잔류 및 중금속 검사 등을 통하여 안전성을 확인한 후 사용
  ㉤ 수질 분석을 통하여 사용하는 물의 안전성 확보
  ㉥ **추적 조사가 가능하도록 재배 일지를 철저히 작성**: 특히 농약 비산의 우려가 있는 경우에는 재배 일지에 사용 농약의 종류와 양, 농약 살포일의 기후 등을 정확히 기록해야 함

2 버섯생리장해 관리

(1) 생리장해 관리

① 버섯의 생리장해는 배지 내에 균사 생장, 버섯 발생과 생장, 수확과 포장, 저장 및 유통 과정의 변질, 유전적인 변이에 의한 장해 현상이 원인이 되어 생산성 감소와 품질의 변화로 수익의 감소를 유발하는 것을 총칭하는 말

② 재배 환경에 따른 자실체의 형태적 변화는 재배사의 구조와 내부에 설치된 장비, 미세 기상, 배지 내의 물리·화학적인 환경 조건이 상호 관계하여 발생하므로 변수가 많고, 그에 따른 생리적 변화는 매우 심함
③ 그 외 배지와 기상 내에 존재하는 독성 물질 및 발효 과정에서 생성되어 확인되지 않는 것들에 의해 기형화되는 현상들을 포함

(2) 생리장해 원인 및 진단

① 단순히 한 가지 요인에 의해 발생하기보다는 여러 가지 요인이 복합적으로 관여하여 발생
② 생리장해에서는 영향력이 높거나 직접적인 피해를 주는 것을 주요인, 2차적 요인을 부요인이라 함

> **Tip** 건조의 피해가 발생하는 경우
>
> ○ 공중 습도가 낮아 발생하는 건조의 피해는 직접적인 요인인 낮은 습도가 주요인이며, 그 발생 정도를 높이는 빠른 풍속은 부요인으로 판단함
> ○ 버섯 생육에 적정 습도를 유지되고 있으나 매우 빠른 풍속으로 인해 건조 현상이 발생한다면 주요인은 빠른 풍속에 의한 것으로 판단

③ 생리적 병해의 원인을 진단하는 가장 간단한 방법은 생리적 병해가 발생하는 당시에 재배 과정에서 어떤 환경 변화가 있었는지는 확인하는 것
④ 생리적 병해의 원인 진단에서 가장 어려운 부분은 재배 농가가 재배 과정에서 세부적인 환경에 대한 기록이 없거나 아예 필요성에 대한 인식이 없어 원인을 재배자 또는 관리자의 기억에 의존한다는 것

> **Tip** 원인 분석을 위해 검토해야 하는 자료
>
> 배지의 수분 함량, 배지 재료의 조성, 문제 배지 일일 입병량, 물의 조성, 병당 배지 건물량, 배양실 환경(온도와 습도), 균긁기 상태, 외부 기상 조건 등

(3) 생리장해 예방과 대책

1) 복토층 내부에서의 양송이 버섯 발생

① 발생 요인
- 균사가 충분히 복토층에 활착이 되기 전에 버섯을 발생시키기 위해 하온작업을 실시하는 경우
- 양송이 버섯의 분산 발생을 고르게 유도하기 위해 균긁기 및 러플링(ruffling) 후, 균사가 복토에 재활착 전에 버섯 발생을 위한 하온작업을 실시하는 경우
- 첫 주기 수확 후 복토 수분 관리가 부적절하여 표면 균사가 사멸되거나 약화되어 버섯이 복토층 내부에 발생하는 경우

② 증상
- 버섯 갓 위에 복토나 복토의 점토 성분이 갓 위에 물들어 품질을 하락시킴
- 복토 중에 처리된 화학물질의 잔류 성분은 어린 버섯 표면에 오염되기 쉬움
- 복토 내의 유해 미생물에 의한 버섯 오염 유발

③ 예방 및 대책
- 복토 후 균상 표면에 균사 활착이 60~70% 이상 되었을 때, 재배사 내의 온도를 16~18℃ 내외로 하온
- 용량이 큰 냉동기를 사용해 빠르게 온도를 낮추는 경우에는 복토 표면에 70% 이상 활착일 때, 하온 실시
- 1~2℃씩 단계별로 하온하는 경우, 그 과정에서도 균이 생장하므로 복토 표면에 60% 내외에서 하온 시작
- 그 외 냉동기 용량, 복토 종류, 복토의 유기물 함량, 복토층의 균사 밀도 등에 따라 복토 표면에 부상 정도를 고려하여 하온
- 균긁기 및 러플링(ruffling) 후, 복토층에 균사의 재활착을 위해 3~5일 동안 23~25℃ 유지하며, 복토 표면에 60~70% 이상 활착 시 하온
- 첫 주기 수확 후 휴양기의 철저한 수분 관리로 복토 건조 방지

2) 배지 내의 균사 생장 불량

① 발생 요인
- 배지 재료의 특성 파악 부족으로 이화학적 특성상 부적절한 배지를 제조하는 경우
- 배지 재료의 보존 및 가공되는 과정에서 버섯의 생장을 저해하는 물질이 오염되거나 생성되는 경우
- 나쁜 배지 재료의 사용, 부적절 살균과 후발효에 의한 것

② 증상
- 육안으로 버섯의 균사 생장을 전혀 확인할 수 없는 경우
- 중간에 균사 생장이 중단되고, 하단으로 균사가 한쪽으로 뭉쳐지거나 치우쳐서 생장하거나 일정 부분에만 균사가 생장하지 못하는 경우
- 균 밀도가 낮아져서 버섯 발생 전혀 이루어지지 않는 등의 원인으로 단위 면적당 생산량 및 생산 버섯의 품질이 감소하는 경우
- 무살균 원목재배에 생목을 사용하여 버섯균이 생장하지 못하거나 과다 또는 과소한 수분 함량으로 생장하지 못하는 경우

③ 예방 및 대책
- 배지 재료의 신선도 또는 상태가 균일한 것을 배지 제조에 사용
- 배지 재료의 신선도에 따라 침수 시간의 조정하여 65~70% 내외의 수분 함량으로 조정하고, 전체 배지 재료에 균일한 수분 흡수 상태를 유지시킴
- 살균 온도 측정 방법의 정확성, 살균 온도 및 유지 시간, 후발효 온도 및 유지 기간 등을 정확히 유지

3) 배지 내의 수분 함량과 자실체 발생과 생육

① 발생 요인
- 버섯의 종류 및 재배 방법별 적정 배지 수분 함량에 맞지 않고 부족하거나 과다일 경우
- 배지, 배지 표면의 수분 부족으로 양분의 이행이 불안정한 경우

② 증상
- 느타리버섯 균상 하단에 분화되지 못하는 균사 덩어리를 형성하거나 균상 표면에서는 기형의 갓이 형성되는 현상
- 수분이 부족한 큰느타리 병재배인 경우, 갓이 형성되지 않거나 아주 작은 갓을 형성하게 되며, 생장 속도가 느림
- 과습의 경우, 살균 후에 수분 함량이 높아서 병 하단부에 물 고임 발생
- 과습으로 균사 생장 속도 지연으로 버섯 발생, 수확 기간이 증가되어 재배 관리 어려움

③ 예방 및 대책
  ㉠ 배지 수분 함량 부족
  - 재배방식에 맞는 배지 수분 함량을 정확히 맞추어 제조하거나 수분 유지 능력이 좋은 배지 재료를 소량 혼합하여 1~2% 정도 높여 배지 제조
  - 균상배지의 수분 함량은 65~70% 내외로 유지하고, 배지 건조 방지를 위해서 휴양기의 철저한 수분 관리 필요함
  - 균상 표면의 건조에 의한 발생하기 쉬운 푸른곰팡이병 등의 예방 조치가 필요함
  - 배양 과정에서 배지의 수분 증발에 의한 건조가 될 수 있으므로 배양실 내 공중 습도를 65~70% 내외로 유지, 풍속의 최소화, 기밀성이 높은 병뚜껑으로 교체 등의 방법
    − 버섯 발생 시 배지를 역상으로 뒤집어서 버섯을 발생시키며, 재배사 공기 중 습도가 낮거나 빠른 풍속으로 건조 피해를 줄일 수 있음
  ㉡ 수분이 과다한 경우
  - 외벽의 보온력이 높거나 2중벽 구조의 살균 솥을 사용
  - 외부에 보온재를 덮어서 보온력을 높여 살균 솥 천정에 물 맺힘 현상 예방 가능
  - 수분 과다인 배지를 일정 기간 배양 후 뒤집어서 재배양하면 개선 가능하나 비효율적
  - 입병 시 배지 수분 함량을 낮추거나 살균할 병 위에 내열성 비닐 및 섬피 등을 덮어 병 내로 수분이 침투되는 것을 최소화하는 것도 방법

4) 버섯에 발생하는 주요 생리장해
  ① 양송이 균덩이
    ㉠ 발생 요인: 종균생산에서 흔들기(shaking)와 퇴비제조의 생력화에 따른 부작용으로 추정
    ㉡ 증상: 균사가 과다하게 활착하여 복토 위에 버섯이 형성되지 않고, 균사의 발육만 왕성하여 두꺼운 균사덩어리가 만들어지고 공기 유동과 수분 침투를 저해시킴
    ㉢ 예방 및 대책
    - 우량종균 사용
    - 철저한 복토 수분 조절과 환기
    - 발생된 배지 부위는 제거하고, 재복토
    - 기계화하는 과정에서 퇴비의 뭉치는 경향이 심하므로 2~5차 뒤집기 시기에 퇴비털이기로 1~2회 퇴비를 털어주는 것이 효과적
    - 온도 하강 시기를 앞당김

② 갓 갈라짐
　㉠ 발생 요인
　　• 확실한 원인과 기작은 밝혀지지 않음
　　• 자실체 재배 환경의 건조에 의한 것으로 추정
　㉡ 증상
　　• 건조한 상태에서 자란 어린 버섯이 생장하면서 갓 표면이 갈라지고, 갈라진 갓 속 흰 조직이 표면으로 드러나면서 발생
　　• 표고 재배에서는 백화고 생산에 이용
　㉢ 예방 및 대책
　　• 재배사의 실내 습도 관리 및 복토의 건조 방지를 위한 충분한 관수
　　• 냉난방기의 풍속 조절, 특히 재배사 외부 환경이 건조할 때는 공기순환장치의 사용주의
③ 삿갓병(open veil, flock, hard gill)
　㉠ 발생 요인
　　• 재배사 내 공기 유통이 심하거나 퇴비가 과건조된 경우
　　• 환기 불량으로 하단이나 중간 단 중앙에서 많이 보임
　㉡ 증상
　　• 어린 버섯 형성 시부터 갓이 벌어져 자라며, 갓에 주름이 형성되지 않고 얇고 단단함
　　• 포자 형성이 미숙하여 주름살 부분이 황갈색이나 연분홍색
　　• 버섯 발생 및 무게 감소 등과 품질 저하 유발
　㉢ 예방 및 대책
　　• 일정한 온도 유지와 적절한 환기
　　• 우량계통의 종균을 사용하고, 품종 특성상 발생율이 낮은 품종 선택
　　• 재배사의 환기를 일정하고 균일하게 실시
④ 닭벼슬병(Rose come)
　㉠ 발생 요인
　　• 퇴비, 복토, 공기, 물의 탄화수소 오염에 의해 유발됨
　　• 주로 기름이 퇴비나 복토에 접촉하거나 용접 작업을 재배사 내에서 실시할 때
　　• 가열기(히터)에서 발생하는 가스와 같은 화학적 오염에 의해 유발
　㉡ 증상
　　• 심하게 변형된 주름: 과다한 주름을 형성하거나 측면이나 갓 위에 주름 형성
　　• 색은 연분홍으로 닭벼슬 모양으로 불규칙한 덩이 형성
　㉢ 예방 및 대책
　　• 주변의 공장이나 보일러에서 불완전 연소가 많을 때는 환기창을 밀폐하고 주의
　　• 재배사 균상이나 벽에 광물질을 칠할 때는 입상 1개월 전에 칠하고 충분히 환기
　　• 석유나 석탄으로 가온 시 연기가 재배사 내로 흡입되지 않도록 주의
　　• 철저한 환기

⑤ 갓 표면의 중심부 함몰
   ㉠ 발생 요인
   • 3주기 이상에서 발생한다면, 배지의 양분 부족으로 추정
   • 배지 제조 시 주재료와 첨가재료의 고르지 못한 혼합으로 저질의 배지 제조
   • 배지 수분 부족으로 양분의 이동 불균형
   ㉡ 증상: 기형버섯 발생
   ㉢ 예방 및 대책
   • 배지 제조 시 영양분의 고른 분산을 위한 양질의 배지 제조
   • 배지 중의 수분 함량 철저히 관리
   • 생육 환경에 맞는 적절한 재배환경관리
⑥ 느타리 균덩이
   ㉠ 발생 요인: 유전적 변화, 배지 불량, 종균 노화, 환경 조건 변화 등
   ㉡ 증상
   • 갈색이나 노란색의 균사가 여러 층으로 겹쳐 있고 부패된 것처럼 보임
   • 갈색의 물이 삼출됨
   • 균덩이가 발생한 부분에서 버섯은 발생하지 않고, 푸른곰팡이 등 감염과 냄새로 유인된 버섯파리 출현
   ㉢ 예방 및 대책
   • 형성된 부분과 주위 배지까지 제거하고, 탄산칼슘이나 석고 등으로 채워 물이 고여 부패됨을 예방
   • 제거를 못할 경우, 형성된 부분만 제거 후 정상적인 환경관리를 해주면 다음 주기에는 버섯 생산 가능
⑦ 흰색 인피 자실체
   ㉠ 발생 요인
   • 병재배 적정 온도인 16~18℃보다 3~5℃ 낮을 때, 어린 버섯에서 발생
   • 발생 품종: 수한1호, 신농46호 등
   ㉡ 증상
   • 병재배하는 수한계통의 버섯에서 발이된 어린 버섯의 갓 표면에 백색의 인피가 발생
   • 버섯이 생장해서도 갓 가장자리에 백색의 인편이 남음
   ㉢ 예방 및 대책: 저온에서 오는 현상이므로, 낮은 온도를 생육 적정 온도로 올림
⑧ 편(측)발이
   ㉠ 발생 요인
   • 재배사의 습도가 낮은 경우
   • 냉동기의 오작동이나 용량 부족으로 인하여 재배사 온도가 상승하는 경우, 온도가 높은 경우에는 냉동기의 가동이 많아져 제습되고, 재배사 내부에 공기의 흐름이 빨라지면서 가습과 제습이 동시에 일어나 편발이 현상이 발생
   ㉡ 증상: 병재배에서 균긁기 이후 한 부분에만 버섯이 발생, 생장하여 병당 수확량 30~60% 감소

ⓒ 예방 및 대책
- 적정 온도 설정 및 유지 관리
- 냉동기의 이상 유무 점검 및 보수·수리
- 재배실(발이유도실 포함) 습도 관리: 가습기의 용량, 기기 이상 유무 점검
- 적절한 환기 등 공조시스템 활용

⑨ 탄산가스 피해
ⓐ 발생 요인
- 버섯균과 버섯 호흡량 증가
- 배양실, 재배실의 밀폐, 밀집 정도와 고온에서의 생육
ⓑ 증상
- 이산화탄소가 3,000ppm(0.3%) 이상이면, 버섯 갓이 작아지거나 발달하지 못하고, 대가 길어짐
- 15,000ppm(1.5%) 이상에서는 포자 형성이 안 됨
ⓒ 예방 및 대책
- 적정 생육 온도 유지 관리
- 재배사 안팎의 온습도 차이를 줄여 환기 조절 및 관리

⑩ 약해
ⓐ 발생 요인
- 사용량의 용법에 맞지 않는 사용
- 부적절한 사용 시기와 횟수
- 혼용 사용으로 추가적인 물리화학적 성질 변화로 약해 발생 가능
ⓑ 증상
- 균사 생장 지연이나 버섯 발이 정지
- 버섯의 고사와 품질 저하
ⓒ 예방 및 대책
- 처리 시기, 처리 농도 및 양을 준수하여 규정 농도로 살포
- 버섯마다 약제 종류 및 농도에 따른 약해 정도가 다르므로, 주의해서 사용
- 잔류 성분에 의한 약해도 있으므로, 버섯 발이나 발생 후에는 약제사용을 금해야 함

3 버섯수확 후 배지관리

(1) 폐기물관리법, 사료법 등 관련 법령

1) 폐기물관리법 [시행 2025. 3. 25.]

① 정의(제2조)

> 1. "폐기물"이란 쓰레기, 연소재(燃燒滓), 오니(汚泥), 폐유(廢油), 폐산(廢酸), 폐알칼리 및 동물의 사체(死體) 등으로서 사람의 생활이나 사업활동에 필요하지 아니하게 된 물질을 말한다.

2. "생활폐기물"이란 사업장폐기물 외의 폐기물을 말한다.

> **제2조의2【폐기물의 세부분류】** 폐기물의 종류 및 재활용 유형에 관한 세부분류는 폐기물의 발생원, 구성성분 및 유해성 등을 고려하여 환경부령으로 정한다.
> **폐기물관리법 시행규칙 [별표 4] 폐기물의 종류별 세부분류(제4조의2제1항 관련)**
> 　2. 사업장일반폐기물의 세부분류 및 분류번호
> 　　51-17 동·식물성잔재물(식료품 및 음료제조업 등에서 발생하는 잔재물을 포함하며, 음식물류 폐기물은 제외한다) / 51-17-26 버섯폐배지
> 　3. 생활폐기물의 세부분류 및 분류번호
> 　　91-17 식물성 잔재물 / 91-17-02 버섯폐배지

3. "사업장폐기물"이란 「대기환경보전법」, 「물환경보전법」 또는 「소음·진동관리법」에 따라 배출시설을 설치·운영하는 사업장이나 그 밖에 대통령령으로 정하는 사업장에서 발생하는 폐기물을 말한다.
4. "지정폐기물"이란 사업장폐기물 중 폐유·폐산 등 주변 환경을 오염시킬 수 있거나 의료폐기물(醫療廢棄物) 등 인체에 위해(危害)를 줄 수 있는 해로운 물질로서 대통령령으로 정하는 폐기물을 말한다.

〈… 중간 생략 …〉

5. 5의3. "처리"란 폐기물의 수집, 운반, 보관, 재활용, 처분을 말한다.
6. "처분"이란 폐기물의 소각(燒却)·중화(中和)·파쇄(破碎)·고형화(固形化) 등의 중간처분과 매립하거나 해역(海域)으로 배출하는 등의 최종처분을 말한다.
7. "재활용"이란 다음 각 목의 어느 하나에 해당하는 활동을 말한다.
　가. 폐기물을 재사용·재생이용하거나 재사용·재생이용할 수 있는 상태로 만드는 활동
　나. 폐기물로부터 「에너지법」 제2조제1호에 따른 에너지를 회수하거나 회수할 수 있는 상태로 만들거나 폐기물을 연료로 사용하는 활동으로서 환경부령으로 정하는 활동
8. "폐기물처리시설"이란 폐기물의 중간처분시설, 최종처분시설 및 재활용시설로서 대통령령으로 정하는 시설을 말한다.
9. "폐기물감량화시설"이란 생산 공정에서 발생하는 폐기물의 양을 줄이고, 사업장 내 재활용을 통하여 폐기물 배출을 최소화하는 시설로서 대통령령으로 정하는 시설을 말한다.

② 폐기물의 재활용 원칙 및 준수사항(제13조의2와 관련)

> ① 누구든지 다음 각 호를 위반하지 아니하는 경우에는 폐기물을 재활용할 수 있다.
> 　1. 비산먼지, 악취가 발생하거나 휘발성유기화합물, 대기오염물질 등이 배출되어 생활환경에 위해를 미치지 아니할 것
> 　2. 침출수(浸出水)나 중금속 등 유해물질이 유출되어 토양, 수생태계 또는 지하수를 오염시키지 아니할 것
> 　3. 소음 또는 진동이 발생하여 사람에게 피해를 주지 아니할 것
> 　4. 중금속 등 유해물질을 제거하거나 안정화하여 재활용제품이나 원료로 사용하는 과정에서 사람이나 환경에 위해를 미치지 아니하도록 하는 등 대통령령으로 정하는 사항을 준수할 것
> 　5. 그 밖에 환경부령으로 정하는 재활용의 기준을 준수할 것
> ② 제1항에도 불구하고 다음 각 호의 어느 하나에 해당하는 폐기물은 재활용을 금지하거나 제한한다.
> 　1. 폐석면
> 　2. 폴리클로리네이티드비페닐(PCBs)을 환경부령으로 정하는 농도 이상 들어있는 폐기물
> 　3. 의료폐기물(태반은 제외한다)
> 　4. 폐유독물 등 인체나 환경에 미치는 위해가 매우 높을 것으로 우려되는 폐기물 중 대통령령으로 정하는 폐기물
> ③ 제1항 및 제2항 각 호의 원칙을 지키기 위하여 필요한 오염 예방 및 저감방법의 종류와 정도, 폐기물의 취급 기준과 방법 등의 준수사항은 환경부령으로 정한다.

③ 생활폐기물배출자의 처리 협조 등(제15조 관련)

① 생활폐기물이 배출되는 토지나 건물의 소유자·점유자 또는 관리자(이하 "생활폐기물배출자"라 한다)는 관할 특별자치시, 특별자치도, 시·군·구의 조례로 정하는 바에 따라 생활환경 보전상 지장이 없는 방법으로 그 폐기물을 스스로 처리하거나 양을 줄여서 배출하여야 한다.
② 생활폐기물배출자는 제1항에 따라 스스로 처리할 수 없는 생활폐기물의 분리·보관에 필요한 보관시설을 설치하고, 그 생활폐기물을 종류별, 성질·상태별로 분리하여 보관하여야 하며, 특별자치시, 특별자치도, 시·군·구에서는 분리·보관에 관한 구체적인 사항을 조례로 정하여야 한다.
③ 생활폐기물배출자는 제1항에 따라 생활폐기물을 스스로 처리하는 경우 매년 2월 말까지 환경부령으로 정하는 바에 따라 폐기물의 위탁 처리실적과 처리방법, 계약에 관한 사항 등을 특별자치시장, 특별자치도지사, 시장·군수·구청장에게 신고하여야 한다.
④ 특별자치시장, 특별자치도지사, 시장·군수·구청장은 제3항에 따라 생활폐기물을 스스로 처리한 자의 처리실적을 관할구역 내 생활폐기물 발생 및 처리실적에 포함하는 등 관리하여야 한다.
⑤ 특별자치시장, 특별자치도지사, 시장·군수·구청장은 제1항에 따라 음식물류 폐기물의 양을 줄여서 배출하기 위한 시설을 설치하거나 제2항에 따라 생활폐기물의 분리·보관에 필요한 보관시설을 설치하려는 생활폐기물배출자에게 시설의 설치에 필요한 비용의 전부 또는 일부를 지원할 수 있으며, 지원 시설의 종류 및 설치·관리 기준, 지원의 범위 등에 관한 구체적인 사항은 조례로 정할 수 있다.

④ 폐기물처리 신고(제46조 관련)

① 다음 각 호의 어느 하나에 해당하는 자는 환경부령으로 정하는 기준에 따른 시설·장비를 갖추어 시·도지사에게 신고하여야 한다.
  1. 동·식물성 잔재물 등의 폐기물을 자신의 농경지에 퇴비로 사용하는 등의 방법으로 재활용하는 자로서 환경부령으로 정하는 자
〈… 중간 생략 …〉
② 폐기물처리 신고자가 환경부령으로 정하는 사항을 변경하려면 시·도지사에게 신고하여야 한다.
③ 시·도지사는 제1항 또는 제2항에 따른 신고·변경신고를 받은 날부터 20일 이내에 신고·변경신고수리 여부를 신고인에게 통지하여야 한다.
④ 시·도지사가 제3항에서 정한 기간 내에 신고·변경신고수리 여부나 민원 처리 관련 법령에 따른 처리기간의 연장을 신고인에게 통지하지 아니하면 그 기간이 끝난 날의 다음 날에 신고·변경신고를 수리한 것으로 본다.
⑤ 제1항제1호 또는 제2호에 따른 폐기물처리 신고자는 제25조제3항에 따른 폐기물 수집·운반업의 허가를 받지 아니하거나 제1항제2호에 따른 신고를 하지 아니하고 그 재활용 대상 폐기물을 스스로 수집·운반할 수 있다.
⑥ 폐기물처리 신고자는 신고한 폐기물처리 방법에 따라 폐기물을 처리하는 등 환경부령으로 정하는 준수사항을 지켜야 한다.
⑦ 시·도지사는 폐기물처리 신고자가 다음 각 호의 어느 하나에 해당하면 그 시설의 폐쇄를 명령하거나 6개월 이내의 기간을 정하여 폐기물의 반입금지 등 폐기물처리의 금지(이하 "처리금지"라 한다)를 명령할 수 있다.
  1. 제6항에 따른 준수사항을 지키지 아니한 경우
  2. 제13조에 따른 폐기물의 처리 기준과 방법 또는 제13조의2에 따른 폐기물의 재활용 원칙 및 준수사항을 지키지 아니한 경우
  3. 제40조제1항 본문에 따른 조치를 하지 아니한 경우
⑧ 제7항에 따라 시설의 폐쇄처분을 받은 자는 그 처분을 받은 날부터 1년간 다시 제1항에 따른 폐기물처리 신고를 할 수 없다.

⑤ 폐기물처리 신고자에 대한 과징금 처분(제46조의2 관련)

> ① 시·도지사는 폐기물처리 신고자가 제46조제7항 각 호의 어느 하나에 해당하여 처리금지를 명령하여야 하는 경우 그 처리금지가 다음 각 호의 어느 하나에 해당한다고 인정되면 대통령령으로 정하는 바에 따라 그 처리금지를 갈음하여 2천만원 이하의 과징금을 부과할 수 있다.
> 　1. 해당 처리금지로 인하여 그 폐기물처리의 이용자가 폐기물을 위탁처리하지 못하여 폐기물이 사업장 안에 적체됨으로써 이용자의 사업활동에 막대한 지장을 줄 우려가 있는 경우
> 　2. 해당 폐기물처리 신고자가 보관 중인 폐기물 또는 그 폐기물처리의 이용자가 보관 중인 폐기물의 적체에 따른 환경오염으로 인하여 인근지역 주민의 건강에 위해가 발생되거나 발생될 우려가 있는 경우
> 　3. 천재지변이나 그 밖의 부득이한 사유로 해당 폐기물처리를 계속하도록 할 필요가 있다고 인정되는 경우
> ② 제1항에 따라 과징금을 부과하는 위반행위의 종류와 정도에 따른 과징금의 금액, 그 밖에 필요한 사항은 대통령령으로 정한다.
> ③ 제1항에 따른 과징금을 내야할 자가 납부기한까지 과징금을 내지 아니하면 시·도지사는 과징금 부과처분을 취소하고 제46조제7항에 따른 처리금지 처분을 하거나 「지방행정제재·부과금의 징수 등에 관한 법률」에 따라 과징금을 징수한다. 다만, 제37조에 따른 폐업 등으로 처리금지 처분을 할 수 없는 경우에는 「지방행정제재·부과금의 징수 등에 관한 법률」에 따라 과징금을 징수한다.
> ④ 제1항과 제3항에 따라 과징금으로 징수한 금액은 시·도의 수입으로 하되, 광역폐기물처리시설의 확충 등 대통령령으로 정하는 용도로 사용하여야 한다.

2) 사료관리법 [시행 2024. 4. 25.]

① 정의(제2조 관련)

> 1. "사료"란 「축산법」에 따른 가축이나 그 밖에 농림축산식품부장관이 정하여 고시하는 동물·어류 등(이하 "동물등"이라 한다)에 영양이 되거나 그 건강유지 또는 성장에 필요한 것으로서 단미사료(單味飼料)·배합사료(配合飼料) 및 보조사료(補助飼料)를 말한다. 다만, 동물용의약으로서 섭취하는 것을 제외한다.
> 2. "단미사료"란 식물성·동물성 또는 광물성 물질로서 사료로 직접 사용되거나 배합사료의 원료로 사용되는 것으로서 농림축산식품부장관이 정하여 고시하는 것을 말한다.
> 3. "배합사료"란 단미사료·보조사료 등을 적정한 비율로 배합 또는 가공한 것으로서 용도에 따라 농림축산식품부장관이 정하여 고시하는 것을 말한다.
> 4. "보조사료"란 사료의 품질저하 방지 또는 사료의 효용을 높이기 위하여 사료에 첨가하는 것으로서 농림축산식품부장관이 정하여 고시하는 것을 말한다.
> 5. "제조업"이란 사료를 제조(혼합·배합·화합 또는 가공하는 경우를 포함한다. 이하 같다)하여 판매 또는 공급하는 업을 말한다.
> 6. "수입업"이란 사료를 수입하여 판매(단순히 재포장하는 경우를 포함한다. 이하 같다)하는 업을 말한다.
> 7. "제조업자"란 제조업을 영위하는 자를 말한다.
> 8. "수입업자"란 수입업을 영위하는 자를 말한다.
> 9. "판매업자"란 제조업자 및 수입업자 외의 자로서 사료의 판매를 업으로 하는 자를 말한다.

② 사료의 용도 외 판매금지(제7조)

> ① 누구든지 수입한 사료를 다른 사료의 원료용 또는 동물등의 먹이, 그 밖의 농림축산식품부령으로 정하는 용도 외로 판매하여서는 아니 된다.
> ② 농림축산식품부장관은 수입한 사료의 용도 외 사용을 방지하기 위하여 수입 사료의 사후관리 등에 필요한 사항을 정하여 고시한다.

③ 제조업의 등록 등(제8조 관련)

① 제조업을 영위하려는 자는 농림축산식품부령으로 정하는 바에 따라 특별시장·광역시장·특별자치시장·도지사 또는 특별자치도지사(이하 "시·도지사"라 한다)에게 등록하여야 한다. 다만, 농업활동, 양곡 가공 또는 식품 제조를 하는 자가 그 과정에서 부수적으로 생겨난 부산물(단미사료 또는 보조사료에 해당하는 것으로 한정한다) 중 농림축산식품부령으로 정하는 부산물을 사용하여 농림축산식품부령으로 정하는 규모 이하로 사료를 제조하여 판매 또는 공급하는 경우에는 등록하지 아니할 수 있다.
② 제1항 본문에 따라 제조업 등록을 하려는 자는 농림축산식품부령으로 정하는 시설기준에 적합한 제조시설을 갖추어야 한다. 다만, 「약사법」 제31조 및 같은 법 제85조에 따른 동물용의약품등의 제조업자, 「식품위생법」 제36조에 따른 식품·식품첨가물의 제조업자 또는 「건강기능식품에 관한 법률」 제4조에 따른 건강기능식품의 제조업자가 직접 생산하는 제품 중 일부를 사료로 제조하여 판매하거나 공급하기 위하여 제조업 등록을 하려는 경우에는 그러하지 아니하다.
③ 제2항 본문에 따른 제조시설을 갖추어 제1항 본문에 따라 제조업 등록을 한 자가 농림축산식품부령으로 정하는 제조시설을 변경하려는 경우에는 시·도지사에게 신고하여야 한다.
④ 시·도지사는 제3항에 따른 신고를 받은 날부터 10일 이내에 신고수리 여부를 신고인에게 통지하여야 한다.
⑤ 시·도지사가 제4항에서 정한 기간 내에 신고수리 여부 또는 민원 처리 관련 법령에 따른 처리기간의 연장을 신고인에게 통지하지 아니하면 그 기간(민원 처리 관련 법령에 따라 처리기간이 연장 또는 재연장된 경우에는 해당 처리기간을 말한다)이 끝난 날의 다음 날에 신고를 수리한 것으로 본다.
⑥ 제1항 본문에 따라 제조업 등록을 한 자가 휴업·폐업 또는 휴업 후 영업을 재개하려는 경우에는 농림축산식품부령으로 정하는 바에 따라 시·도지사에게 신고하여야 한다.
⑦ 시·도지사는 제조업자(제항에 따라 등록을 한 자만 해당한다)가 「부가가치세법」 제8조에 따라 관할 세무서장에게 폐업신고를 하거나 관할 세무서장이 사업자등록을 말소한 경우에는 등록을 직권으로 말소할 수 있다. 이 경우 시·도지사는 관할 세무서장에게 제조업자의 폐업 사실에 대한 정보 제공을 요청할 수 있으며, 그 요청을 받은 관할 세무서장은 정당한 사유가 없으면 해당 정보를 제공하여야 한다.

④ 사료안전관리인(제10조 관련)

① 제조업자 중 미량광물질 등 대통령령으로 정하는 사료를 제조하는 자는 사료의 안전성 관리를 위하여 사료안전관리인을 두어야 한다.
② 제1항에 따른 사료안전관리인은 사료의 품질관리 및 안전성이 확보될 수 있도록 사료의 제조에 종사하는 자를 지도·감독하며, 원료·제품 및 시설에 대한 관리를 한다.
③ 사료안전관리인이 제2항에 따른 지도·감독 및 관리 과정에서 이 법 또는 이 법에 따른 명령이나 처분에 위반되는 사실을 알았을 때에는 제조업자에게 그 사실과 함께 시정을 요청하고, 해당 내용을 시·도지사에게 지체 없이 보고하여야 한다. 이 경우 시·도지사는 제조업자의 조치 여부 등을 확인한 후 필요한 조치를 명할 수 있다.
④ 제1항에 따라 사료안전관리인을 둔 제조업자는 제2항에 따른 사료안전관리인의 업무를 방해하여서는 아니 되며, 사료안전관리인으로부터 업무수행에 필요한 요청을 받으면 정당한 사유가 없는 한 이에 따라야 한다.
⑤ 제1항에 따라 사료안전관리인을 둔 제조업자는 사료안전관리인이 여행·질병이나 그 밖의 사유로 일시적으로 그 직무를 수행할 수 없는 경우 농림축산식품부령으로 정하는 바에 따라 대리자를 지정하여 사료안전관리인의 직무를 대행하게 하여야 한다.
⑥ 사료안전관리인의 자격·직무·인원 및 사료안전관리인 대리자의 대행기간과 그 밖에 필요한 사항은 농림축산식품부령으로 정한다.

⑤ 사료의 성분등록 및 취소(제12조 관련)

① 제조자 또는 수입업자는 시·도지사에게 제조 또는 수입하려는 사료의 종류·성분 및 성분량, 그 밖에 농림축산식품부장관이 정하는 사항을 등록(이하 "성분등록"이라 한다)하여야 한다. 다만, 농림축산식품부령으로 정하는 사료(제8조제1항 단서에 따라 제조업의 등록을 하지 아니하는 자가 제조하는 사료는 제외한다)에 대하여는 성분등록을 하지 아니할 수 있다.
② 시·도지사가 성분등록의 신청을 받은 경우에는 그 내용이 사료공정 등에 적합한지의 여부를 확인하고, 적합한 경우에는 성분등록증을 지체 없이 해당 신청인에게 교부하여야 한다.
③ 시·도지사는 제조업자 또는 수입업자가 다음 각 호의 어느 하나에 해당하는 경우에는 성분등록을 취소한다. 이 경우 제조업자 또는 수입업자는 그 사료성분등록증을 시·도지사에게 반납하여야 한다.
   1. 거짓이나 그 밖의 부정한 방법으로 등록을 한 경우
   2. 성분등록한 사료를 정당한 사유 없이 1년 이상 제조 또는 수입하지 아니한 경우
   3. 제조업의 등록이 취소된 경우

⑥ 사료의 표시사항(제13조 관련)

① 제조업자·수입업자 또는 판매업자는 제조 또는 수입한 사료를 판매하려는 경우에는 용기나 포장에 성분등록을 한 사항, 유통기한, 그 밖의 사용상 주의사항 등 농림축산식품부령으로 정하는 사항을 표시하여야 한다.
② 제조업자·수입업자 또는 판매업자는 제1항에 따른 표시사항을 거짓으로 표시하거나 과장하여 표시하여서는 아니 된다. 〈개정 2022. 12. 27.〉

⑦ 유전자변형농수축산물등의 표시(제13조의2 관련)

① 제조업자 또는 수입업자는 다음 각 호의 현대생명공학기술을 활용하여 새롭게 조합된 유전물질을 포함하고 있고 「유전자변형생물체의 국가간 이동 등에 관한 법률」 제8조에 따라 수입승인된 생물체(이하 "수입승인된 유전자변형생물체"라 한다)를 원재료로 하여 제조·가공한 사료의 포장재와 용기에 수입승인된 유전자변형생물체가 원료로 사용되었음을 표시하여야 한다.
   1. 인위적으로 유전자를 재조합하거나 유전자를 구성하는 핵산을 세포 또는 세포내 소기관으로 직접 주입하는 기술
   2. 분류학에 따른 과(科)의 범위를 넘는 세포융합 기술
② 제1항에 따른 표시의무자, 표시대상 및 표시방법 등에 필요한 사항은 농림축산식품부장관이 정한다.

⑧ 제조·수입·판매 또는 사용 등의 금지(제14조 관련)

① 제조업자·수입업자 또는 판매업자는 다음 각 호의 어느 하나에 해당하는 사료를 제조·수입 또는 판매하거나 사료의 원료로 사용하여서는 아니 된다.
   1. 인체 또는 동물등에 해로운 유해물질이 허용기준 이상으로 포함되거나 잔류된 것
   2. 동물용의약품이 허용기준 이상으로 잔류된 것
   3. 인체 또는 동물등의 질병의 원인이 되는 병원체에 오염되었거나 현저히 부패 또는 변질되어 사료로 사용될 수 없는 것
   4. 제1호부터 제3호까지의 규정 외에 동물등의 건강유지나 성장에 지장을 초래하여 축산물의 생산을 현저하게 저해하는 것으로서 농림축산식품부장관이 정하여 고시하는 것
   5. 성분등록을 하지 아니하고 제조 또는 수입된 것
   6. 제19조제1항에 따른 수입신고를 하지 아니하고 수입된 것
   7. 인체 또는 농림축산식품부장관이 정하여 고시한 동물등의 질병원인이 우려되어 사료로 사용하는 것을 금지한 동물등의 부산물·남은 음식물 등 농림축산식품부장관이 정하여 고시한 것

② 누구든지 동물등에게 제1항제7호의 사료를 사용하여서는 아니 된다.
③ 제1항제1호 및 제2호에 따른 유해물질ㆍ동물용의약품의 범위 및 허용기준은 농림축산식품부장관이 정하여 고시한다.

⑨ 사료의 함량ㆍ혼합 제한 등(제15조 관련)

① 농림축산식품부장관은 사료의 품질유지 및 환경오염방지를 위하여 사료 중 특정성분의 함량을 제한할 수 있다.
② 농림축산식품부장관은 서로 혼합되는 경우 해당 사료의 품질을 저하되게 하거나 해당 사료의 구별을 불가능하게 하는 물질ㆍ사료의 혼합을 제한할 수 있다.
③ 제조업자ㆍ수입업자 또는 판매업자는 유통기한이 경과한 사료를 판매하거나 판매할 목적으로 보관"E진열하여서는 아니 된다.
④ 제1항제1호 및 제2호에 따른 유해물질ㆍ동물용의약품의 범위 및 허용기준은 농림축산식품부장관이 정하여 고시한다.

⑩ 사료의 수입신고 등(제19조 관련)

① 수입업자는 농림축산식품부장관이 정하여 고시하는 사료를 수입하려는 경우에는 농림축산식품부령으로 정하는 바에 따라 농림축산식품부장관에게 신고하여야 한다.
② 농림축산식품부장관은 사료의 안전성확보ㆍ수급안정 등 농림축산식품부령으로 정하는 사유가 있는 경우에는 제1항에 따라 신고된 사료에 대하여 통관절차 완료 전에 관계 공무원으로 하여금 필요한 검정을 하게 하여야 한다.
③ 수입업자가 제1항에 따른 신고를 할 경우 제20조의2제1항에 따라 지정된 사료시험검사기관(이하 "사료시험검사기관"이라 한다)이나 제22조에 따른 사료검정기관에서 검정을 받아 그 검정증명서를 제출하는 경우에는 농림축산식품부령으로 정하는 바에 따라 제2항에 따른 검정에 갈음하거나 그 검정항목을 조정하여 검정할 수 있다.
④ 농림축산식품부장관은 제1항에 따른 신고를 받은 경우 그 내용을 검토하여 이 법에 적합하면 신고를 수리하여야 한다.
⑤ 제2항에 따른 검정의 항목ㆍ방법 및 기준 등에 필요한 사항은 농림축산식품부령으로 정한다.

(2) 유용ㆍ유해 미생물의 생리적 특성

1) 인간에게 얼마나 도움이 되는지에 따라 유용성과 유해성으로 구분하고, 같은 미생물이라도 주어진 환경에 따라 유용과 유해로 나뉨

2) 유용 미생물로 이용되기 위한 조건
① 인간이나 가축에 해가 없어야 함
② 유해 미생물과 경합하여 우점되어야 함
③ 발효산물이 항균력을 가져 유해균 증식을 억제해야 함
④ 가공과정 중 파괴되지 않아야 함
⑤ 병원미생물과 교잡이 일어나면 안 됨
⑥ 악취 제거나 미생물 증식 억제력이 있어야 함
⑦ 면역성 증진 및 생산성 활성
⑧ 생산, 증식의 용이성

⑨ 주어진 환경에 정착하여 생존해야 함

3) 사일리지의 발효에 관여하는 미생물

① 수확된 작물(볏짚 등)을 장기저장을 위해 사일로에 저장하면 여러 부패 미생물들이 사일로 내 저장된 작물에 번식하여 건물 및 품질의 손실을 줌 → 부패 미생물의 증식을 막기 위해서 산소가 없는 환경조성과 pH를 낮춰야 함

② 사일리지에서는 밀봉된 사일로 내에서 젖산균(Lactic acid bacteria)이 식물체 당을 발효시키거나 다른 화합물로 분해를 시켜 젖산을 형성하여 pH를 낮춰 다른 부패균의 생장을 억제시킴

■ 사일리지의 발효에 관여하는 미생물의 특징

젖산균	호모형 젖산균	• 당을 젖산으로 분해하는 균 • *Lactobacillus plantarum*, *L. casei*, *Pediococcus cerevisiae*, *Streptococcus lactis* 등이 이용됨
	헤테로형 젖산균	• 당을 에탄올, 초산, 이산화탄소, 물 등으로 분해하는 균으로 발효 효율은 낮으나 초기 사일로 내의 pH 저하에 관여함 • *L. buchneri*, *L. brevis*, *L. fermentum* 등이 이용됨
엔테로박테리아 (Enterobacteria)		• 통성 혐기성 미생물로 혐기조건에서 분해산물로 초산을 생성하거나 아미노산을 암모니아로 분해하여 질소 이용률을 저하시키지만, 산성에 약하여 pH 5.0 이하에서 사멸하는 특징을 가짐 • *Escherichia*, *Klebsiella*, *Erwinia*, *Enterobacter* 등이 있음
클로스트리디아 (Clostridia)		• 낙산발효로 낙산(Butyric acid)을 생성하여 저장성을 저하시키고, 아미노산을 분해하여 아민이나 암모니아 생성 • 당과 유기산을 이용하는 균(*Clostridia tyrobutyricum*, *C. sphenoides*), 아미노산을 이용하는 균(*C. bifermentants*, *C. sporogens*) • 발효이스트(*Candida*, *Hansenula*, *Pichia*, *Saccharomyces*, *Torulopsis*) • 알코올분해이스트(*Cryptococcus*, *Rhodotorula*, *Sporobolomyces*, *Torulopsis*) • 섬유소 및 단백질 분해 곰팡이(*Aspergillus*, *Penicillium*, *Mucor*)
호기성 박테리아 (Aerobic bacteria)		• 당을 이용하여 저장물에 손실을 끼침 • *Psudomonas*, *Flabobacterium*, *Xanthomonas* 등

4) 미생물제제로 이용되는 미생물의 종류와 효과

① 뉴트리락: *Streptococcus cremoris*
② 사일로 킹: 유산균, 항곰팡이제, 효소 혼합물
③ 사이로보스: *Enterococuus faecium* M74
④ 축산과학원: *Lactobacillus plantarum* NLRI101(생볏짚용), *L. plantarum* NLRI201(맥류용), *L. plantarum* NLRI301(옥수수용), *L. plantarum* NLRI401(총체 벼), *L. plantarum* K46, KCC-10, KCC-19, KCC-23, KCC-24 및 KCC-26
⑤ 캠락: *Lactobacillus plantarum*, *L. bulgaricus*, *L. acidophilus*
⑥ 젖산균의 처리로 사일리지 내 pH 저하와 젖산 함량이 높아지고, 단백질 분해를 감소시켜 암모니아태 질소 발생이 감소됨

(3) 수확 후 배지의 구성 및 특성

버섯 수확 후 배지는 버섯의 재배 형태에 따라 여러 가지 형태로 발생함
① **균상재배**: 볏짚, 폐면 등을 발효시켜 배지를 제조하고 있기 때문에 볏짚을 기본으로 한 유기물이 발생
② **원목재배**: 표고균에 의해서 리그닌이 대부분의 분해된 셀룰로오스 상의 수확 후 원목이 다량 발생
③ **병재배 및 봉지재배**
- 콘코브, 미강, 밀기울, 면실피, 비트펄프 등 사료 원료를 많이 사용하고 있음
- 배지 재료는 버섯재배 과정에서 배지 영양원의 약 15~25% 정도만 버섯에 의해 이용되고 나머지 75~85% 정도는 버섯 수확 후 배지에 남음
- 버섯재배 후 생산되는 수확 후 배지는 고분자의 유기물이 버섯균에 의해 분해된 상태이기 때문에 퇴비, 사료 등의 재료로 재사용 가능
- 버섯균은 단백질로 구성되어 있기 때문에 가축 사료원으로 좋은 재료임
- 사료화하여 재사용하기 위해서는 버섯균 이외의 미생물이 존재하지 않아야 함

(4) 버섯 수확 후 배지 처리방법

- 수확 후 배지를 재사용하기 위해서는 2차 오염이 없는 것이 전제되어야 함
- 수확 후 배지에 쉽게 오염을 일으키는 곰팡이는 인축에 심각한 피해를 줄 수 있는 균독소를 생산하는 종들이 많아 곰팡이의 오염은 재활용 범위를 제한할 수 있음

1) 균상재배 수확 후 배지

① 균상재배 수확 후 배지로는 양송이퇴비와 느타리배지가 대표적으로 양송이퇴비와 느타리 균상배지는 종균 접종 전 야외발효와 후발효를 거치면서 그 자체로도 가축 사료로 이용 가능
② 양송이의 경우 재배 과정 중 복토를 하기 때문에 가축 사료로의 이용은 제한적이고, 이들 배지는 거의 대부분 퇴비로 사용하고 있음
③ 느타리 균상배지도 볏짚과 폐면을 발효시킨 형태로 재배하여 사료로의 재활용이 가능하나 오염 등의 문제로 사료화는 어렵고 대부분 퇴비로 사용하고 있음
④ 오염된 수확 후 배지는 안전성 등에서 재활용할 수 없기 때문에 배제
⑤ 수확 후 배지 선별
- 오염되지 않고 수분 함량이 낮은 것
- 곰팡이나 세균에 오염된 배지는 배제
- 양송이 배지의 경우 가능한 복토층을 제거하여 사용
⑥ 수확 후 배지 처리
- 수확 후 배지는 수분 함량이 최소 60% 정도로 장기 보관이 어렵지만, 비닐 자루에 20kg정도씩 그대로 소포장하면 비교적 효과적으로 활용할 수 있음
- 건조과정이 필요하나 비용 문제로 불가능하기 때문에, 수확 후 배지를 회수할 때, 마지막 주기에서는 관수를 최소한으로 실시하고 오염된 배지는 제거함

2) 원목재배 수확 후 배지

① **표고 원목재배**: 표고균이 잘 배양된 원목은 리그닌이 대부분 분해되고, 셀룰로오스가 많이 남아 있는 상태

② **수확 후 배지 선별**
- 화목 보일러 등의 연료로 사용하는 것이 대부분으로 선별과정이 필요 없음
- 단, 유해균 등에 오염되어 정상적으로 버섯을 생산하지 못한 원목은 톱밥 등으로 가공할 수 있기 때문에 따로 수거

③ **수확 후 배지 처리**
- 원목재배 후 수확 후 배지(원목)는 비를 맞히지 않아야 재활용 가능
- 톱밥 가공: 버섯재배용으로 재활용하는 것은 유해균 등에 오염되어 원목의 분해가 비교적 덜 진행된 원목이 유리함

　참고 리그닌이 거의 분해되고, 셀룰로오스만 남은 경우, 잘게 분쇄하여도 거칠기 때문에 톱밥 가공이 어렵고 사용에 제한적임

3) 병 및 봉지재배 수확 후 배지

① 느타리, 팽이, 큰느타리 등의 수확 후 배지는 비교적 재활용 가능성이 높음
② 배지 재료는 버섯의 종류에 따라 다르지만, 톱밥, 콘코브, 미강, 밀기울, 면실피, 비트펄프 등이 다양하게 사용됨
③ 버섯재배 후에도 약 75~85%의 영양원이 남기 때문에 버섯재배용으로 재활용 가능
④ **수확 후 배지 선별**
- 오염되었거나 과도하게 수분 함량이 많은 배지를 제외
- 탈병 혹은 탈봉하여 2차 오염을 피하기 위하여 비닐 자루 등에 소포장하거나 컨테이너 등에 적재하고, 즉시 밀폐 보관

⑤ **수확 후 배지 처리**
　㉠ 배지 재활용: 느타리 수확 후 배지는 느타리 배지 제조 시 50%까지 대체가 가능하나 10~30%를 첨가하는 경우가 가장 효과적임
　㉡ 사료화

> **Tip 수확 후 배지의 사료화 특징**
> - 버섯 수확 후 배지 중 사료 자원으로 이용할 수 있는 것은 큰느타리, 팽이
> - 느타리 수확 후 배지는 난분해성 물질인 리그닌, 셀룰로오스를 함유한 톱밥을 사용하기 때문에 섬유소 함량은 높고 가소화양분 함량은 낮음
> - cellulase와 xylanase 활성이 높은 미생물을 가축 사료 첨가용 생균제로 이용하여 버섯 수확 후 배지 발효사료를 제조하면 사용 가능
> - 수확 후 배지는 단독으로 급여하기보다는 버섯 수확 후 배지 발효사료를 일정량 첨가한 배합사료를 제조하여 급여하는 것이 유리함

- 큰느타리 수확 후 배지의 사료화
  - 원료로 톱밥, 옥수수대, 미강, 콘코브, 소맥피, 비트펄프 등을 사용
  - 큰느타리 배지의 이화학적 성분은 TMR 사료와 유기물과 조단백 함량은 큰 차이가 없음
- 팽이 수확 후 배지의 사료화
  - 톱밥 대신 콘코브를 사용
  - 팽이버섯 수확 후 배지는 NDF, ADF, 셀룰로오스의 비율이 증가하고, 비섬유성 탄수화물, 조단백, 가소화양분 총량은 감소함
  - TMR 사료와 비교하면 유기물, 셀룰로오스 함량은 큰 차이가 없고, 헤미셀룰로오스, 비섬유성 탄수화물, 조단백, 가소화양분총량의 함량은 낮고, NDF, ADF, 리그닌, 조지방, 조회분 함량은 시판되고 있는 완전배합사료보다 높음

ⓒ 발효사료

- 수분 함량이 높고 쉽게 부패되기 때문에 저장성을 향상시킬 수 있는 가공이 선행되어야 함
- 건조, 발효, 펠렛화 등이 있으며, 건조와 펠렛화는 간단하고 효과적이나 처리비용이 많이 들어 현실적으로는 발효법이 가장 적당함
- 발효
  - 퇴적발효법과 혐기발효법, 뒤집기발효법 등
  - 수확 후 배지에 혐기성 미생물을 접종하여 혐기발효를 시키는 방법이 가장 효과적임
- 버섯 수확 후 배지 발효사료 첨가용 생균제
  - cellulase와 xylanase 활성이 높은 미생물을 생균제로 사용하면 효과적임
  - 사료 첨가용 생균제로 개발된 미생물은 *Bacillus* sp.가 가장 대표적임
- 발효사료 제조
  - 수분 함량을 수분 조절용 부형제 알곡, 거창콘, 부산베이스, 단백피, 소맥피 등을 이용하여 40% 이하로 낮추고 이물질을 제거
  - *Bacillus* sp. 등의 생균제를 수확 후 배지 양의 약 5%를 접종하여 상온에서 약 2주간 발효

ⓓ 퇴비화

- 퇴비화하기 적합한 버섯 수확 후 배지는 느타리와 양송이 균상재배
- 느타리와 양송이 균상재배는 볏짚과 폐면 등이 주재료이기 때문에 그대로 퇴비화가 가능하나 많은 양의 인산을 축적하고 있기 때문에 작물 선정을 신중히 하고, 또 추가 발효를 하면 더욱 효과적임
- 버섯재배 중에 발생하는 오염균은 대부분 작물에 피해를 주지 않기 때문에 큰 문제는 없으나 일부 퇴비의 경우 먹물 버섯 등이 발생하여 엽채류 재배 시 오염을 시키기도 하기 때문에 주의 필요

> **Tip** 발효
>
> 완전히 발효되지 않는 퇴비를 시비할 경우, 인산 과다 등의 문제와 먹물버섯 등이 발생하여 피해를 주기 때문에 폐상을 한 후에 일정 기간 야외 발효를 통하여 최적화 하는 과정이 필요함

ⓜ 연료화
- 원목재배 후 발생하는 수확 후 배지(골목)는 가공 없이 바로 사용 가능
- 톱밥 봉지재배와 병재배 등에서 발생하는 수확 후 배지는 수분 함량이 60% 정도로 건조과정이 필요함
- 선별 및 과정
  - 수확 후 배지를 연료로 사용하기에는 선별 및 건조 등 여러 과정과 많은 비용이 소요됨
  - 화목연료에 적합한 펠렛화를 생산하려면, 배지 재료에 톱밥의 비율이 높아야 하고, 수분을 얼마나 잘 건조시킬 수 있는지가 중요함
  - 펠렛 후 수분 함량이 13% 이하일 때, 펠렛의 강한 견고성과 곰팡이 등의 오염 확률이 가장 적어짐
- 주의사항
  - 화목 연료로의 사용은 환경 문제 등을 고려하여 집진 설비 등을 설치하고 사용되어야 함
  - 골목의 연료화를 위해서는 사용 전에 충분히 건조시키고 전용 소각 장치를 구비 요망. 펠렛화 후에도 습기에 약하므로, 보관에 신경써야 함

버섯종균기능사 + 버섯산업기사

CHAPTER 01	버섯의 특징 - 형태 및 분류
CHAPTER 02	버섯종균
CHAPTER 03	버섯배지
CHAPTER 04	버섯의 생육환경
CHAPTER 05	버섯의 병해충
CHAPTER 06	버섯산업기사 빈출유형1
CHAPTER 07	버섯산업기사 빈출유형2

PART 02

필기 한권 쏙
필수문제

CHAPTER 01 버섯의 특징 – 형태 및 분류 필수문제

> **빈출도**
> ★☆☆ 출제된 적 있어요   ★★☆ 자주 출제되고 있어요   ★★★ 많이 출제되고 있어요

01 ★☆☆
버섯의 개념을 설명한 것 중 가장 적합한 것은?

① 버섯은 대부분 불완전균류이다.
② 버섯은 일반적으로 균사체를 말한다.
③ 버섯은 자실체로 유성포자를 가진다.
④ 버섯은 반드시 현미경 관찰로만 볼 수 있다.

해설
버섯은 육안으로 구별되는 특유의 자실체를 형성하고, 유성생식을 하는 담자포자를 가짐

정답 ③

02 ★☆☆
버섯과 식물의 생물학적 차이점에 대한 설명으로 옳지 않은 것은?

① 버섯은 고등균류에 속하는 생물군으로 엽록소가 없다.
② 균사체는 대부분 실 모양의 많은 세포를 가진, 균사로 되어 있는 진핵세포이다.
③ 균류는 고등식물과는 달리 줄기, 잎, 뿌리로 나누어지지는 않으나 발달된 도관체계는 있다.
④ 버섯은 타가영양체이며 생태계 중 분해자에 속하고, 식물은 자가영양체이며 생태계 중 생산자에 속한다.

해설
균사의 격막(벽)에 유연공이 있어 영양물질과 물 등의 이동은 가능하나 도관체계는 없음

정답 ③

03 ★☆☆
자연 생태계에서 버섯의 가치가 아닌 것은?

① 분해자, 재활용자, 협력자의 기능을 한다.
② 기생 생물로서 생태계 파괴자의 역할을 한다.
③ 모양, 생활 양식 등이 종류마다 차이가 나는 다양성의 가치를 가진다.
④ 식물, 동물, 세균 등과 같이 자연생태계의 구성원으로서 가치를 가진다.

해설
생태계에서 분해자, 물질순환 등을 담당

정답 ②

04 ★☆☆
버섯의 일반적인 특징이 아닌 것은?

① 고등식물이다.
② 엽록소가 없다.
③ 기생생활을 한다.
④ 광합성을 못한다.

해설
버섯은 고등생물로 균계에 속함

정답 ①

05
일반적인 버섯의 특징이 아닌 것은?

① 버섯균은 고등균류에 속하는 생물군이다.
② 버섯세포는 전형적인 세포벽으로 싸여 있다.
③ 버섯은 생태계 중 유기물 생산자이다.
④ 버섯의 균사체는 진핵세포로 구성되어 있다.

해설
생태계에서 버섯은 유기물 분해자이고, 식물이 유기물 생산자 역할을 담당함

정답 ③

06
균의 분류계급에서 목(order)의 어미에 붙이는 것은?

① -mycota ② -mycetes
③ -aceae   ④ -ales

해설
① -mycota: 문
② -mycetes: 강
③ -aceae: 과
④ -ales: 목

정답 ④

07
송이목은 분류학적으로 어디에 속하는가?

① 담자균   ② 접합균
③ 자낭균   ④ 불완전균

정답 ①

08
식용버섯인 표고, 양송이, 느타리버섯은 분류학상 어느 것에 해당되는가?

① 자낭균   ② 불완전균
③ 담자균   ④ 조류

해설
- 식용버섯 대부분은 담자균류에 속함: 느타리, 표고, 양송이, 목이, 팽이, 영지, 상황, 버들송이, 잎새버섯, 신령버섯, 차가 등
- 자낭균에 속하는 버섯: 동충하초, 곰보버섯 등

정답 ③

09
담자균류(문)에 속하지 않는 버섯은?

① 곰보버섯   ② 싸리버섯
③ 양송이버섯 ④ 목이버섯

해설
① 곰보버섯은 자낭균문에 속함. 진균-자낭균문-주발버섯목-곰보버섯과

정답 ①

10
대부분의 식용버섯은 분류학적으로 어디에 속하는가?

① 조균류   ② 접합균류
③ 담자균류 ④ 불완전균류

정답 ③

11
버섯의 분류학적 위치에서 느타리버섯, 표고버섯, 양송이, 팽이버섯은 분류학상 생물계의 어디에 속하는가?

① 담자균아문 ② 불안전균아문
③ 자낭균아문 ④ 편모균아문

정답 ①

14
자낭균류에 속하는 버섯은?

① 목이 ② 복령
③ 줄그물버섯 ④ 요강주발버섯

해설
- 자낭균류에 속하는 버섯: 주발버섯, 곰보버섯, 동충하초, 술잔버섯 등

정답 ④

12
버섯의 유성생식으로 형성되는 포자는?

① 유주자 ② 담자포자
③ 분생포자 ④ 포자낭포자

정답 ②

15
동충하초는 어느 분류군에 속하는가?

① 담자균류 ② 병꼴균류
③ 자낭균류 ④ 접합균류

정답 ③

13
버섯의 담자포자가 생기는 부분은?

① 갓 ② 균사
③ 대 ④ 대주머니

해설
주름버섯목(민주름버섯목)의 담자포자는 버섯의 갓을 구성하는 주름살(관공)의 자실층에서 형성됨

정답 ①

16
배지로부터 영양분을 섭취하며 자실체를 지탱해 주는 것은?

① 갓 ② 턱받이
③ 대 ④ 균사

해설
균사는 자실체 지탱 및 영양분 흡수 등의 역할을 함

정답 ④

17
버섯의 포자는 대부분 어디에 부착되어 있는가?

① 균사
② 대(줄기)
③ 대주머니
④ 갓

해설
포자는 갓에 형성하는 주름살의 담자기에서 형성됨

정답 ④

18
버섯의 균사세포를 구성하는 세포 소기관이 아닌 것은?

① 미토콘드리아
② 엽록체
③ 리보솜
④ 핵

해설
버섯은 진균으로 종속영양생물에 속하며 엽록체가 없음

정답 ②

19
버섯의 진정한 생식기관으로서 포자를 만드는 영양체이며, 종(種)이나 속(屬)에 따라 고유의 형태를 가지는 것은?

① 자실체
② 균사
③ 턱받이
④ 협구

해설
담자포자를 형성하는 버섯을 자실체라고하며, 종류(종, 품종)에 따라 고유의 형질을 가짐

정답 ①

20
협구(Clamp Connection)에 대한 설명으로 옳은 것은?

① 대부분의 담자균류에서 볼 수 있다.
② 양송이에는 있다.
③ 표고에는 없다.
④ 자낭균에만 형성된다.

해설
협구는 균사 생장 시 분열한 핵의 이동기관으로 4극성 버섯의 경우, 대부분 관찰할 수 있음

정답 ①

21
균사에 꺾쇠 연결체가 없는 버섯은?

① 팽이
② 목이
③ 양송이
④ 느타리

해설
양송이는 2극성 버섯으로 1개의 담자포자에 2개의 핵을 포함하고 있어 균사 생장 시 세포분열에 따른 꺾쇠를 형성하지 않음

정답 ③

22
버섯의 2핵 균사에 꺾쇠(clamp connection)가 관찰되지 않는 것은?

① 느타리버섯
② 표고버섯
③ 양송이
④ 팽이버섯

정답 ③

23
다음 버섯류 중 대주머니(volva)가 있는 것은?

① 팽이버섯　② 양송이
③ 뽕나무버섯　④ 광대버섯

해설
광대버섯속 버섯은 자실체 원기를 피막으로 싸고 있고, 갓, 대 부분으로 분화할 때 피막이 대의 기부에 떨어져 남게 되는데, 이를 대주머니라고 하고, 갓 위에 남는 것을 사마귀점이라고 함. 턱받이는 내피피막이 떨어져 생기는 것임

정답 ④

24
대주머니가 있는 버섯은?

① 양송이　② 광대버섯
③ 느타리버섯　④ 팽이버섯

정답 ②

25
버섯의 형태적 특징에서 버섯의 부분 명칭이 갓, 자실층, 대, 턱받이, 대주머니의 다섯 부분으로 나누어진 버섯은?

① 풀버섯　② 광대버섯
③ 싸리버섯　④ 뽕나무버섯

정답 ②

26
다음 중 버섯의 모양이 다른 것과 다른 것은?

① 송이버섯　② 양송이
③ 싸리버섯　④ 표고버섯

해설
송이, 양송이, 표고는 갓과 대로 이루어져 있고, 싸리버섯은 갓과 대의 구분없이 산호초형 자실체를 가짐

정답 ③

27
다음 중 균핵을 형성하는 버섯 종류는?

① 상황버섯　② 복령
③ 양송이　④ 노루궁뎅이버섯

해설
- 복령(*Wolfiporia extensa, W. cocos*): 소나무류에 기생하는 갈색부후균으로 구멍장이버섯과에 속함. 백색 균사로 생장하다가 단단한 덩어리 균핵을 형성하는데, 이 균핵을 복령이라고 함

정답 ②

28
주름버섯목으로 이루어진 것은?

① 양송이, 느타리, 영지(불로초)
② 영지(불로초), 구름버섯, 복령
③ 영지(불로초), 구름버섯, 표고
④ 느타리, 표고, 팽나무버섯(팽이)

해설
- 주름버섯목(포자를 형성하는 자실층이 주름살로 형성): 양송이, 느타리, 표고, 팽이 등
- 민주름버섯목(포자를 형성하는 자실층이 관공으로 형성): 영지, 상황, 차가 등

정답 ④

29
주름버섯 목(目)으로만 이루어진 것은? ★★☆

① 양송이, 느타리, 목이
② 영지, 표고, 복령
③ 영지, 구름송편버섯, 표고
④ 느타리, 표고, 팽이버섯

정답 ④

30
자실층이 관공으로 되어 있지 않은 버섯은? ★☆☆

① 팽이버섯   ② 구름버섯
③ 영지버섯   ④ 둘레그물버섯

해설
- 민주름버섯의 특징으로 관공에서 담자포자 형성
- 팽이버섯은 주름버섯목에 속함

정답 ①

31
다음 중 균근 형성균에 해당하는 버섯은? ★★☆

① 표고버섯   ② 느타리버섯
③ 양송이   ④ 송이버섯

해설
균근(菌根)은 곰팡이가 식물뿌리에 침입하여 공생관계를 유지할때 형성하는 기관으로 공생형 버섯은 식물뿌리에 균근을 형성함

정답 ④

32
다음 중 독버섯이 아닌 것은? ★☆☆

① 말불버섯   ② 광대버섯
③ 달화경버섯 ④ 무당버섯

해설
말불버섯은 지혈제로 이용됨

정답 ①

33
식용이 가능한 버섯은? ★☆☆

① 말불버섯   ② 양파광대버섯
③ 화경버섯   ④ 애기무당버섯

정답 ①

34
사물기생을 하지 않는 버섯은? ★☆☆

① 느타리   ② 팽이버섯
③ 송이   ④ 표고

해설
송이는 활물공생균

정답 ③

35
사물기생형 버섯이 아닌 것은? ★☆☆

① 송이   ② 표고
③ 큰갓버섯   ④ 느타리버섯

정답 ①

36
활물기생 또는 반활물기생이 가능한 것은?

① 뽕나무버섯 ② 양송이
③ 청부채버섯 ④ 표고버섯

정답 ①

37
인공재배가 가능한 약용버섯인 불로초, 구름버섯, 복령은 분류학상 어떤 생물계에 속하는가?

① 편모균에 속한다.
② 이담자균에 속한다.
③ 주름버섯목에 속한다.
④ 민주름버섯목에 속한다.

해설

진균 – 담자균문 – 민주름버섯목

정답 ④

38
인공재배가 가능한 약용버섯인 불로초(영지)는 분류학상 어떤 분류군에 속하는가?

① 목이목 ② 덩이버섯목
③ 주름버섯목 ④ 민주름버섯목

정답 ④

39
버섯의 생활사에서 담자균에 속하는 일반적인 버섯 생활사는 자실체 → 담자포자 → 균사체가 된 다음은 무엇으로 성장되는가?

① 균핵으로 된다. ② 균사로 된다.
③ 균총으로 된다. ④ 자실체로 된다.

정답 ④

40
담자균류 중 양송이균의 특성이 아닌 것은?

① 균사는 협구(클램프 연결체)가 생기지 않는다.
② 염색체는 9개이다.
③ 균사는 다핵 상태로 균사 내에서 핵융합이 일어난다.
④ 대와 갓이 연결되는 부분에 생장점이 있다.

해설

담자균류에 속하는 버섯은 영양체가 1개의 세포에 2개의 핵을 가지는 2핵 균사체로 균사체에서는 핵융합이 일어나지 않고 담자기에서 핵융합을 함

정답 ③

41
양송이는 일반적으로 담자기에 몇 개의 포자가 착생하는가?

① 1개 ② 2개
③ 4개 ④ 8개

해설

담자균류에서 양송이는 1개의 담자기에 담자포자를 2개 형성함

정답 ②

42

목이는 분류학상 어디에 속하는가?

① 자낭균아문　② 이담자균류
③ 동담자균류　④ 복균류

해설
목이(*Auricularia auricula-judae*)는 담자균문에 속하는 이담자균류(다실담자균류)임

정답 ②

43

담자균류는 담자기의 형태에 따라 단실담자균류(진정 담자균류)와 다실담자균류(이담자균류)로 나누어지는데 다음 중 단실담자균류가 아닌 것은?

① 팽나무버섯　② 양송이
③ 느타리　　　④ 흰목이

정답 ④

44

다음 중 느타리버섯의 분류학적 위치는?

① 불완전균　② 담자균
③ 자낭균　　④ 조균

정답 ②

45

느타리버섯의 분류학적 위치로 옳은 것은?

① 담자균문 – 주름버섯목
② 자낭균문 – 주름버섯목
③ 담자균문 – 목이목
④ 자낭균문 – 동충하초목

정답 ①

46

느타리버섯의 자실체에서 생성되는 포자는?

① 자낭포자　② 담자포자
③ 무성포자　④ 분열자

해설
담자균류는 유성포자로 자실체에 담자포자를 형성함

정답 ②

47

느타리 포자의 색깔로 옳은 것은?

① 흰색　② 갈색
③ 적색　④ 흑색

정답 ①

48
느타리버섯의 형태적 특징으로 알맞은 것은?

① 대에 턱받이가 있으며 백색이다.
② 대에 턱받이가 있으며 황색이다.
③ 대에 턱받이가 없다.
④ 대에 턱받이가 없는 대신 대주머니가 있다.

[해설]
느타리버섯속은 턱받이와 대주머니가 없음

[정답] ③

49
느타리의 생활주기(생활사)가 올바른 것은?

① 포자발아 – 동형핵균사 – 핵융합 – 감수분열 – 이형핵균사 – 원형질융합 – 담자포자
② 포자발아 – 동형핵균사 – 원형질융합 – 이형핵균사 – 핵융합 – 감수분열 – 담자포자
③ 포자발아 – 이형핵균사 – 원형질융합 – 동형핵균사 – 핵융합 – 감수분열 – 담자포자
④ 포자발아 – 동형핵균사 – 핵융합 – 감수분열 – 이형핵균사 – 담자포자 – 원형질융합

[해설]
- **느타리의 생활주기**: 포자발아 – 동형핵균사(1핵균사, 1차균사) – 원형질융합 – 이형핵균사(2핵균사) – 핵융합 – 감수분열 – 담자포자

[정답] ②

50
표고버섯은 1개 담자기에서 몇 개의 포자가 형성되는가?

① 1개　　② 2개
③ 3개　　④ 4개

[해설]
담자균류에 속하는 버섯 대부분은 담자기 1개당 4개의 담자포자를 형성함. 표고, 느타리, 팽이 등. 양송이는 예외(2개 형성)

[정답] ④

51
표고버섯의 포자 색깔은?

① 회색　　② 백색
③ 흑색　　④ 갈색

[정답] ②

52
표고에 대한 설명으로 틀린 것은?

① 사물기생균이다.
② 활물기생균이다.
③ 목재부후균이다.
④ 학명은 *Lentinula edodes*이다.

[정답] ②

53
표고버섯에 대한 설명으로 옳지 않은 것은?

① 사물기생균이다.
② 균근성 버섯이다.
③ 느타리과에 속한다.
④ 항암성분인 렌티난을 함유하고 있다.

해설
균근성 버섯은 식물과 공생하는 버섯으로 송이, 능이 등이 대표적임

정답 ②

54
다음 설명 중 표고버섯의 특징이 아닌 것은?

① 주로 참나무에서 발생한다.
② 주름살은 백색이며 톱니형이다.
③ 대 또는 갓 표면에 인편이 있다.
④ 포자는 멜저액 반응에서 푸른색을 띤다.

해설
표고버섯, 구름버섯 등은 비아밀로이드 반응으로 포자가 무색이나 담황색으로 염색됨

정답 ④

55
표고의 자실체 부분이 아닌 것은?

① 갓
② 주름살
③ 대
④ 자낭

해설
자낭은 자낭균류에서 형성되는 자낭포자의 주머니 역할

정답 ④

56
복령버섯균의 특성 중 옳지 않은 것은?

① 복령균은 갈색 부후균 및 사물기생성균으로서 땅속에서 잘 자란다.
② 복령균은 사물기생성균으로서 균핵이 형성되는 특성이 있다.
③ 복령균은 백색 부후균이며 사물기생성균으로서 소나무에서 잘 자란다.
④ 복령균은 갈색 부후균이며 사물기생성균으로 소나무에서 잘 자란다.

해설
복령균은 갈색 부후균으로 사물기생성균이고, 균핵을 형성. 소나무 주변 땅속에서 발생함

정답 ③

57
뽕나무 버섯균에 대하여 옳게 설명한 것은?

① 목재 부후균으로서 균사속을 형성하여 천마와 접촉하여 공생관계를 유지한다.
② 목재에 공생하는 균으로서 천마에 기생하면서 상호번식한다.
③ 목재 부후균이지만 참나무에서는 생육이 잘 안 된다.
④ 목재 부후균으로서 소나무에서 잘 번식한다.

해설
뽕나무버섯(*Armillariella mellea*)은 목재 부후균으로서 균사속을 형성하여 천마와 접촉하여 공생관계를 유지하고, 참나무류에서 잘 자람

정답 ①

58
팽이버섯의 학명은? ★★☆

① *Lentinula edodes*
② *Pleurotus ostreatus*
③ *Stropharia rugosoannulata*
④ *Flammulina velutipes*

해설
- *Lentinula edodes*: 표고
- *Pleurotus ostreatus*: 느타리
- *Stropharia rugosoannulata*: 독청버섯아재비

정답 ④

59
표고버섯의 학명으로 옳은 것은? ★☆☆

① *Lentinula edodes*
② *Agaricus bisporus*
③ *Pleurotus ostreatus*
④ *Flammulina velutipes*

정답 ①

60
목이버섯의 학명으로 옳은 것은? ★☆☆

① *Armillaria mellea*
② *Agaricus bisporus*
③ *Volvariella volvacea*
④ *Auricularia auricula-judae*

해설
- *Armillaria mellea*: 뽕나무버섯
- *Agaricus bisporus*: 양송이
- *Volvariella volvacea*: 풀버섯

정답 ④

61
느타리버섯의 학명으로 옳은 것은? ★☆☆

① *Coprinus comatus*
② *Agrocybe aegerita*
③ *Pleurotus ostreatus*
④ *Ganoderma lucidum*

해설
- *Coprinus comatus*: 먹물버섯
- *Agrocybe aegerita*: 버들송이
- *Ganoderma lucidum*: 영지

정답 ③

CHAPTER 02 버섯종균 필수문제

(1) 버섯균주관리

01 ★★☆
다음 버섯 중 포자발아가 잘 안 되는 것은?

① 양송이 ② 영지
③ 느타리 ④ 표고

해설
이중 막 구조이며, 후막포자를 형성하기 때문

정답 ②

02 ★☆☆
팽이버섯의 포자 채취 시 적정온도는?

① 30℃ 전후 ② 20℃ 전후
③ 15℃ 전후 ④ 10℃ 전후

해설
팽이버섯은 저온성 버섯에 속하며, 자실체가 가장 잘 자라는 온도 범위에서 포자 채취

정답 ④

03 ★☆☆
양송이 자실체에서 포자를 채취할 때 포자의 낙하량이 가장 많은 온도는?

① 5℃ ② 15℃
③ 25℃ ④ 35℃

해설
자실체가 가장 잘 자라는 온도범위에서 포자 생산량이 가장 많음

정답 ②

04 ★☆☆
표고버섯의 포자 색깔은?

① 회색 ② 백색
③ 흑색 ④ 갈색

정답 ②

05 ★☆☆
느타리 포자의 색깔로 옳은 것은?

① 흰색 ② 갈색
③ 적색 ④ 흑색

정답 ①

06 ★★☆
양송이 포자 발아 촉진을 위한 처리로 부적당한 것은?

① 저급지방산 처리
② 자외선 조사
③ 배지의 산도조절
④ 균사절편의 이식접종

[해설]
자외선 조사는 살균이나 유전형질 변형을 유발함

[정답] ②

07 ★☆☆
양송이 균주를 수집하고자 포자 발아 시 촉진 방법이 아닌 것은?

① 발아용 포자 근처에 균사체 접종
② 유기산 처리
③ 영양물질 첨가
④ 자외선 장시간 조사

[해설]
06 해설 참조

[정답] ④

08 ★☆☆
양송이 포자 낙하 시 샤레의 온도로 가장 알맞은 것은?

① 5~10℃
② 15~20℃
③ 25~30℃
④ 35~40℃

[해설]
포자 채취 시 온도는 생육온도와 비슷해야 함

[정답] ②

09 ★★☆
버섯의 포자 발아용 배지로 가장 적당한 것은?

① 맥아 배지
② 증류수 한천 배지
③ 감자추출 배지
④ 퇴비추출 배지

[해설]
잡균 오염을 최소화하기 위해 물 한천 배지를 사용함

[정답] ②

10 ★☆☆
버섯의 포자 발아용 배지로 가장 적당한 것은?

① YM 배지
② 퇴비 추출 배지
③ 증류수 한천 배지
④ 차펙스(Czapek's) 배지

[해설]
09 해설 참조

[정답] ③

11 ★☆☆
포자 분리 방법에서 낙하시킨 포자의 단기간 냉장고 보관온도는?

① 1~5℃ 정도
② 10~15℃ 정도
③ 15~20℃ 정도
④ 25℃ 이상

[정답] ①

12 ★★★

양송이로부터 포자를 채취하여 원균을 제조하고자 한다. 다음 중 포자 채취에 가장 알맞은 버섯은?

① 갓이 완전히 벌어진 것을 채취한다.
② 갓이 벌어져 포자가 많이 비산되는(날리는) 것을 채취한다.
③ 갓이 벌어지기 직전의 것을 채취한다.
④ 버섯의 모양이 갖추어진 어린 버섯을 채취한다.

정답 ③

13 ★☆☆

식용버섯의 자실체로부터 포자를 채취하고자 한다. 이때 샤레의 가장 알맞은 온도와 포자의 낙하시간은?

① 온도 25~30℃, 6~15분
② 온도 25~30℃, 6~15시간
③ 온도 15~20℃, 6~15분
④ 온도 15~20℃, 6~15시간

해설
버섯에 따라 차이는 있지만, 생육온도 수준과 시간은 6시간 이상 낙하시켜야 함

정답 ④

14 ★☆☆

원균분리방법에서 포자를 이용한 균의 분리에 필요 없는 준비물은?

① 샤레 건열살균 준비
② 무균상 준비
③ 백금이 준비
④ 염색약 준비

해설
염색약은 주로 현미경 관찰에 사용함

정답 ④

15 ★☆☆

느타리버섯의 원균 분리방법이 아닌 것은?

① 세포 융합
② 조직 분리
③ 다포자 발아
④ 균사절편 이식

정답 ①

16 ★☆☆

시험관 길이에 대한 배지 분주량은?

① 시험관의 1/4 정도
② 시험관의 1/3 정도
③ 시험관의 1/2 정도
④ 시험관 굵기에 관계없이 10ml

해설
사면배지는 시험관 길이의 1/4로 분주하여 제조함

정답 ①

17 ★☆☆

감자추출배지 제조 시 덱스트로스(dextrose)의 적정 첨가량은?

① 1.0%
② 2.0%
③ 3.0%
④ 4.0%

해설
덱스트로스(Dextrose), 혹은 설탕은 물 1L에 20g이 적당함

정답 ②

18

감자추출배지(PDA) 1ℓ를 제조할 때 사용하는 감자의 무게는 몇 그램(g)이 적당한가?

① 50g ② 100g
③ 150g ④ 200g

해설
감자추출배지는 감자 200g을 깍둑썰기하여 물 1ℓ에 삶은 물을 이용하여 제조함

정답 ④

19

감자추출 한천배지(PDA)를 제조할 때 1ℓ당 한천은 몇 %를 넣는 것이 적당한가?

① 2% ② 4%
③ 6% ④ 8%

정답 ①

20

버섯원균의 증식 및 보존용 배지로 많이 쓰이는 감자 한천배지(PDA)의 성분이 아닌 것은?

① 한천 ② 펩톤
③ 감자 ④ Dextrose

정답 ②

21

느타리버섯 원균증식용 배지를 1.5ℓ 조성하려 할 때 소요되는 설탕의 양은?

① 20g ② 30g
③ 200g ④ 300g

해설
설탕은 배지량의 2%를 첨가함

정답 ②

22

PDA 1ℓ 제조에 필요한 Dexrtrose 양과 PSA 1ℓ 제조에 필요한 설탕의 양은?

① Dexrtrose: 10g, 설탕: 20g
② Dexrtrose: 20g, 설탕: 20g
③ Dexrtrose: 10g, 설탕: 200g
④ Dexrtrose: 20g, 설탕: 200g

해설
설탕, Sucrose, Dextrose, 포도당 대체 가능

정답 ②

23

감자한천배지(PDA)의 재료 조성으로 가장 적합한 것은?

① 감자 100g, 포도당 20g, 한천 10g, 물 1ℓ
② 감자 200g, 전분 20g, 한천 10g, 물 1ℓ
③ 감자 100g, 전분 20g, 한천 20g, 물 1ℓ
④ 감자 200g, 포도당 20g, 한천 20g, 물 1ℓ

정답 ④

24

버섯원균의 증식 및 보존용 배지로 가장 많이 사용하는 배지는?

① 톱밥배지　　② 곡립배지
③ 퇴비배지　　④ 감자한천배지

정답 ④

25

톱밥추출배지 1ℓ에 들어가는 한천(agar)의 양은?

① 10g　　② 20g
③ 30g　　④ 40g

해설
일반적으로 한천은 15~20g 첨가함

정답 ②

26

버섯완전배지(MCM)를 제조할 때 들어가는 성분이 아닌 것은?

① 설탕　　② 펩톤
③ 감자추출물　　④ 효모추출물

해설
버섯완전배지(MCM) 조성은 K_2HPO_4 1g, KH_2PO_4 0.46g, $MgSO_4 \cdot 7H_2O$ 0.5g, 포도당 20g, Peptone 2g, 효모추출물 2g, 한천 20g

정답 ③

27

버섯 균사 배양용 맥아배지를 제조할 때 필요한 맥아추출물의 양은 얼마인가?

① 10g　　② 20g
③ 100g　　④ 200g

해설
- 맥아배지: 맥아추출물 20g, 펩톤 5g, 한천 20g, 증류수 1L

정답 ②

28

퇴비추출배지 제조 시 증류수 1ℓ에 수분 함량 70%인 퇴비를 얼마나 사용하는가?

① 4g　　② 20g
③ 40g　　④ 200g

정답 ④

29

느타리버섯 원균의 보존 배지로 가장 적절하지 않은 것은?

① YM배지　　② 감자배지
③ 버섯완전배지　　④ Hamada배지

해설
Hamada배지는 주로 균근성버섯균 배양에 사용함

정답 ④

30

느타리 원균은 무슨 배지에서 일반적으로 배양하는가?

① 맥아배지
② 버섯최소배지
③ 감자(추출)배지
④ 하다마(Hamada)배지

정답 ③

31

느타리버섯 원균 증식용 배지 조제 시 불필요한 것은?

① 양송이 퇴비
② 감자
③ 설탕
④ 한천

해설
양송이 퇴비는 양송이균 배양 시 추출하여 사용함

정답 ①

32

양송이 원균 배양 시 가장 적합한 배지는?

① 감자배지
② 톱밥배지
③ 퇴비배지
④ Hamada 배지

정답 ③

33

양송이 등의 종균제조 시 원균이나 접종원으로 가장 많이 사용되는 것은?

① 담자포자
② 균사체
③ 자실체
④ 분열자

해설
원균이나 접종원으로는 균사로 생장시켜 사용함

정답 ②

34

원균의 계대배양 시 균총의 어느 부분을 사용하는 것이 가장 알맞은가?

① 균총 중앙
② 균총 가장자리
③ 균총 중앙과 가장자리 사이
④ 모든 부위

정답 ②

35

종균제조를 위한 원균으로 사용할 수 없는 것은?

① 순수 분리한 단포자
② 2차균사
③ 2핵균사
④ 순수 분리한 자실체의 조직

해설
버섯의 단포자는 대부분 반수체로 자실체를 형성할 수 없음

정답 ①

36

양송이 및 느타리버섯의 원균 분리방법이 아닌 것은?

① 다포자 발아
② 균사절편 이식
③ 세포 융합
④ 조직분리

해설
세포 융합은 주로 육종에 이용함

정답 ③

37
자실체로부터 균을 분리하는 가장 일반적인 방법 중 하나는?

① 대주머니방법　② 조직분리방법
③ 액체분리방법　④ 고체분리방법

정답 ②

38
담자균류의 균주 분리 시 가장 적절한 부위는?

① 대의 표면조직
② 노출된 턱받이 조직
③ 갓의 가장자리 조직
④ 노출되지 않은 내부 조직

정답 ④

39
느타리버섯 자실체의 조직분리 시 가장 좋은 부위는?

① 대와 갓의 접합 부위
② 대와 턱받이의 접합 부위
③ 갓 하면의 주름살 부위
④ 대와 균사의 접합 부위

정답 ①

40
양송이의 조직분리 배양방법으로 가장 적합한 것은?

① 뿌리부분의 균사를 분리·접종한다.
② 균사절편이면 어느 부위나 가능하다.
③ 갓과 대의 접합 부분의 육질을 분리·접종한다.
④ 대에서 분리·접종하면 배양이 잘 되지 않는다.

정답 ③

41
느타리 자실체를 버섯완전배지에 조직배양하면 무엇으로 생장하게 되는가?

① 갓　　　　② 대
③ 균사체　　④ 포자

정답 ③

42
양송이의 조직분리 배양 방법 중 가장 적당한 것은?

① 뿌리 부분의 균사를 분리 접종한다.
② 균사 절편이면 어느 것이나 가능하다.
③ 갓과 대의 접합 부분의 육질을 분리 접종한다.
④ 대에서 분리하면 실패한다.

해설
조직분리는 갓과 대의 연결 부위에서 주로 분리함

정답 ③

43
버섯균의 분리를 위해 자실체 조직으로부터 분리하는 방법으로 틀린 것은?

① 자실체는 가능하면 어린 것으로 한다.
② 날씨가 맑은 날에 채집하여 사용하는 것이 좋다.
③ 갓이나 대를 반으로 갈라서 노출되지 않는 부위의 조직(Context)을 떼어 내어 배양한다.
④ 목이는 표면을 소독한 다음 그 외부 조직을 떼어 내어 배양한다.

해설
목이는 자실체에서의 분리보다는 기주나 배지에서 분리하는 것이 유리함

정답 ④

44
식용버섯의 조직을 분리할 때 시료 채취에 가장 적당한 것은?

① 자실체가 노쇠한 것을 택한다.
② 자실체가 병약한 것도 무방하다.
③ 자실체가 비정상적인 것을 택한다.
④ 자실체는 해충의 피해를 받지 않은 것을 택한다.

해설
형태적으로 우수하고, 신선한 버섯을 선택함

정답 ④

45
자실체에서 버섯균을 분리할 때 세균의 오염을 피하기 위해서 첨가하는 항생제가 아닌 것은?

① 베노밀
② 스트렙토마이신
③ 클로람페니콜
④ 페니실린

해설
베노밀은 푸른곰팡이 살균제임

정답 ①

46
버섯으로부터 조직분리를 할 때 절편의 크기는 몇 mm가 가장 적당한가?

① 1~3mm
② 6mm
③ 9mm
④ 12mm

해설
버섯의 조직분리 시 최대한 작은 조각을 분리하는 것이 유리함

정답 ①

47
버섯균을 배양하기 위해서 필요한 시험기구는?

① 천평
② 진공냉동건조기
③ 비색계
④ 항온기

정답 ④

48
원균배양에 사용하는 배양기구가 아닌 것은?

① 시험관, 이식기구
② 무균상, 건열살균기
③ 고압스팀살균기, 항온기
④ 원심분리기, 단포자분리기

정답 ④

49
버섯 균사를 접종(이식)할 때 주로 사용하는 기구는?

① 백금선　　② 백금구
③ 백금이　　④ 백근망

정답 ②

50
원균을 이식할 때 백금구를 쓰는 이유는?

① 순수하기 때문에
② 열전도가 빠르기 때문에
③ 열전도가 느리기 때문에
④ 취급하기가 좋기 때문에

해설
백금구는 열전도가 빨라 화염살균 등으로 빠른 살균이 가능함

정답 ②

51
버섯 균사 배양 시 사용되는 기기 중 화염살균을 하는 것은?

① 피펫　　② 백금이
③ 진탕기　④ 위링 브랜더

정답 ②

52
액체상태의 균주를 접종하는 기구는?

① 피펫　　② 백금구
③ 균질기　④ 진탕기

정답 ①

53
원균을 이식할 때 쓰이는 것이 아닌 것은?

① 백금선　　② 시험관 배지
③ 알코올램프　④ 버섯

정답 ④

54
버섯 균사의 이식 시 사용하는 백금구의 알맞은 살균방법은?

① 건열살균　　② 자외선살균
③ 화염살균　　④ 고압스팀살균

해설
접종구나 시험기구는 화염 가열 살균함

정답 ③

55
클린벤치에서 원균을 이식할 때 쓰이는 기구가 아닌 것은?

① 백금선 ② 시험관 배지
③ 알코올램프 ④ 건열살균기

정답 ④

56
버섯 균주를 보존하는 데 가장 적합한 부위는?

① 원기 ② 포자
③ 자실체 ④ 균사체

정답 ④

57
균주보존에서 자실체 형성이나 균의 생리적 특성이 변화되는 현상을 방지하기 위한 일반적인 보존방법은?

① 계면활성 보존법 ② 계대배양 보존법
③ 합면배양 보존법 ④ 고온처리 보존법

정답 ②

58
버섯 균주의 보존방법으로 2년 이상 장기간 보존이 가능하며, 난균류 보존에 많이 활용하는 현탁보존법에 해당하는 것은?

① 물 보존법 ② 계대배양 보존법
③ 동결건조 보관법 ④ 액체질소 보전법

정답 ①

59
원균 보존방법 중 활성상태로 보존하는 것은?

① 광유 보존법 ② 토양 보존법
③ 냉동고 보존법 ④ 실리카겔 보존법

정답 ①

60
버섯 균주를 액체질소에 의한 장기보존 시 사용하는 동결보호제로 알맞은 것은?

① 질소 ② 알코올
③ 암모니아 ④ 글리세롤

정답 ④

61
버섯 균주를 장기 보존하기 위해서 사용하는 보조제는?

① 글리세린 ② 탄산가스
③ 산소 ④ 알코올

해설
장기 보존 방법 중 냉동법에 사용하는 동해방지제로 글리세린, DMSO가 있음

정답 ①

62

0℃ 이하에서 원균을 보존할 때 사용하는 동결보호제로 가장 적당한 것은?

① 살균수　② 유동파라핀
③ 10% 글리세린　④ 70% 에탄올

정답 ③

63

버섯 균주를 장기보존할 때 사용하는 극저온 물질은?

① 탄산가스　② 액체산소
③ 액체질소　④ 암모니아가스

해설
액체질소는 −196℃로 냉동 보존 시 사용

정답 ③

64

계대배양한 균주를 4℃ 냉장 상태에서 보존할 때 가장 적합한 보존 가능 기간은?

① 1~6개월　② 6~12개월
③ 12~18개월　④ 18~24개월

정답 ②

65

버섯 균주의 계대배양에 의한 보존방법으로 틀린 것은?

① 온도는 일반적으로 4~6℃가 적당하다.
② 보존 장소의 상대습도를 50% 내외로 유지한다.
③ 냉암소에 보관한다.
④ 보존 중에는 균사의 생장이 가능한 억제되도록 한다.

정답 ②

66

버섯 균주의 계대배양 보존방법의 특성으로 틀린 것은?

① 작업이 용이하다.
② 일반적으로 3~4개월마다 계대하여 보존한다.
③ 계대배양 작업 중 실수로 오염이 발생할 수 있다.
④ 장기보존에 효과적이다.

해설
계대배양 보존법은 단기보존법임

정답 ④

67

진공 냉동 건조에 의한 보존방법으로 옳지 않은 것은?

① 단기보존하는 방법이다.
② 세포를 휴면시키는 방법이다.
③ 보호제로 10% 포도당을 이용한다.
④ 동결방법으로 액체질소를 이용한다.

[해설]
- 진공냉동건조(동결건조, freeze drying): 주로 곰팡이 포자를 동결보호제인 달지유 등에 현탁하여 동결건조시키는 방식으로 4~40년의 장기보존 가능함

[정답] ①

68

버섯 균주의 보존 시 유동 파라핀봉입에 대한 설명으로 맞는 것은?

① 배지의 잡균 오염을 방지한다.
② 산소공급을 차단하여 호흡을 억제한다.
③ 파라핀의 양은 많은 것이 좋다.
④ 보존기간이 5~7년 정도로 길다.

[해설]
광유보존법이라고도 하며, 배지의 건조를 막고, 산소공급을 중단시켜 균사 생장 억제시킴으로서 계대배양법 보다는 보존기간이 길어짐

[정답] ②

69

버섯 원균의 액체질소 보존법에 대한 설명으로 옳은 것은?

① -20℃에서 보존하는 방법이다.
② 보존방법 중에서 가장 저렴하다.
③ 보호제로 10% 젤라틴을 사용한다.
④ -196℃에서 장기간 보존할 수 있는 방법이다.

[해설]
액체질소 보존법은 -196℃에서 보존 가능하고, 동해방지제로 글리세린, DMSO 등을 이용하며, 설치운영비가 비쌈

[정답] ④

70

저온에 보존하기 위한 버섯 균사는 시험관 배지 면적의 몇 % 정도 생장한 것이 가장 알맞은가?

① 90~100% ② 70~80%
③ 50~60%   ④ 30~40%

[해설]
저온저장은 균사 생장이 느려질 뿐 정지시키는 것이 아니므로, 사면배지 면적의 70~80% 정도 생장하면 저온저장함

[정답] ②

71
원균 관리에 대한 설명 중 부적당한 것은?

① 보존장소는 출입 제한
② 저온 보존 시 2~3개월마다 이식 배양
③ 통풍이 잘 되며, 습도를 90% 이상으로 유지
④ 일반적으로 4~6℃의 저온에 보관

해설
- 사면배지를 이용한 원균 보존 적정 환경조건
  - 온도: 5℃ 내외, 일부 고온성 버섯은 10℃ 이상
  - 습도: 60% 이내

정답 ③

72
버섯 균주의 장기보존 시 10℃ 이상의 상온에 보존하는 것이 좋은 것은?

① 표고버섯 ② 팽이버섯
③ 풀버섯 ④ 양송이

해설
고온성 버섯인 풀버섯, 분홍느타리는 10℃ 이상에서 보존

정답 ③

73
버섯 균주의 온도가 저온(5℃ 이하)보다 상온(20℃ 정도)에서 보존하기에 적당한 버섯은?

① 양송이 ② 표고버섯
③ 풀버섯 ④ 느타리버섯

해설
- 풀버섯의 균사 생장 온도 범위는 23~38℃이고, 최적은 35℃임
- 저온 보관 시 균이 사멸할 수 있고, 20℃ 정도의 상온에서 계속 계대배양하여 보관하는 것이 유리

정답 ③

74
다음 중 팽이버섯의 원균 보존에 가장 적합한 온도는?

① 약 4℃ ② 약 10℃
③ 약 15℃ ④ 약 20℃

정답 ①

75
팽나무버섯의 균주 보존에 가장 적합한 온도는?

① 약 4℃ ② 약 10℃
③ 약 15℃ ④ 약 20℃

정답 ①

76
양송이 및 느타리버섯의 원균 보존방법이 아닌 것은?

① 유동파라핀 침전법 ② -60℃에서 보존
③ 진공냉동 보존법 ④ 배양 적온에 보존

정답 ④

77
양송이와 느타리버섯의 원균을 냉장고에 저온으로 저장(보존)하는 이상적인 기간은?

① 1개월 미만 ② 6개월
③ 10개월 ④ 1년 이상

해설
원균은 보존방법에 따라 보존기간에 차이가 있음

정답 ①

78
버섯 균주를 4℃에 보존하려면 배지에 균사가 몇 % 정도 생장한 것이 좋은가?

① 10%   ② 40%
③ 70%   ④ 100%

정답 ③

79
느타리버섯 원균배양 최적 온도는?

① 10~15℃   ② 17~22℃
③ 25~30℃   ④ 32~37℃

정답 ③

80
느타리버섯의 조직을 분리하여 배양할 때 알맞은 온도는?

① 5℃   ② 15℃
③ 25℃   ④ 35℃

정답 ③

81
표고 균사의 생장 최적 온도는?

① 10~14℃   ② 16~20℃
③ 22~26℃   ④ 29~33℃

정답 ③

82
표고 균사의 최적 배양 온도는?

① 15℃   ② 25℃
③ 35℃   ④ 45℃

정답 ②

83
양송이균의 배양에 가장 적당한 온도는?

① 10~13℃   ② 15~18℃
③ 23~25℃   ④ 30~35℃

정답 ③

84
팽나무버섯 (팽이) 균사의 가장 알맞은 배양 온도는?

① 13~18℃   ② 20~25℃
③ 27~32℃   ④ 35℃ 이상

해설
균사 생장 온도 범위는 4~35℃이고, 최적은 25℃ 내외임

정답 ②

85
다음 중 가장 낮은 온도에서도 균사 생장을 하는 버섯은?

① 느타리   ② 표고
③ 영지   ④ 팽이

정답 ④

86
다음 버섯 중 균사 생장용 배지의 산도가 가장 낮아야 하는 것은?

① 잎새버섯
② 사철느타리버섯
③ 표고버섯
④ 양송이버섯

[해설]
- 잎새버섯: pH 4.0
- 사철느타리: pH 5.0~6.0
- 표고버섯: pH 5.0~6.0
- 양송이: pH 6.8~7.0

[정답] ①

87
다음 중 균사 생장의 최적 산도(pH)가 가장 낮은 것은?

① 송이
② 목이
③ 여름양송이
④ 여름느타리

[해설]
- 송이: pH 4.5
- 목이: pH 6~7
- 여름양송이, 여름느타리: pH5~6

[정답] ①

88
느타리버섯과 표고버섯의 균사 배양이 가장 알맞은 배지의 pH 범위는?

① 4~5
② 5~6
③ 6~7
④ 7~8

[정답] ②

89
목이버섯의 균사 생장 최적 산도는?

① pH 3.5~4.5
② pH 4.6~5.5
③ pH 6.0~7.0
④ pH 8.0~9.5

[정답] ③

90
버섯 균사는 물을 매체로 영양기질과 접하여 영양을 균사체 표면에 있는 용액으로부터 흡수한다. 따라서 용액의 물리화학적 상태는 버섯 균사 생장에 많은 영향을 주는데 그 요인 중의 하나가 산도(pH)이다. 대부분의 버섯을 비롯한 곰팡이균이 생장하는 데 적당한 산도 (pH)는?

① 강산성
② 약산성
③ 약알카리성
④ 강알카리성

[해설]
대부분 버섯의 적정 pH는 5~6 정도임

[정답] ②

91
양송이균의 생활사로 옳은 것은?

① 포자-2차균사-담자기-자실체
② 포자-자실체-1차균사-담자기
③ 포자-2차균사-자실체-담자기
④ 포자-1차균사-자실체-담자기

[해설]
포자-2차균사-자실체-담자기

[정답] ③

92
식용버섯 종균 제조 체계로서 알맞은 것은?

① 원균-톱밥접종원-종균
② 원균-종균
③ 원균-1차접종원-2차접종원-종균
④ 종균-저장-종균

해설
원균-접종원-종균

정답 ①

93
종균 접종원 제조에 대한 설명으로 옳지 않은 것은?

① 무균상 내에서 작업을 수행한다.
② 종균의 활력을 높이고 대량생산을 위해 실시한다.
③ 가급적 신선하고 배양이 오래되지 않은 접종원을 사용한다.
④ 페트리디쉬에서 배양한 균을 톱밥배지병에 다시 배양한 것은 접종원으로 사용할 수 없다.

정답 ④

94
일반적으로 버섯종균 제조용 접종원 계대배양 한계는?

① 2회 정도는 허용된다.
② 횟수와 관계없다.
③ 1회 이상은 절대 안 된다.
④ 10회까지는 허용된다.

해설
접종원의 퇴화(변이) 우려로 계대배양을 많이 하지 않음

정답 ①

95
표고버섯 종균 증식과정의 하나로 보기 어려운 것은?

① 원균분양   ② 원균증식
③ 접종원 제조   ④ 품질검사

정답 ④

96
버섯 원균의 균총과 종균이 다소 황갈색을 띄는 버섯은?

① 느타리   ② 목질진흙버섯
③ 표고   ④ 신령버섯

해설
대부분 버섯류의 균총색은 흰색을 갖지만, 목질진흙버섯(상황)의 경우 노란색에서 점차 황갈색으로 진해짐

정답 ②

97
감자추출배지의 살균방법으로 적당한 것은?

① 자외선살균   ② 건열살균
③ 여과   ④ 고압스팀살균

해설
고압스팀살균은 주로 한천배지, 액체배지, 종균용 톱밥배지 등에 사용됨

정답 ④

98
퇴비추출한천배지(CDA)의 알맞은 살균방법은?

① 상압살균　　② 건열살균
③ 자외선살균　④ 고압살균

정답 ④

99
원균 계대배양을 위한 시험관의 고압증기살균 시 알맞은 살균 시간은?

① 10분　　　　② 20분
③ 1시간 30분　④ 2시간 30분

정답 ②

100
한천배지 만들기에서 배양 용액을 시험관 길이 1/4 정도(10~20CC) 주입한 배지를 고압살균기에서 충분한 배기를 하면서 121℃(15Lbs)에서 얼마간 살균하는가?

① 5분간　　② 10분간
③ 20분간　④ 50분간

정답 ③

101
1,000ml 삼각플라스크를 사용하여 200ml 감자배지를 제조할 때 살균조건으로 가장 알맞은 것은?

① 온도: 121℃, 압력: 11psi, 살균시간: 20분 정도
② 온도: 121℃, 압력: 15psi, 살균시간: 20분 정도
③ 온도: 121℃, 압력: 11psi, 살균시간: 25분 정도
④ 온도: 121℃, 압력: 15psi, 살균시간: 25분 정도

정답 ②

(2) 버섯종균관리

01
누에동충하초를 누에에 접종할 때 종균으로 이용되는 것은?

① 포자액체종균　② 톱밥종균
③ 곡립종균　　　④ 종목종균

해설
동충하초는 고체 형태의 종균보다는 액체종균이 더 효과적임

정답 ①

02
곡립종균 사용이 재배에 적합한 버섯 종류는?

① 신령버섯, 큰느타리(새송이)
② 만가닥버섯, 신령버섯
③ 양송이, 맛버섯
④ 양송이, 신령버섯

해설
양송이와 신령버섯은 톱밥분해능력이 떨어지기 때문에 곡립종균이 적합함

정답 ④

03
곡립종균의 사용이 적합한 버섯은?

① 양송이 ② 느타리버섯
③ 표고버섯 ④ 뽕나무버섯

정답 ①

04
주로 양송이를 재배할 때 사용되는 종균은?

① 곡립종균 ② 톱밥종균
③ 퇴비종균 ④ 종목종균

정답 ①

05
주로 곡립종균을 사용하여 재배하는 버섯은?

① 표고 ② 느타리
③ 양송이 ④ 뽕나무버섯

정답 ③

06
표고버섯에서 사용하지 않는 종균은?

① 종목종균
② 톱밥종균
③ 톱밥성형종균(캡슐종균)
④ 곡립종균

해설
곡립종균은 표고톱밥재배에서 사용할 수 있으나 원목재배에서는 사용치 않음

정답 ④

07
표고 종균으로 사용하지 않는 것은?

① 톱밥종균 ② 퇴비종균
③ 종목종균 ④ 성형종균

해설
퇴비종균은 풀버섯에 주로 사용됨

정답 ②

08
팽이버섯이나 느타리의 재배용 배지에 접종원으로 사용되는 종균의 종류는?

① 퇴비배양종균 ② 곡립배양종균
③ 톱밥배양종균 ④ 목편배양종균

정답 ③

09
버섯배지에 접종하는 종균 중 주로 액체종균을 사용하지 않는 버섯은?

① 팽이버섯 ② 느타리버섯
③ 동충하초 ④ 양송이

정답 ④

10 ★☆☆
팽이버섯 배양기간을 단축할 수 있어서 많이 사용하는 종균의 종류는?

① 액체종균　　② 톱밥종균
③ 곡립종균　　④ 성형종균

정답 ①

11 ★☆☆
액체종균의 가장 큰 장점은?

① 배양기간이 단축된다.
② 일시에 오염될 가능성이 없다.
③ 살균을 할 필요가 없다.
④ 종균의 저장기간이 길다.

정답 ①

12 ★★★
양송이 종균의 배지 재료는?

① 포플러 톱밥　　② 오리나무 톱밥
③ 참나무 톱밥　　④ 밀

해설
• 곡립종균의 재료: 밀, 조, 수수 등

정답 ④

13 ★★☆
곡립종균 제조용 배지 재료로 적당하지 않은 것은?

① 밀　　② 호밀
③ 수수　　④ 벼

해설
종균 재료 선택 시 가격 경쟁력을 고려해야 함

정답 ④

14 ★☆☆
영지버섯 종균제조용 배지 재료로 탄닌 함량이 2.1~2.8% 정도로 가장 적당한 것은?

① 소나무류　　② 현사시나무
③ 전나무　　④ 참나무류

해설
영지버섯의 톱밥종균 재료로 참나무톱밥을 사용

정답 ④

15 ★☆☆
표고 및 느타리 톱밥배지 제조 시 배합원료에 해당하지 않는 것은?

① 포플러톱밥　　② 쌀겨
③ 참나무톱밥　　④ 퇴비

정답 ④

16
양송이 곡립종균 배합재료가 아닌 것은?

① 밀
② 탄산석회
③ 석고
④ 양송이 퇴비

해설
- 곡립종균 주재료: 밀, 조, 수수 등
- 첨가제: 석고($CaSO_4$, 황산칼슘), 탄산석회($CaCO_3$, 탄산칼슘)

정답 ④

17
양송이 종균 제조 시 배지 재료의 배합이 알맞은 것은?

① 밀, 탄산칼슘, 설탕
② 밀, 미강, 석고
③ 밀, 미강, 탄산칼슘
④ 밀, 탄산칼슘, 석고

정답 ④

18
밀 배지 제조 시 탄산석회와 석고의 첨가 이유를 가장 바르게 나타낸 것은?

① 수분 함량 조절
② 산도 조절
③ 산도 조절과 건조 방지
④ 산도 조절과 결착 방지

해설
산도 조절과 결착 방지 등 물리성 개선 효과가 있음

정답 ④

19
양송이 곡립종균에 첨가하는 석고는 배지 무게에 얼마를 넣는 것이 가장 적당한가?

① 0.1%
② 1.0%
③ 5.0%
④ 10.0%

해설
석고는 배지 무게의 0.6~2.0% 정도로 수분 함량에 따라 조절하여 첨가함

정답 ②

20
곡립배지 조제 시 수분 함량이 과습 상태일 때 수분을 조절할 수 있는 첨가제로 주로 이용되는 것은?

① 염산(HCl)
② 탄산석회($CaCO_3$)
③ 황산칼슘($CaSO_4$)
④ 황산마그네슘($MgSO_4$)

해설
황산칼슘, $CaSO_4$, 석고

정답 ③

21
버섯종균 생산에서 배지 조제(곡립배지, 톱밥배지) 시 산도조절용으로 사용하는 첨가제는?

① 황산마그네슘
② 탄산석회
③ 인산염
④ 아스파라긴

해설
탄산석회, 탄산칼슘, $CaCO_3$

정답 ②

22
곡립배지 제조 시 배지의 pH를 조절하기 위하여 주로 사용하는 재료는?

① 쌀겨 ② 탄산칼슘
③ 키토산 ④ 밀기울

정답 ②

23
종균배지에 첨가하는 석회의 가장 큰 역할은?

① 산의 중화 ② 영양 공급
③ 잡균 억제 ④ 물리성 조절

해설
석회(lime) 칼슘이 들어있는 무기화합물. $CaCO_3$

정답 ①

24
양송이 종균의 곡립 배지 제조 시 산도 조절방법으로 알맞지 않은 것은?

① 석고는 곡립 배지 무게의 0.6~1.0% 첨가한다.
② 배지의 산도가 pH 6.5~6.8이 되게 탄산석회로 조절한다.
③ 석고와 탄산석회를 먼저 혼합한 후 곡립표면에 살포한다.
④ 배지의 수분 함량에 따라서 탄산석회의 사용량을 증감시킨다.

해설
석고는 배지의 수분 함량에 따라 조절함

정답 ④

25
밀배지 제조 시 탄산석회와 석고의 첨가 이유를 가장 바르게 나타낸 것은?

① 탄산석회: 산도 조절, 석고: 결착 방지
② 탄산석회: 산도 조절, 석고: 건조 방지
③ 탄산석회: 결착 방지, 석고: 산도 조절
④ 탄산석회: 건조 방지, 석고: 산도 조절

정답 ①

26
곡립종균의 결착을 방지하여 물리적 성질을 개선하고자 넣는 것은?

① 석고 ② 염화칼슘
③ 이산화망간 ④ 탄산나트륨

정답 ①

27
곡립종균을 만들 때 pH를 조절하기 위해 첨가하는 것으로 가장 부적합한 것은?

① 염산 ② 탄산석회
③ 탄산나트륨 ④ 수산화나트륨

정답 ①

28
액체종균 배양 시 거품의 방지를 위하여 배지에 첨가하는 것은?

① 감자 ② 하이포넥스
③ 비타민 ④ 안티폼

정답 ④

29

액체종균 제조에 대한 설명으로 옳지 않은 것은?

① 감자추출배지나 대두박배지를 주로 사용한다.
② 배지에 공기를 넣지 않는 경우 산도를 조정하지 않는다.
③ 느타리 및 새송이는 살균 전 배지를 pH 5.5~6.0으로 조정한다.
④ 압축공기를 이용한 통기식 액체 배양에서는 거품 생성 방지를 위하여 안티폼을 첨가한다.

[해설]
느타리, 큰느타리는 살균 전 배지의 pH를 4.0~4.5로 조정해야 통기식 액체배양에서 유리함

[정답] ③

30

톱밥배지 조제 시 유기산을 생성시켜 불량배지를 유발시킬 수 있는 재료는?

① 참나무 톱밥　② 미강(쌀겨)
③ 포도당　　　④ 탄산칼슘

[해설]
미강(쌀겨)과 같은 질소원 재료는 산패되기 쉬움

[정답] ②

31

버섯종균 재료 중 미강을 저장할 때 성분 변화로 균사 생장을 억제하는 것은?

① 인산　　　② 비타민 B군
③ 지방산　　④ 탄수화물

[해설]
미강의 지방 성분이 산패하여 지방산을 생성함

[정답] ③

32

양송이 곡립종균 제조 시 벌레 먹은 밀을 그대로 사용하였을 때 오는 문제점은?

① 밀이 터져 전분이 노출된다.
② 구멍이 많아 터지지 않는다.
③ 양송이 균의 발육이 늦어진다.
④ 양송이 수량이 많아진다.

[해설]
벌레 먹은 구멍으로 전분이 노출되어 곡립종균이 덩어리지는 등의 문제가 발생함

[정답] ①

33

다음 중 종균제조용 곡립으로 부적당한 것은?

① 벌레가 먹지 않은 것
② 찰기가 많은 것
③ 잘 영근 것
④ 변질되지 않은 것

[해설]
찰기가 많으면 곡립종균이 덩어리 짐

[정답] ②

34

곡립배지에 대한 설명으로 옳지 않은 것은?

① 찰기가 적은 것이 좋다.
② 밀, 수수, 벼를 주로 사용한다.
③ 주로 양송이 재배 시 사용한다.
④ 배지 제조 시 너무 오래 물에 끓이면 좋지 않다.

[정답] ②

35
종균 생산 시 톱밥배지의 재료인 톱밥과 쌀겨의 입자 크기는?

① 톱밥 1~2mm, 쌀겨 0.5~0.7mm
② 톱밥 2~3mm, 쌀겨 0.8~1.0mm
③ 톱밥 3~5mm, 쌀겨 1.5mm
④ 톱밥 5~7mm, 쌀겨 2mm

정답 ③

36
느타리버섯 종균 제조 시 사용되는 톱밥배지로 부적당한 것은?

① 포플러톱밥+미강 20% 사용
② 야외에서 3~6개월간 야적하여 수지 및 유해물질 제거 후 건조하여 사용
③ 가마니 등에 생톱밥을 건조 후 담아두고 사용
④ 톱밥에 미강을 혼합하여 1~2일 야적한 후에 사용

해설
혼합 후, 배지의 변질 등을 우려해 바로 살균해야 함

정답 ④

37
표고 톱밥 배지 재료 배합 시 첨가되는 미강의 양으로 가장 알맞은 것은?

① 5%   ② 10%
③ 20%   ④ 30%

해설
미강은 15~20%가 적당함

정답 ③

38
버들송이의 종균배지로 가장 알맞은 것은?

① 포플러 톱밥+미강 20%
② 소나무 톱밥+밀기울 30%
③ 참나무 톱밥+미강 20%
④ 뽕나무 톱밥+미강 25%

해설
• 소나무 톱밥:밀기울(소맥피)=70:30 비율

정답 ②

39
느타리버섯 종균 제조에 알맞은 톱밥:쌀겨의 첨가 비율은?

① 8:1   ② 6:1
③ 4:1   ④ 2:1

해설
톱밥종균 배지의 비율은 톱밥:미강(쌀겨)=8:2가 기본임

정답 ③

40
톱밥종균 제조할 때의 설명 중 틀린 것은?

① 수분 함량이 63~65%가 되도록 한다.
② PP병을 사용한다.
③ PE병을 사용한다.
④ 1ℓ 병에 550~650g을 넣는다.

해설
톱밥종균은 고온고압에 안정적인 재질의 pp병을 사용함

정답 ③

41

표고버섯 성형종균 제조 작업 시 작업장의 최적온도는?

① 10℃ 이하에서 작업한다.
② 20~25℃에서 작업한다.
③ 15~18℃에서 작업한다.
④ 5℃ 이하의 저온에서 작업한다.

해설
성형종균 제조실의 온도는 15℃ 내외를 유지함

정답 ③

42

버섯종균 제조 및 재배를 위한 톱밥배지 배합에 대한 설명으로 틀린 것은?

① 주재료인 톱밥은 70~80%, 영양원인 쌀겨나 밀기울은 20~30%로 배합하는 것이 표준이다.
② 톱밥배지를 배합할 때 적정 수분 함량은 65% 전후가 적당하다.
③ 톱밥배지를 배합하여 수분 함량 첨가 후 4~5일 간 발효를 거쳐 용기에 담아 살균하는 것이 좋다.
④ 쌀겨 또는 밀기울의 배지 배합 비율이 30% 이상 되면 오염률이 높아지며 균사 생장속도가 늦어지는 경향이 있다.

해설
톱밥배지는 입병 후 바로 살균

정답 ③

43

톱밥종균 제조에 대한 설명으로 옳지 않은 것은?

① 수분 함량이 63~65%가 되도록 한다.
② 미송톱밥보다 포플러톱밥 품질이 더 좋다.
③ 배지 재료를 1ℓ 병에 550~650g 정도 넣는다.
④ 고압살균 시 변형 방지를 위하여 PE재질의 병을 사용한다.

정답 ④

44

톱밥배지 제조 시 배지 밑바닥까지 중심부에 구멍을 뚫어주는 이유로 옳지 않은 것은?

① 배양기간을 단축할 수 있게 한다.
② 접종원이 병 하부까지 내려갈 수 있게 한다.
③ 병 내부 공기유통을 원활하게 하기 위해서 한다.
④ 배지 내 형성되는 수분을 모아 배출하기 쉽게 하기 위해서 한다.

해설
• 타공의 목적: 버섯균이 호기성이므로 구멍으로 산소공급을 원활히 하여 균사 생장을 촉진하기 위함

정답 ④

45

톱밥종균 제조 시 포플러 톱밥이 가장 적당한 버섯은?

① 느타리 ② 표고
③ 영지   ④ 뽕나무버섯

정답 ①

46
영지의 톱밥종균 제조 시 어떤 수종의 톱밥이 가장 적당한가?

① 포플러   ② 소나무
③ 참나무   ④ 낙엽송

정답 ③

47
표고 톱밥 배지 재료 배합 시 첨가되는 미강의 양으로 가장 알맞은 것은?

① 5%   ② 15%
③ 35%   ④ 55%

정답 ②

48
표고 및 느타리버섯의 접종원 제조 시 톱밥배지의 적합한 수분 함량은?

① 55%   ② 65%
③ 75%   ④ 85%

해설
종균용 톱밥배지의 수분 함량은 65% 정도가 적당함

정답 ②

49
일반적으로 양송이의 밀 곡립종균의 최적 수분 함량은?

① 35~40%   ② 45~50%
③ 55~60%   ④ 65~70%

정답 ②

50
곡립종균 제조 시 밀의 가장 적당한 수분 함량은?

① 25% 내외   ② 35% 내외
③ 45% 내외   ④ 55% 내외

정답 ③

51
양송이 곡립종균 제조 시에 배지용량이 얼마이면 1파운드가 되는가?

① 300~400CC   ② 500~600CC
③ 700~800CC   ④ 900~1000CC

해설
곡립종균 1L 병에 곡립 1파운드(약 454g)를 입병하면, 70~80%로 채워짐

정답 ③

52
종균배지(톱밥배지) 제조 시 입병용기가 1,000ml일 경우 일반적으로 배지 주입량은?

① 550~650g   ② 650~750g
③ 750~800g   ④ 850~900g

해설
배지의 입병량은 65g/100ml 정도를 기본으로 설정함

정답 ①

53
톱밥배지의 입병 작업이 완료되면 즉시 살균 처리 하도록 하는 이유는?

① 장시간 방치하면 배지가 변질됨
② 장시간 방치하면 배지 산도가 높아짐
③ 장시간 방치하면 배지의 유기산이 높아짐
④ 장시간 방치하면 탄수화물량이 높아짐

정답 ①

54
1L의 용기에 500g의 배지를 넣은 양송이종균의 배지살균으로 가장 적당한 조건은?

① 곡립종균배지는 121℃에서 90분
② 퇴비종균배지는 121℃에서 90분
③ 곡립종균배지는 121℃에서 30분
④ 퇴비종균배지는 100℃에서 90분

해설
대부분의 종균은 1,000ml 병의 600g 배지를 기준으로 하여 100병 이하 용량의 소형 살균기에서는 121℃(1.1kg/cm²)에서 90분간 살균하면 멸균이 가능함

정답 ①

55
버섯종균 제조 시 톱밥배지 살균은 다음 중 어느 살균기를 사용하는가?

① 건열살균기　　② 고압증기살균기
③ 건열순간살균기　④ 습열순간살균기

정답 ②

56
식용버섯 종균 제조 시 배지의 살균 방법으로 가장 적합한 것은?

① 살균솥의 내부압력을 조절한 후 서서히 외부압력을 올린다.
② 살균이 끝나면 배기밸브를 열어 속히 내압을 내려 준다.
③ 외부와 내부 압력을 올린 후 배기밸브는 완전히 막고 살균한다.
④ 외부와 내부 압력을 조절한 후 살균 중에도 페트콕크를 연 후 계속적으로 소량 배기한다.

정답 ④

57
식용버섯 종균 제조 시 살균 방법으로 옳지 않은 것은?

① 외압을 올린 후 내압을 조절하고 소량이라도 계속 배기한다.
② 살균시간 중에는 계속 페트콕크를 열어 준다.
③ 살균과정 중 전원 고장으로 살균이 중단되었을 때 앞의 시간도 살균 시간으로 계산한다.
④ 살균시간은 내부온도가 121℃(1.1kg/cm²)에 도달된 때부터 계산한다.

해설
살균 과정이 중단되었을 때, 처음부터 재살균하는 것이 안전함

정답 ③

58

식용버섯 종균 제조 시 배지의 살균 방법으로 가장 적합한 것은?

① 살균시간 측정은 가압 시작 시부터 하여 정확히 잰다.
② 살균이 끝나면 배기밸브를 열어 속히 내압을 내려준다.
③ 곡립배지는 살균이 끝난 다음에 흔들지 않고 덩어리 상태로 무균실로 옮긴다.
④ 외부와 내부 압력을 조절한 후 살균 중에도 계속 배기밸브를 조금씩 열어 놓는다.

정답 ④

59

종균 접종용 톱밥배지의 고압살균에 대한 설명으로 옳은 것은?

① 살균이 끝나면 강제로 배기시킨다.
② 스크류 캡병 사용 시 용적의 90% 이상 넣는다.
③ 살균기 내의 공기를 완전히 제거하여 기포를 발생시킨다.
④ 살균이 끝나면 배지가 흔들리지 않게 꺼내어 서서히 식힌다.

정답 ④

60

톱밥이나 밀 배지를 고압살균하여 종균을 제조하고자 한다. 이 때 가장 알맞은 온도와 압력은?

① 108℃, 15lbs
② 108℃, 20lbs
③ 121℃, 15lbs
④ 121℃, 20lbs

해설
• 고압 살균 조건: 온도 121℃, 압력 1.1kgf/cm^2
* lbs(파운드)는 주로 무게 단위로 쓰임, 압력 단위는 psi 사용

정답 ③

61

종균 접종용 톱밥배지의 고압살균 시 압력으로 가장 적절한 것은?

① 약 0.1kgf/cm^2
② 약 0.6kgf/cm^2
③ 약 1.1kgf/cm^2
④ 약 1.6kgf/cm^2

정답 ③

62

배지의 살균은 배지의 용량에 따라 다소 차이가 있으나 일반적으로 양송이 곡립종균 제조 시 가장 적당한 고압살균(1.1kg/cm^2, 121℃) 시간은?

① 20분
② 40분
③ 90분
④ 120분

정답 ③

63

버섯종균용 톱밥배지(600g)의 고압살균 시 가장 적합한 살균시간은?

① 20~50분
② 60~90분
③ 100~130분
④ 140~170분

정답 ②

64

종균용 배지의 살균시간을 결정할 때 고려할 사항이 아닌 것은?

① 보일러 크기
② 종균병의 크기
③ 배지의 종류
④ 배지의 살균량

해설
배지 살균시간은 용기의 크기와 종류, 배지의 수분 함량과 밀도, 배지의 크기와 구멍, 수증기의 압력과 온도, 살균하는 배지량 등을 고려해야 함

정답 ①

65

종균배지의 살균 시 열 침투에 영향을 미치는 요인이 아닌 것은?

① 배지의 초기 온도
② 증기 압력
③ 실내 습도
④ 배지 밀도

정답 ①

66

종균배지 살균 후 급격한 배기를 할 때 나타나는 현상은?

① 살균효과가 감소한다.
② 살균효과가 증가한다.
③ 솜마개가 빠진다.
④ 밀의 수분이 증가한다.

해설
고압 살균 후 급격한 배기는 급격한 압력 변화로 살균한 내용물이 넘치거나, 시험관 마개가 빠지고 살균이 잘못될 수도 있음

정답 ③

67

종균제조 시에 면전을 하는 이유와 가장 거리가 먼 것은?

① 배지 건조 방지
② 잡균침입 방지
③ 공기 순환
④ 살균 시 수분 증가 방지

해설
면전은 원활한 공기 순환과 오염균 침입 방지, 과도한 수분 이탈 방지 등의 효과가 있음

정답 ④

68

종균생산 제조 시 종균병 병구에 면전을 어떻게 하는 것이 이상적인가?

① 공중 습도가 들어가게 면전
② 공기 유통에 관계없이 면전
③ 공기 유통이 되게 면전
④ 탄산가스가 배출되지 않게 면전

정답 ③

69

종균병 마개의 솜마개 부분이 12mm 이상이 되어야 하는 이유와 관계가 깊은 것은?

① 배지의 수분 함량
② 배지의 산도 변화
③ 잡균의 오염 방지
④ 병 내부의 산소 공급

정답 ④

70
솜마개 요령 중 잘못된 것은?

① 좋은 솜을 사용한다.
② 빠지지 않게 단단히 한다.
③ 표면을 둥글게 한다.
④ 길게 하여 깊이 틀어막는다.

정답 ④

71
양송이 곡립종균 살균 후 흔들기를 하는 주된 이유는?

① 석고가 고루 섞이게 하기 위하여
② 수분을 고루 분포시키기 위하여
③ 밀알을 분리시키기 위하여
④ 밀알이 터지는 것을 예방하기 위하여

정답 ③

72
배지의 살균이 끝난 후 꺼낼 때 흔들지 않고, 청결하게 소독된 냉각실로 옮겨 서서히 식혀야 하는 배지는?

① 액체배지　② 톱밥배지
③ 곡립배지　④ 한천배지

정답 ②

73
종균 접종실 및 시험기구에 사용하는 소독약제인 알코올의 농도는?

① 70%　② 80%
③ 90%　④ 100%

해설
소독 목적으로 사용하는 에틸알코올 농도는 70%가 적합함

정답 ①

74
버섯종균제조에 필요한 초자기구, 금속, 습열살균이 불가능한 재료 등을 살균하는 방법으로 습열살균보다는 덜 효과적이고, 140℃에서 3시간 정도 살균하는 것은?

① UV살균　② 화염살균
③ 건열살균　④ 고압살균

정답 ③

75
식용버섯의 종균제조 시 무균실의 소독 방법으로 가장 적합한 방법은?

① 70~75% 알코올 살포
② 마라치온 및 D.D.V.P 살포
③ 3~5% 석탄산(phenol) 살포
④ 0.1% 승홍수 살포 및 유황 훈증

정답 ①

76
최종산물인 종균을 제조할 때 사용하는 것으로 종균배지에 접종하는 버섯균을 무엇이라 하는가?

① 원균
② 균사
③ 자실체
④ 접종원

정답 ④

77
버섯종균을 접종하는 무균실의 항시 온도는 얼마로 유지하는 것이 작업 및 오염방지를 위하여 가장 이상적인가?

① 5℃ 정도
② 10℃ 정도
③ 15℃ 정도
④ 20℃ 정도

해설
오염 방지를 위해 낮은 온도가 효과적이지만, 작업자의 작업 환경 등을 고려하여 15℃ 이내로 유지함

정답 ③

78
접종원 1병(1L)으로 몇 병을 접종하는 것이 가장 적당한가?

① 8병
② 80병
③ 800병
④ 8000병

해설
접종량은 병당 10~15g 정도로 80병 내외로 접종 가능

정답 ②

79
1병의 링거병(1ℓ)에 들은 접종원으로부터 종균용 1ℓ짜리 톱밥배지를 몇 병 정도 만드는 것이 가장 좋은가?

① 100병
② 200병
③ 300병
④ 400병

해설
접종량은 병당 10~15g 정도로 80~100병 내외로 접종 가능

정답 ①

80
액체종균 접종원의 균사를 마쇄할 때 주로 사용되는 기구는?

① 코르크 보어(Cork bore)
② 인큐베이터(incubator)
③ 균질기(homogenizer)
④ 핀셋(pincette)

해설
액체 배양된 균사체는 살균된 균질기를 이용하여 균일하게 분쇄하여 사용

정답 ③

81
액체종균을 제조, 배양할 때 사용하는 기구나 기기가 아닌 것은?

① 수조
② 피펫
③ 무균상
④ 진탕기

정답 ①

82

종균배양실의 환경조건으로 가장 알맞은 것은?

① 균주의 최적생육 온도보다 다소 낮게 조절한다.
② 균주의 최적생육 온도보다 다소 높게 조절한다.
③ 습도는 50% 이하로 한다.
④ 항상 전등을 밝혀 둔다.

해설
배양실 온도는 적정온도보다 낮게 관리하고, 공중 습도는 65% 정도를 유지하면서 이산화탄소 농도는 최대 0.5% 이하로 환기 관리하고, 암배양함

정답 ①

83

종균배양실의 관리 방법으로 틀린 것은?

① 종균을 넣기 전 청소 및 약제소독을 한다.
② 습도는 70% 이하로 유지한다.
③ 온도는 23~25℃ 정도를 유지한다.
④ 전등을 항상 켜서 균사 생장을 촉진한다.

해설
버섯 균사 생장에는 광이 필요 없음

정답 ④

84

종균배양실의 환경조건에 대한 설명으로 적절하지 않은 것은?

① 환기를 실시하여 신선한 공기를 유지한다.
② 실내습도를 70% 이하로 낮게 하여 잡균 발생을 줄인다.
③ 항상 일정한 온도를 유지하여 응결수 형성을 억제한다.
④ 100lux 정도의 밝기로 유지하여 자실체 원기 형성을 유도한다.

정답 ④

85

느타리버섯의 정상적인 종균 배양 기간은 며칠 정도가 가장 적당한가?

① 25일   ② 35일
③ 45일   ④ 55일

해설
- 톱밥종균 배양 소요 일수: 25일 전후
- 곡립종균 배양 소요 일수: 21일 전후
- 액체종균 배양 소요 일수: 7일 전후

정답 ①

86

곡립종균의 배양관리로 틀린 것은?

① 배양 시 3~6일 간격으로 흔들어 준다.
② 균사생육에는 자외선 명배양이 암배양보다 적합하다.
③ 잡균에 오염된 종균병은 즉시 폐기한다.
④ 배양이 끝나면 저장실로 옮기고 2~3일 간격으로 흔들어 준다.

정답 ②

87
종균 배양 시 배지를 흔들어 주어야 좋은 종균을 생산하는 것은?

① 곡립종균 ② 톱밥종균
③ 종목종균 ④ 캡슐종균

[해설]
곡립종균은 총 배양기간 동안 3~4회 정도의 흔들기가 필요함

[정답] ①

88
양송이 종균 배양 시 흔들기 작업을 하는 목적으로 틀린 것은?

① 균일한 생장 유도 ② 균덩이 형성 방지
③ 배양기간 단축   ④ 잡균 발생 억제

[정답] ④

89
곡립종균 배양관리에서 배양기간 중 몇 회 정도 흔들어 주는 작업을 실시하는가?

① 3~4회   ② 7~8회
③ 10~12회 ④ 14~16회

[해설]
곡립종균은 21일 정도의 배양 기간 중 3~4회 흔들기가 필요함

[정답] ①

90
양송이 곡립종균 제조 시 1차 흔들기 작업에 가장 적합한 시기는?

① 균 접종 직후 흔들어준다.
② 균 접종 후 1~2일 배양 후 흔들어 준다.
③ 균 접종 후 5~7일 배양 후 흔들어 준다.
④ 균 접종 후 10~12일 배양 후 흔들어 준다.

[해설]
곡립종균 1차 흔들기 시기는 접종원 접종 후 균사의 안정적인 초기 생장을 위해 5~7일 후에 실시함

[정답] ③

91
종균 배양 시 배양실 온도 변화가 심하였을 때의 현상이 아닌 것은?

① 잡균 발생이 심하다.
② 병의 위 내부 공간 부위에 결로가 생긴다.
③ 배양기간이 길어진다.
④ 버섯 형성이 촉진된다.

[정답] ④

92
표고 종균 배양실의 환경조건으로 틀린 것은?

① 항온   ② 습도
③ 직사광선 ④ 청결

[정답] ③

93
양송이의 균사 배양 시 적합 조건이 아닌 것은?

① 온도는 23~25℃ ② 습도는 90~95%
③ 충분한 산소 공급 ④ 배지의 pH 8 이상

[해설]
퇴비배지는 pH 7.0 정도임

[정답] ④

94
표고 종균제조에 관한 설명으로 틀린 것은?

① 종균 배양실의 온도는 보통 25℃ 정도이다.
② 종균 배양실의 습도는 보통 90% 이상이다.
③ 배양이 완료되면 판매 전에 반드시 종균검사를 받아야 한다.
④ 배양이 완료된 종균의 저장은 1개월 미만으로 한다.

[정답] ②

95
표고 종균제조에 관한 설명으로 틀린 것은?

① 참나무톱밥과 미강 혼합물을 톱밥배지로 쓴다.
② 톱밥배지의 수분 함량은 63~65%가 되게 한다.
③ 1ℓ의 PP병에 톱밥배지를 600g 정도 넣는다.
④ 톱밥배지를 100℃에서 90분간 살균한다.

[해설]
톱밥종균은 121℃에서 고압살균함

[정답] ④

96
양송이 접종원 제조 시 옳지 않은 것은?

① 원균 증식 후 배양이 완료된 즉시 사용
② 균덩이 및 솜같이 피어나는 균사가 있는 것을 사용
③ 접종원 제조 시 곡립배지의 수분 함량은 적합토록 조절
④ 1개의 시험관(원균)으로 2~3병의 접종원 제조

[해설]
균덩이나 솜같이 피어난 균사를 사용할 경우, 불량종균 생산과 버섯 생육 시 균덩이 형성 등 피해 발생함

[정답] ②

97
양송이 종균제조 시 균덩이 형성 방지책과 가장 거리가 먼 것은?

① 흔들기를 자주하되 과도하게 하지 말 것
② 고온 저장을 피할 것
③ 장기 저장을 피할 것
④ 호밀은 박피하지 말 것

[해설]
• 균덩이 형성 방지책
  - 오래된 원균과 불량한 접종원의 사용 금지
  - 증식한 원균 중 균덩이 형성 성질이 있는 균총 부위의 제거
  - 곡립배지의 적절한 수분 함량 조절 및 석고의 사용량 조절
  - 적온에서의 균사 배양과 알맞은 시기에 종균 흔들기 실시
  - 고온저장 및 장기간 저장하지 말 것

[정답] ④

98
곡립종균 배양 시 균덩이가 형성되는 원인은? ★★☆

① 곡립배지의 수분 함량이 낮을 때
② 퇴화된 원균을 사용하였을 때
③ 배지의 산도가 낮을 때
④ 곡립배지의 흔들기 작업을 자주할 때

해설
원균 또는 접종원의 퇴화, 균덩이가 형성된 접종원 사용, 곡립배지의 수분 함량이 높을 때, 흔들기 작업의 지연, 배지의 산도가 높을 때

정답 ②

99
곡립종균 균덩이 형성 방지대책으로 옳지 않은 것은? ★★☆

① 원균의 선별 사용
② 곡립배지의 적절한 수분 조절
③ 탄산석회의 사용량 증가
④ 호밀은 표피를 약간 조정하여 사용

정답 ④

100
곡립종균 배양 시 균덩이가 생기는 원인이 되는 것은? ★☆☆

① 노화된 접종원을 사용할 때
② 배양실의 온도가 낮을 때
③ 배지의 수분 함량이 부족할 때
④ 배지의 산도가 낮을 때

정답 ①

101
곡립종균 배양 시 균덩이의 형성 원인이 아닌 것은? ★★☆

① 흔들기 작업의 지연
② 원균 또는 접종원의 퇴화
③ 곡립배지의 산도가 높을 때
④ 곡립배지의 수분 함량이 적을 때

정답 ④

102
곡립종균에서 유리수분이 생성되는 가장 중요한 원인은? ★★☆

① 곡립배지의 수분 함량이 낮을 때
② 배양실의 온도가 항온으로 유지될 때
③ 외부의 따뜻한 공기가 유입될 때
④ 장기간의 고온저장을 하였을 때

해설
- 배지의 수분 함량이 높을 때
- 배양기간 중 배양실의 온도 변화가 심할 때
- 냉동기, 에어컨이나 외부의 찬 공기가 바로 병에 유입될 때
- 장기간의 고온 저장으로 균이 노화되었을 때
- 배양 후 저장실로 바로 옮겨 온도 편차가 심할 때

정답 ④

103
곡립종균 배양 시 유리수분 생성 원인과 관계가 적은 것은? ★★☆

① 배지수분 과다
② 배양기간 중 극심한 온도 변화
③ 에어컨 또는 외부의 찬 공기 주입
④ 정온 상태 유지

정답 ④

104

느타리 종균 배양실의 온도에 대한 설명으로 옳지 않은 것은?

① 15℃ 이하에서 균사 생장이 지연된다.
② 28℃ 이상에서 균사 생장이 급격히 저하된다.
③ 잡균 발생 지양을 위해서는 22~24℃로 유지하는 것이 좋다.
④ 최적 온도보다 고온으로 관리하면 생장은 빠르나 품질이 불량하다.

정답 ②

105

종균의 저장온도가 가장 낮은 버섯 종류는?

① 양송이
② 느타리버섯
③ 표고버섯
④ 팽이버섯

정답 ④

106

팽이버섯의 종균 저장온도로 가장 적당한 것은?

① 1~4℃
② 5~10℃
③ 4~8℃
④ 10~15℃

정답 ①

107

종균의 저장온도가 가장 높은 버섯은?

① 팽이버섯
② 영지
③ 표고
④ 양송이

해설
영지는 고온성 버섯으로 고온에 저장 가능하나, 고온저장 시에는 배지의 과도한 분해로 종균의 활력이 떨어질 가능성 있음

정답 ②

108

느타리 톱밥종균을 저장하는 데 가장 알맞은 온도는?

① −20℃
② −190℃
③ 5℃
④ 30℃

정답 ③

109

양송이 종균의 가장 알맞은 저장온도는?

① 5~10℃
② 15~20℃
③ 25~30℃
④ 35~40℃

정답 ①

110

양송이 곡립종균을 5℃에서 저장 시 수량에 지장이 없는 허용한도 저장기간으로 가장 적합한 것은?

① 30일
② 60일
③ 80일
④ 90일

정답 ①

111

아열대지방에서 생육하는 버섯을 제외한 일반적인 종균의 저장온도 범위는?

① 0~5℃ ② 5~10℃
③ 10~15℃ ④ 15~20℃

정답 ②

112

종균 구입 후 보관장소로 가장 적절하지 않은 것은?

① 빛이 없는 곳 ② 온도가 낮은 곳
③ 벌레가 없는 곳 ④ 습도가 높은 곳

정답 ④

113

종균의 저장 및 관리요령으로 가장 부적절한 것은?

① 종균 저장 시 외기 온도와 동일하도록 관리한다.
② 종균은 빛이 들어오지 않는 냉암소에 보관한다.
③ 곡립종균은 균덩이 방지와 노화 예방에 주의한다.
④ 배양이 완료된 종균은 즉시 접종하는 것이 유리하다.

정답 ①

114

종균 저장 방법에 대한 설명으로 옳은 것은?

① 하루에 한 번은 빛을 받을 수 있도록 저장한다.
② 대체로 5~10℃의 일정한 온도에서 저장한다.
③ 열대지방에서 생육하는 버섯의 종균은 15℃ 이하에서 저장한다.
④ 선풍기나 환풍기 바람을 강하게 하여 공기가 순환되도록 저장한다.

정답 ②

115

식용버섯 종균 배양 시 잡균 발생 원인이 아닌 것은?

① 살균이 완전히 실시되지 못했을 때
② 오염된 접종원을 사용하였을 때
③ 무균실 소독이 불충분하였을 때
④ 배양실 내의 습도가 낮았을 때

해설
- 종균 배양 시 잡균 발생 원인
  - 배지 살균이 미흡했을 경우
  - 오염된 접종원을 사용한 경우
  - 무균실이 오염된 경우
  - 접종자의 오염 실수

정답 ④

116 ★★☆
식용 버섯 종균배양 시 잡균발생 원인이 아닌 것은?

① 살균이 완전하지 못한 것
② 오염된 접종원 사용
③ 무균실 소독의 불충분
④ 퇴화된 접종원 사용

[해설]
퇴화된 접종원은 생산성 저하 등의 문제 유발하지만, 오염균과는 직접적인 관계 적음

[정답] ④

117 ★☆☆
곡립종균 배양 시 잡균이 발생하는 주요 원인은?

① 빠른 균사 생장
② 배지의 낮은 산도
③ 배지의 높은 수분 함량
④ 배지의 풍부한 질소 성분

[정답] ③

118 ★☆☆
곡립종균 배양 시 발생되는 잡균 중 발생율이 가장 낮은 것은?

① *Mucor* sp.
② *Trichoderma* sp.
③ *Aspergillus* sp.
④ *Penicillium* sp.

[정답] ②

119 ★★☆
곡립종균 배양 중에 가장 많이 발생하는 잡균의 종류는?

① 뮤코(Mucor)
② 박테리아(Bacteria)
③ 페니실리움(Penicillium)
④ 아스퍼길러스(Aspergillus)

[정답] ②

120 ★☆☆
버섯종균 배양 중 가장 많이 발생하는 잡균은?

① 세균   ② 푸른곰팡이
③ 누룩곰팡이   ④ 거미줄곰팡이

[정답] ②

121 ★☆☆
버섯종균 및 자실체에 잘 발생하지 않는 잡균은?

① 흑곰팡이   ② 푸른곰팡이
③ 잿빛곰팡이   ④ 누룩곰팡이

[해설]
잿빛곰팡이병은 딸기, 포도 및 각종 채소류에 발생함

[정답] ③

122
양송이나 느타리버섯 등의 자실체를 조직 분리하여 균주를 수집할 때 지속적으로 감염되기 쉬운 질병은?

① 세균성갈변병　② 푸른곰팡이병
③ 바이러스병　　④ 흑회색융단곰팡이병

정답 ③

123
표고 종균의 저장 중 표면이 갈색으로 변한 1차적 원인은?

① 고온장애　② 저온장애
③ 장기간 저장　④ 원균의 발육

해설
접종 후 배양된 균은 백색이며, 배양 완료 후 갈변하는 이유는 장기저장에 의한 것임

정답 ③

124
버섯종균의 성능검사(실내검사) 대상이 아닌 것은?

① 배지에서의 균사 발육 상태
② 잡균의 오염 여부
③ 균덩이의 형성 여부
④ 종균의 중량

해설
균덩이는 배지 배양 시 나타나는 현상

정답 ③

125
종균의 육안 검사와 관계없는 것은?

① 수분 함량　② 면전 상태
③ 균사의 발육 상태　④ 잡균의 유무

정답 ①

126
접종원의 잡균오염 여부를 검정하기 위한 가장 적당한 온도는?

① 10℃　② 15℃
③ 20℃　④ 25℃

해설
- 곰팡이류 적정 생장온도: 25℃
- 세균류 적정 생장온도: 37℃

정답 ④

127
종균의 고온성 세균 감염 여부를 검정하는 방법으로 가장 알맞은 것은?

① 종균을 버섯 완전배지 샤레에 접종 후 25℃에서 배양하여 육안 검정
② 종균을 버섯 완전배지 샤레에 접종 후 37℃에서 배양하여 육안 검정
③ 종균을 버섯 완전배지 샤레에 접종 후 10℃에서 배양하여 육안 검정
④ 종균을 버섯 완전 액체배지에 접종 후 25℃에서 배양하여 육안 검정

해설
37℃에서 균을 배양하면, 버섯균같은 곰팡이는 자라지 못하고, 세균만 생장함

정답 ②

128
세균에 감염된 종균의 특징이라고 볼 수 없는 것은?

① 검은 반점이 나타난다.
② 균사의 밀도가 낮다.
③ 쉰 냄새가 난다.
④ 얼룩진 띠가 형성된다.

[해설]
검은 반점은 곰팡이 오염의 특징임

[정답] ①

129
종균의 바이러스 감염 검정법으로 가장 알맞은 것은?

① 15℃에서 배양 후 육안 검정
② 25℃에서 배양 후 육안 검정
③ 37℃에서 배양 후 육안 검정
④ 균사체 배양 후 더블 스트랜드 알엔에이(dsRNA) 검정

[해설]
바이러스는 육안 확인이 불가능하고, PCR로 확인함

[정답] ④

130
노화 종균의 특징으로 가장 알맞은 것은?

① 균사 밀도가 높고, 부수면 응집력이 높은 것
② 종균병 밑바닥에 붉은색 물이 고인 것
③ 배지에 균사가 완전히 자란 것
④ 품종 고유의 단일색인 것

[정답] ②

131
다음 중 불량 종균이 아닌 것은?

① 균사의 발육이 부진한 것
② 스트로마가 생성되지 않고 육안으로 이상이 없는 것
③ 육안 검정 시 버섯균 이외의 세균 및 잡균이 오염된 것
④ 곡립종균의 표면 및 병 하단부에 황색 및 황갈색의 응결수가 있는 것

[정답] ②

132
표고버섯의 불량 종균에 대한 설명으로 틀린 것은?

① 종균 표면에 푸른색이 보이는 것
② 종균병 속에 갈색 물이 고인 것
③ 종균병 속의 표면이 흰색으로 만연된 것
④ 종균 표면에 붉은색을 보이는 것

[정답] ③

133
오염된 종균의 특징을 설명한 내용으로 알맞은 것은?

① 품종 고유의 특징을 가진 단일색인 것
② 종균에 줄무늬 또는 경계선이 없는 것
③ 균사색택이 연하고 마개를 열면 술냄새가 나는 것
④ 종균은 탄력이 있고 부수면 덩어리가 지는 것

[해설]
버섯 특유의 색택이나 향이 안 나거나 균사 밀도가 적을 때, 종균 오염을 의심함

[정답] ③

134
느타리버섯의 우량종균 선택 요령으로 틀린 것은?

① 우량계통일 것
② 배양일자가 오래되지 않고 배양 후 1개월 이내일 것
③ 솜마개가 쉽게 빠질 것
④ 잡균의 오염이 없는 것

정답 ③

135
표고 우량종균의 선별에 직접 관련이 없는 사항은?

① 종균을 제조한 곳의 신용도
② 종균의 유효기간
③ 종균 용기 안에 고인 액체의 유무
④ 종균의 무게

정답 ④

136
버섯 우량종균의 조건으로 알맞지 않은 것은?

① 푸른 반점이 없는 것
② 버섯종균 병에 얼룩진 띠가 없는 것
③ 균덩이나 유리수분이 형성되지 않은 것
④ 가는 균사가 하얗게 뻗어 있는 것

정답 ④

137
우량 접종원의 특징으로 옳은 것은?

① 종균병 안 쪽에 다양한 색을 띠는 것
② 종균의 상부에 버섯 자실체가 형성되는 것
③ 종균의 줄무늬 또는 경계선 형성이 없는 것
④ 균사 선택이 엷고 마개를 열면 술 냄새가 나는 것

정답 ③

138
버섯종균의 선택 방법으로 틀린 것은?

① 적당한 수분을 보유하고 있는 것
② 버섯 냄새가 나지 않는 것
③ 병원에 오염되지 않은 것
④ 허가된 종균 배양소에서 구입한 것

정답 ②

139
다음 중 건전한 표고 종균은?

① 백색의 균사가 덮이고 광택이 난다.
② 초록색 반점이 보인다.
③ 종균병을 열면 쉰 듯한 냄새가 난다.
④ 다소 갈변된 것이 좋다.

정답 ①

140

우량종균 선별 방법에 대한 설명으로 옳지 않은 것은?

① 육안으로 색깔을 보고 선별할 수 있다.
② 균사체에서 dsRNA를 분리하여 바이러스 감염 여부를 알 수 있다.
③ 페트리디쉬에 접종 후 37℃ 정도에서 5일간 배양하여 세균의 유무를 알 수 있다.
④ 양송이균을 제외한 대부분 종균은 현미경으로 관찰 시 꺽쇠연결체가 없어야 우량종균이다.

[정답] ④

141

양송이 종균 선택 요령 중 잘못된 것은?

① 계통이 확실한 우량종균
② 배양이 오래된 것
③ 유색 잡균과 점성 세균에 오염 안 된 것
④ 악취가 안 나는 것

[해설]
종균은 배양 후 바로 사용하는 것이 가장 좋으나, 그렇지 못한 경우, 저온(5℃ 이내)에서 보관기간을 한달 이내로 저장함

[정답] ②

(3) 품종육종

01

버섯종균 배양시설기준에 명시된 기자재가 아닌 것은?

① 현미경
② 항온기
③ 고압살균기
④ 분광광도계

[해설]
분광광도계는 빛 파장을 이용한 물질의 정량 분석 및 정성 분석을 하는 장치임

[정답] ④

02

종균 배양시설 중 접종실에 꼭 있어야 될 것은?

① 현미경
② 배지 주입기
③ 살균기
④ 무균실

[해설]
접종은 무균화된 환경에서 실시하는 것이 안전함

[정답] ④

03

백색부후균인 느타리 담자포자의 발아 시 오염균으로 추정되는 다른 백색부후균과의 구별을 위해 느타리교배형(검정친) 4균주와 오염균의 교배 결과는?

① 1개 교배형과 교배된다.
② 2개 교배형과 교배된다.
③ 3개 교배형과 교배된다.
④ 4개 교배형 모두 교배되지 않는다.

[정답] ④

04
표고버섯의 제1차균사(1핵균사)에서 핵은 몇 가지 극성이 있는가?

① 1극성 ② 2극성
③ 3극성 ④ 4극성

해설
- 4극성 버섯: 느타리, 표고, 팽이, 영지, 치마버섯 등

정답 ④

05
느타리와 표고의 단포자의 핵은 일반적으로 어느 상태인가?

① n   ② 2n
③ 3n   ④ 4n

해설
대부분의 담자포자 핵형은 반수체임

정답 ①

06
표고에 대한 설명으로 틀린 것은?

① 자웅이주 ② 4극성
③ 담자균류 ④ 자웅동주

해설
표고는 담자균류에 속하며, 사극성, 자웅이주성임

정답 ④

07
1핵균사가 임성을 갖는 자웅동주성 버섯은?

① 느타리버섯 ② 표고버섯
③ 팽이버섯   ④ 풀버섯

해설
- 1차 자웅동주성 버섯: 풀버섯

정답 ④

08
느타리 및 표고의 포자가 발아하면 어느 것이 되는가?

① 1차균사   ② 2차균사
③ 3차균사   ④ 2차와 3차균사

정답 ①

09
표고의 2차균사에는 몇 개의 핵이 존재하는가?

① 1개   ② 2개
③ 4개   ④ 8개

정답 ②

10
버섯의 2핵균사의 판별 방법은?

① 격막의 유무   ② 꺽쇠의 유무
③ 균사의 길이   ④ 균사의 개수

해설
버섯을 형성할 수 있는 2핵균사의 특징은 꺽쇠연결체(clamp connection)임

정답 ②

11 ★☆☆
버섯재배에 소요되는 종균의 균사체 균사 특징은?

① 1핵균사이다.
② 2핵균사이다.
③ 포자로 되어 있다.
④ 담자기로 되어 있다.

[해설]
종균은 자실체 형성을 위하여 2핵균사체임

정답 ②

12 ★☆☆
협구(clamp connection)의 설명으로 옳은 것은?

① 대부분의 담자균류에서 볼 수 있다.
② 양송이에는 있다.
③ 표고에는 없다.
④ 자낭균에만 형성된다.

정답 ①

13 ★★★
2차균사 중 협구(clamp connection)가 형성되지 않는 버섯균은?

① 느타리
② 먹물버섯
③ 양송이
④ 표고

정답 ③

14 ★☆☆
느타리버섯은 1개의 담자기에서 몇 개의 포자를 형성하는가?

① 2개
② 4개
③ 6개
④ 8개

정답 ②

15 ★★☆
느타리버섯의 자실체에서 생성되는 포자는?

① 자낭포자
② 담자포자
③ 무성포자
④ 분열자

정답 ②

16 ★★☆
느타리버섯 균사 중 2핵균사(n+n)에서 특징적으로 나타나는 것은?

① 1핵균사체
② 엽록소
③ 꺽쇠 연결체
④ 단포자

정답 ③

17 ★★☆
유성생식과정에서 두 개의 반수체 핵이 핵융합을 하여 형성하는 것은?

① 반수체
② 2핵체
③ 4핵체
④ 2배체

정답 ④

18
버섯의 유성생식으로 형성되는 포자는?

① 유주자　② 담자포자
③ 분생포자　④ 포자낭포자

정답 ②

19
양송이는 일반적으로 담자기에 몇 개의 포자가 착생하는가?

① 1개　② 2개
③ 4개　④ 8개

해설
담자균류에서 양송이는 담자포자를 2개 형성

정답 ②

20
양송이나 신령버섯의 원균을 느타리와 구별할 수 있는 가장 정확한 방법은?

① 균총 색깔
② 균사 생장속도
③ 꺽쇠연결체(클램프연결체) 유무
④ 담자포자 모양

정답 ③

21
팽나무버섯(팽이)의 접종원이 유전적으로 퇴화하여 수량 감소의 원인이 아닌 것은?

① 병원균의 감염　② 화합성균의 혼입
③ 탈이핵화(단핵화)　④ 해충의 감염

정답 ②

22
버섯 품종의 퇴화에 대한 설명 중 옳지 않은 것은?

① 버섯의 원균의 보존이나 접종되고 배양되는 과정에 동종의 버섯에서 나오는 포자나 균사가 혼입되어 다른 유전조성을 이룰 수 있다.
② 저온에 보관되는 원균이 경우에 따라 고온에 놓이게 되면 돌연변이 유발원으로 작용할 수 있다.
③ 원균을 보존하고 배양하면서 극히 영양원이 빈약한 배지에서 배양되거나 극히 생장에 불리한 환경에 의해 배양된 접종원으로 재배되었을 때 생산력이 감소한다.
④ 버섯 균사에 세균의 혼입 여부를 감정하기 위해서는 세균이 생육하기에 알맞은 25℃ 전후에 배양해 본다.

정답 ④

23

목적하는 미생물을 생장하기에 가장 적당한 배지에 넣고 적당한 조건하에서 배양함으로서 다른 미생물보다 우선적으로 생육시켜 분리하는 배양법은?

① 집적배양　② 혼합배양
③ 평판배양　④ 소적배양

해설
- 집적배양: 미생물의 종(種)이 혼합된 집단으로부터 시작하여, 특정한 종의 존재 비율을 점차 높여 순수 배양으로 유도하여 가는 배양 방법
- 소적배양: 단일 콜로니 분리

정답 ①

24

버섯의 돌연변이 균주를 찾기 위하여 사용하는 배지 종류로 가장 적합한 것은?

① 버섯최소배지　② 퇴비추출배지
③ 하마다배지　④ 맥아배지

정답 ①

25

식용버섯 신품종 육성방법 중 돌연변이 유발 방법으로 거리가 먼 것은?

① α, β, γ선의 방사선 조사
② 우라늄, 라디움 등의 방사성 동위원소 이용
③ 초음파, 온도처리 등의 물리적 자극
④ 자실체로부터 조직분리 또는 포자발아

해설
돌연변이 유발을 위해서는 방산선과 화학적 처리를 이용함

정답 ④

26

야생 팽이버섯은 갓이 황갈색이나 재배 생산되고 있는 품종은 순백색이다. 순백색 품종의 육성 경위는?

① 변이체 선발 육종
② 단포자 순계 교배 육종
③ 형질전환에 의한 육종
④ 원형질체 융합에 의한 육종

정답 ①

27

느타리버섯의 품종 중 광온성 재배 품종은?

① 춘추 2호　② 수한 1호
③ 치악 5호　④ 원형 1호

해설
- 느타리버섯 광온성 품종: 김제5호, 김제6호, 삼구황학, 수한1호, 장안5호, 청풍

정답 ②

28

느타리버섯 품종 중 다발형성이 안 되고 개체발생을 하는 것은?

① 농기2-1호　② 여름느타리버섯
③ 농기202호　④ 사철느타리버섯

정답 ②

29
느타리버섯의 품종이 고온성으로만 조합을 이루고 있는 것은?

① 사철느타리 2호, 여름느타리
② 사철느타리 2호, 원형느타리 3호
③ 여름느타리버섯, 원형느타리 3호
④ 원형느타리 1호, 농기2-1호

정답 ①

30
양송이의 품종이 아닌 것은?

① 505호
② 703호
③ 705호
④ 202호

해설
• 양송이 백색 품종: 304호, 501호, 505호
• 양송이 갈색 품종: 703호, 705호, 707호

정답 ④

31
우리니라에서 주로 재배되는 양송이 품종의 색상별 분류로 거리가 먼 것은?

① 백색종
② 브라운종
③ 회색종
④ 크림종

정답 ③

32
양송이 품종 중 백색종은?

① 703호
② 505호
③ 705호
④ 707호

정답 ②

33
표고버섯 품종 중에서 고온성인 것은?

① 산림2호 및 산림4호
② 산림1호 및 임협7호
③ 산림3호 및 임협2호
④ 산림1호 및 임협5호

해설
• 고온성 품종
  - 원목재배용: 산림2호, 산림4호, 산림5호, 산림7호, 산림9호
  - 톱밥재배용: 산림5호, 산림6호
  - 산림조합 품종: 산조101호(산조1호), 산조102호(산조3호), 산조103호(산조7호), 산조108호, 산조109호
  - 농촌진흥청 품종: 농기3호

정답 ①

34
고온성 표고 품종은?

① 산림2호
② 산조501호(임협2호)
③ 산림1호
④ 산조502호(임협5호)

정답 ①

35

표고 톱밥재배용으로 가장 적합한 품종은?

① 산림1호
② 산조501호(임협2호)
③ 산림5호
④ 산조103호(임협7호)

정답 ③

36

표고버섯 품종 중 톱밥재배용 품종은?

① 산림2호
② 산림4호
③ 산림7호
④ 산림10호

해설
- 표고 톱밥 봉지재배용 품종: 산림5호, 산림6호, 산림10호, 농기3호

정답 ④

37

표고버섯 품종 중 저온성은?

① 산조101호
② 산조102호
③ 산조302호
④ 산조502호

해설
- 표고버섯 저온성 품종: 산림1호, 산림3호, 산조501호, 산조502호

정답 ④

38

버섯균을 분리할 때 우량균주로서 갖추어야 할 조건이 아닌 것은?

① 다수성
② 고품질성
③ 이병성
④ 내재해성

해설
우량균주는 다수확성, 고품질, 내병성, 내재해성, 무포자성, 기능성, 내충성 등을 갖춰야 함

정답 ③

39

버섯종균을 유통하려고 할 때 품질표시 항목으로 필수 사항이 아닌 것은?

① 종균 접종일
② 생산자 성명
③ 품종의 명칭
④ 수입 종자의 경우 수입 연월 및 수입자 성명

정답 ②

40

종자관리사를 보유하지 않고 종균을 생산하여 판매할 수 있는 버섯은?

① 표고버섯
② 뽕나무버섯
③ 느타리버섯
④ 노루궁뎅이버섯

해설
- 종자관리사 보유의 예외: 양송이·느타리버섯·뽕나무버섯·영지버섯·만가닥버섯·잎새버섯·목이버섯·팽이버섯·복령·버들송이 및 표고버섯을 제외한 버섯류

정답 ④

41

표고버섯 종균을 생산하여 판매하기 위해 신고하려고 한다. 신청 대상기관으로 옳은 것은?

① 국립종자원
② 농촌진흥청
③ 한국종균생산협회
④ 국립산림품종관리센터

해설
- 품종 등록: 농업용(국립종자원), 임업용(국립산림품종관리센터)
- 표고버섯 종균 판매 신고: 국립산림품종관리센터

정답 ④

42

종자산업법에서 버섯의 종균에 대한 보증 유효기간은?

① 1개월
② 2개월
③ 6개월
④ 12개월

해설
버섯종균의 보증기간은 1개월임

정답 ①

43

품질표시를 하지 않은 버섯종균을 판매한 경우에 1회 위반 시 과태료 부과 기준은?

① 100만원 이하의 과태료
② 200만원 이하의 과태료
③ 300만원 이하의 과태료
④ 500만원 이하의 과태료

해설
1회 위반 시 100만원 이하 과태료

정답 ①

44

개인 육종가가 버섯 품종을 육성하여 품종보호권이 설정되었을 때 존속기간은?

① 15년
② 20년
③ 25년
④ 30년

해설
버섯 품종보호권 존속기간은 20년으로 기간연장 안 됨

정답 ②

45

버섯종균업을 등록할 때 실험실에 갖추지 않아도 되는 기기는?

① 냉장고
② 현미경
③ 배합기
④ 고압살균기

해설
배합기는 준비실에 필요한 기기임

정답 ③

46

버섯종균을 생산하기 위하여 종자업 등록을 할 경우 1회 살균 기준 살균기의 최소 용량은?

① 600병 이상
② 1,000병 이상
③ 1,500병 이상
④ 2,000병 이상

해설
고압살균기는 1회 600병 이상인 규모, 압력은 15~20파운드

정답 ①

CHAPTER 03 버섯배지 필수문제

(1) 버섯배지 제조

01 ★☆☆
표고버섯재배용 원목으로 가장 알맞은 수종은?

① 오동나무　　② 졸참나무
③ 밤나무　　　④ 포플러

해설
표고버섯은 참나무류에 속하는 상수리, 졸참나무, 신갈나무, 굴참나무, 떡갈나무 등이 적당함

정답 ②

02 ★★☆
표고 재배 원목으로 적당한 수종이 아닌 것은?

① 굴참나무　　② 졸참나무
③ 밤나무　　　④ 상수리나무

해설
밤나무를 사용하지 못하는것은 아니나 수량 품질면에서 참나무 종류보다 떨어짐

정답 ③

03 ★☆☆
영지버섯재배용 수종으로 가장 좋은 나무는?

① 매화나무　　② 감나무
③ 벚나무　　　④ 강참나무

해설
참나무류

정답 ④

04 ★☆☆
느타리버섯의 원목재배에 적합한 수종으로 거리가 먼 것은?

① 낙엽송　　　② 버드나무
③ 은사시나무　④ 오리나무

정답 ①

05 ★☆☆
주로 원목을 이용하여 재배하는 버섯은?

① 상황버섯, 신령버섯
② 느타리버섯, 신령버섯
③ 흰목이버섯, 상황버섯
④ 느타리버섯, 흰목이버섯

해설
신령버섯은 퇴비배지에 복토를 해야 재배 가능함

정답 ③

06 ★☆☆
다음 중 원목재배에 가장 적당한 버섯은?

① 양송이 ② 표고
③ 송이   ④ 풀버섯

정답 ②

07 ★★☆
표고버섯 자목 중 적당한 것은?

① 심재부가 많은 것
② 나무껍질(木質皮)이 벗겨진 것
③ 변재부가 많은 것
④ 다른 균사가 자란 자목

해설
참나무류의 심재부가 적고 변재부가 많은 것이 적당함

정답 ③

08 ★☆☆
다음 중 표고 자목으로 사용되는 가장 적합한 수종과 수령은?

① 상수리나무, 20년생
② 졸참나무, 30년생
③ 졸참나무, 40년생
④ 상수리나무, 50년생

해설
- 상수리나무: 20년 내외 수령
- 졸참나무: 25년 내외
- 신갈나무: 15~30년

정답 ①

09 ★☆☆
표고원목 재배 시 필요한 기자재가 아닌 것은?

① 드릴   ② PP봉지
③ 종균 접종기 ④ 수분 측정기

해설
PP봉지는 개량단목재배나 톱밥 봉지재배에서 사용함

정답 ②

10 ★★☆
표고버섯의 원목재배 시 가장 적당한 원목의 함수율은?

① 10~30%   ② 30~50%
③ 50~70%   ④ 70~90%

해설
원목 접종 전, 원목 수분 함량은 40% 내외가 적당함

정답 ②

11 ★☆☆
표고균사 생장에 알맞은 톱밥배지와 원목의 최적 수분 함량은?

① 60%, 40~45%   ② 75%, 45~50%
③ 70%, 50~55%   ④ 85%, 55~60%

해설
- 표고
  - 톱밥종균 수분 함량: 65% 이내
  - 톱밥 봉지재배용 배지: 55% 이내
  - 원목재배: 40% 이내

정답 ①

12

표고버섯 톱밥재배의 수분 함량으로 가장 적당한 것은?

① 45~50%   ② 55~60%
③ 65~75%   ④ 75~80%

정답 ②

13

영지버섯 원목재배 시 원목의 수분 함량으로 가장 적합한 것은?

① 35~40%   ② 40~45%
③ 45~50%   ④ 50~55%

해설
영지버섯 원목은 수분 함량을 42~45% 정도로 건조시킨 후 사용함

정답 ②

14

표고버섯재배 시 원목의 굵기가 실제로 가장 적당한 것은?

① 4~6cm   ② 6~8cm
③ 10~12cm   ④ 15~16cm

해설
장목재배의 경우, 길이 120cm, 직경(굵기) 10~12cm가 적당함

정답 ③

15

표고의 불시 재배에 가장 적당한 원목의 굵기는?

① 2~5cm   ② 6~10cm
③ 14~20cm   ④ 20~25cm

해설
불시 재배에 사용되는 원목의 굵기는 장기 재배(12cm 내외) 시보다 얇은 것으로 선택함

정답 ②

16

표고 재배용 원목의 길이는 어느 정도가 가장 적합한가?

① 40~60cm   ② 80~100cm
③ 100~120cm   ④ 120~140cm

정답 ③

17

경제적인 면과 수량을 고려할 때 느타리버섯 원목재배에 가장 알맞은 원목의 굵기는?

① 5cm 내외   ② 10cm 내외
③ 15cm 내외   ④ 25cm 내외

정답 ③

18

표고 재배를 위한 원목 직경이 7~8cm로 가는 것은 종균 접종 후 버섯 수량이 언제 가장 많은가?

① 1년   ② 2년
③ 3년   ④ 4년

정답 ②

19

표고의 원목재배에서 원목의 벌채 또는 접종에 대한 설명으로 틀린 것은?

① 버섯재배에 사용될 원목 벌채와 접종 시기는 언제나 한가한 시기를 잘 활용하면 된다.
② 나무를 벌채한 즉시 재배할 버섯종균을 접종하면 세포가 살아 있기 때문에 균사가 자라지 못한다.
③ 나무에 단풍이 30~70% 들어 있는 시기에 벌채하는 것이 원목에 영양분이 풍부하여 좋다.
④ 종균 접종 시 원목의 최적 수분 함량은 38~42% 정도이다.

해설
- 벌채시기: 가을 단풍철~이듬해 물오르기 전
- 벌채 후 1~2개월 정도 수분 함량 40% 내외로 자연 건조함

정답 ①

20

표고재배용 참나무 원목의 벌채 시기로 가장 적당한 것은?

① 8월 초~10월 초
② 10월 말~2월 초
③ 2월 말~3월 말
④ 3월 초~4월 말

정답 ②

21

표고재배용 골목으로 오리나무를 사용하였다. 오리나무 골목의 특징이 아닌 것은?

① 건조표고용으로 부적당하다.
② 종균 접종 당년에 버섯 수확이 가능하다.
③ 골목 수명이 참나무보다 길다.
④ 자실체 발생이 잘 된다.

해설
표고 재배에 밤나무, 자작나무, 오리나무 등이 사용되기도 하나, 참나무보다는 경제성 면에서 떨어짐

정답 ③

22

표고버섯 골목제조법 중 영양분의 축적이 많아 원목 벌채 조건으로 가장 적절한 것은?

① 나무의 수피가 벗겨져 있고 수액 유동이 정지된 시기
② 나무의 수피가 벗겨져 있고 수액 유동이 활발한 시기
③ 나무의 수피가 벗겨지지 않고 수액 유동이 정지된 시기
④ 나무의 수피가 벗겨지지 않고 수액 유동이 활발한 시기

정답 ③

23

표고버섯 원목재배의 실패 가능성이 가장 높은 방법은?

① 원목의 수피가 떨어지지 않도록 한다.
② 표고 원목재배 시 적절한 건조과정이 필요하다.
③ 토막치기된 원목은 지면에 직접 접촉되지 않게 놓는다.
④ 건조된 원목은 물에 침수한 후 바로 꺼내어 종균을 접종한다.

정답 ④

24

표고재배 시 원목의 건조가 부진하여 발생하는 질병은?

① 푸른곰팡이병 ② 고무버섯
③ 검은혹버섯   ④ 치마버섯

해설
고무버섯은 고온다습한 경우 발생함

정답 ②

25

다음 중 퇴비발효의 3대 요소가 아닌 것은?

① 온도 ② 산소
③ 수분 ④ 빛

해설
퇴비배지 발효는 온도, 수분, 산소, 영양분의 영향을 받음

정답 ④

26

양송이버섯 균사 생장에 알맞은 퇴비배지의 최적 수분 함량은?

① 58~60%   ② 68~70%
③ 78~80%   ④ 88~90%

정답 ②

27

양송이 퇴비 주재료로 적합하지 않은 것은?

① 밀짚 ② 말똥
③ 볏짚 ④ 톱밥

정답 ④

28

양송이 재배용 퇴비 제조 시 첨가하는 무기태 질소 급원으로 적당한 비료 종류는?

① 유안   ② 요소
③ 석회질소 ④ 복합비료

해설
양송이 퇴비재료로 사용되는 질소 비료는 요소, 유안, 석회질소, 초안이 있으나 요소는 분해가 빠르고 분해산물인 암모니아는 짚을 연화시켜 수분 흡수를 빠르게 하며, 퇴비의 발효를 촉진하고 미생물의 질소원으로 이용됨으로써 양송이의 영양분 축적을 증대시킴

정답 ②

29

양송이 퇴비의 유기태 급원으로 전질소 함량이 다음 중 가장 많은 것은?

① 계분
② 미강
③ 장유박
④ 잠분

해설
- 전질소 함량
  - 계분: 2.51%
  - 미강: 2.21%
  - 장유박: 5.53%
  - 잠분: 2.59%

정답 ③

30

양송이 퇴비의 첨가재료 중 뒤집기를 할 때 나누어 넣어야 효과가 높은 것은?

① 요소
② 계분
③ 미강
④ 탄산석회

정답 ①

31

양송이 퇴비배지 제조 시 가퇴적의 목적과 거리가 먼 것은?

① 볏짚의 수분 흡수 촉진
② 볏짚 재료의 균일화
③ 퇴비의 발효 촉진
④ 퇴적노임 절감

해설
- 가퇴적의 목적: 수분 공급, 발효 촉진, 재료의 물리성 변화 등

정답 ④

32

양송이 야외 퇴적 시 비린내가 나는 이유는?

① 계분 과다
② 퇴비의 온도가 낮아서
③ 퇴비의 온도가 높아서
④ 뒤집기가 늦어서

정답 ②

33

야외 퇴비 발효 시 구린내가 나는 이유는?

① 퇴비의 온도가 높아서
② 계분이 과다하여
③ 뒤집는 시기가 늦어서
④ 수분이 부족하여

정답 ③

34

양송이 퇴비 퇴적 시 퇴비재료의 최적 탄질율(C/N율)로 옳은 것은? (단, 종균 접종 시의 경우는 제외한다.)

① 25 내외
② 35 내외
③ 45 내외
④ 50 내외

해설
퇴적 시 C/N율은 25 내외, 후발효 후 종균 접종 시 17 정도

정답 ①

35

C/N율과 양송이 퇴비발효와의 관계를 설명한 것 중 옳은 것은?

① C/N율이 낮을 때 발효가 빠르다.
② C/N율이 높을 때 발효가 빠르다.
③ C/N율과 발효와는 무관하다.
④ C와 N이 모두 많아야 한다.

해설
C/N이 낮을수록 질소 함량이 높아 미생물 활성이 촉진되어 발효가 빨라짐

정답 ①

36

C/N율과 양송이 퇴비발효와 관계를 설명한 것 중 옳은 것은?

① 전체의 C/N율보다는 유효 탄소와 유효 질소 간의 비율이 더 중요하다.
② C/N율이 높을 때 발효가 빠르다.
③ C/N율과 발효와는 무관하다.
④ C와 N이 모두 많아야 한다.

정답 ①

37

양송이 퇴비배지의 입상이 끝난 후 정열 시의 환기 방법 중 가장 적당한 것은?

① 출입구와 환기통의 장시간 개방
② 출입구와 환기통의 단시간 개방
③ 출입구와 환기통의 완전 밀폐
④ 출입구와 환기통의 완전 개방

해설
입상 후 재배사의 실내온도를 60℃로 가온하고 유지해야 하기 때문에 문과 환기구를 밀폐함

정답 ③

38

다음 중 양송이 퇴비의 후발효 목적이 아닌 것은?

① 퇴비의 영양분 합성
② 암모니아태질소 제거
③ 병해충 사멸
④ 퇴비의 탄력성 증가

정답 ④

39

양송이 퇴비를 후발효하는 목적으로 틀린 것은?

① 양송이 영양분의 합성 및 조절
② 퇴비의 소독
③ 퇴비 수분 조절
④ 퇴비 중의 유해성분 제거

해설
후발효를 위한 입상 시 퇴비 수분이 부족하면 보충해주고, 과다면 석고 등을 추가로 섞어줌

정답 ③

40
양송이 퇴비의 후발효 중 환기방법이 가장 적절한 것은?

① 문을 계속 열어서 실시
② 문을 많이 열고 장시간 환기
③ 문을 적게 열고 장시간 환기
④ 문을 많이 열고 단시간 환기

[해설]
후발효 시 환기는 배지 건조 및 온도 하강을 고려하여 단시간 환기가 적당함

[정답] ④

41
양송이 후발효 시 올리브 곰팡이가 생기는 이유는?

① 고습이 계속 유지될 때
② 저온이 계속 유지될 때
③ 환기량이 부족할 때
④ 고온, 환기가 부족했을 때

[해설]
퇴비온도가 60℃ 이상으로 유지되면 퇴비 내 고온 호기성 미생물이 사멸하고, 초고온성 미생물이 자라면서 혐기성 발효가 일어나면서 올리브곰팡이병이 발생함

[정답] ④

42
양송이의 품질과 관계가 가장 적은 것은?

① 복토의 산도
② 복토 재료
③ 퇴비의 질
④ 퇴비의 양

[해설]
퇴비의 양은 품질보다는 생산주기와 관련 있음

[정답] ④

43
양송이 퇴비의 구비조건으로 적합하지 않은 것은?

① 양송이 균이 잘 자랄 수 있는 선택성 배지
② 70% 정도의 수분 함량
③ 300ppm 이상의 암모니아 함량
④ 2% 이상의 유기질소 함량

[정답] ③

44
양송이 복토 시 복토의 최적 수분 함량은?

① 40%
② 65%
③ 80%
④ 95%

[해설]
- 퇴비배지 수분 함량: 70~75%
- 복토 수분 함량: 65%

[정답] ②

45
양송이 재배 시 복토재료로서 적당한 것은?

① 식토
② 식양토
③ 토탄
④ 부식토

[해설]
국내 양송이 농가에서 많이 사용하는 복토 재료는 식양토이고, 외국에서는 토탄을 사용함

[정답] ②

46
양송이버섯재배에 사용되는 복토의 조건으로 가장 부적합한 것은?

① 토성: 사양토
② 산도: pH 7.5
③ 유기물 함량: 4~9%
④ 공극률: 75~80% 입단구조

해설
복토 토성은 식양토, 토탄 등임

정답 ①

47
양송이 복토재료의 조건으로 적절하지 않은 것은?

① 공극량이 많은 것
② 보수력이 높은 것
③ 가비중이 무거운 것
④ 유기물이 많은 것

해설
- 복토 조건
  - 공극률 75~80%
  - 유기물 함량 4~9%, 보수력이 양호해야 함
  - 가비중 0.5~0.7g/ml, 가벼운 편
  - pH 7.5 정도의 유해균이 없는 것

정답 ③

48
양송이 재배를 위한 복토의 조건으로 부적당한 것은?

① 공기 유통이 양호한 것
② 보수력이 낮은 것
③ 흙의 입자 크기가 적당한 것
④ 유기물 함량이 4~9% 정도인 것

정답 ②

49
버섯재배에서 복토과정을 필요로 하는 것은?

① 새송이   ② 영지
③ 팽이버섯   ④ 양송이

정답 ④

50
느타리버섯재배를 위한 솜(폐면)배지 살균 전의 수분 함량으로 가장 적당한 것은?

① 50~55%   ② 60~65%
③ 70~75%   ④ 80~85%

정답 ③

51
느타리버섯 볏짚재배용 배지의 주재료로 적당한 것은?

① 볏짚   ② 미강
③ 밀기울   ④ 옥수숫대

정답 ①

52

느타리버섯 가을재배 시 볏짚배지 침수기간으로 가장 알맞은 것은?

① 3일 이내
② 4~5일
③ 5~6일
④ 8일 이내

해설
볏짚 침수시간은 여름에는 4~6시간, 봄재배나 가을재배의 경우 8~12시간, 외부 기온이 낮은 경우는 수분흡수 속도가 늦기 때문에 12시간 이상 침수하는 것이 좋음.

정답 ①

53

느타리버섯 볏짚재배 시 볏짚단의 야외발효 방법 중 가장 적합한 것은?

① 볏짚단 퇴적 시 외기온도는 10℃ 이상에서 200cm 정도의 높이로 쌓아야 한다.
② 볏짚단 퇴적 시 외기온도는 15℃ 이상에서 150cm 정도의 높이로 쌓아야 한다.
③ 볏짚단 퇴적 시 외기온도는 0℃ 이상에서 150cm 정도의 높이로 쌓아야 한다.
④ 볏짚단 퇴적 시 외기온도는 5℃ 이상에서 100cm 정도의 높이로 쌓아야 한다.

해설
야외 발효는 외부 기온이 15℃ 이상인 늦봄부터 가을 재배까지의 고온기에 실시하는 것이 안전하며, 높이는 150cm 이내여야 함

정답 ②

54

볏짚다발 배지 발효 과정에서 악취가 발생하는 이유로 가장 타당한 것은?

① 수분이 부족하여
② 계분이 과다하여
③ 퇴비의 온도가 높아서
④ 뒤집는 시기가 늦어서

해설
악취는 혐기성 발효가 일어나면 발생함

정답 ④

55

느타리버섯 볏짚재배 시 볏짚의 물 축이기 작업에 대한 설명으로 옳지 않은 것은?

① 단시간 내 축인다.
② 추울 때 작업한다.
③ 물을 충분히 축인다.
④ 배지의 수분은 70% 내외가 좋다.

해설
야외 발효는 외부 온도가 15℃ 정도일 때가 유리함

정답 ②

56

느타리버섯재배용 볏짚의 수분조절 방법 중 야외에서 실시할 때 가장 적합한 방법은?

① 물탱크를 이용하여 물에 담그는 방법
② 입상 후 살수하는 방법
③ 1차 침지 후 살수하는 방법
④ 살수 후 담그는 방법

정답 ①

57

느타리버섯재배 시 볏짚단의 야외발효에 관한 설명으로 올바른 것은?

① 고온, 혐기성 발효가 되도록 한다.
② 볏짚이 충분히 부숙되도록 발효시킨다.
③ 발효가 진행될수록 볏짚더미를 크게 쌓는다.
④ 볏짚더미의 상부가 60℃일 때 뒤집기를 한다.

[해설]
야외 발효 시 호기성 발효가 되도록 뒤집기를 하고 높이는 150cm 이하가 되도록 쌓음

정답 ④

58

느타리 재배를 위한 야외발효 시 배지더미 내부의 상태로 가장 적합한 것은?

① 저온 또는 고온 상태
② 호기성 발효 상태
③ 혐기성 발효 상태
④ 고온 혐기성 발효 상태

[해설]
호기성 미생물에 의해 발효되어야 양질의 배지가 생산됨

정답 ②

59

다음 수종의 톱밥 중 만가닥 버섯재배에 가장 알맞은 것은?

① 참나무
② 버드나무
③ 오리나무
④ 오동나무

[해설]
느티만가닥버섯의 경우, 참나무류, 너도밤나무, 칠엽수, 단풍나무, 느릅나무 등 각종 활엽수 활용 가능

정답 ①

60

만가닥버섯재배에 배지재료로 가장 적절한 것은?

① 소나무
② 떡갈나무
③ 느티나무
④ 오동나무

정답 ③

61

표고 톱밥재배 배지로 적당하지 않은 수종은?

① 소나무
② 졸참나무
③ 밤나무
④ 자작나무

정답 ①

62

다음 수종(樹種) 중 팽이버섯재배에 부적당한 톱밥은?

① 버드나무
② 오동나무
③ 오리나무
④ 느티나무

정답 ②

63
노루궁뎅이 버섯의 균을 배양하는 주재료로 가장 양호한 나무 종류는?

① 참나무 ② 오리나무
③ 아카시아나무 ④ 소나무

해설
- 노루궁뎅이(*Hericium erinaceus*): 가을철 참나무, 호두나무, 너도밤나무, 단풍나무, 버드나무 등 활엽수 등에 발생하는 목재부후균

정답 ①

64
톱밥종균 제조 시 포플러톱밥이 가장 적당한 버섯은?

① 느타리 ② 표고
③ 영지 ④ 뽕나무버섯

정답 ①

65
표고버섯 톱밥배양배지 조제에 가장 적당한 것은?

① 참나무류의 변재부 ② 소나무의 변재부
③ 라왕의 심재부 ④ 낙엽송의 심재부

정답 ①

66
표고 및 느타리 톱밥배지 제조 시 배합원료에 해당하지 않는 것은?

① 포플러톱밥 ② 쌀겨
③ 참나무톱밥 ④ 퇴비

정답 ④

67
팽이버섯재배용 톱밥에 대한 설명으로 옳은 것은?

① 수지 성분이 많은 것
② 탄닌 성분이 많은 것
③ 보수력이 높은 것
④ 혐기성 발효가 된 것

해설
미송톱밥을 사용할 경우, 버섯균의 생장을 억제하는 수지와 페놀성 화합물을 분해시키고, 톱밥을 연화시켜 보습력을 증대시키기 위해 6개월 이상 야외 퇴적해야 함

정답 ③

68
표고균상재배 시 필요한 기자재가 아닌 것은?

① 톱밥제조기 ② 혼합기
③ 천공기 ④ 살균기

해설
- 천공기: 원목재배 시 접종 구멍을 만드는 기구

정답 ③

69
털목이버섯 톱밥배지 제조 시 알맞은 미강의 첨가량은?

① 0% ② 15%
③ 30% ④ 60%

해설
- 목이버섯배지 조성비율: 톱밥은 포플러톱밥 75%와 참나무톱밥 25%를 혼합하여 사용하고, 미강은 15~20% 첨가

정답 ②

70 ★★★

다음 중 흑목이 톱밥재배 시 최적 톱밥의 종류는?

① 포플러톱밥 100%
② 참나무톱밥 100%
③ 포플러톱밥 50%+참나무톱밥 50%
④ 포플러톱밥 75%+참나무톱밥 25%

[정답] ④

71 ★★★

영지버섯 톱밥배지 제조 시 톱밥량에 대해 몇 %의 미강을 첨가하는 것이 수량을 높이는 데 효과적인가?

① 약 5~10%
② 약 15~20%
③ 약 30~35%
④ 약 60~65%

[해설]
미강 30%를 첨가할 경우 수확량이 많긴 하지만 경제적인 면을 고려하면 20% 첨가가 유리함

[정답] ②

72 ★★☆

표고 톱밥재배 배지의 수분 함량으로 적당한 것은?

① 40%   ② 50%
③ 55%   ④ 65%

[해설]
표고 톱밥 봉지재배용 배지의 수분 함량은 55% 정도임

[정답] ③

73 ★☆☆

표고버섯 톱밥배지 재료 배합 비율 중 적정 혼합 비율은?

① 참나무톱밥 60%에 미강 40% 혼합
② 참나무톱밥 60%에 밀기울 40% 혼합
③ 참나무톱밥 85~90%에 미강 10~15% 혼합
④ 참나무톱밥 50%에 미강 25%와 밀기울 25% 혼합

[정답] ③

74 ★☆☆

표고버섯균 배양을 위한 버섯 톱밥배지 제조법에 적합하지 않은 것은?

① 버섯의 품질을 높이기 위해 설탕 등 첨가제를 넣기도 한다.
② 살균이 끝난 배지는 냉각실에서 온도를 20℃ 이하로 낮춘다.
③ 배지 내부의 공극률을 조절하는 용도로 면실피를 사용한다.
④ 자실체 형성 및 균사 생장을 촉진시키기 위해 영양원은 전체 부피의 20% 이상으로 넣는다.

[해설]
표고 톱밥 봉지재배에 사용하는 배지의 영양원은 15~20% 첨가함

[정답] ④

75

톱밥배지의 입병 작업이 완료되면 즉시 살균처리하도록 하는 주된 이유는?

① 장시간 방치하면 배지가 변질되기 때문
② 장시간 방치하면 배지 산소가 높아지기 때문
③ 장시간 방치하면 배지의 유기산이 높아지기 때문
④ 장시간 방치하면 탄수화물량이 높아지기 때문

정답 ①

76

버섯종균 제조 및 재배를 위한 톱밥배지 배합에 대한 설명으로 틀린 것은?

① 주재료인 톱밥은 70~80%, 영양원인 쌀겨나 밀기울은 20~30%로 배합하는 것이 표준이다.
② 톱밥배지를 배합할 때 적정 수분 함량은 65% 전후가 적당하다.
③ 톱밥배지를 배합하여 수분 함량 첨가 후 4~5일간 발효를 거쳐 용기에 담아 살균하는 것이 좋다.
④ 쌀겨 또는 밀기울의 배지 배합 비율이 30% 이상 되면 오염률이 높아지며 균사 생장속도가 늦어지는 경향이 있다.

해설
톱밥배지는 입병 후 바로 살균함

정답 ③

77

병재배에 있어 탄산칼슘과 같이 미량원소를 배지 전체에 균일하게 혼합되도록 첨가하는 방법으로 가장 적합한 것은?

① 배지 재료를 계량하여 한 번에 모두 넣고 잘 혼합한다.
② 배지 재료를 계량하여 넣어가면서 물과 함께 혼합한다.
③ 톱밥에 미강을 넣고 수분조절 후 탄산칼슘을 첨가한다.
④ 미강에 탄산칼슘을 먼저 첨가하여 혼합한 후 톱밥에 미강을 넣는다.

해설
소량 첨가물의 경우에는 물과 혼합하기 전에 미리 잘 섞어주는 것이 유리함

정답 ④

78

버섯 병재배 생산장비가 작업과정 순서대로 나열된 것은?

① 배지혼합기 – 입병기 – 살균기 – 접종기 – 클린부스 – 균긁기기 – 탈병기 – 적재기
② 배지혼합기 – 입병기 – 접종기 – 살균기 – 클린부스 – 균긁기기 – 탈병기 – 적재기
③ 배지혼합기 – 입병기 – 살균기 – 접종기 – 균긁기 – 클린부스 – 탈병기 – 적재기
④ 배지혼합기 – 입병기 – 접종기 – 살균기 – 균긁기 – 클린부스 – 탈병기 – 적재기

정답 ①

79 ★★☆
다음 중 주로 병재배 방법으로 생산되는 버섯은?

① 영지버섯　　② 표고버섯
③ 맛버섯　　　④ 팽이버섯

[해설]
- 원목재배: 표고, 영지, 상황
- 봉지재배: 느타리, 표고, 영지, 노루궁뎅이
- 병재배: 느타리, 팽이, 큰느타리

맛버섯은 병재배법으로 생산하나, 국내에서는 재배하지 않고, 영지는 병재배 가능하지만 경제성 면에서 불리함

[정답] ④

80 ★☆☆
노루궁뎅이버섯의 병배지 제조를 위한 주재료와 부재료의 배합비율로 가장 적당한 것은? (단, 부피비로 한다.)

① 포플러톱밥(60%) : 미강(40%)
② 참나무톱밥(60%) : 미강(40%)
③ 참나무톱밥(40%), 포플러톱밥(40%) : 미강(20%)
④ 참나무톱밥(30%), 포플러톱밥(30%) : 미강(40%)

[해설]
부재료인 미강은 20% 내외로 첨가함

[정답] ③

81 ★☆☆
팽이버섯재배용 배지제조 시 균사 생장에 가장 알맞은 톱밥배지의 수분 함량은?

① 45% 내외　　② 55% 내외
③ 65% 내외　　④ 75% 내외

[정답] ③

(2) 버섯배지살균

01 ★☆☆
살균기에는 어떤 종류의 온도계를 사용하는가?

① 알코올 온도계　　② 수은 온도계
③ 세라믹 온도계　　④ 최고 최저 온도계

[해설]
수은 온도계는 고온에 안정적이고 정확함

[정답] ②

02 ★★★
비타민이나 항생물질이 들어있는 배지의 살균방법은?

① 여과　　　　　② 자외선 살균
③ 고압스팀살균　④ 건열살균

[해설]
여과는 열에 약한 액체, 배지, 비타민, 항생물질 등을 살균하는 방법임

[정답] ①

03 ★☆☆
열에 민감하여 한계온도 이상의 열처리 시 변성될 가능성이 있는 비타민, 항생제 등의 성분들에 사용하는 멸균법은?

① 가스멸균　　② 여과멸균
③ 자외선멸균　④ 화염멸균

[정답] ②

04
화염살균을 할 수 없는 것은? ★☆☆

① 백금선 ② 핀셋
③ 유리봉 ④ 배지

해설
- **화염살균**: 불꽃에 직접 살균하는 방식으로 금속이나 유리기구에 주로 사용함

정답 ④

05
버섯의 균사를 새로운 배지에 이식할 때 사용하는 백금구의 살균방법으로 적당한 것은? ★☆☆

① 알코올소독 ② 고압살균
③ 화염살균 ④ 자외선살균

정답 ③

06
버섯 균사 배양 시 사용되는 기기 중 화염살균을 하는 것은? ★☆☆

① 피펫 ② 진탕기
③ 워링블렌더 ④ 백금구

해설
- **워링블렌더**: 분쇄기

정답 ④

07
초자기구, 금속기구를 살균하기에 적당한 것은? ★★★

① 무균상 ② 건열살균기
③ 고압살균기 ④ 상압살균기

정답 ②

08
버섯종균제조에 필요한 초자기구, 금속, 습열살균이 불가능한 재료 등을 살균하는 방법으로 습열살균보다는 덜 효과적이고, 140℃에서 3시간 정도 살균하는 것은? ★☆☆

① UV살균 ② 화염살균
③ 건열살균 ④ 고압살균

정답 ③

09
페트리디쉬(유리)의 건열살균온도 및 시간으로 가장 알맞은 것은? ★☆☆

① 121℃, 1시간 ② 121℃, 3시간
③ 140℃, 1시간 ④ 140℃, 3시간

정답 ④

10

대상물질의 완전 살균이 비교적 어려운 방법은?

① 자외선살균　　② 여과
③ 고압스팀살균　④ 건열살균

[해설]
자외선은 조사되는 표면만 적용되므로 살균보다는 소독 개념임

[정답] ①

11

미생물 배양이 끝난 배지 또는 기구의 처리가 가장 바르게 된 것은?

① 비누로 세척한다.
② 알코올로 소독한다.
③ 멸균 후 배지를 버리고 세척한다.
④ 건열살균기로 멸균한다.

[정답] ③

12

버섯종균 제조 시 톱밥배지 살균은 주로 어느 살균기를 사용하는가?

① 건열살균기　　② 고압증기살균기
③ 건열순간살균기　④ 습열순간살균기

[정답] ②

13

살균효과가 가장 높은 에틸알코올의 농도는?

① 70%　　② 80%
③ 95%　　④ 100%

[정답] ①

14

알코올을 이용하여 75%의 알코올 100ml를 만들려고 한다. 95%의 알코올의 첨가량은 약 얼마인가?

① 59.35ml　② 69.35ml
③ 78.95ml　④ 89.35ml

[정답] ③

15

무균실 소독용 알코올의 농도는 몇 %가 적당한가?

① 100%　② 90%
③ 80%　　④ 70%

[정답] ④

16

톱밥배지의 상압살균 온도로 가장 적합한 것은?

① 약 80℃　② 약 100℃
③ 약 121℃　④ 약 150℃

[정답] ②

17

톱밥배지의 상압살균에 관한 설명으로 옳지 않은 것은?

① 상압살균솥을 이용한다.
② 증기에 의한 살균 방법이다.
③ 100℃ 내외를 기준으로 한다.
④ 1시간 동안 살균을 표준으로 한다.

[해설]
상압살균은 100℃ 정도로 4시간 이상임

[정답] ④

18

버섯배지를 살균하는 작업으로 옳지 않은 것은?

① 배지를 입병 또는 입봉한 후 가능한 한 신속히 살균을 시작한다.
② 배지를 살균할 때 살균시간을 길게 할수록 완전하다.
③ 배지의 양이 많아 가비중이 무거울 때는 가벼운 것 보다 초기의 온도 상승이 빠르나 110℃ 이상에서 오히려 늦어지고 배지의 수분 함량은 많을수록 빨리 올라간다.
④ 배지 살균을 위한 수증기 주입은 천천히 하도록 한다.

[해설]
긴 살균시간은 배지를 오히려 변질시킬 수 있음

[정답] ②

19

살균기 구조상 페트 코크(pet cock)의 부착 간격은 얼마가 적합한가?

① 1.0m당 1개씩 부착   ② 1.5m당 1개씩 부착
③ 2.0m당 1개씩 부착   ④ 2.5m당 1개씩 부착

[해설]
• 페트 콕(pet cock): 공기를 내보내는 구멍, 배기구

[정답] ②

20

살균기 내의 수증기 배분관의 양각은 몇 도가 알맞은가?

① 30°   ② 45°
③ 60°   ④ 90°

[해설]
물고임 현상 방지를 위해 직각이 유리함

[정답] ④

21

살균기의 페트 코크(pet cock)가 하는 역할은?

① 살균기 내의 물 제거
② 살균기 내에 들어오는 증기량 조절
③ 살균기의 온도 조절
④ 살균기 내의 냉각공기 제거

[정답] ④

22
250~300ml 액체배지의 살균 방법으로 가장 알맞은 온도와 시간은?

① 121℃, 10분 ② 121℃, 20분
③ 121℃, 60분 ④ 121℃, 90분

[해설]
실험용 배지의 경우, 121℃, 1.1kg/cm² , 15~20분이 적당함

[정답] ②

23
1L 용량의 톱밥배지의 고압살균 시 살균기 내의 공기온도가 121℃에 도달된 몇 분 후에 배지 내부의 온도가 121℃로 되는가?

① 약 5분 ② 약 15분
③ 약 25분 ④ 약 40분

[정답] ④

24
배지의 살균은 배지의 용량에 따라 다소 차이가 있으나 일반적으로 양송이 곡립종균 제조 시 가장 적당한 고압살균(1.1kg/cm² , 121℃)시간은?

① 20분 ② 40분
③ 90분 ④ 120분

[정답] ③

25
배지의 살균시간을 결정하는 요인이 아닌 것은?

① 용기의 크기 및 종류
② 수증기의 온도
③ 배지의 수분 함량
④ 산도 수치

[정답] ④

26
고압스팀 살균 시 살균시간을 계산하기 시작하는 때는?

① 압력이 약 1.1kg/cm² , 121℃
② 압력이 약 1.1kg/cm² , 115℃
③ 압력이 약 1.5kg/cm² , 121℃
④ 압력이 약 1.5kg/cm² , 115℃

[해설]
살균시간의 시작은 온도가 121℃, 압력이 1.1kgf/cm²이 되었을 때부터임

[정답] ①

27
배지를 121℃로 고압살균할 때 1cm²당 압력은?

① 0.8~1.0kg ② 1.1~1.2kg
③ 1.3~1.5kg ④ 1.6~2.0kg

[정답] ②

28
버섯배지를 고압스팀 살균기로 살균할 때 121℃ 온도에서의 살균기 내의 적정 압력은?

① 약 0.3kg/cm² ② 약 0.7kg/cm²
③ 약 1.1kg/cm² ④ 약 1.5kg/cm²

정답 ③

29
고압살균 시의 살균시간은 어떻게 정하는가?

① 전원을 켠 시각부터 끈 시각까지
② 압력이 1.1kg/cm²이고, 온도가 121℃에 도달한 시각부터 전원을 끈 시각까지
③ 온도가 121℃에 도달한 시각부터 압력이 1.1kg/cm²로 되돌아온 시각까지
④ 전원을 켠 시각부터 압력이 1.1kg/cm²로 되돌아온 시각까지

정답 ②

30
고압살균의 원리를 가장 잘 설명한 것은?

① 살균기 내의 승화열을 이용한다.
② 수증기의 온도가 압력에 비례하여 높아진다.
③ 공기의 온도가 압력에 비례하여 낮아진다.
④ 살균기 내의 온도는 주입한 물의 양에 따라 높아진다.

정답 ②

31
고압증기살균기의 기본구조에 관계없는 것은?

① 온도계 부착(150~200℃)
② 압력게이지 부착
③ 수증기 주입구, 수증기 배분관 부착
④ 건열 배출구 부착

정답 ④

32
고압증기살균기의 기본구조와 관계없는 것은?

① 압력계　　② 중량계
③ 온도계　　④ 수증기 주입구

정답 ②

33
병재배에 사용하는 배지 고압살균기에 대한 설명으로 옳지 않은 것은?

① 상압살균을 할 수 없다.
② 121℃에서 주로 살균한다.
③ 고압살균으로 배지를 빠른 시간에 무균화한다.
④ 드레인 배관에는 증기트랩과 체크밸브가 설치되어 있다.

정답 ①

34 ★★☆

특히 외기가 낮았을 때 살균을 끝내고 살균솥 문을 열었을 때 병 밑 부위가 금이 가 깨지는 경우가 있는데 그 이유는?

① 고압살균할 때
② 살균완료 후 너무 오래 방치하였을 때
③ 살균솥에서 증기가 많이 샐 때
④ 배기 후 살균기 내부 온도가 높은 상태에서 문을 열 때

해설
살균기 내부 온도가 높을 때 열면 급격한 온도 차이로 인하여 뚜껑이 열리거나 병이 깨지는 경우가 있음

정답 ④

35 ★☆☆

톱밥배지의 살균이 끝난 후 배기를 자연적으로 서서히 하는 이유로 가장 타당한 것은?

① 배지 내의 영양분이 파괴되는 것을 방지함
② 배지의 수분이 변화되는 것을 방지함
③ 병마개가 빠지는 것을 방지함
④ 배지의 산도(pH)가 변화되는 것을 방지함

해설
갑작스러운 배기는 살균기 내부의 기압과 온도 변화를 유발하여 병마개가 열리거나 병이 깨지는 등의 문제 발생

정답 ③

36 ★☆☆

살균이 끝난 후 살균기에서 꺼낼 때 병의 면전이 많이 빠지는 이유는?

① 면전을 허술하게 하였을 때
② 면전을 너무 단단하게 하였을 때
③ 배기를 갑자기 심하게 하였을 때
④ 배기를 너무 적게 하였을 때

정답 ③

37 ★☆☆

살균작업에서 살균이 끝난 후에 배기는 어떻게 하는 것이 가장 이상적인가?

① 살균이 끝난 후에는 즉시 문을 열어 배기하고 냉각시킨다.
② 살균이 끝난 후에는 자연적으로 배기가 되도록 하는 것이 좋다.
③ 살균이 끝난 후에는 살균기 문을 빨리 열어주어 배기하고 접종실로 배지를 옮긴다.
④ 살균이 끝난 후에는 살균기 문을 빨리 열어 배기하고 냉각실로 배지를 옮긴다.

정답 ②

38 ★☆☆

양송이 퇴비 후발효 중 먹물버섯이 가장 잘 발생하는 온도는?

① 20~30℃
② 45~55℃
③ 60~70℃
④ 75~85℃

정답 ②

39

양송이 퇴비의 후발효 중 환기방법으로 가장 적절한 것은?

① 물을 계속 열어서 실시
② 문을 많이 열고 장기간 환기
③ 문을 적게 열고 장기간 환기
④ 문을 많이 열고 단기간 환기

정답 ④

40

느타리버섯 볏짚배지 살균온도로 가장 적당한 것은?

① 20℃   ② 40℃
③ 60℃   ④ 80℃

해설
입상 후 살균은 온도 60~65℃에서 10~14시간 정도 실시함

정답 ③

41

느타리버섯재배용 볏짚배지에서 잡균을 제거할 수 있는 최저 살균온도 및 시간은?

① 60℃, 8시간   ② 80℃, 4시간
③ 80℃, 8시간   ④ 100℃, 2시간

정답 ①

42

느타리 볏짚다발재배용 배지 재료의 후발효 온도는 몇 ℃로 유지하는 것이 가장 좋은가?

① 20~25℃   ② 30~35℃
③ 40~45℃   ④ 50~55℃

정답 ④

43

버섯재배용 배지를 발효시킬 때 밀도가 가장 높아야 하는 미생물군은?

① 고온성, 호기성균   ② 고온성, 혐기성균
③ 중온성, 호기성균   ④ 중온성, 혐기성균

해설
질 좋은 퇴비 발효는 호기성이면서 고온성 세균, 고온성 방선균, 중고온성 사상균으로 전환하면서 영양분 축적과 암모니아 감소

정답 ①

44

느타리버섯 솜(폐면)재배 살균온도로 가장 적당한 것은?

① 25℃ 내외   ② 45℃ 내외
③ 65℃ 내외   ④ 85℃ 내외

정답 ③

(3) 버섯종균 접종

01 ★★☆
다음 중 무균실용으로 적절하지 않은 것은?

① 자외선 램프　② 에틸알코올
③ 무균 필터(Filter)　④ 스트렙토마이신

[해설]
스트렙토마이신은 세균류에 사용하는 항생제

정답 ④

02 ★☆☆
버섯배지 접종작업을 할 때 수시로 뿌려주는 소독약제로 적합한 것은?

① 70% 공업용 에탄올　② 70% 공업용 메탄올
③ 0.1% 승홍수　④ 4% 석탄수

정답 ①

03 ★☆☆
버섯접종실의 소독약제로 사용하지 않는 것은?

① 70% 알코올　② 0.1% 승홍수
③ 4% 석탄산　④ 0.1% 탄산칼슘

[해설]
석탄산(phenol), 승홍수(이염화 수은 수용액)

정답 ④

04 ★☆☆
종균 접종실 및 시험기구에 사용하는 소독약제인 알코올의 농도로 가장 적절한 것은?

① 60%　② 70%
③ 80%　④ 90%

정답 ②

05 ★☆☆
무균실의 벽, 천정, 바닥 등의 소독약제로 에틸알코올의 적정 희석비율은?

① 0.1%　② 4%
③ 70%　④ 100%

정답 ③

06 ★☆☆
접종실(무균실)의 습도는 몇 % 이하로 유지하여야 좋은가?

① 70%　② 80%
③ 90%　④ 100%

정답 ①

07 ★★☆

버섯종균을 접종하는 무균실의 항시 온도는 얼마로 유지하는 것이 작업 및 오염방지를 위하여 가장 이상적인가?

① 5℃ 정도
② 10℃ 정도
③ 15℃ 정도
④ 20℃ 정도

해설
오염 방지를 위해 낮은 온도가 효과적이지만, 작업자의 작업환경 등을 고려하여 15℃ 이내 유지

정답 ③

08 ★☆☆

종균을 접종하는 무균실의 관리방법으로 적절하지 않은 것은?

① 온도를 15℃ 이하로 유지한다.
② 습도를 70% 이하로 관리한다.
③ 소독약제 살포 후 바로 작업한다.
④ 여과된 무균상태의 공기 속에서 작업한다.

정답 ③

09 ★☆☆

병재배 시 종균 접종실에 대한 설명으로 옳지 않은 것은?

① 20℃ 내외로 유지하여야 한다.
② 가습기 장치로 설치되어야 한다.
③ 공기는 헤파 필터를 통하여 들어와야 한다.
④ 무균상 또는 클린부스가 설치되어야 한다.

정답 ②

10 ★☆☆

양송이 종균 접종 시 재배용 퇴비의 암모니아 함량은 몇 % 이내가 가장 적당한가?

① 0.03
② 0.3
③ 3
④ 30

해설
퇴비의 암모니아 함량은 300ppm(0.03%) 이하

정답 ①

11 ★☆☆

양송이 종균 선택 요령 중 잘못된 것은?

① 계통이 확실한 우량종균
② 배양이 오래된 것
③ 유색 잡균과 점성 세균에 오염 안 된 것
④ 악취가 안 나는 것

해설
종균은 배양 후 바로 사용하는 것이 가장 좋으나, 그렇지 못한 경우, 저온(5℃ 이내)에서 보관기간을 1달 이내로 저장

정답 ②

12 ★☆☆

양송이 재배 시 백색종과 크림종을 혼합하여 종균 접종할 때 일어나는 현상은?

① 크림종이 먼저 발생한다.
② 백색종이 먼저 발생한다.
③ 백색종과 크림종이 발생하고 수량이 증수된다.
④ 수확량이 다량 감소한다.

정답 ④

13

양송이 종균을 심을 때 퇴비량에 비하여 종균 접종량이 가장 많은 부분은?

① 표층　　② 상층
③ 중층　　④ 하층

[해설]
중층-하층-상층-표층 순으로 종균 접종량이 많음

[정답] ①

14

양송이 종균 접종 시 퇴비배지의 상태에 대한 설명으로 잘못된 것은?

① 퇴비에 냄새가 없어야 한다.
② 퇴비표면에 백색가루가 있다.
③ 퇴비의 암모니아 함량이 높다.
④ 퇴비에 끈기가 없다.

[해설]
암모니아 농도는 300ppm 이하여야 함

[정답] ③

15

양송이 종균재식 방법 중 퇴비의 질이 좋아야만 가능한 방법은?

① 표층재식법　　② 드릴재식법
③ 혼합재식법　　④ 층별재식법

[해설]
- **혼합접종**: 퇴비배지에 종균이 고르게 섞이도록 접종하는 방법. 기계화 작업에 주로 사용되는 방법으로 빠른 균사 생장으로 배양 기간 단축 효과가 있으나 퇴비의 질이 아주 좋을 때에만 가능

[정답] ③

16

양송이 종균을 심을 때 퇴비량에 비하여 종균재식량이 가장 적은 부분은?

① 표층　　② 상층
③ 중층　　④ 하층

[정답] ③

17

양송이 종균의 접종 방법 중 틀린 것은?

① 퇴비의 수분 함량은 70~75% 정도가 되도록 조절한다.
② 퇴비의 온도가 23~25℃일 때 실시한다.
③ 곡립종균은 소독한 그릇에 쏟아 잘 섞어서 심는다.
④ 계통이 다른 종균을 섞어 심어도 된다.

[정답] ④

18

양송이 곡립종균의 접종 방법 중 혼합접종법에 대한 설명으로 옳은 것은?

① 종균을 표면에 뿌린다.
② 10cm 간격으로 접종한다.
③ 퇴비재배에 층별로 심는다.
④ 퇴비배지와 섞는다.

[정답] ④

19
느타리버섯 볏짚퇴비 재배 시 알맞은 종균 접종방법은?

① 덩이를 심는다.
② 종균을 내부에 뿌린다.
③ 종균을 볏짚과 섞는다.
④ 종균을 층별로 뿌린다.

정답 ④

20
느타리버섯의 가을 재배 시 알맞은 종균 접종시기는?

① 기온이 10℃ 이하일 때
② 기온이 15℃ 내외일 때
③ 기온이 23℃ 내외일 때
④ 3월 이후 어느 때나

정답 ③

21
느타리버섯의 볏짚다발 재배 시 종균을 가장 많이 심어야 할 부분은?

① 표면   ② 측면
③ 속   ④ 밑면

해설
표면에 빠른 균사 활착과 오염균 방지를 위해 표면 접종

정답 ①

22
느타리 버섯종균을 접종하고자 한다. 탈병 시기로 가장 알맞은 것은?

① 종균재식 1일 전
② 종균재식 당일
③ 종균재식 7일 전에 하여 저장
④ 관계없음

정답 ②

23
느타리 종균의 균사 배양이 완성된 후 기간이 오래되어 나타나는 특징으로 틀린 것은?

① 느타리 종균이 담긴 병 하부에 물이 생긴다.
② 오래되어 노화되거나 사멸된 균사가 있다.
③ 균사 축적이 증가된다.
④ 종균의 활성이 낮아 종균으로 사용하였을 때 균사 활착이 나쁘다.

정답 ③

24
다음 중 건전한 표고종균은?

① 백색의 균사가 덮이고 광택이 난다.
② 초록색 반점이 보인다.
③ 종균병을 열면 쉰 듯한 냄새가 난다.
④ 다소 갈변된 것이 좋다.

정답 ①

25

표고버섯의 종균 접종 적기는?

① 3~4월
② 6~7월
③ 9~10월
④ 12~1월

[해설]
표고 원목재배의 접종 시기는 3~4월이 적당함

[정답] ①

26

표고버섯의 톱밥종균을 접종할 때 종균은 원목의 어느 부위까지 넣어야 하는가?

① 심재부
② 형성층
③ 변재부
④ 외표피

[정답] ②

27

표고종균 접종 요령으로 적절하지 않은 것은?

① 종균은 입수하는 즉시 접종한다.
② 접종할 때는 나무 그늘이나 실내에서 한다.
③ 접종 구멍 속에 종균을 덩어리로 떼어 넣는다.
④ 종균이 부족하면 약간씩만 접종한다.

[해설]
종균 접종은 적정량만큼 하는 것이 유리함

[정답] ④

28

표고버섯 원목재배의 종균 접종 과정 중 적절하지 않은 것은?

① 접종용 원목은 참나무류를 선택한다.
② 접종용 종균은 직사광선을 받게 하여 갈색으로 만든다.
③ 종균은 10℃ 이하의 통풍이 양호한 냉암소에 보관한다.
④ 접종용 원목은 수분 함량이 40% 내외가 적합하다.

[정답] ②

29

표고버섯 원목재배 시 종균 접종 요령으로 옳지 않은 것은?

① 원목에 구멍을 돌려가면서 뚫는다.
② 접종 구멍의 크기는 직경 1.0cm, 깊이 2.5cm 정도로 한다.
③ 원목의 길이와 굵기에 따라서 종균 접종 구멍 수가 다르다.
④ 원목 내 구멍을 사전에 많이 뚫고 쌓아 놓은 다음에 접종한다.

[정답] ④

30

표고 원목재배 시 필요한 기자재가 아닌 것은?

① PP봉지
② 천공드릴
③ 종균 접종기
④ 수분 측정기

[해설]
pp봉지는 내열성으로 살균 시 사용

[정답] ①

31

병재배를 이용하여 종균을 접종하려 할 때 유의사항으로 옳지 않은 것은?

① 배지온도가 25℃까지 식었을 때 접종한다.
② 고압살균은 121℃, 1.2kg/cm² 에서 90분간 실시한다.
③ 고압살균 후 상온이 될 때까지 냉각을 하고 병을 꺼낸다.
④ 접종실과 냉각실의 UV등을 항상 켜놓고, 작업을 하거나 배지 보관 시에는 소등한다.

정답 ③

32

접종원 1병(1L)으로 몇 병을 접종하는 것이 가장 적당한가?

① 8병
② 80병
③ 800병
④ 8,000병

해설
접종량은 10~15g 정도로 80병 내외로 접종 가능

정답 ②

33

버섯배지에 접종하는 종균 중 주로 액체종균을 사용하지 않는 버섯은?

① 팽이버섯
② 느타리버섯
③ 동충하초
④ 양송이

정답 ④

34

팽이버섯 배양기간을 단축할 수 있어서 많이 사용하는 종균의 종류는?

① 액체종균
② 톱밥종균
③ 곡립종균
④ 성형종균

정답 ①

35

실내에서 재배하면 가장 경제성이 낮은 버섯은?

① 송이버섯
② 양송이버섯
③ 왕송이버섯
④ 새송이버섯

해설
송이는 인공재배가 안 됨

정답 ①

(4) 버섯균배양관리

01

표고 원목재배 시 가눕히기 후에 관리 시 가장 주의해야 할 점은?

① 골목을 건조하게 한다.
② 통풍이 잘되게 한다.
③ 비를 안 맞게 한다.
④ 보온·보습이 잘되게 한다.

정답 ④

02

원목에 표고 종균의 접종이 끝나면 먼저 해야 할 작업은?

① 임시세워두기　② 본세워두기
③ 임시눕혀두기　④ 본눕혀두기

[해설]
본 배양 전 접종한 종균 및 균사의 안정화를 위하여 임시눕히기(가눕히기) 실시

[정답] ③

03

종균 접종 후의 표고버섯 골목관리 방법 중 틀린 것은?

① 임시눕혀두기　② 침수해두기
③ 본눕혀두기　④ 세워두기

[정답] ②

04

표고버섯 종균을 접종한 원목에 균사 활착을 위해 실시하는 것은?

① 타목　② 침수
③ 물떼기　④ 임시눕히기

[정답] ④

05

표고 원목재배 시 가눕히기를 할 장소로 가장 먼저 고려하여야 할 점은?

① 보습　② 보온
③ 통풍　④ 차광

[해설]
종균 접종 후 가눕히기는 보습·보온이 중요함

[정답] ①

06

표고 원목재배 시 원목을 수평으로 가눕히기 할 때 쌓는 최적 높이는?

① 10~30cm　② 30~50cm
③ 50~70cm　④ 70~90cm

[해설]
- 일정한 온도 및 습도 유지를 위해서 쌓는 높이
  - 노지: 50cm 이하
  - 하우스: 1m 이하

[정답] ②

07

표고 원목재배 시 본눕히기의 관리 시 목적이 아닌 것은?

① 뒤집기 작업이 필요 없다.
② 보온·보습이 잘 되게 한다.
③ 직사광선을 막아준다.
④ 균사가 고루 자라게 한다.

[해설]
뒤집기는 원목의 고른 수분 분포와 균사 생장을 위해서 필요하고, 접종한 해에는 1~3회 정도 실시함

[정답] ①

08

표고 원목재배 시 임내눕히기를 하는 장소로 부적당한 곳은?

① 산란광이 드는 곳 ② 통풍이 잘 되는 곳
③ 방위가 북서향인 곳 ④ 직사광선이 드는 곳

[해설]
버섯재배에는 직사광선을 피해야 함

[정답] ④

09

표고 골목눕히기 장소의 차광율은 몇 %가 가장 적당한가?

① 70~75% ② 80~85%
③ 90~95% ④ 97~100%

[해설]
본눕히기는 차광률 90~95%인 차광막을 사용함

[정답] ③

10

표고버섯 골목의 본눕혀두기 장소로 적당하지 않은 곳은?

① 배수와 통풍이 잘 되는 곳
② 북향 또는 서향의 지형
③ 10~15°의 경사지
④ 공기 중의 습도는 70~80%를 유지할 수 있는 곳

[해설]
- 약간의 경사지가 유리하나, 평지의 경우에는 배수와 통풍이 좋은 곳
- 그늘이 부족하면 차광율 90~95%인 차광막으로 그늘을 만들어 직사광선을 피해야 함

[정답] ②

11

표고 원목재배 시 눕히기의 설명으로 틀린 것은?

① 골목의 간격은 6~9cm로 한다.
② 각 단은 5본 정도로 한다.
③ 바깥쪽은 가는 것, 가운데는 굵은 것으로 한다.
④ 전체 높이를 60~90cm로 한다.

[해설]
안정적 쌓기와 통풍을 위해 안쪽은 가늘고, 바깥쪽은 굵은 것으로 함

[정답] ③

12

표고버섯의 균사 생장 적온은?

① 15℃ 내외 ② 25℃ 내외
③ 35℃ 내외 ④ 45℃ 내외

[해설]
표고 균사 생장 적온은 24~27℃임

[정답] ②

13

표고버섯 품질이 저하되는 원인에 해당되는 것은?

① 원목에 구멍을 크게 뚫는다.
② 골목을 자주 뒤집어 준다.
③ 골목의 수분이 부족한 건조상태이다.
④ 원목의 크기가 너무 크다.

[해설]
골목이 건조되면 버섯 발생이 안 되거나 소형화됨

[정답] ③

14
표고톱밥재배 시 균을 배양하기 위한 필수 시설이 아닌 것은?

① 살균실　　② 무균실
③ 배양실　　④ 비가림 시설

정답 ④

15
양송이 재배 시 복토 후 균사부상과 관련이 적은 것은?

① 퇴비 부숙도　　② 재배사 온도
③ 복토 수분 함량　　④ 복토의 산도(pH)

정답 ①

16
양송이 퇴비 후발효 중 먹물버섯이 잘 발생하는 온도는?

① 20~30℃　　② 40~50℃
③ 60~70℃　　④ 80~90℃

정답 ②

17
양송이나 느타리버섯재배 시 재배사 내에 탄산가스가 축적되는 원인은?

① 복토에서 발생
② 퇴비에서 발생
③ 외부공기로부터 혼입
④ 농약 살포로 발생

해설
균사가 생장하면서 호흡에 의해 발생함

정답 ②

18
신령버섯의 복토방법 중 가장 정확하게 기술한 것은?

① 복토는 고랑과 두둑이 있어 골이 만들어 지도록 한다.
② 양송이처럼 편편하게 평면으로 한다.
③ 복토 표면의 형태는 특별하게 규정된 것이 없다.
④ 복토흙의 두께는 얇게만 하면 된다.

해설

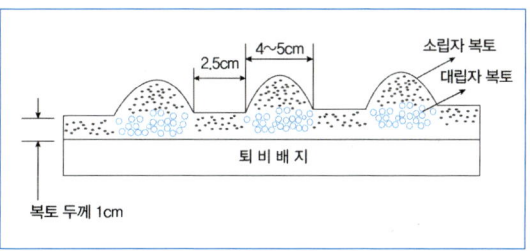

정답 ①

19
느타리버섯 종균 접종 후 토막쌓기에 가장 적합한 장소는?

① 관수가 용이한 곳
② 북쪽의 건조한 곳
③ 직사광선이 닿는 곳
④ 주·야간 온도 편차가 큰 곳

[정답] ①

20
느타리버섯 비닐멀칭 균상재배의 종균 접종 및 배양관리에 대한 설명으로 옳지 않은 것은?

① 접종할 톱밥종균은 콩알 크기로 부수어 사용한다.
② 종균은 배지의 중앙에만 접종하여 오염을 방지한다.
③ 멀칭하는 비닐의 색깔은 흑색, 백색, 청색도 가능하다.
④ 균사 배양 온도는 배지 속이 25~30℃가 되도록 유지한다.

[해설]
종균 50%는 배지와 혼합 접종하고, 10%는 균상 표면에 고르게 접종한 후, 멀칭비닐로 균상 전체를 덮고, 멀칭비닐의 구멍을 종균의 40%로 완전히 덮이도록 접종함

[정답] ②

21
느타리버섯 폐면재배 시 종균재식(접종) 후 재발열을 예방하기 위하여 재배사의 실온을 내리는 시기는?

① 종균재식 직후
② 종균재식 2~3일 후
③ 종균재식 5~6일 후
④ 종균재식 8~9일 후

[해설]
접종 후, 재발열과 잡균 오염 방지를 위해서 20~22℃ 정도의 저온을 유지하고, 점차적으로 온도를 올림

[정답] ①

22
느타리버섯을 솜배지에 재배할 때 잡균 오염 방지를 위한 균사 배양 초기 온도로 가장 적합한 것은?

① 10~12℃   ② 15~17℃
③ 20~22℃   ④ 25~27℃

[정답] ③

23
느타리버섯 병재배 시설에 필요 없는 것은?

① 배양실   ② 억제실
③ 생육실   ④ 접종실

[해설]
느타리는 억제과정이 필요없음

[정답] ②

24
팽이버섯 균사 생장 시 배양실의 적정 습도로 옳은 것은?

① 55~60% ② 65~70%
③ 75~80% ④ 85~90%

정답 ②

25
종균을 접종하고 배양과정 중에서 잡균이 발생하였다. 예상되는 잡균 발생 원인으로 가장 거리가 먼 것은?

① 접종기구 사용 시 바닥에 내려놓았을 때
② 종균병으로 들어갈 솜마개를 조금 태웠을 때
③ 더운 여름날 알코올램프를 끄고 작업했을 때
④ 종균병 입구를 솜마개로 느슨하게 막고 보관했을 때

정답 ②

CHAPTER 04 버섯의 생육환경 필수문제

(1) 버섯 생육환경관리

01 ★☆☆

양송이 재배단계 중 환경요인의 허용범위가 가장 좁아 정밀한 관리가 필요한 시기는?

① 후발효기　　② 버섯발생기
③ 균사 생장기　④ 버섯수확기

정답 ②

02 ★☆☆

양송이 자실체가 생장하는 과정으로 바른 것은?

① 핀해드-버튼-컵-프렛
② 버튼-핀해드-컵-프렛
③ 프렛-컵-핀해드-버튼
④ 컵-프렛-버튼-핀해드

정답 ①

03 ★☆☆

양송이 재배 시 고품질 버섯발생을 위한 관리 방법이 아닌 것은?

① 점토 함량이 높은 복토 사용
② 버섯 생육 시 저온 관리
③ 병원 방제에 중점을 둔 관리
④ 버섯 다발이 형성되도록 한 관리

해설
양송이는 다발로 형성되면 상품가치가 하락함

정답 ④

04 ★☆☆

양송이 재배 시 재배사 내의 탄산가스(CO_2)함량으로 가장 적당한 것은?

① 0.3% 이하　　② 0.3~0.5%
③ 0.5~1.0%　　④ 1% 이상

해설
재배사 내의 이산화탄소 농도는 1,200ppm(0.12%) 이내로 유지함

정답 ①

05

양송이 생육 시 갓이 작아지고 대가 길어지는 현상이 일어나는 재배사 내의 이산화탄소(CO_2)농도 범위로 가장 적합한 것은?

① 0.02% 이하　② 0.03~0.06%
③ 0.07~0.10%　④ 0.20~0.30%

해설
양송이 생육 시 이산화탄소 농도는 1,500ppm(0.15%) 이하로 조절 관리해야 함
0.1%=1,000ppm

정답 ④

06

양송이 재배 시 호흡에 의한 이산화탄소의 방출량이 가장 많은 생육단계는?

① 계열 직전의 큰 버섯
② 중간 크기의 버섯
③ 어린 버섯
④ 균사 생장

정답 ③

07

양송이 재배과정 중 환기량이 가장 많이 요구되는 시기는?

① 균사생장기　② 복토 직후
③ 1~3주기　　④ 6~8주기

해설
균사생장에 따른 이산화탄소 농도 증가로 환기 관리 필요

정답 ①

08

양송이 2~3주기에 핀 형성이 과다하게 많으며 품질이 불량한 이유는?

① 복토가 건조하였기 때문
② 균상 정리를 못했기 때문
③ 1주기 수확량이 많았기 때문
④ 괴균병이 발생하였기 때문

정답 ①

09

2~3주기 양송이 수확 시 적당한 재배사의 온도는?

① 30℃　② 25℃
③ 20℃　④ 15℃

해설
양송이 재배 시 적정온도는 17℃ 내외로 주기를 반복할수록 온도를 낮게 관리해준다.

정답 ④

10

양송이 재배 시 관수를 가장 많이 하는 시기는?

① 복토 직후
② 수확 직전
③ 버섯 크기 2cm 내외
④ 버섯 크기 5cm 내외

정답 ③

11 ★★☆

신령버섯 균사 생장 시 간접광선의 영향으로 맞는 것은?

① 균사 생장 시 어두운 상태와 밝은 상태가 교차되어야만 생장이 촉진된다.
② 균사 생장 시에는 어두운 상태에서 생장이 촉진된다.
③ 균사 생장 시에는 간접광선이 아무런 영향을 미치지 못한다.
④ 균사 생장 시 간접광선은 생장을 촉진하는 특성이 있다.

[해설]
신령버섯은 광에 의해 균사 생장이 촉진되는 특징이 있음

[정답] ④

12 ★☆☆

신령버섯의 자실체 형성 시 최적온도는?

① 10~15℃   ② 15~19℃
③ 20~21℃   ④ 22~28℃

[해설]
- 생육기간 환경조건: 온도 22~28℃에서 변온, 습도 90% 이상

[정답] ④

13 ★☆☆

양송이나 느타리버섯재배 시 재배사 내에 탄산가스가 축적되는 원인은?

① 복토에서 발생
② 퇴비에서 발생
③ 외부공기로부터 혼입
④ 농약 살포로 발생

[해설]
균사가 생장하면서 호흡에 의해 발생

[정답] ②

14 ★★★

느타리버섯재배 시 환기불량의 증상이 아닌 것은?

① 대가 길어진다.
② 갓이 발달되지 않는다.
③ 수확이 지연된다.
④ 갓이 잉크색으로 변한다.

[해설]
- 갓 색은 광과 온도에 의해 변화함
- 재배사의 환기 불량은 이산화탄소 농도를 증가시킴
- 이산화탄소 농도가 높으면 갓이 작아지고, 대가 길어짐

[정답] ④

15 ★☆☆

느타리버섯 볏짚재배에 있어서 가을재배의 수확기 관리 중 기형버섯 방지를 위해 실시하는 가장 중요한 작업은?

① 환기   ② 온도
③ 관수   ④ 광조사

[정답] ①

16
느타리버섯 수확시기의 가장 알맞은 온도는?

① 5℃
② 10℃
③ 15℃
④ 20℃

[해설]
- 느타리버섯 생육온도: 13~18℃

[정답] ③

17
느타리버섯재배종 중 자실체 원기 유도 시 저온처리가 필요 없는 것은?

① 느타리(*Pleurotus ostreatus*)
② 노랑느타리(*Pleurotus cornucopiae*)
③ 양송이(*Agaricus bisporus*)
④ 큰느타리(*Pleurotus eryngii*)

[해설]
- 노랑느타리는 균사 생장 적온: 25~28℃로 중고온성 버섯임
- 5℃ 이하에서는 균사가 사멸함
- 발이 및 생육 적온: 18~23℃

[정답] ②

18
다음 중 느타리 재배 시 관수량을 가장 많이 해야 할 시기는?

① 갓 직경 2mm
② 갓 직경 10mm
③ 갓 직경 20mm
④ 갓 직경 40mm

[정답] ④

19
느타리의 자실체 생육 시 광이 부족하면 어떻게 되는가?

① 버섯 대의 색깔이 진해진다.
② 버섯 대가 짧아진다.
③ 버섯 대가 길어진다.
④ 광과는 영향이 없다.

[해설]
느타리 재배에서 광은 발이 유도, 갓 색깔 변화, 갓 발달에 관여함

[정답] ③

20
느타리버섯 대 길이를 좌우하는 요인으로만 구성된 것은?

① 온도, 조도, 배지 산도
② 온도, 습도, 질소 농도
③ 온도, 조도, 탄산가스 농도
④ 조도, 습도, 배지 산도

[해설]
버섯의 형태는 온도, 광, 이산화탄소 농도에 영향을 받음

[정답] ③

21

봉지재배로 전복느타리종균을 접종하였다. 버섯 발이 유기 관리방법으로 옳은 것은?

① 실내온도 18~24℃로 유지한다.
② 실내습도 70~80%로 유지한다.
③ 비닐을 완전 제거하여 생육 시 배지 회수율이 낮다.
④ 비닐에 칼집만 내어 생육 시 습도 유지 관리가 어렵다.

해설
- 전복느타리 봉지재배 생육 조건
  - 발생온도: 18~24℃ / 생육온도: 25~30℃
  - 습도: 90~95%
  - 이산화탄소농도: 1,500ppm 이하

정답 ①

22

느타리버섯의 원기 형성을 위한 재배사의 환경 조건으로 부적합한 것은?

① 충분한 자연광
② 저온 충격과 변온
③ 70~80% 정도의 습도
④ 1,000~1,500ppm 정도의 이산화탄소 농도

해설
느타리버섯은 생육 시 많은 공중 습도(95% 이상)를 필요로 함

정답 ③

23

재배환경에 따른 느타리 자실체에 대한 설명으로 옳지 않은 것은?

① 환기부족 시에는 기형버섯이 많이 발생한다.
② 자실체 발생 시 환기가 과다하면 갓이 빨리 생육한다.
③ 자실체 생육 시 이산화탄소 농도가 높으면 대가 짧아진다.
④ 실내습도가 과습 상태면 물버섯이 형성되어 상품가치가 저하된다.

정답 ③

24

버섯 생육과정에 따른 표고 원목재배 관리 방법 중 틀린 것은?

① 온도는 5~25℃를 유지해 줌
② 습도는 60~70%를 유지해 줌
③ 버섯이 나오면 관수를 해 줌
④ 야간에는 온도를 5℃ 정도 낮춤

해설
버섯에 관수를 하면 물버섯이 되어 상품가치 저하

정답 ③

25
표고 원목재배 시 종균 활착이 안 된 경우는?

① 마개가 밀착해 있는 것
② 접종 구멍 상하의 수피를 눌러보면 탄력이 있는 것
③ 원목의 상하 단면의 형성층 부분에 백색균사가 보이는 것
④ 접종 구멍이 청록색으로 변한 것

[해설]
표고 균의 색이 아닌 것은 오염된 것임

[정답] ④

26
표고버섯재배장소에 따른 골목 관리의 고려사항으로 관계가 적은 것은?

① 주변 수종   ② 건습상태
③ 일조시간   ④ 통풍

[정답] ①

27
표고재배 시 침수 타목의 효과와 관련이 없는 것은?

① 골목에 충분한 물을 흡수시켜 준다.
② 균사를 자극해서 자실체 형성을 촉진시켜 준다.
③ 균사의 분화와 자실체의 발육을 빠르게 한다.
④ 균사 분화에 의해서 발생량이 많아진다.

[정답] ③

28
표고원목재배 시 침수타목을 하는 이유와 가장 거리가 먼 것은?

① 자실체 발생을 위해 수분을 공급한다.
② 균사의 일부 절단에 의하여 자실체 형성을 위한 분화작용이 촉진된다.
③ 냉수에 담가 온도변화를 주어 균사의 분화를 촉진한다.
④ 버섯의 품질이 좋아진다.

[정답] ④

29
표고 골목의 버섯 발생 작업과정이 아닌 것은?

① 타목   ② 침수
③ 물떼기 ④ 가눕히기

[해설]
가눕히기는 종균 안정화와 배양작업

[정답] ④

30
표고 발생을 위한 골목의 살수 또는 침수 시 골목의 수분 함량은 몇 % 정도가 되게 하는 것이 적당한가?

① 30   ② 40
③ 50   ④ 60

[정답] ③

31
표고균사의 생장가능 온도와 적온으로 옳은 것은?

① 5~32℃, 22~27℃
② 5~32℃, 12~20℃
③ 12~17℃, 22~27℃
④ 12~17℃, 28~32℃

정답 ①

32
표고균사가 골목 내에서 생존할 수 있는 대기 중의 최저온도는?

① -5℃   ② -10℃
③ -15℃   ④ -20℃

정답 ④

33
중온성 품종의 표고 자실체 형성 시 적온은?

① 7~12℃   ② 12~20℃
③ 22~26℃   ④ 28~32℃

해설
- 저온성: 5~15℃
- 중온성: 15~20℃
- 고온성: 15~25℃

정답 ②

34
일반적으로 표고의 첫 발생이 가장 빠른 품종은?

① 저온성 품종   ② 중온성 품종
③ 고온성 품종   ④ 중고온성 품종

해설
고온성 품종이 원목에 균사 활착이 속도가 비교적 빠름

정답 ③

35
표고버섯 자실체 발생 조건 중 틀린 것은?

① 온도 7~17℃
② 직사광선
③ 습도 80~90%
④ 원목의 수분 함량 50~60%

정답 ②

36
표고버섯의 자실체 발육에 가장 적합한 공중 습도는?

① 15~30%   ② 40~60%
③ 70~90%   ④ 100% 이상

정답 ③

37 ★★☆

표고버섯 원기 형성 속도는 수피 두께에 따라서 차이가 있다. 다음 중 옳게 설명한 것은?

① 원기 형성은 수피가 얇은 골목은 빠르고 두꺼운 골목은 형성이 늦다.
② 원기 형성은 수피가 얇으면 늦고 두꺼우면 빠르다.
③ 원기 형성은 수피 두께와는 관계가 없다.
④ 원기 형성은 수피 두께보다 건조 조건에서 더 영향을 받는다.

정답 ①

38 ★☆☆

표고원목재배 시 작은 버섯이 되는 주된 원인은?

① 노화된 종균을 사용한 경우
② 골목이 미완숙일 때
③ 빛이 부족한 경우
④ 골목이 급격히 건조된 경우

정답 ④

39 ★☆☆

표고버섯 품질이 저하되는 원인에 해당되는 것은?

① 원목에 구멍을 크게 뚫는다.
② 골목을 자주 뒤집어 준다.
③ 골목의 수분이 부족한 건조상태이다.
④ 원목의 크기가 너무 크다.

해설
골목이 건조되면 버섯 발생이 안 되거나 소형화 됨

정답 ③

40 ★☆☆

표고버섯 원목재배의 실패 가능성이 가장 높은 방법은?

① 원목의 수피가 떨어지지 않도록 한다.
② 표고 원목재배 시 적절한 건조과정이 필요하다.
③ 토막치기된 원목은 지면에 직접 접촉되지 않게 놓는다.
④ 건조된 원목은 물에 침수한 후 바로 꺼내어 종균을 접종한다.

정답 ④

41 ★☆☆

표고 톱밥재배 시 톱밥배지의 갈변화 최적조건은?

① 온도 20~25℃, 광 250Lux
② 온도 10~15℃, 광 150Lux
③ 온도 30~35℃, 광 200Lux
④ 온도 20~25℃, 광 100Lux

해설
갈변화 시 다른 조건은 배양 시와 같고, 광조사 실시

정답 ④

42 ★☆☆

표고 발생기간 중에 버섯을 발생시킨 표고골목은 다음 발생작업까지 어느 정도의 휴양기간이 필요한가?

① 1개월   ② 2개월
③ 3개월   ④ 4개월

해설
1개월 정도가 적당함. 너무 빠르면 버섯이 소형화되고 길어지면 오염이나 수분관리가 어려워짐

정답 ①

43
표고 발생기간 중에 버섯을 발생시킨 표고골목은 다음 발생작업까지 어느 정도의 휴양기간이 필요한가?

① 약 30~40일   ② 약 60~70일
③ 약 80~100일 ④ 약 120~140일

[해설]
원목재배에서 휴양기간은 30일 정도임

[정답] ①

44
팽이버섯의 생육단계별 적정 온도, 습도, 소요일수로 가장 적합한 것은?

① 배양: 15℃ 전후, 65%, 15~20일
  발이: 7±2℃, 85%, 4~6일
  억제: 3~4℃, 70%, 7~10일
  생육: 6~8℃, 65%, 5~7일
② 배양: 20℃ 전후, 70%, 20~25일
  발이: 12±2℃, 90%, 7~9일
  억제: 3~4℃, 75%, 12~15일
  생육: 6~8℃, 70%, 8~10일
③ 배양: 25℃ 전후, 80%, 25~30일
  발이: 17±2℃, 95%, 3~4일
  억제: 10℃, 85%, 17~20일
  생육: 11~13℃, 80%, 13~15일
④ 배양: 30℃ 전후, 90%, 30~35일
  발이: 22±2℃, 95%, 17~19일
  억제: 13~14℃, 95%, 22~25일
  생육: 10~18℃, 85%, 18~20일

[정답] ②

45
팽이버섯 발이실의 최적온도와 습도를 나타낸 것 중 옳은 것은?

① 온도는 10~13℃이고 습도는 85% 정도
② 온도는 15~18℃이고 습도는 75~80%
③ 온도는 20~25℃이고 습도는 80~85%
④ 온도는 13~16℃이고 습도는 90% 이상

[해설]
- 발이실 환경 조건: 온도 10~15℃, 습도 90~95%, 이산화탄소 농도 1,500ppm 이하 유지

[정답] ④

46
팽이버섯재배 시 생육에 알맞은 상대습도는?

① 온도 20~25℃, 상대습도 60~70%
② 온도 7~8℃, 상대습도 70~75%
③ 온도 12~15℃, 상대습도 90~95%
④ 온도 4~5℃, 상대습도 80~85%

[정답] ②

47
팽이버섯 자실체 발생에 가장 알맞은 온도는?

① 약 10℃   ② 약 15℃
③ 약 20℃   ④ 약 25℃

[정답] ②

48

팽이버섯을 발생시키고자 한다. 이 때 발이실 내의 온도 관리는?

① 3~4℃ 유지　② 6~8℃ 유지
③ 10~12℃ 유지　④ 14~16℃ 유지

정답 ③

49

팽이버섯의 자실체 발생 및 생육온도로 가장 적합한 것은?

① 발생 10~12℃, 생육 5~8℃
② 발생 5~8℃, 생육 5~8℃
③ 발생 12~15℃, 생육 15~18℃
④ 발생 15~18℃, 생육 12~15℃

정답 ①

50

팽이버섯재배 시 온도가 가장 높게 유지되어야 하는 곳은?

① 배지 배양실　② 억제실
③ 발아실　④ 생육실

정답 ①

51

팽이버섯재배 과정 중 생육 억제란?

① 관수를 하지 않고 버섯을 약간 건조시켜 자라지 못하게 하는 작업이다.
② 환기를 시키지 않고 버섯대를 길게 만드는 과정이다.
③ 빛을 밝게 하여 버섯이 많이 발생하게 하는 과정이다.
④ 온도를 낮게 하여 갓과 줄기를 균일하고 충실하게 하는 과정이다.

해설
팽이버섯의 억제처리는 발이된 버섯을 저온에서 생장을 지연시키면서 균일한 발이 유도를 위한 것임

정답 ④

52

팽이버섯의 재배과정 중 온도를 가장 낮게 유지하는 시기는?

① 균배양 시　② 발이 유기 시
③ 억제 작업 시　④ 자실체 생육 시

정답 ③

53

팽이버섯 억제에 필요한 온도와 습도 조건은?

① 최적온도: 8℃ 내외, 최적습도: 65~70%
② 최적온도: 8℃ 내외, 최적습도: 80~85%
③ 최적온도: 4℃ 내외, 최적습도: 65~70%
④ 최적온도: 4℃ 내외, 최적습도: 80~85%

정답 ④

54

팽이버섯 자실체 발생 시 약한 광선의 영향은?

① 자실체 발생에서 야생종은 촉진하고 재배종은 지연시킨다.
② 자실체 발생에는 아무런 영향이 없다.
③ 모든 종에서 자실체 발생을 촉진한다.
④ 자실체 발생에서 재배종은 촉진하고 야생종은 지연시킨다.

[해설]
- 영양균사는 빛에 의해 생장이 억제되나 자실체 발생은 촉진됨
- 빛 조사는 갓의 생육을 촉진, 대의 신장은 억제함

[정답] ③

55

팽이버섯 자실체 생육 시 재배사 내의 밝기에 대한 설명 중 가장 적합한 것은?

① 광선이 필요하지 않으므로 어두운 상태도 된다.
② 광선이 반드시 필요하므로 짧은 시간에 500룩스의 직사광선을 비춘다.
③ 많은 양의 광선이 필요하므로 1000룩스 이상으로 밝아야 한다.
④ 낮에는 자연 직사광선만 있으면 된다.

[해설]
광은 갓 발달을 촉진할 수 있어 광이 크게 필요친 않음

[정답] ①

56

영지버섯 원목배지를 설명한 것 중 옳지 않은 것은?

① 재배원목의 표피는 수분 손실과 균사를 보호한다.
② 영지균은 나무의 형성층을 성장 기반으로 하여 목질부로 뻗어간다.
③ 영지균은 주로 변재부의 영양을 흡수 이용한다.
④ 영지균은 변재부가 얇고 심재부가 두꺼운 수종을 좋아한다.

[해설]
버섯은 심재부보다 변재부를 이용함

[정답] ④

57

영지버섯 갓이 형성될 때 관리 방법 중 옳지 않은 것은?

① 이 시기에는 환기량을 증가시켜야 하며 환기가 부족하면 버섯대만 자라게 된다.
② 이 시기의 실내습도는 70~80%로 하고 환기량은 증가시켜야 한다.
③ 이 시기에는 환기량을 줄이면서 습도도 낮추어야 한다.
④ 이 시기에 실내습도가 높으면 버섯 갓 표면에 요철이 생긴다.

[해설]
충분한 환기로 갓 발달 유도 및 습도는 70~80%로 낮게 유지하여 과습으로 인한 갓 표면 요철 피해를 방지함

[정답] ③

58
영지버섯 원목(단목)배지 매몰 시 배지 간의 적정 간격은?

① 5~10cm ② 10~15cm
③ 15~20cm ④ 20~25cm

[해설] 생장한 버섯의 갓이 겹치지 않을 정도가 적절함

[정답] ③

59
영지버섯 발생의 최적 온도는?

① 5℃ 내외 ② 10℃ 내외
③ 20℃ 내외 ④ 30℃ 내외

[해설] 영지버섯은 26~32℃에서 생육

[정답] ④

60
영지버섯재배에 알맞은 재배사 내의 광도(조도)는?

① 20~100룩스 ② 50~400룩스
③ 500~700룩스 ④ 800~1,200룩스

[정답] ②

61
영지버섯 발생 및 생육 시 필요한 환경요인이 아닌 것은?

① 광조사 ② 저온처리
③ 환기 ④ 가습

[해설] 영지버섯은 배양부터 생육까지 26~32℃ 내외 유지

[정답] ②

62
영지버섯 원목재배 방법 중 균사 활착 기간을 단축시키고 잡균 발생률을 감소시키며, 연중 원목배지를 생산할 수 있는 재배법은?

① 장목재배 ② 단목재배
③ 개량단목재배 ④ 톱밥재배

[해설] 단목을 살균 가능한 비닐봉지에 담아 살균하고, 접종 배양하는 방식

[정답] ③

63
천마에 대한 설명으로 틀린 것은?

① 버섯이다.
② 난과 식물이다.
③ 뽕나무버섯 균사와 공생한다.
④ 씨앗으로 번식이 어렵다

[해설] 천마는 난초과의 다년생 식물

[정답] ①

64

천마와 공생하는 버섯으로서 천마재배 시 꼭 필요한 것은?

① 목이버섯 ② 잣버섯
③ 뽕나무버섯 ④ 상황버섯

정답 ③

65

뽕나무버섯균에 대하여 옳게 설명한 것은?

① 목재 부후균으로써 균사속을 형성하여 천마와 접촉하면서 공생관계를 유지한다.
② 목재에 공생하는 균으로서 천마에서 기생하면서 상호번식한다.
③ 목재 부후균이지만 참나무에서 생육이 잘 안 된다.
④ 목재 부후균으로써 소나무에서 잘 번식한다.

정답 ①

66

천마의 특성 중 맞는 것은?

① 뽕나무버섯균에 기생하면서 지상에서 성마가 되어 번식한다.
② 뽕나무버섯균과 공생하며 지상에 자실체가 형성되는 특징이 있다.
③ 뽕나무버섯균과 공생하며 땅속에서 성마가 되어 번식한다.
④ 난과식물과 공생하면서 꽃과 열매로서 번식한다.

정답 ③

67

천마에 대한 설명으로 옳지 않은 것은?

① 난(蘭)과에 속하는 일년생 식물이다.
② 지하부의 구근은 고구마처럼 형성된다.
③ 뽕나무버섯균과 서로 공생하여 생육이 가능하다.
④ 지상부 줄기 색깔에 따라 홍천마, 청천마, 녹천마 등으로 구별한다.

정답 ①

68

복령에 대하여 옳게 표현한 것은?

① 재배장소는 흙이 부드럽고 유기물 함량이 높은 곳이 좋다.
② 재배장소는 참나무 산림지대가 좋으며 자갈이 많은 곳도 좋다.
③ 재배장소는 배수 양호한 사양토에서 유기물이 적은 곳이 좋다.
④ 재배장소는 습기가 높은 경작지 토양이 좋다.

정답 ③

69
흑목이균 발생 최적 온도와 광반응 조건으로 옳은 것은?

① 온도는 8~12℃이고 광이 불필요하다.
② 온도는 10~15℃이고 광이 불필요하다.
③ 온도는 15~18℃이고 광이 많이 필요하다.
④ 온도는 20~28℃이고 광이 많이 필요하다.

해설
- 흑목이 생육 조건
  - 온도: 20~27℃
  - pH: 5.0~6.5
  - 실내습도: 90%
  - 광: 400lx 이상에서 흑갈색에 유리

정답 ④

70
만가닥버섯 생육에 가장 알맞은 온도는?

① 10℃ 내외   ② 15℃ 내외
③ 20℃ 내외   ④ 25℃ 내외

해설
- 만가닥버섯 생육 조건
  - 온도: 15℃ 전후
  - 습도: 95% 이상
  - 광: 500~1,000lx

정답 ②

71
목질열대구멍버섯(상황)의 원목 매몰 재배 시 버섯 발생기에 조치사항으로 옳은 것은?

① 실내온도 10~15℃로 유지한다.
② 원목 묻기를 마치면 모래 표면이 젖을 정도로 매일 관수한다.
③ 환기를 자주하여 이산화탄소 농도가 0.5% 이하로 낮게 한다.
④ 실내 오염을 막기 위해 벤잘코니움클로라이드 1,000배 희석액을 분무한다.

해설
- 상황의 다른 이름
  목질진흙버섯. 목질열대구멍버섯
  - 온도: 28~33℃
  - 습도: 90~95%
  - 이산화탄소 농도: 1,500ppm 정도
  - 관수: 모래 표면이 젖을 정도로 매일 1회 정도 관수

정답 ②

72
주로 병재배 방법으로 생산되는 버섯은?

① 영지   ② 표고
③ 맛버섯   ④ 팽이버섯

정답 ④

73
버섯재배 시 환경요인의 허용 범위가 좁아서 정확한 관리가 요구되는 시기는?

① 균사 생장기   ② 버섯수확 시기
③ 버섯발생 시기   ④ 종균재식 시기

정답 ③

74
버섯 자실체의 발생에 영향을 미치지 않는 것은?

① 균사 생장기간 ② 농약처리
③ 살균방법 ④ 온도조절

[해설] 자실체 발생은 균사 배양 기간, 온도 및 수분 함량, 광조사, 화학적 자극에 의해 영향을 받음

[정답] ③

75
버섯의 발생 및 자실체의 생육 온도가 가장 높은 것은?

① 영지버섯 ② 팽이버섯
③ 양송이 ④ 표고버섯

[해설] 영지버섯의 적정 생장 온도는 26~28℃ 정도임

[정답] ①

76
다음 버섯 중 생육 시 가장 고온을 요구하는 버섯은?

① 표고버섯 ② 불로초(영지버섯)
③ 느타리버섯 ④ 양송이

[정답] ②

77
다음 중 자실체 발생 시 온도가 가장 낮은 버섯 종류는?

① 팽이버섯 ② 목이버섯
③ 영지버섯 ④ 느타리버섯

[정답] ①

78
버섯 발생 시 광도(조도)의 영향이 가장 적은 버섯은?

① 표고버섯 ② 느타리버섯
③ 양송이 ④ 영지버섯

[정답] ③

79
버섯재배사 내의 이산화탄소 농도가 5,000ppm이면 % 농도로는 얼마인가?

① 0.005% ② 0.05%
③ 0.5% ④ 5%

[해설] 1,000ppm=0.1%

[정답] ③

(2) 버섯재배시설 장비관리

01 ★★★

느타리버섯재배사에서 작업할 때 균상의 단과 단 사이 간격은 몇 cm가 적당한가?

① 30cm　　② 40cm
③ 50cm　　④ 60cm

해설
단별 균상 간격은 60cm 정도가 적당함

정답 ④

02 ★☆☆

느타리버섯을 재배사에서 2열 4단으로 작업할 때 균상의 단과 단 사이 간격(cm)으로 가장 적절한 것은?

① 60cm　　② 50cm
③ 40cm　　④ 30cm

정답 ①

03 ★☆☆

건설비용과 관리시간을 고려한 느타리버섯재배사의 균상은 몇 단이 가장 알맞은가?

① 6단　　② 4단
③ 2단　　④ 1단

정답 ②

04 ★☆☆

버섯재배 관리에 가장 좋은 재배사 형태는?

① 보온재를 피복한 비닐하우스
② 연초 건조장
③ 시멘트 블록 이중벽 재배사
④ 흙벽 단층 재배사

정답 ③

05 ★☆☆

재배사의 바닥을 흙으로 할 때 가장 문제되는 점은?

① 온도 관리
② 습도 관리
③ 살균 및 후발효 관리
④ 병해 관리

해설
재배사 바닥이 흙일 경우, 토양 중 미생물 등에 의한 오염에 유의해야 함

정답 ④

06 ★★☆

표고 톱밥재배 시의 필수시설이 아닌 것은?

① 살균실　　② 무균실
③ 배양실　　④ 비가림시설

해설
비가림시설은 간이시설로 원목재배 시 주로 사용함

정답 ④

07
양송이 재배 면적 규모의 결정 요인과 가장 거리가 먼 것은?

① 노동력 동원 능력
② 용수량
③ 볏짚 절단기
④ 생산 재료의 공급 유무

[해설]
재료 수급, 용수 확보, 인력 동원, 시장 접근성 등을 고려

[정답] ③

08
팽이버섯재배사 신축 시 재배면적 규모 결정에 가장 중요하게 고려해야 하는 사항은?

① 1일 입병량   ② 재배 품종
③ 재배 인력   ④ 냉난방 능력

[해설]
입병량을 결정해야 필요 인력, 시설 규모, 설비 등을 결정할 수 있음

[정답] ①

09
표고 재배장의 입지 조건으로 적합하지 않은 것은?

① 침엽수 및 활엽수 혼효림
② 동남향 온화지
③ 경사도 20% 미만
④ 음습한 계곡

[해설]
통풍과 배수가 잘 되는 지역이어야 함

[정답] ④

10
표고버섯재배사 설치 입지조건에 적합하지 않은 것은?

① 집과 가까워 재배사 관리에 편리한 장소
② 전기와 물의 사용에 제한을 받는 장소
③ 큰 소비시장의 인근에 위치하는 장소
④ 햇빛이 잘 들고 보온과 채광에 유리한 장소

[정답] ②

11
느타리버섯 균상재배사 전업농 규모로 가장 적합한 면적은?

① 10~15평   ② 50~100평
③ 100~200평   ④ 200~400평

[정답] ④

12
느타리 재배사와 양송이 재배사의 시설에 있어서의 차이점은?

① 재배사의 벽과 천장   ② 균상시설
③ 채광시설   ④ 환기시설

[해설]
느타리버섯은 자실체 발이와 생육에 광조사 필요함

[정답] ③

13 ★★☆
양송이 재배장소로 가장 거리가 먼 것은?

① 복토원이 풍부한 곳
② 지하수 수온이 낮은 곳
③ 재료 구입이 용이한 곳
④ 노동력이 풍부한 곳

정답 ②

14 ★★☆
느타리 원목재배 시 땅에 묻는 작업 중 선택이 잘못된 것은?

① 수확이 편리한 곳
② 관수시설이 편리한 곳
③ 배수가 양호한 곳
④ 진흙이 많은 곳

해설
매몰 재배 시에는 배수가 잘 되는 토질을 선택해야 함

정답 ④

15 ★★★
느타리버섯 병재배 시설에 필요 없는 것은?

① 배양실   ② 배지냉각실
③ 생육실   ④ 억제실

정답 ④

16 ★☆☆
느타리버섯재배시설 중에서 헤파필터 등의 공기 여과장치가 필요 없는 곳은?

① 배양실   ② 생육실
③ 냉각실   ④ 종균 접종실

해설
• 무균화 작업으로 헤파필터를 설치해야 하는 시설: 냉각실, 접종실, 배양실

정답 ②

17 ★☆☆
생육실에서 냉난방을 위한 송풍 역할을 하며, 실내 공기를 순환시키는 역할을 하는 콘덴싱 유니트 팬의 회전속도를 조절할 수 있는 장치는?

① 인버터   ② 응축기
③ 시로코팬   ④ 전기열선

해설
• 콘덴싱유니트: 냉동기 구성요소 중 압축기, 응축기를 공통 가대에 설치, 일체화하여 조립한 장치
• 인버터: 전기를 변환하여 특정 기기를 적절하게 가동, 변속기라고도 함

정답 ①

18

영지버섯재배사 설치에 필요한 사항이 아닌 것은?

① 저지대나 습한 곳은 피한다.
② 최적 온도 유지를 위한 장치가 필요하다.
③ 버섯 생육에 필요한 환기 시설이 필요하다.
④ 버섯 발생에 방해가 되는 햇빛을 완전히 차단해야 한다.

[해설]
직사광선은 피하고 산란광 필요

[정답] ④

19

팽이버섯재배시설 중 온도가 가장 낮게 유지되는 곳은?

① 냉각실   ② 발이실
③ 생육실   ④ 억제실

[해설]
• 냉각실: 20~25℃
• 발이실: 12~14℃
• 억제실: 2~4℃
• 생육실: 6~8℃

[정답] ④

20

톱밥을 이용하여 버섯을 시설 병(용기)재배할 때의 장점이 아닌 것은?

① 인력으로 노약자 등의 활용이 가능하다.
② 시설투자 비용이 적게 든다.
③ 기계화에 의해 품질이 균일하다.
④ 연간 계획성 있는 안정생산이 가능하다.

[해설]
병재배는 시설 및 기기설비비가 비교적 높음

[정답] ②

21

표고골목 표준목(직경 10cm, 길이 1.2m)을 너비 1.3m, 길이 4m, 깊이 1m 정도의 침수조에 최대 몇 개나 넣을 수 있는가?

① 약 100본   ② 약 150본
③ 약 200본   ④ 약 300본

[정답] ④

22

팽이버섯재배사 신축 시 재배면적 규모 결정에 가장 중요하게 고려해야 하는 사항은?

① 재배인력   ② 재배품종
③ 1일 입병량   ④ 냉난방 능력

[정답] ③

23
느타리버섯재배사의 규모를 결정하는 요인으로 관계가 가장 적은 것은?

① 시장성　　② 노동력
③ 용수량　　④ 재배시기

정답 ④

(3) 버섯 수확 후 관리

01
다음 중 표고버섯의 최고품질을 나타내는 용어는?

① 화고　　② 동고
③ 향고　　④ 향신

정답 ①

02
표고버섯의 등급별 종류가 아닌 것은?

① 동고　　② 향고
③ 향신　　④ 동신

해설
건표고의 등급은 수확시기와 갓 형태로 구분하며 동고, 향고, 향신이 있음

정답 ④

03
자연조건하에서 표고버섯의 동고가 가장 많이 발생하는 시기는?

① 3~4월　　② 7~8월
③ 10~11월　④ 12~2월

해설
- 동고: 봄철이나 늦가을에 주로 채취된 것
- 향신: 온도가 높을 때 빨리 생장된 버섯을 채취한 것

정답 ④

04
표고 자실체에 대한 설명으로 옳지 않은 것은?

① 품질 등급 없이 유통된다.
② 갓의 색깔은 담갈색이나 다갈색이다.
③ 일반적으로 갓은 원형 또는 타원형이다.
④ 자실체는 갓, 주름살, 대로 구성되어 있다.

해설
표고는 크기와 두께로 구분하여 등급을 나눔

정답 ①

05

표고버섯의 열풍건조 단계 중 배기구를 완전히 닫아도 좋은 시기는?

① 후기 건조
② 본 건조
③ 마지막 건조
④ 예비 건조

[해설]
- 예비 건조: 45~50℃, 1~4시간 동안 배기구 완전 개방
- 본 건조: 10~12시간 동안 시간당 1~2℃씩 55℃로 올리면서 배기구 2/3 개방
- 후기 건조: 55℃, 3시간, 배기구 1/3 개방
- 마지막 건조: 60℃, 1시간, 배기구 완전밀폐

[정답] ③

06

표고의 열풍건조 시 온도를 유지하는 방법으로 가장 옳은 것은?

① 20℃에서 시작해서 45℃로 끝낸다.
② 35℃에서 시작해서 60℃로 끝낸다.
③ 50℃에서 시작해서 75℃로 끝낸다.
④ 온도와 관계없이 건조시간을 일정하게 한다.

[정답] ②

07

건표고의 저장법으로 바람직한 것은?

① 화력건조 후 밀봉하여 저온저장한다.
② 비닐봉지에 넣어 실온에 보관한다.
③ 주기적으로 약제를 살포한다.
④ 일광건조를 한다.

[해설]
표고의 수분 함량을 8% 내외로 건조시킨 후 비닐봉지에 밀봉하여 5~8℃로 저장

[정답] ①

08

버섯을 건조하여 저장하는 방법이 아닌 것은?

① 가스건조
② 열풍건조
③ 일광건조
④ 동결건조

[정답] ①

09

영지버섯의 갓 뒷면의 색을 보아 수확 적기인 것은?

① 적색
② 황색
③ 회색
④ 흑색

[해설]
영지는 포자가 비산하여 관공 부위가 연황색일 때 수확

[정답] ②

10

영지버섯 열풍건조 방법으로 옳은 것은?

① 열풍건조 시에는 습도를 높이면서 60℃ 정도에서 건조시켜야 한다.
② 열풍건조 시 40~45℃로 1~2시간 유지 후 1~2℃씩 상승시키면서 12시간 동안에 60℃에 이르면 2시간 후에 완료시킨다.
③ 열풍건조 시 초기에는 50~55℃로 하고 마지막에는 60~70℃로 장기간 건조시킨다.
④ 열풍건조 시 예비건조 없이 60~70℃로 장기간 건조시킨다.

정답 ②

11

찐 천마의 열풍건조 시 건조기 내의 최적 온도와 유지 시간에 대하여 다음 (가)~(다)에 올바르게 넣은 것은?

| 보기 |

처음 (가)℃에서 서서히 (나)℃로 상승시킨 다음 3일간 유지 후 (다)℃에서 7시간 유지하여 내부까지 건조시켜야 한다.

① (가): 40, (나): 50~60, (다): 50~60
② (가): 30, (나): 40~50, (다): 50~60
③ (가): 40, (나): 50~60, (다): 70~80
④ (가): 30, (나): 40~50, (다): 70~80

해설
찐 천마 열풍건조기 이용 시
• 30~40℃에서부터 서서히 상승시켜 40~50℃에서 3~4일
• 70~80℃에서 7~8시간 건조
• 건조가 완료되면 천마는 투명하면서 노란색을 띰

정답 ④

12

큰느타리버섯의 대가 충분히 성장한 후 수확시기를 결정하는 기준으로 가장 중요한 것은?

① 갓의 형태와 갓의 크기
② 갓의 형태와 갓의 색깔
③ 갓의 크기와 갓의 색깔
④ 대의 크기와 대의 색깔

정답 ①

13

양송이의 품질과 관계가 가장 적은 것은?

① 복토의 산도
② 복토 재료
③ 퇴비의 질
④ 퇴비의 양

해설
퇴비의 양은 품질보다는 생산주기와 관련

정답 ④

14

양송이 재배 시 재배면적 m³당 0.4~0.6인의 노동력이 필요하다면 재배과정 중 소요인력이 가장 많은 것은?

① 야외가퇴적
② 야외본퇴적
③ 접종 및 균사 생장관리
④ 수확관리

해설
양송이 재배 시 어느 정도 기계화가 되었으나, 수확은 아직 노동력을 필요로 함

정답 ④

15

버섯 수확 후 저장과정에서 산소와 이산화탄소 영향에 대한 설명으로 옳지 않은 것은?

① 버섯 저장 시에는 산소 농도 1% 이하에서만 효과가 있다.
② 산소의 농도가 2~10%인 경우는 버섯 갓과 대의 성장을 촉진시킨다.
③ 이산화탄소 농도가 5% 이상인 경우는 버섯 갓의 성장을 촉진시킨다.
④ 이산화탄소의 농도가 10% 이상인 경우는 버섯대의 성장을 지연시킨다.

[해설]
갓 성장은 5% 이상의 이산화탄소 농도에서 억제됨. 버섯 저장 시에는 산소 농도는 1% 이하로 유지관리

[정답] ③

16

버섯의 수확 후 생리에 대한 설명으로 옳지 않은 것은?

① 젖산, 초산을 생성한다.
② 휘발성 유기산을 생성한다.
③ 포자방출이 일어날 수 있다.
④ 호흡에 관여하는 효소시스템이 정지된다.

[해설]
버섯은 수확 후에도 호흡과 물질대사 활동을 하므로, 저장을 위해서는 호흡과 대사활동을 인위적으로 억제시켜야 함

[정답] ④

17

수확한 버섯을 저장할 때 산소와 이산화탄소의 영향에 대한 설명으로 옳지 않은 것은?

① 이산화탄소 농도가 10% 이상인 경우 버섯대의 성장이 억제된다.
② 버섯 저장 시에는 낮은 산소와 높은 이산화탄소 농도를 유지하는 것이 좋다.
③ 대기보다 낮은 산소 농도(2~10%)에서는 버섯 갓과 대의 성장이 억제된다.
④ 이산화탄소의 농도는 버섯 갓과 대에 대하여 상이하고 복잡한 반응성을 나타낸다.

[정답] ③

18

느타리버섯의 생체저장법이 아닌 것은?

① 상온저장법
② 저온저장법
③ CA저장법(가스저장법)
④ PVC필름 저장법

[해설]
신선버섯으로 저장하기 위해서는 저온저장, CA저장, 필름포장 저장법을 이용

[정답] ①

CHAPTER 05 버섯의 병해충 필수문제

(1) 양송이

01 ★☆☆

양송이 괴균병 포자를 사멸시키고자 한다. 80℃에서 사멸될 때까지의 최소시간은?

① 20분
② 60분
③ 130분
④ 160분

해설
복토를 80~90℃에서 1시간 이상 증기소독

정답 ②

02 ★☆☆

양송이 복토에서 발생하는 병으로 버섯의 대와 갓의 구별이 없는 기형버섯이 되는 병은?

① 푸른곰팡이병
② 괴균병
③ 마이코곤병
④ 바이러스병

해설
- 마이코곤병: *Mycogone perniciosa*, 복토를 소독하지 않은 경우, 특히 백색종에 심하게 발생

정답 ③

03 ★☆☆

양송이 마이코곤병의 전염원이 아닌 것은?

① 종균
② 복토
③ 작업 도구
④ 폐상 퇴비

해설
미살균 복토에서 심하게 발생

정답 ①

04 ★☆☆

버섯의 질병 중 양송이에서만 발생하는 병은?

① 마이코곤병
② 세균성갈변병
③ 푸른곰팡이병
④ 하이포크레아

해설
미살균 복토에 의해 발생함

정답 ①

05

다음 설명에 해당하는 병해는?

보기
양송이버섯에 주로 발생하며 기온이 높은 봄 재배 후기와 가을 재배 초기, 백색종을 재배할 때, 복토를 소독하지 않은 경우에 피해가 심하다.

① 대속괴사병
② 마이코곤병
③ 푸른곰팡이병
④ 세균성갈색무늬병

정답 ②

06

양송이버섯 자실체가 기형화되고 누런 물이 누출되면서 부패하여 악취를 유발하는 병은?

① 괴균병
② 미이라병
③ 마이코곤병
④ 세균성 갈변병

정답 ③

07

양송이버섯재배용 복토 소독에 사용하는 것은?

① 베노밀 수화제
② 스피네토람 입상수화제
③ 디플루벤주론 액생수화제
④ 프로클로라즈망가니즈 수화제

해설
- 스피네토람입상수화제: 살충제
- 디플루벤주론액상수화제: 살충제
- 베노밀 수화제: 살균제, 푸른곰팡이병
- 프로클로라즈망가니즈 수화제: 살균제, 마이코곤병

정답 ④

08

양송이의 복토 표면에 발생한 버섯이 0.5~2cm일 때 생장이 완전히 정지되면서 갈변, 고사하고 그 균상에서는 버섯발생이 되지 않는 병은?

① 미이라병
② 바이러스병
③ 괴균병
④ 세균성갈변병

해설
미이라병(mummy)
- 세균인 *Pseudomonas* spp.에 의해 발병
- 균사 생장기의 퇴비가 과습할 경우 많이 발생

정답 ①

09

양송이에 직접 기생하지 않는 병해는?

① 갈반병
② 세균성갈반병
③ 마이코곤병
④ 균덩이병

해설
균덩이병은 균사 생장 중 발생하는 병해임

정답 ④

10

양송이의 사물기생질병은?

① 푸른곰팡이
② 마이코곤병
③ 갈반병
④ 세균성갈변병

해설
푸른곰팡이는 주로 배지에 발생함

정답 ①

11

양송이의 푸른곰팡이병은 복토의 산도(pH)가 어떤 상태일 때 피해가 심한가?

① 산도와 관계없음
② 약알카리성
③ 중성
④ 약산성

해설
푸른곰팡이 발생을 예방하기 위해서는 퇴비와 복토는 pH7.5 정도를 유지해야 함

정답 ④

12

양송이 병해충 중 주로 배지에 발생하며, 산성에서 생장이 왕성하여 산도 조절을 함으로써 방제가 가능한 것은?

① 괴균병
② 마이코곤병
③ 푸른곰팡이병
④ 세균성갈변병

정답 ③

13

양송이 재배에서 푸른곰팡이병의 발생 원인으로 틀린 것은?

① 재배사의 온도가 높을 때
② 복토에 유기물이 많을 때
③ 복토가 알칼리성일 때
④ 후발효가 부적당할 때

정답 ③

14

다음 양송이 종균 배양 시 발생되는 잡균 중 가장 발생률이 높은 것은?

① Bacteria
② *Penicillium* sp.
③ *Mucor* sp.
④ *Neurospora* sp.

해설
곡립종균 배양 시 세균과 푸른곰팡이 오염이 가장 많음

정답 ①

15

양송이의 상품적 가치를 저하시키는 해충과 거리가 먼 것은?

① 버섯파리
② 멸구
③ 톡톡히
④ 응애

해설
멸구는 벼, 보리, 옥수수, 사탕수수 같은 농작물에 피해를 주는 해충

정답 ②

16

양송이의 병원균과 방제 방법의 연결로 틀린 것은?

① 마이코곤병(Wet bubble) – 무병지 토양을 이용하거나 복토는 소독하여 사용한다.
② 세균성 갈반병(Bacterial blotch) – 관수 후에는 즉시 환기하여 버섯 표면의 물기를 제거한다.
③ 괴균병(False truffle) – 복토흙은 80~90℃에서 1시간 이상 수증기 소독을 한다.
④ 푸른곰팡이병(Green mold) – 병원균은 알칼리성에서 생장이 왕성하므로 퇴비배지와 복토의 산도를 7 이하로 조절한다.

[해설]
푸른곰팡이는 병원균의 밀도가 높거나 복토의 산도가 낮은 경우, 저질의 퇴비로 양송이 균의 생장이 저하될 때 심하게 발생

[정답] ④

17

양송이 병해균의 종류별 특징이 잘못 설명된 것은?

① 세균성갈반병은 갓 표면에 황갈색의 점무늬를 띠면서 점액성으로 부패한다.
② 푸른곰팡이병은 배지나 종균에 발생하며, 포자는 푸른색을 띠고 버섯 균사를 사멸시킨다.
③ 바이러스병에 감염된 균은 균사활착 및 자실체 생육이 매우 빠르다.
④ 마이코곤병은 버섯의 갓과 줄기에 발생하며, 갈색물이 배출되면서 악취가 난다.

[해설]
바이러스병은 갓이 작고, 대가 비대해지는 등 기형화와 대의 갈색 줄무늬가 나타나기도 함

[정답] ③

18

버섯 포자로 전파되므로 버섯이 성숙하여 갓이 피기 전에 수확해야 하는 양송이 병해로 옳은 것은?

① 괴균병 ② 바이러스병
③ 마이코곤병 ④ 세균성 갈반병

[해설]
바이러스 병은 균사에 존재하며 포자로 전파됨

[정답] ②

19

양송이 생육 시 갓이 작아지고 대가 길어지는 현상이 일어나는 재배사 내의 이산화탄소(CO_2) 농도 범위로 가장 적합한 것은?

① 0.02% 이하 ② 0.03~0.06%
③ 0.07~0.10% ④ 0.20~0.30%

[해설]
양송이 생육 시 이산화탄소 농도는 1,500ppm(0.15%) 이하로 조절 관리해야 함
0.1%=1,000ppm

[정답] ④

(2) 표고

01 ★☆☆

표고 해균 중 복합형 피해를 주며, 처음에는 황록색의 균사체가 발생하고 차츰 검은색의 오돌토돌한 완전세대를 만드는 것은?

① 구름송편버섯　② 기와층버섯
③ 검은혹버섯　④ Trichoderma

정답 ③

02 ★★☆

표고버섯 골목관리 시 직사광선에 의해 온도 상승 시 발생하기 쉬운 해균으로 불완전세대에는 골목표피나 절단면에 황록색의 작은 균총을 형성하다가 검은색의 자실체를 형성하는 것은?

① 고무버섯　② 톱밥버섯
③ 검은혹버섯　④ 푸른곰팡이

정답 ③

03 ★☆☆

표고 원목재배 시 병원균 예방법으로 틀린 것은?

① 골목이 직사광선을 받도록 한다.
② 실외 재배 시 3월 말까지 종균 접종을 마친다.
③ 낙엽이나 하초를 제거한다.
④ 원목의 수피에 상처를 내지 않는다.

정답 ①

04 ★☆☆

표고 원목재배 시 병해 발생의 원인이 아닌 것은?

① 종균의 활력이 약할 때
② 골목의 수피가 벗겨졌을 때
③ 기온이 낮을 때
④ 직사광선을 받을 때

정답 ③

05 ★☆☆

표고 골목 해균의 방제법으로 틀린 것은?

① 재배장의 청결을 유지한다.
② 재배장의 배수·통풍이 잘되게 한다.
③ 본눕히기 시 밀착비음을 한다.
④ 조기 종균 접종으로 표고균사를 빨리 만연시킨다.

해설
차광막은 원목과 접촉되지 않게 띄워 설치하여 그늘 만들기

정답 ③

06 ★☆☆

표고 원목재배 시 많이 발생하는 해균이 아닌 것은?

① 트리코더마 균류　② 꽃구름버섯균
③ 검은혹버섯균　④ 마이코곤병균

해설
마이코곤병은 양송이와 같이 복토를 하는 버섯에 발생

정답 ④

07

다음의 표고 해균 중 발생빈도가 가장 높고 심한 피해를 주는 것은?

① 트리코더마균　② 페니실리움균
③ 아스퍼질러스균　④ 글리오클라리움균

정답 ①

08

표고버섯 골목관리 시 직사광선에 의하여 발생하기 쉬운 해균으로 불완전 세대에는 골목표피나 절단면에 황록색의 작은 균총을 형성하는 것은?

① 검은혹버섯　② 톱밥버섯
③ 고무버섯　④ 푸른곰팡이

정답 ④

09

표고 톱밥재배 시 주로 발생하는 병원균은?

① *Trichoderma*속 균　② 검은혹버섯
③ 고무버섯　④ 구름송편버섯

해설
검은혹버섯, 고무버섯, 구름송편버섯은 원목에 주로 발생

정답 ①

10

표고 골목 해균인 검은단추버섯에 대한 설명 중 틀린 것은?

① 수피 표면의 중심은 푸른색이다.
② 가장자리는 흰색이다.
③ 자실체의 표면은 다갈색에서 흑갈색으로 변한다.
④ 흑색의 혹이 생긴다.

해설
흑색의 혹을 형성하는 것은 검은팥버섯의 특징

정답 ④

11

표고버섯을 원목재배 시 발생하는 검은단추버섯에 대한 설명으로 옳지 않은 것은?

① 중앙부가 녹색이고 가장자리는 흰색이다.
② 직사광선에 노출되었을 때 발생하기 쉽다.
③ 주로 평균기온이 낮은 4월 이전에 발생한다.
④ 조기에 발견하여 원목을 그늘진 곳으로 옮겨 피해를 줄일 수 있다.

해설
검은단추버섯은 5~9월까지 발생 가능

정답 ③

12

표고 골목 해균의 방제법으로 가장 이상적인 것은?

① 해균 발생 시 농약으로 방제한다.
② 피해가 발생한 골목을 골목장 내에 한쪽으로 치워둔다.
③ 해균이 발생하면 골목을 직사광선에 노출시킨다.
④ 골목장은 통풍이 잘 되는 곳에 설치하고 골목은 과습하지 않도록 관리한다.

정답 ④

13

표고버섯 원목에서 주홍꼬리버섯이 발생되는 주원인은?

① 원목에 수분이 적고 직사광선을 받았을 때
② 원목에 수분이 높고 그늘진 곳에서 재배 시
③ 표고재배 시 지하수가 불량할 때
④ 골목장에 잡초가 무성할 때

해설
- 직사광선에 의해 발생하는 유해균: 검은혹버섯, 주홍꼬리버섯, 두겹껍질버섯, 흰구름버섯, 간버섯, 치마버섯, 검은단추버섯 등

정답 ①

14

표고 원목재배 시 병원균의 전염원으로 가장 거리가 먼 것은?

① 골목장 토양
② 원목
③ 지하수
④ 작업도구

해설
원목재배 시 병원균은 재배시설의 토양 내 미생물과 곤충, 원목에 내재되어 있던 병해충, 오염된 작업도구, 작업자의 부주의에 의해 전파됨

정답 ③

15

다음 중 표고 원목재배 시 장마로 고온다습할 때 발생하는 병원으로 특히 원목 건조가 잘 되지 않은 상태일 때 주로 발생되는 병은?

① 고무버섯
② 주홍꼬리버섯
③ 치마버섯
④ 검은단추버섯

해설
- 건조 시 발생하는 병원균: 주홍꼬리버섯, 이중겉껍질버섯, 치마버섯 등
- 과습일 때 발생하는 병원균: 푸른곰팡이, 하이포크레아, 시루뻔버섯, 고무버섯 등

정답 ①

16

표고재배 시 원목의 건조가 부진하여 발생하는 질병은?

① 푸른곰팡이병
② 고무버섯
③ 검은혹버섯
④ 치마버섯

해설
고무버섯은 고온다습한 경우 발생

정답 ②

17
직사광선 및 건조에 의해 발생되는 표고 원목 해균이 아닌 것은?

① 검은단추버섯 ② 고무버섯
③ 치마버섯 ④ 주홍꼬리버섯

[해설]
고무버섯은 건조 불량하여 생목이거나 과습인 경우 발생

[정답] ②

18
생표고를 가해하는 것은?

① 털두꺼비하늘소 ② 나무좀
③ 민달팽이 ④ 표고버섯나방

[해설]
• 생버섯 가해하는 해충: 민달팽이, 큰무늬버섯벌레 등

[정답] ③

19
생표고버섯에서 발생하는 해충이 아닌 것은?

① 큰무늬버섯벌레 ② 곡식좀나방
③ 톡토기 ④ 버섯파리

[정답] ②

20
표고 종균을 접종하는 당년에 골목에 산란을 하며, 유충이 골목을 가해하는 해충은?

① 나무좀 ② 딱정벌레
③ 털두꺼비하늘소 ④ 표고버섯나방

[정답] ③

21
생표고를 주로 가해하는 해충의 종류로만 묶인 것은?

① 하늘소, 나무좀
② 하늘소, 톡토기
③ 민달팽이, 곡식좀나방
④ 민달팽이, 톡토기

[정답] ④

22
주로 건표고를 가해하는 해충으로 건표고의 주름살에 산란하며, 유충은 버섯육질 내부를 식해하고 갓 주름살 표면에 소립의 배설물을 분비하는 해충은?

① 털두꺼비하늘소 ② 가시범하늘소
③ 민달팽이 ④ 곡식좀나방

[정답] ④

23 ★★☆

털두꺼비하늘소는 주로 어느 시기에 표고버섯의 원목에 피해를 입히는가?

① 알 ② 유충
③ 성충 ④ 번데기

정답 ②

24 ★☆☆

건표고를 주로 가해하는 해충으로, 유충으로 월동하고 건표고의 주름살에 산란하며 유충이 버섯육질 내부를 식해하는 해충은?

① 털두꺼비하늘소 ② 민달팽이
③ 표고버섯나방 ④ 버섯파리류

정답 ③

25 ★★☆

표고 골목해충의 설명으로 틀린 것은?

① 대부분 표고균사를 먹는다.
② 천공성 해충이 많다.
③ 해균을 전파시킨다.
④ 수피와 목질부를 식해한다.

해설
해충은 골목을 침해하는 것과 버섯이나 균사를 침해하는 것이 있음

정답 ①

(3) 느타리

01 ★☆☆

느타리버섯이 발생한 균상에 사용할 수 있는 버섯파리 방제 약제는?

① 더스반 ② 디밀린
③ 디디브이피 ④ 다이아톤

해설
- 더스반(클로르피리포스): 살충제, 사용 금지 농약
- 디밀린(디플루벤주론 수화제): 느타리, 양송이, 표고버섯의 버섯파리 방제 약제로 사용 가능
- DDVP(디클로르보스): 살충제
- 다이아톤(다이아지논): 살충제

정답 ②

02 ★☆☆

느타리버섯재배 시 발생하는 푸른곰팡이병의 방제 약제는?

① 클로르피리포스 유제(더스반)
② 빈크로졸린 입상수화제(놀란)
③ 농용신 수화제(부라마이신)
④ 베노밀 수화제(벤레이트)

해설
- 빈크로졸린 입상수화제(놀란): 살균제, 사용 금지 농약
- 농용신 수화제(부라마이신, 스트렙토마이신 수화제): 살균제

정답 ④

03 ★☆☆

느타리버섯의 푸른곰팡이병(*Trichoderma* spp.)에 사용하는 약제로 배지 살균 전에 처리하는 것은?

① 파미드 유제
② 카보설판 입제
③ 카나마이신
④ 프로클로라즈망가니즈 수화제(스포르곤)

[해설]
- 파미드 유제: 제초제
- 카보설판 입제: 살충제
- 카나마이신: 항생제

[정답] ④

04 ★☆☆

느타리버섯의 푸른곰팡이병(*Trichoderma* spp.)에 사용하는 약제로서 배지 살균 전에 처리하는 것은?

① 만디프로파미드 액상수화제
② 오리사스트로빈 · 카보설판 입제
③ 디캄바 액제
④ 프로클로라즈망가니즈 수화제

[해설]
- 만디프로파미드 액상수화제: 살균제(노균병)
- 오리사스트로빈 · 카보설판 입제: 살균살충제(벼)
- 디캄바 액제: 제초제

[정답] ④

05 ★☆☆

느타리버섯재배 시 발생하는 푸른곰팡이병의 방제약제는?

① 베노밀 수화제(벤레이트)
② 클로르피리포스 입제(더스반)
③ 빈클로졸린 입상수화제(놀란)
④ 스트렙토마이신 수화제(부라마이신)

[해설]
- 클로르피리포스 입제: 살충제, PLS로 사용 금지
- 빈클로졸린 입상수화제: 살균제
- 스트렙토마이신 수화제: 살균제

[정답] ①

06 ★★★

느타리버섯재배 시 환기불량의 증상이 아닌 것은?

① 대가 길어진다.
② 갓이 발달되지 않는다.
③ 수확이 지연된다.
④ 갓이 잉크색으로 변한다.

[해설]
갓 색은 광과 온도에 의해 변화함

[정답] ④

07

느타리의 자실체 생육 시 광이 부족하면 어떻게 되는가?

① 버섯 대의 색깔이 진해진다.
② 버섯 대가 짧아진다.
③ 버섯 대가 길어진다.
④ 광과는 영향이 없다.

[해설]
느타리 재배에서 광은 발이 유도, 갓 색깔 변화, 갓 발달에 관여함

[정답] ③

08

느타리버섯재배 시 주간과 야간의 온도 차이가 심할 때 자실체에 많이 발생하는 병은?

① 푸른곰팡이병   ② 붉은빵곰팡이병
③ 세균성갈변병   ④ 균덩이병

[해설]
노후되어 단열이 안 되는 재배시설 등에서 온도 차이가 심하면 물 맺힘 현상으로 세균성갈반병 발생

[정답] ③

09

느타리버섯의 세균성갈반병에 대한 설명으로 옳은 것은?

① *Patoea folasci*에 의해 발생한다.
② 여름철 고온 상태에서 주로 발생한다.
③ 재배사 내의 습도가 90~95%일 때 발생한다.
④ 결로현상이 많이 일어나는 재배사에서 잘 발생한다.

[해설]
느타리버섯 세균성 갈반병
• *Pseudomonas tolaasii*에 의해 발생
• 재배사 안팎의 기온 차가 심하여 결로가 발생하면 주로 발생

[정답] ④

10

느타리에 발생하는 병으로 초기에 발병 여부를 식별하기 어렵고, 발병하면 급속도로 전파되어 균사를 사멸시키는 것은?

① 푸른곰팡이병   ② 세균성 갈변병
③ 붉은빵곰팡이병   ④ 흑회색융단곰팡이병

[해설]
발병 초기에는 백색으로 버섯균과 구별이 어려움

[정답] ①

11

느타리버섯에 피해를 주는 병해로 *Trochoderma*의 완전세대로 *Hypocrea*가 발생하는 것은?

① 미이라병   ② 바이러스병
③ 세균성무름병   ④ 푸른곰팡이병

[정답] ④

12

버섯 병의 발생 및 전염경로에 대한 설명으로 적합하지 않은 것은?

① 병의 발병을 위해서는 환경조건이 필요하다.
② 병원성 진균의 포자는 공기 또는 매개체에 의해서 전파된다.
③ 병원성 세균은 물에 의해서 쉽게 전파되고, 곤충 또는 작업도구에 의해서도 감염된다.
④ 병 발생은 버섯과 병원체가 접촉하지 않고 상호작용이 발생하지 않을 때도 발병이 가능하다.

정답 ④

(4) 버섯파리

01

버섯파리는 주로 무엇에 의하여 재배사 내로 유인되는가?

① 입상된 배지 냄새   ② 퇴비 냄새
③ 버섯 색깔   ④ 버섯 또는 균사 냄새

정답 ④

02

버섯파리를 집중적으로 방제하기 위한 시기로 가장 적절한 것은?

① 매 주기 말
② 균사 생장 기간
③ 퇴비배지의 후발효 기간
④ 퇴비배지의 야외퇴적 기간

해설
방제는 종균 접종 및 균사생장기에 약제 처리

정답 ②

03

버섯파리 방제에 알맞은 그물망의 크기는?

① 10메쉬   ② 15메쉬
③ 20메쉬   ④ 25메쉬

해설
- 1메쉬(mesh): 가로 세로가 각각 1인치(2.54cm)인 정사각형 안에 구멍 수, 숫자가 클수록 간격이 좁은 것

정답 ④

04

느타리 버섯파리 중 유충의 크기가 가장 크며, 유충이 균상 표면과 어린 버섯에 거미줄과 같은 실을 분비하여 집을 짓고 가해하는 것은?

① 세시드   ② 포리드
③ 시아리드   ④ 마이세토필

해설
- 마이세토필: 모기와 유사한 형태로 비교적 큰 편

정답 ④

05
버섯파리 중 성충은 6~7mm이며, 날개와 다리가 길어 모기와 비슷한 것은?

① 마이세토필 ② 시아리드
③ 세시드 ④ 포리드

정답 ①

06
버섯을 재배할 때 피해가 심한 버섯파리는 생활사 중 어느 시기에 가해를 하는가?

① 유충기 ② 난기
③ 용기 ④ 성충기

해설
유충기(애벌레)

정답 ①

07
유충이 2mm 정도로 작고 황색–오렌지색을 띠는 버섯파리의 종류는?

① 시아리드 ② 세시드
③ 포리드 ④ 마이세토필

해설
세시드는 비교적 작고 오렌지색이며, 유태생이 특징

정답 ②

08
유태생으로 생식하는 버섯파리는?

① 시아리드 ② 포리드
③ 세시드 ④ 가스가미드

정답 ③

09
성충은 다른 버섯파리에 비해 매우 작고 증식속도가 매우 빠르며 유충의 길이는 2mm 정도이고, 버섯대는 가해하지 못하는 것은?

① 세시드 ② 포리드
③ 시아리드 ④ 마이세토필

정답 ①

(5) 그 외 병해충, 농약제조, GAP

01
버섯에 발생하는 주요 해충의 종류 및 특징으로 틀린 것은?

① 버섯파리는 완전변태 및 유태생을 통해 매우 빠르게 증식한다.
② 응애류는 거미와 유사한 모양이나 크기는 0.5mm의 작은 해충이다.
③ 털두꺼비하늘소는 흑색이며, 앞날개의 위쪽에 흑갈색의 장모가 밀생한 돌기가 있다.
④ 가루깍지벌레는 버섯의 자실체 및 균사를 가해하는 해충이다.

해설
가루깍지벌레는 주로 과실에 피해를 줌

정답 ④

02

버섯과 균사를 가해하는 응애에 대한 설명으로 옳지 않은 것은?

① 분류학상 거미강의 응애목에 속한다.
② 번식력이 떨어져 국지적으로 분포한다.
③ 크기는 0.5mm 내외로 따뜻하고 습한 곳에서 서식한다.
④ 생활환경이 불량할 때는 먹지도 않고 6~8개월 간 견딘다.

해설

- 응애는 거미강의 응애목에 속함
- 번식력 강함, 불리한 조건에서 휴면형으로 양분섭취 없이 6~8개월 견딜 수 있음
- 약제와 열에 저항성을 가지고, 저온이나 건조 상태도 견딤

정답 ②

03

버섯재배과정에서 피해를 주는 해충으로 거미강에 속하며 환경조건에 적응하는 힘이 매우 강한 것은?

① 응애 ② 선충
③ 민달팽이 ④ 버섯파리

정답 ①

04

영지버섯 노랑곰팡이병원균에 대한 설명으로 옳은 것은?

① 병원균은 자낭균이다.
② 병원균은 토양으로 전염하지 않는다.
③ 병원균은 15~20℃에서 생장이 왕성하다.
④ 병원균의 생육적합 산도(pH)는 3~4이다.

해설

영지버섯 노랑썩음병
- 노랑곰팡이병원균(*Arthrographis cuboidea*)
- 토양 내에 서식하는 목재부후균으로 자낭각을 형성하는 자낭균류

정답 ①

05

버섯종균 및 자실체에 잘 발생하지 않는 잡균은?

① 흑곰팡이 ② 푸른곰팡이
③ 잿빛곰팡이 ④ 누룩곰팡이

해설

잿빛곰팡이병은 딸기, 포도 및 각종 채소류에 발생

정답 ③

06

수화제 농약을 1,000배로 희석하여 살포할 때 물 20ℓ에 들어가는 농약의 양은? (단, 비중은 1이다)

① 20g ② 10g
③ 2g ④ 1g

정답 ①

07 ★☆☆

1,000배액의 살균제를 조제하고자 한다. 물 1ℓ에 살균제 몇 g을 희석해야 하는가?

① 1g
② 10g
③ 100g
④ 1000g

정답 ①

08 ★★☆

우수농산물관리제도(GAP)로 버섯 병해충 방제를 할 때 가장 유의해야하는 방제 방법은?

① 생물학적 방제법
② 재배적 방제법
③ 물리적 방제법
④ 화학적 방제법

해설
화학적 방제(농약 등)의 사용을 가능한 제한

정답 ④

CHAPTER 06 버섯산업기사 빈출유형1

제1과목 | 버섯종균

01
감자한천배지에서 균주의 활력조사 항목으로 옳지 않은 것은?

① 균사체의 건물중
② 균사의 생장 속도
③ 기중 균사의 형태
④ 균사체의 생장한 형태

[해설]
버섯 균사체의 건물중은 액체배양 후 조사함

[정답] ①

02
곡립종균에서 유리수분이 생성되는 주요 원인으로 옳은 것은?

① 외부의 찬공기가 유입될 때
② 배지의 수분 함량이 낮을 때
③ 장기간 저온으로 저장하였을 때
④ 배양기간 중 항온으로 유지될 때

[해설]
곡립종균에서 유리수분 생성 원인은 급격한 온도 차이에 의해서임

[정답] ①

03
액체종균 제조 시 균사체에 균일한 양분 접촉 및 용이한 산소 공급을 위해 처리하는 방법으로 가장 적합한 것은?

① 소포제를 넣는다.
② 정치 배양을 한다.
③ 저온으로 보관한다.
④ 잘 여과된 압축 공기를 넣는다.

[해설]
여과된 압축공기를 투입하여 산소 공급 및 양분 접촉을 위한 교반 효과

[정답] ④

04
버섯의 질소원에 해당하지 않는 것은?

① 펩톤
② 글루코스
③ 아미노산
④ 효모 추출물

[해설]
- 탄소원: 포도당, Glucose, 톱밥 등
- 질소원: 펩톤, 아미노산, 미강 등

[정답] ②

05

톱밥종균 제조 방법으로 옳지 않은 것은?

① 배지의 주재료는 톱밥, 부재료는 미강이다.
② 입병 완료한 배지는 살균하여 배지 내의 잡균을 제거한다.
③ 배지의 재료가 신선한 경우 탄산칼슘을 추가로 사용해야 한다.
④ 용기에 적정량의 배지 재료를 넣어 다진 후, 가운데 부분에 구멍을 내어 공기 유통이 원활하게 한다.

해설
탄산칼슘은 산도(pH)를 조절함

정답 ③

06

대두박배지 1,000㎖를 제조할 때 첨가하는 재료의 조성으로 옳지 않은 것은?

① 설탕: 30g
② 콩비지: 3g
③ KH_2PO_4: 0.5g
④ $MgSO_4 \cdot 7H_2O$: 5g

해설
대두박배지 조성

대두박(콩비지)	3.0g
설탕	30.0g
KH_2PO_4	0.5g
$MgSO_4 \cdot 7H_2O$	0.5g
증류수	1,000㎖
pH	5.5~6.0

정답 ④

07

번데기동충하초 원균 배양에 가장 부적합한 배지는?

① SDAY
② 차펙스배지
③ 엿호모배지
④ 감자한천배지

해설
차펙스배지는 영양원 실험을 할 때 주로 쓰이는 배지임

정답 ②

08

버섯을 계대배양할 때 사용하는 배지의 종류가 적합하지 않은 것은?

① 송이버섯 – 하다마배지
② 표고버섯 – 버섯최소배지
③ 영지버섯 – 감자한천배지
④ 양송이버섯 – 퇴비추출배지

해설
버섯최소배지는 주로 영양 요구도를 알지 못하는 균주나 돌연변이 균주용으로 이용함

정답 ②

09

( ) 안에 들어갈 단어가 순서대로 짝지어진 것은?

> **보기**
> - 현미경으로 관찰할 때는 (   )에서 (   )로 조정 해 가면서 관찰한다.
> - 버섯의 꺽쇠연결체는 광학현미경으로 관찰이 (   )하다.

① 저배율, 고배율, 가능
② 고배율, 저배율, 가능
③ 저배율, 고배율, 불가능
④ 고배율, 저배율, 불가능

해설
- 현미경으로 관찰할 때는 저배율에서 고배율로 조정해가면서 관찰한다.
- 버섯의 꺽쇠연결체는 광학현미경으로 관찰이 가능하다.

정답 ①

10

액체종균 배양에 대한 설명으로 옳지 않은 것은?

① 배양실의 온도가 낮으면 균사 생장이 저하된다.
② 정전에 대비하여 공기 주입구 라인에 체크 밸브를 설치한다.
③ 공기 주입구 라인에는 수분 필터를 설치하여 오염을 예방한다.
④ 배양 중에는 원균 접종구와 종균 채취구를 열어 공기 흐름이 양호하도록 한다.

해설
액체 배양 시 필터가 달린 공기 주입구를 제외하고, 원균 접종구와 종균 채취구는 오염 방지를 위해서 막음 처리해 두어야 함

정답 ④

11

버섯 균주를 활성상태로 보존하는 방법이 아닌 것은?

① 물 보존
② 광유 보존
③ 계대배양 보존
④ 동결건조 보존

해설
버섯 균주는 동결건조 방법으로 보존하지 않고, 초저온 냉동법과 액체질소보존법 등으로 활성을 정지시켜 보존함

정답 ④

12

국립종자원에서 품종 등록을 하는 버섯으로 옳은 것은?

① 복령
② 목이버섯
③ 표고버섯
④ 동충하초

해설

기관	버섯종류
국립종자원	검은비늘버섯, 계종버섯, 노랑느타리, 노루궁뎅이버섯, 눈꽃동충하초, 느타리, 느타리×큰느타리, 느티만가닥버섯, 동충하초, 맛버섯(나도팽나무버섯), 먹물버섯, 백령버섯, 버들송이, 비늘버섯, 산느타리버섯, 상황버섯, 신령버섯(신령주름버섯), 아위느타리, 아위느타리×백령버섯(백령고), 아위느타리×큰느타리, 양송이, 여름느타리버섯, 여름양송이, 영지버섯(불로초, 영지), 왕송이버섯, 잎새버섯, 자흑색로초, 주름버섯속, 진흙버섯, 차신고버섯, 큰느타리버섯, 팽이버섯(팽나무버섯), 풀버섯, 흰목이
국립산림품종관리센터	가송이, 꽃송이버섯, 목이, 복령, 뽕나무버섯, 새잣버섯, 석이, 소나무잔나비버섯, 송이, 싸리버섯, 아까시흰구멍버섯, 참바늘버섯, 털목이, 표고, 향버섯, 흰굴뚝버섯

정답 ④

13
균주 보존의 목적이 아닌 것은?

① 균주를 순수하게 보존한다.
② 균주의 활력과 생존을 유지한다.
③ 균주의 생장이 촉진되도록 유도한다.
④ 유전적, 형태적, 생리적 안정성을 유지한다.

[해설]
순수 분리된 균주의 고유한 유전적 형질이나 생리적 특성이 변화, 퇴화되는 것을 방지하고 장기간 보존하는 것이 목적임

[정답] ③

14
버섯 종자업 등록 시 갖추어야 하는 시설에 대한 설명으로 옳지 않은 것은?

① 준비실에는 수도시설이 있어야 한다.
② 살균실의 보일러는 0.4톤 미만이면 가능하다.
③ 저장실은 1~5℃로 조절할 수 있는 시설이 필요하다.
④ 고압살균기 용량은 1회에 600병 이상 살균할 수 있어야 한다.

[해설]
살균실의 보일러는 0.4톤 이상이어야 함

[정답] ②

15
종균배지 제조 시 고압살균기 사용 방법으로 옳지 않은 것은?

① 종균 병의 종류 및 용량에 따라 살균시간이 다르다.
② 살균기의 배기밸브는 닫고 시작하며, 살균 종료 후 연다.
③ 살균시간은 살균기의 내부 온도가 121℃에 도달했을 때부터 계산한다.
④ 살균작업이 끝나면 자연적으로 살균기의 압력이 0이 되도록 기다린다.

[해설]
배기밸브는 살균 중에 조금 열어 둠

[정답] ②

16
버섯의 원형질체(세포) 융합방법이 아닌 것은?

① 전기 융합법
② 레이저 융합법
③ 세균 유도 융합법
④ 화학물질 융합법(수용성 중합체 융합법)

[정답] ③

17
버섯의 신품종 출원, 심사, 등록에 대한 설명으로 옳은 것은?

① 서류심사가 끝난 후 임시보호권을 발급한다.
② 심사를 통과하고 출원된 버섯은 25년간 품종보호권에 존속한다.
③ 품종출원을 위해서는 품종출원서, 품종의 사진 등이 필요하다.
④ 출원 공개에 기재된 출원 내용은 영업비밀이므로 출원인과 육성자에게만 공개한다.

[해설]
② 심사를 통과하고 출원된 버섯은 20년간 품종보호권에 존속한다.

[정답] ③

18
종균의 오염 여부를 확인하는 방법으로 옳지 않은 것은?

① 버섯의 DNA를 분리하면 바이러스 오염 여부를 알 수 있다.
② 액체종균의 경우 배양액이 혼탁해지고 구린 냄새가 나는지 확인한다.
③ 한천배지에 배양하여 종균의 색깔을 통해 곰팡이 오염 여부를 확인한다.
④ 세균오염 여부는 세균용 액체배지에서 배양하여 현탁 정도에 따라 확인한다.

[해설]
바이러스 검정은 dsRNA를 갖고 있어 바이러스 검정용 특이 프라이머를 이용하여 RT-PCR법으로 검정함

[정답] ①

19
다음 설명에 해당하는 것은?

| 보기 |

- 배지나 기질의 영양분이 없어지거나 불리한 환경이 되면 균사가 스스로 조각나서 형성되며 포자와 같은 역할을 하고 때로는 성양식의 기능을 한다.
- 먹물버섯, 팽이버섯 등에서 형성된다.

① 분열자   ② 분생자
③ 후막포자   ④ 포자낭포자

[정답] ①

20
버섯 교배에 대한 설명으로 옳은 것은?

① 양송이버섯은 교배 후 2핵 균사체를 쉽게 구별할 수 있다.
② 양송이버섯은 자웅동주이기 때문에 균사체에 클램프 연결체가 있다.
③ 양송이버섯은 느타리버섯에 비해 교배를 하기 위한 단핵균주를 얻기가 어렵다.
④ 여름양송이버섯의 단핵균주를 교배하면 2핵 균사체에서 꺽쇠연결체를 관찰할 수 없다.

[해설]
양송이는 대부분 다핵포자를 형성하므로, 단핵균사 찾기가 어려움. 여름양송이는 다른 양송이와 다르게 포자가 반수체핵을 가져 단핵균주 확보 가능

[정답] ③

제2과목 　 버섯배지

21
양송이버섯 퇴비배지를 후발효하는 효과로 옳지 않은 것은?

① 퇴비의 물리성이 개선된다.
② 퇴비 중에 남아 있는 암모니아태 질소가 제거된다.
③ 발효 미생물의 활동을 감소시켜 종균 접종이 잘 되도록 한다.
④ 각종 유해 물질과 유해 미생물이 제거되고 각종 병해충이 사멸된다.

해설
발효 미생물의 활성 증가로 종균 접종 후 양송이 균사 활착이 용이해짐

정답 ③

22
팽이버섯재배 시 배양실에서 작업 과정에 대한 설명으로 옳지 않은 것은?

① 온도는 20℃ 정도로 유지하여 30일 정도 배양한다.
② 통기성이 좋은 플라스틱 재질의 권지를 씌워 관리한다.
③ 이산화탄소 농도는 5,000ppm(0.05%)을 넘지 않도록 환기에 유의한다.
④ 오염된 배지는 즉시 제거하고 배양실의 습도는 65% 정도로 유지한다.

해설
• 권지씌우기는 생육실에서 관리함
• 이산화탄소 농도는 5,000ppm(0.5%) 이하로 관리함

정답 ②

23
균상재배 시 배지 살균 온도로 가장 적합한 것은?

① 45℃ 내외
② 60℃ 내외
③ 100℃ 내외
④ 121℃ 내외

해설
균상재배 배지 살균온도는 60℃ 내외로 관리함

정답 ②

24
원목재배에 대한 설명으로 옳지 않은 것은?

① 성형 및 톱밥종균을 사용하여 접종한다.
② 장목재배는 길이가 1m 정도인 원목을 사용한다.
③ 주로 표고버섯, 상황버섯, 양송이버섯에 적용한다.
④ 원목의 수분 함량은 45% 정도로 건조하여 사용한다.

해설
양송이버섯은 부생성 버섯으로 퇴비배지에서 재배함

정답 ③

25
배지 재료의 특성에 대한 설명으로 옳지 않은 것은?

① 대두박: 조섬유가 많고 배지에 첨가하면 증수효과가 있다.
② 면실피: 조섬유가 많고 조기숙성과 수량증수효과가 있다.
③ 밀기울: 증수효과는 크게 없으나 배지의 물리성을 좋게 한다.
④ 콘코브: 증수효과가 있고 지방을 많이 함유하여 버섯의 품질을 높인다.

정답 ④

26

느타리버섯 균상재배에서 균사 및 어린 자실체의 경화 처리 방법에 대한 설명으로 옳지 않은 것은?

① 온도를 10℃ 정도로 낮춘다.
② 재배사 내의 공중 습도를 낮게 관리한다.
③ 빛은 원기 형성과 자실체 생육에 필요하다.
④ 환기할 때에는 비닐을 일부 제거하여 외부 환경과 같게 해주어야 한다.

[해설]
재배사의 공중 습도가 낮아지면 배지와 자실체 표면이 건조되어 균사가 사멸하거나 버섯 품질이 낮아짐

[정답] ②

27

표고버섯 원목재배 시 성형종균 접종간격으로 가장 적합한 것은?

① 접종구멍 사이 간격은 5~10cm, 줄간격은 1~3cm
② 접종구멍 사이 간격은 5~10cm, 줄간격은 3~5cm
③ 접종구멍 사이 간격은 10~15cm, 줄간격은 1~3cm
④ 접종구멍 사이 간격은 10~15cm, 줄간격은 3~5cm

[해설]
접종구멍 사이 간격은 10~15cm, 줄 간격은 3~5cm가 적당함

[정답] ④

28

접종실 환경관리 조건으로 가장 적합한 것은?

① 온도 20℃ 내외, 상대습도 60~70% 정도
② 온도 20℃ 내외, 상대습도 40~50% 정도
③ 온도 10℃ 내외, 상대습도 60~70% 정도
④ 온도 10℃ 내외, 상대습도 40~50% 정도

[해설]
온도는 15~20℃ 내외, 상대습도는 60~70% 유지

[정답] ①

29

배지 냉각실 관리 방법에 대한 설명으로 옳지 않은 것은?

① 냉동 쿨러는 천정에 부착해야 한다.
② 냉각온도는 5~15℃ 내외가 적합하다.
③ 냉동 쿨러는 팬 방식보다 무풍 방식이 유리한다.
④ 냉동 쿨러 사용과 동시에 외부 공기가 곧바로 냉각실에 들어오게 하여 냉각한다.

[해설]
냉각실은 헤파필터로 여과한 공기를 투입해야 함

[정답] ④

30

버섯배지 재료를 보관하는 방법으로 옳지 않은 것은?

① 미송톱밥은 야외 발효 없이 바로 사용한다.
② 지방 함량이 높은 재료는 장기보관에 적합하지 않다.
③ 원목은 벌채 후 1~2개월 동안 그늘에서 건조하여 사용한다.
④ 배지 재료를 보관할 때는 습기를 피하고 통풍이 잘 되도록 한다.

[해설]
미송톱밥에 함유된 수지성분과 이물질 제거를 위해 물주기 등 야외 작업이 필요함

정답 ①

31

무균상 사용 방법으로 옳은 것은?

① 작업 중에는 살균을 위해 자외선등을 켜서 사용한다.
② 공기 오염을 측정할 때는 무균상 중앙만을 점검한다.
③ 외부 공기 유입 방지를 위해 양압이 되도록 유지한다.
④ 무균상은 작업 직전까지 전원을 끄고, 작업하기 직전에 작동시킨다.

[해설]
자외선전등(UV램프)은 작업 전후로 사용하여 살균함

정답 ③

32

양송이 버섯재배를 위한 퇴비배지의 구비요건이 아닌 것은?

① 버섯균의 생장을 저해하는 유해 물질이 없어야 한다.
② 버섯균만 잘 자라고 다른 생물들은 자랄 수 없어야 한다.
③ 버섯균의 생장 및 자실체 형성에 알맞은 영양분을 함유해야 한다.
④ 퇴비배지를 제조할 때 질소 성분은 인위적으로 첨가해주어야 한다.

정답 ④

33

버섯 조직배양에 사용하는 항생재 살균방법으로 옳은 것은?

① 암피실린은 멸균수에 녹여 여과법으로 살균한다.
② 크로람페니콜은 알코올에 녹여 자외선법으로 살균한다.
③ 테트라사이클린은 멸균수에 녹여 여과법으로 살균한다.
④ 스트렙토마이신은 알코올에 녹여 자외선법으로 살균한다.

정답 ①

34
여름철 고온기에 팽이버섯의 안정적인 생산을 위한 배지 제조방법에 대한 설명으로 옳은 것은?

① 제조에 사용되는 물의 온도는 낮추고, 제조 후 살균까지 되는 기간을 짧게 한다.
② 제조에 사용되는 물의 온도는 낮추고, 제조 후 살균까지 되는 기간을 길게 한다.
③ 제조에 사용되는 물의 온도는 높이고, 제조 후 살균까지 되는 기간을 짧게 한다.
④ 제조에 사용되는 물의 온도는 높이고, 제조 후 살균까지 되는 기간을 길게 한다.

해설
고온기 팽이버섯배지 제조 시에는 수온이 낮은 물을 사용하고, 입병 즉시 살균해야 함

정답 ①

35
느타리버섯 봉지재배 시 배지 입봉에 대한 설명으로 옳지 않은 것은?

① 플라스틱병보다 비닐봉지가 공극 유지가 비교적 용이하다.
② 배지형태는 기둥형과 블록형 등이 있으며, 배지중량은 600g~2.5kg 정도로 다양하다.
③ 봉지크기에 따른 수량은 봉지배지의 직경에 비례하고, 회수율은 직경이 클수록 점차 증가한다.
④ 배지의 무게에 따라 배양 및 생육 특성, 수량 등이 달라지며, 입봉한 배지의 길이가 길수록 배양기간이 길어진다.

정답 ③

36
표고버섯 봉지재배 시 배지 및 충진방법에 대한 설명으로 옳지 않은 것은?

① 봉지는 내열성 비닐로 사용한다.
② 배지 주재료로 참나무 톱밥을 사용한다.
③ 배지의 공극이 거의 없도록 단단하게 다져야 한다.
④ 접종구멍과 바닥면이 무너지지 않도록 적정 함수율을 미리 확인한다.

해설
균사 생장과 원활한 공기 및 수분 공급을 위해 공극이 필요함

정답 ③

37
양송이버섯재배를 위한 퇴비배지에 대한 설명으로 옳은 것은?

① 무기태 급원으로 미강을 주로 사용한다.
② 유기태 급원으로 요소를 주로 사용한다.
③ 주재료는 계분이며, 이외에 마분 등을 사용한다.
④ 배지의 물리성 개선과 산도 조절을 위해 석고를 첨가할 수 있다.

해설
석고(황산칼슘, $CaSO_4$)는 배지의 물리성 개선과 산도 조절이 가능함

정답 ④

38

노화종균의 특징이 아닌 것은?

① 응집력이 약하다.
② 균사 밀도가 치밀하다.
③ 종균병 바닥에 물이 고여 있다.
④ 종균병 입구 부위에 버섯 원기가 형성되어 있다.

해설

- 노화종균
  - 균사 밀도가 옅고 부수면 응집력이 약하여 쉽게 부서지는 것
  - 종균병 밑바닥에 붉은색 물이 고인 것
  - 종균의 상부에 버섯 원기 또는 자실체가 형성된 것

정답 ②

39

느타리버섯 균상재배에서 입상방법에 대한 설명으로 옳지 않은 것은?

① 야외발효가 끝난 솜배지는 20cm 정도의 두께로 균상 위에 성글게 쌓는다.
② 입상 후 배지를 균일하게 정리하고 살균을 위해 배지 위에는 아무 처리를 하지 않는다.
③ 입상 전 재배사 내의 수분 증발을 막기 위해 균상마다 0.05~0.1mm 정도의 비닐을 넓게 깔아둔다.
④ 입상 전 솜배지의 수분 상태 및 냄새 등을 조사하여 가스 및 악취가 날 때 이를 조사한 후에 입상한다.

해설

입상 전 균상에 비닐을 깔아 두는 것은 증발 방지보다는 물고임과 통기성 저해 요인에 더 가까움

정답 ③

40

12cm×120cm 크기의 원목 3본에 표고버섯 톱밥종균을 접종할 때 접종량은?

① 250g　　② 500g
③ 750g　　④ 1,000g

해설

규격목(12cm×120cm) 1개당 구멍 수는 80~90개 정도로 톱밥종균 500g으로 규격목 6개에 접종 가능하고, 성형종균 1판(600개 정도)으로는 규격목 6~7개를 접종 가능함

정답 ①

제3과목　버섯생육환경

41

자실체가 발생하는 적정온도가 가장 높은 버섯과 가장 낮은 버섯으로 올바르게 짝지어진 것은?

① 영지버섯-양송이버섯
② 큰느타리버섯-영지버섯
③ 양송이버섯-느티만가닥버섯
④ 큰느타리버섯-느티만가닥버섯

해설

- 영지: 26~32℃
- 양송이버섯: 15~17℃
- 큰느타리: 16~17℃
- 느티만가닥버섯: 16~17℃

정답 ①

42

버섯의 신선도 유지를 위한 유통관리 및 진열방법에 대한 설명으로 옳지 않은 것은?

① 과도한 적재를 삼가며 압력에 의한 피해를 줄인다.
② 버섯을 적재한 냉장 차량의 온도는 2~4℃ 정도를 유지한다.
③ 버섯 판매대에서는 상온으로 유지하여 진열대에 보관하는 것이 좋다.
④ 소포장 형태의 상품은 물리적 피해에 노출을 줄이기 위해 적당량만 진열한다.

[해설]
버섯 판매 시까지 저온 보관, 진열하는 것이 유리함

정답 ③

43

균긁기 작업에 대한 설명으로 옳지 않은 것은?

① 병재배에서 버섯 발생을 유도한다.
② 배양 후 배지 표면의 노화균을 제거한다.
③ 균긁기 기계의 날이 회전하는 속도가 빠를수록 효과적이다.
④ 균긁기 후 물을 뿌려주어 수분을 공급해주고 병 입구 등에 부착된 찌꺼기를 제거한다.

[해설]
균긁기 기계의 날 회전 속도가 빠를수록 열 발생으로 버섯 균사 생장에 타격을 줌

정답 ③

44

버섯을 출하하는 자가 표준규격품임을 표시할 때 표준규격품의 의무 표시사항이 아닌 것은?

① 품목   ② 산지
③ 재배방법   ④ 생산자의 명칭

정답 ③

45

버섯의 저장 장해에 대한 설명으로 옳지 않은 것은?

① 저장 온도가 부적합할 때 갓이 개산된다.
② 균사의 부상은 산소투과도가 낮은 포장재를 사용 시 발생한다.
③ 저장 중 반점의 발생은 결로현상으로 인한 세균 번식 때문이다.
④ 대의 갈변과 물러짐은 위생이 불량한 손으로 수확과 포장 시에 발생한다.

정답 ②

46

큰느타리버섯 솎기작업에 대한 설명으로 옳지 않은 것은?

① 어린 버섯일 때 실시한다.
② 재배용기 내에서 키우고 싶은 버섯만 남기는 것이다.
③ 갓 발달을 억제하고 대의 신장을 촉진하기 위해 실시한다.
④ 솎기용 칼을 알코올로 소독하면 세균성 무름병 등이 전반되는 것을 예방할 수 있다.

[해설]
솎기 작업은 자실체를 키우고 상품가치를 높이기 위해 실시하는 것으로 갓 발달과 대의 신장은 환기관리와 더 관련 있음

정답 ③

47
영지버섯 수확기 및 수확 후 관리 방법에 대한 설명으로 옳지 않은 것은?

① 포자를 방출하고 시간이 경과하여 갓의 뒷면이 진한 노란색일 때 수확한다.
② 수확기에는 관수의 양을 늘리고 습도를 95% 이상 유지하면서 변온 충격을 주어야 한다.
③ 수확한 버섯을 일광 건조하면 보존 중 해충 피해를 받을 수 있으므로 가급적 건조기를 이용한다.
④ 버섯 갓의 가장자리에 유백색의 생장점이 줄어들어 노란색으로 변할 때부터 수확을 위한 관리가 필요하다.

[해설]
수확기 환경관리는 관수를 중단하고, 환기를 증가시켜야 함. 영지는 변온과정이 필요 없음

[정답] ②

48
경유를 사용하는 보일러에서 연료 공급모터가 회전하지만 점화가 전혀 되지 않는 경우에 주요 원인은?

① 연료 탱크에 연료가 과다하게 들어있다.
② 연료 공급 배관 내에 공기가 과다하게 들어있다.
③ 화염감지기가 감지를 하지 못하거나 연료 여과기가 막혀있다.
④ 연료 탱크 밸브가 열려 있으면 보일러의 온도가 설정온도보다 낮다.

[정답] ②

49
버섯 품목별 수확 후 처리에 대한 설명으로 옳지 않은 것은?

① 영지버섯은 관공부가 아래로 가도록 하여 건조한다.
② 양송이버섯은 예냉 후 200g 소포장이나 2kg 박스에 포장한다.
③ 느타리버섯은 수확 후 0~2℃ 온도에 하루정도 저장한 후에 출하한다.
④ 표고버섯은 호흡량이 많기 때문에 예냉 과정을 거쳐 냉장 보관한다.

[해설]
영지는 수확 후 포자 탈락 방지를 위해 관공을 위로 하여 건조함

[정답] ①

50
예냉의 종류 중 차압통풍 방식에 대한 설명으로 옳은 것은?

① 냉각시간이 길고 적용 대상 품목이 다양하다.
② 통기성이 있는 용기가 필요하며 설치비가 적게 든다.
③ 적용 대상 품목이 적고, 예냉 시 버섯의 중량 감소가 많다.
④ 강제통풍 냉각에 비해 냉각시간을 절반으로 단축이 가능하다.

[해설]
• 차압통풍방식
 - 버섯과 과채류에 많이 이용됨
 - 강제통풍과 비교해 냉각시간을 1/2 단축 가능하며, 냉각 장해가 비교적 적음
 - 예냉과 냉장 겸용 사용이 가능하지만, 용기에 통기공이 필요하며, 설치비가 높음

[정답] ④

51

재배사의 주변 청결관리 요령 및 주의사항으로 옳지 않은 것은?

① 버섯재배 과정 중 오염된 재료와 용기는 비닐봉지에 넣어서 폐기한다.
② 모든 작업도구 및 용기, 기계, 의복, 신발 등은 세척하여 소독된 상태에서 작업한다.
③ 재배사 주변 토양 속에는 다양한 미생물이 서식하기 때문에 재배사 주변을 청결하게 관리한다.
④ 재배사 주변 잡초나 낙엽에서 발생하는 해균의 포장에 의해 공기 중으로 오염원이 전파될 수 있으므로 주의한다.

[해설]
버섯재배과정 중 오염된 재료와 용기는 살균하여 폐기해야 함

[정답] ①

52

재배사의 시설 설치 및 관리방법에 대한 설명으로 옳지 않은 것은?

① 소방시설을 점검할 수 있는 목록을 작성하여 숙지하여야 한다.
② 안전관리를 위해 기계종류별 안전점검표를 주기적으로 작성 및 점검한다.
③ 스팀보일러 및 전기 수전설비의 용량 기준에 따른 사용규칙을 준수하여야 한다.
④ 보일러에서 연기와 그을음이 발생할 때는 연소 공기가 과다한 원인이므로 공기량을 줄여야 한다.

[해설]
산소 부족으로 불완전 연소되어 연기와 그을음 발생

[정답] ④

53

양송이버섯 균상재배 과정에 사용되는 재료 및 관리방법에 대한 설명으로 옳은 것은?

① 종균 접종과 함께 복토한다.
② 배지의 물리성과 산도를 조절하기 위해 석고를 사용한다.
③ 퇴비를 야외에 퇴적할 때 보온 및 관수시설은 필요 없다.
④ 복토 재료로는 사양토를 주로 사용하며, 부식질로는 토탄, 흑니 등을 사용한다.

[정답] ②

54

판넬형 자동화 재배사의 시설구조에 대한 설명으로 옳은 것은?

① 내부의 습도가 낮은 편이다.
② 공조 설비 모터의 용량은 대용량으로 사용한다.
③ 간이형 재배사보다 수명이 짧고 유지보수 비용이 많이 소요된다.
④ 바닥 공사는 시멘트로 타설하고, 바닥에 물고임이 없도록 수평을 잘 잡아야 한다.

[정답] ④

55
재배사에서 사용하는 냉난방기에 대한 설명으로 옳지 않은 것은?

① 냉방은 냉매를 사용하는데, 냉매를 실외에 설치된 응축기로 고압으로 압축한다.
② 실내에 설치된 콘덴싱 유니트에서 압력을 낮추어 팽창시키면 온도가 높아지게 된다.
③ 난방은 콘덴싱 유니트 내부에 전기열선을 설치하여, 전기열선에 전기를 공급함으로써 실내온도를 높여준다.
④ 콘덴싱 유니트에 설치되어 있는 팬은 실내의 냉난방을 위한 송풍 역할 이외에 실내 공기를 순환시키는 역할도 한다.

[해설]
콘덴싱 유니트는 냉난방용 실외기임

[정답] ②

56
버섯의 호흡과 이산화탄소 배출에 대한 설명으로 옳지 않은 것은?

① 버섯 배양단계에서는 이산화탄소를 배출하지 않는다.
② 적정량의 이산화탄소는 균사 생장과 자실체 형성에 도움이 된다.
③ 버섯은 엽록소가 없어 광합성을 하지 못하는 호기성 생물이다.
④ 이산화탄소의 양이 적정량보다 많아지면 버섯의 생리장해 원인이 될 수 있다.

[해설]
버섯균은 호기성균으로 호흡 시 이산화탄소를 배출함

[정답] ①

57
표고버섯 균사 배양이 완료된 원목의 버섯발생 관리 방법으로 옳지 않은 것은?

① 버섯 원목의 수분이 35~55%가 되도록 관리한다.
② 원목재배장은 통풍이 잘 되어야 하므로 바람은 강할수록 좋다.
③ 버섯을 발생시키기 위해서 원목 넘어뜨리기 작업을 하는 것이 좋다.
④ 버섯이 발생하기 위해서는 10~15℃의 온도차가 필요하며 품종에 따라 차이가 있다.

[해설]
원목재배에서 통풍이 잘 되어야 하지만, 바람이 강하면 쉽게 건조될 수 있음

[정답] ②

58
초음파 가습기의 특성에 대한 설명으로 옳은 것은?

① 설치 및 유지비용이 저렴하고 고장이 적다.
② 느타리버섯 병재배 시설에서만 사용되고 있다.
③ 수압 또는 압축 공기와 물을 직접 분사하는 방식으로 가습효과가 높다.
④ 수분의 입자 크기가 작아 자실체 표면에 물방울이 잘 응결되지 않는다.

[정답] ④

59

표고버섯 원목재배에서 수확 후 휴양관리에 대한 설명으로 옳지 않은 것은?

① 휴양기간은 보통 25~45일 정도 필요하다.
② 휴양기간 중 고온 조건을 피하여 관리한다.
③ 버섯이 많이 발생한 경우에는 휴양기간이 더 필요하다.
④ 겨울철 휴양기간 중 눈과 비를 맞지 않게 하여 원목을 건조하게 관리한다.

[해설]
겨울철 휴양기간에도 원목이 건조되지 않도록 수분관리 필요함

정답 ④

60

버섯 수확 후의 신선도와 품질을 변화시키는 내적 요인이 아닌 것은?

① 길항작용   ② 증산작용
③ 산화작용   ④ 호흡작용

[해설]
길항작용은 외적인 요인과 반하는 작용

정답 ①

제4과목 버섯병충해

61

다음 설명에 해당하는 버섯파리는?

| 보기 |
- 환경 조건이 좋을 때는 유태생을 하여 증식속도가 매우 빠르다.
- 버섯의 대에 구멍을 만들지 못하며 대의 표면이나 갓의 밑부분에 육안으로 구별하기 어려운 정도의 구멍을 만들어 주름살에 침입을 한다.

① 세시드   ② 포리드
③ 시아리드   ④ 마이세토필

[해설]
- 세시드
  - 유충이 2mm, 오렌지색, 황색, 백색
  - 대의 표면이나 갓 부분에 육안으로 구별하기 어려운 작은 구멍을 만들며, 주름살에도 침입
  - 유태생이 가능하여 번식이 빠름

정답 ①

62

병재배 과정에서 버섯에 주로 발생하며 균사의 생장을 정지시키는 세균에 해당하는 병원체는?

① *Mucor* sp.
② *Bacilus* sp.
③ *Rhizopus* sp.
④ *Trichoderma* sp.

정답 ②

63

버섯파리 피해를 줄이기 위한 물리적 방제 방법이 아닌 것은?

① 버섯의 수확 주기를 단축한다.
② 버섯파리를 유인하는 끈끈이 트랩을 이용한다.
③ 문 및 환기창에 방충망을 설치하여 외부로부터 버섯파리의 유입을 억제한다.
④ 재배사를 밀봉하고 생수증기를 주입하여 퇴비 내부 온도를 60~65℃로 올려 4~6시간 유지 후에 폐상한다.

정답 ①

64

버섯재배 중인 재배사에서 환경 조건에 대한 설명으로 옳지 않은 것은?

① 여름에 재배사를 환기하면 온도가 높아진다.
② 균상에 광이 균일하게 조사되면 온도와 이산화탄소 농도도 일정하게 유지된다.
③ 온도가 상승하면 배지 내의 균사와 자실체의 호흡 증가로 재배사 내의 탄산가스의 농도는 높아진다.
④ 온도가 상승하면 습도는 하락하고, 버섯배지 및 버섯에서는 증발량이 증가되어 배지 및 자실체 수분 함량이 감소된다.

해설
버섯은 엽록체가 없어 광합성을 못함. 광조사는 온도와 이산화탄소 농도와 관련 적음

정답 ②

65

큰느타리버섯 수확 후 배지를 사료화하기 위한 방법으로 가장 부적합한 것은?

① 수분 함량 조절을 위한 부형제를 사용한다.
② 오염된 병이나 조각난 플라스틱 등 이물질을 제거한다.
③ 톱밥 함량이 높은 배지는 선별하여 사용하지 않는다.
④ *Bacillus*속 생균제를 접종하고 상온에 노출되지 않도록 냉장실에서 보관하여 사용한다.

정답 ④

66

양송이버섯 괴균병 방제 방법이 아닌 것은?

① 균사 생장 시 퇴비 재발열이 일어나도록 관리한다.
② 폐상 시 재배사의 퇴비가 있는 상태에서 밀폐하고 열로 살균 소독한다.
③ 재배사 주위 및 퇴적장 등을 콘크리트 포장을 하고, 주변을 정기적으로 소독한다.
④ 종균재식 후 퇴비 온도를 25℃로 유지하고, 특히 균사 활착열에 의하여 퇴비 온도가 상승하는 10일 내외의 온도 상승을 억제한다.

해설
괴균병은 퇴비 배지량이 많고 재배사 온도가 높을 때와 복토 소독을 하지 않고 사용할 때 많이 발생하므로, 종균 접종 후 28℃ 이하로 유지하여 퇴비가 재발열되지 않도록 관리하고 복토는 80~90℃에서 1시간 이상 증기 소독을 실시함

정답 ①

67
큰느타리버섯에서 발생하는 세균성무름병의 원인균은?

① *Pantoea* sp.　　② *Hypoxylon* sp.
③ *Aspegillus* sp.　　④ *Penicillium* sp.

[해설]
큰느타리의 세균성 무름병균은 *Pantoea* sp.

[정답] ①

68
양송이버섯 균상재배에서 수확 후 배지가 가축사료로 사용하기 어려운 이유가 아닌 것은?

① 곰팡이에 오염되기 때문에
② 재배 과정 중에 복토하기 때문에
③ 종균 접종 전에 후발효하기 때문에
④ 2차 오염으로 인하여 발생되는 균독성 때문에

[정답] ③

69
버섯 병이 발생할 수 있는 환경요인에 대한 설명으로 옳지 않은 것은?

① 공기 중에는 각종 곰팡이의 포자가 존재한다.
② 저수통에 있는 물은 주로 곰팡이에 오염된다.
③ 폐상퇴비에는 수만 개의 *Trichoderma* 포자가 존재한다.
④ 재배사 내의 토양은 병원균 생존에 필요한 영양원을 공급할 수 있다.

[해설]
물과 관련된 오염은 주로 세균류임

[정답] ②

70
폐기물관리법에 의한 폐기물 처리시설 외의 장소에서 폐기물 처리에 대한 설명으로 옳지 않은 것은?

① 왕겨나 음식물류를 자신의 농경지에 퇴비로 사용한다.
② 산지 개간으로 발생한 나무 및 줄기 등은 노천에서 태운다.
③ 폐기물을 부숙하여 법령에서 정하는 규모 미만의 시설에서 재활용한다.
④ 제초작업으로 발생한 초본류를 제초한 곳에서 주변지역의 환경오염 없이 풋거름으로 재활용한다.

[정답] ②

71
버섯의 생리장애 여부를 진단하기 위하여 가장 간단하고 최우선으로 하는 방법은?

① 배지의 C/N율을 확인한다.
② 종균의 불량 여부를 확인한다.
③ 재배사 외부의 기상 조건을 확인한다.
④ 재배 과정에서 기록한 환경 관련 내용을 점검한다.

[해설]
생리장해 원인 분석을 위해 검토해야 하는 자료
배지의 수분 함량, 배지 재료의 조성, 문제 배지 일일 입병량, 물의 조성, 병당 배지 건물량, 배양실 환경(온도와 습도), 균긁기 상태, 외부 기상 조건 등에 대한 기록

[정답] ④

72
다음 설명에 해당하는 생리장애 증상의 예방방법으로 가장 적합한 것은?

| 보기 |

큰느타리버섯 톱밥배지 재배 시 갓은 없거나 아주 작은 갓을 형성하게 되며, 생장 속도가 느리다.

① 배지의 톱밥 함량을 줄인다.
② 배지의 톱밥 함량을 늘린다.
③ 배지의 수분 함량을 줄인다.
④ 배지의 수분 함량을 늘린다.

해설
위 설명은 수분 부족으로 인한 생리장애 증상임

정답 ④

73
버섯생육 중 재배사에서 버섯의 갓 크기가 작아지고, 대가 가늘고 길어지는 증상을 방지하기 위한 대책으로 가장 적합한 것은?

① 광을 억제시킨다.
② 습도와 온도를 높인다.
③ 배지 수분 함량을 62% 정도로 유지한다.
④ 환기량을 늘리고 탄산가스의 농도를 낮춘다.

해설
이산화탄소 농도가 높으면 갓의 발달이 안 되고 대가 길어지는 현상이 발생됨

정답 ④

74
버섯 병의 발생에 관여하는 3대 요소가 아닌 것은?

① 재배 환경
② 병의 증상
③ 버섯균의 상태
④ 병원균의 존재

해설
• 병 발생 3대 요인: 환경, 병원, 기주

정답 ②

75
다음 ( ) 안에 들어갈 단어로 올바른 것은?

| 보기 |

표고버섯 원목재배 시 원목을 가해하는 털두꺼비하늘소의 (   )은/는 원목 수피의 내부층과 목질부의 표피층에 서식하면서 균사의 활력을 저해하고 잡균의 발생을 조장한다.

① 알
② 성충
③ 유충
④ 번데기

해설
털두꺼비하늘소 유충은 안쪽의 수피를 불규칙하게 식해(食害)하는데, 표고 균사가 신장된 부분은 식해하지 않음

정답 ③

76
느타리버섯 세균성갈반병 방제 방법으로 옳지 않은 것은?

① 저수조를 정기적으로 세척하고 소독한다.
② 각종 병원균을 전파하는 매개체인 버섯파리와 응애를 철저히 방제한다.
③ 수확이 끝나면 균상에 관수를 충분히 하고 버섯 발생 시 생육을 빠르게 하기 위하여 충분한 관수를 한다.
④ 재배사의 단열을 보완하여 밤낮의 온도편차를 줄이고 재배사 벽면, 버섯균상에 물방울이 생기지 않도록 한다.

[해설]
생육 시 관수는 병 발생을 초래하기도 함

[정답] ③

77
표고버섯 톱밥재배에서 버섯파리가 발생하기 가장 좋은 조건은?

① 버섯발생실의 온도가 낮아질 때
② 버섯발생실의 온도가 높아질 때
③ 버섯발생실의 이산화탄소 농도가 높아질 때
④ 버섯발생실의 이산화탄소 농도가 낮아질 때

[정답] ②

78
버섯 병을 진단하는 방법으로 가장 부적합한 것은?

① 육안 검사
② 촉감 검사
③ 병원에 의한 진단
④ 병징과 표징에 의한 진단

[정답] ②

79
해충에 의한 피해에 해당하지 않는 것은?

① 자실체 훼손   ② 삿갓병 유발
③ 원기 형성 파괴   ④ 균사 생장 억제

[해설]
삿갓병은 양송이에 발생하는 생리장해 중 하나임

[정답] ②

80
버섯을 가해하는 해충 중에서 분류학적으로 곤충에 해당되지 않는 것은?

① 응애   ② 곡식좀나방
③ 회색톡톡이   ④ 큰무늬버섯벌레

[해설]
응애는 거미강에 속하는 절지동물임

[정답] ①

CHAPTER 07 버섯산업기사 빈출유형2

제1과목 버섯종균

01
표고버섯재배 시 주로 사용하지 않는 종균은?

① 액체종균   ② 톱밥종균
③ 퇴비종균   ④ 성형종균

해설
표고버섯재배에 사용되는 종균의 종류

종균 종류	버섯
액체종균	표고톱밥 봉지재배
톱밥종균	표고톱밥 봉지재배, 원목재배
성형종균	원목재배
퇴비종균	풀버섯 등

정답 ③

02
한천을 첨가하지 않은 버섯배지는?

① 평판배지   ② 사면배지
③ 액체배지   ④ 고체배지

해설
한천(agar)은 고체용 배지를 만드는 시약으로 액체배지 제조에는 사용치 않음

정답 ③

03
종균을 제조하는 데 오래된 미강을 사용하는 경우 pH가 낮아지는 주요 요인은?

① 유기산 생성   ② 유기염 생성
③ 공극률 감소   ④ 수분 흡수율

해설
미강은 장기간 저장하거나 고온 보관 시 함유하고 있는 지방 성분의 산패와 같은 변질로 유기산 등이 생성되면서 pH가 낮아짐

정답 ①

04
일반적인 종균의 저장 온도로 가장 적합한 것은?

① −10~0℃   ② 1~10℃
③ 10~20℃   ④ 20~30℃

해설
종균은 배양 후 2~5℃ 정도의 저온 단기간 저장을 한다. 다만, 고온성 버섯인 풀버섯, 분홍느타리 등은 10℃ 이상에서 보관해야 함

정답 ②

05

느타리버섯 우량품종을 육성하고자 할 때 고려사항으로 거리가 먼 것은?

① 수량이 많을 것
② 포자가 많을 것
③ 이병성이 낮을 것
④ 균사 세력이 좋을 것

해설

> 🔒 **포인트** 우량품종 육성을 위한 고려사항
>
> 1. 빠른 생장력: 균사의 세력이 강하고 빠른 것
> 2. 배지 적응성: 여러 가지 배지 재료에서도 동일한 수량을 얻을 수 있는 것
> 3. 짧은 생활 주기형
> 4. 다수성: 수량이 많은 것
> 5. 고품질: 품질이 우수한 것(자실체의 형태, 경도, 색깔, 향, 저장성 등)
> 6. 내병성: 여러 가지 병에 강한 것
> 7. 내충성: 여러 해충에 강한 것
> 8. 내재해성: 열악한 환경에서도 강한 것
> 9. 온도 적응성: 광범위한 온도에서도 잘 적응하는 것(저온성, 고온성 등)
> 10. 무포자성: 포자가 적거나 없는 것
> 11. 기능성 성분: 이용할 수 있는 좋은 기능성 물질을 가진 것

정답 ②

06

우량 톱밥종균의 선별 방법으로 옳지 않은 것은?

① 저장기간이 오래된 숙성된 종균을 사용한다.
② 접종 전 종균 품질표시 및 배양 상태를 확인한다.
③ 종균에 초록색, 흑색, 붉은색 등의 잡균에 의한 반점이 없어야 한다.
④ 배지 전체에 백색의 가는 버섯 균사가 완전하게 덮여 있어야 한다.

해설

종균의 저장 기간이 길수록 버섯균은 노화되어 활력이 떨어져 버섯 생산에 문제를 일으킬 수 있음

정답 ①

07

버섯의 품종을 보호받을 수 있는 요건에 해당되지 않는 것은?

① 신규성   ② 구별성
③ 안전성   ④ 균일성

해설

> 🔒 **포인트** 신품종 품종보호의 요건
>
> ① 신규성, ② 구별성, ③ 균일성, ④ 안정성, ⑤ 품종의 명칭

정답 ③

08

버섯 균주의 보존방법에 대한 설명으로 옳지 않은 것은?

① 광유보존은 액체파라핀 또는 의료용 파라핀을 사용한다.
② 냉동고보존은 동결보호제를 사용하지 않고 생육배지 상태로 장기 보존한다.
③ 계대배양은 감자한천배지, 효모추출배지, 맥아배지 등의 배지를 사용한다.
④ 액체질소보존의 동결보호제는 10% 글리세롤 또는 5~10% DMSO를 사용한다.

해설
균주의 냉동보관 시 균주 세포의 결빙으로 인한 손상 방지를 위해 글리세롤, DMSO와 같은 동해방지제를 이용함

정답 ②

09

버섯 종자업의 등록 및 관리에 대한 설명으로 옳은 것은?

① 버섯 종자업은 농림수산부 장관에게 등록한다.
② 느타리버섯 단일품목 취급 시에도 종자관리사를 두어야 한다.
③ 등록 이후 신청 당시의 사항을 변경하는 경우 60일 이내 관계당국에 통지한다.
④ 종자를 가공 또는 재포장하여 판매하는 경우에는 버섯 종자업 등록을 하지 않아도 된다.

해설
• 종자업을 하려는 자는 대통령령으로 정하는 시설을 갖추어 시장·군수·구청장에게 등록하여야 함
• 변경사항은 30일 이내 통보

정답 ②

10

버섯의 생식에 대한 설명으로 옳지 않은 것은?

① 느타리버섯의 담자포자는 4극성이다.
② 팽이버섯은 균사가 노화되면 분열자를 형성하기도 한다.
③ 양송이버섯은 2차 자웅동주균이라 모든 담자포자는 핵을 2개씩 가지고 있다.
④ 풀버섯의 균사는 꺽쇠연결체가 없는 경우에도 버섯 자실체가 발생할 수 있다.

해설
양송이의 담자포자에는 단핵부터 다핵까지 다양하게 핵이 존재함

정답 ③

11

현미경을 사용하여 버섯의 교잡 유무를 확인하는 과정으로 옳지 않은 것은?

① 알코올램프를 켜서 주위를 소독한다.
② 균사 끝에서 시작하여 중심으로 진행하며 관찰한다.
③ 슬라이드 글라스에 물방울을 떨어뜨리고 소량의 균사를 올려 잘 펴준다.
④ 슬라이드 글라스를 재물대에 올리고 고배율에서 저배율로 맞추어 관찰한다.

해설
현미경 관찰은 대물렌즈을 저배율에서 고배율로 조정하여 관찰한다.

정답 ④

12
톱밥종균을 주로 사용하는 버섯이 아닌 것은?

① 표고버섯　　② 영지버섯
③ 양송이버섯　④ 느타리버섯

[해설]
양송이버섯은 곡립종균을 사용함

[정답] ③

13
곡립종균 제조 과정으로 옳지 않은 것은?

① pH 조절을 위해 탄산석회를 석고 양의 10% 정도 첨가한다.
② 밀, 호밀, 옥수수 등 곡류는 변질되지 않고 찰기가 적은 것이 좋다.
③ 입병량은 1,000mL 병에 454g 정도를 넣으며, 용적량은 750~800mL 정도이다.
④ 곡립의 결착을 방지하고 물리적 성질을 개선하기 위해 석고를 배지 무게의 0.6~2.0%를 첨가한다.

[해설]
탄산칼슘($CaCO_3$, 탄산석회)은 배지의 산도(pH) 조절을 위해 석고 첨가량의 1/2만큼 첨가함
[예] 석고 첨가량이 6g이면, 탄산칼슘은 첨가량은 3g

[정답] ①

14
버섯 조직분리에 대한 설명으로 옳은 것은?

① 자실체에서 조직분리한 균은 유전적으로 모균주와 같다.
② 버섯은 완전히 성숙한 버섯에서 조직분리하는 것이 좋다.
③ 버섯을 조직분리할 때 접종할 배지에 항생제 처리를 할 수 없다.
④ 양송이버섯은 갓의 선단 부분이 생장점이라 알코올로 소독 후 선단 부분을 조직분리하는 것이 좋다.

[해설]
어리고 신선한 자실체에서 조직분리하는 것이 좋으며, 모균주와 유전적으로 동일하며, 세균 오염 등을 방지하고자 항생제 배지를 사용함

[정답] ①

15
버섯균 활력조사에서 균사체 건물중 조사에 주로 사용하는 배지는?

① 샤레 한천배지
② 톱밥 칼럼배지
③ 시험관 사면배지
④ 삼각플라스크 액체배지

[해설]
균사체의 건물중은 액체배양 후 조사함

[정답] ④

16
양송이버섯 육종 시 포자분리법을 주로 사용하는 이유는?

① 양송이버섯은 자웅이주이다.
② 양송이버섯의 일핵포자는 임성을 가지고 있다.
③ 양송이버섯의 담자포자는 대부분 1개의 핵을 가지고 있다.
④ 양송이버섯의 균사융합을 확인할 수 있는 뚜렷한 표지가 없다.

[해설]
양송이버섯은 자웅동주성이고, 대부분의 균사에 꺽쇠연결체를 형성치 않아 균사 교배로 교배체 확인이 어려움

[정답] ④

17
균주 보존방법 중 균주의 유전적인 특성 유지가 가장 뛰어나며 장기보존으로 가장 적합한 것은?

① 물보존 ② 저온보존
③ 광유보존 ④ 액체질소보존

[해설]
액체질소보존은 50년 이상 장기보존이 가능함

[정답] ④

18
종균 배양 중 배지 수분 함량이 적절할 때 유리수분이 생기는 원인이 아닌 것은?

① 배양실의 온도가 일정할 때
② 배양실의 온도변화가 심할 때
③ 배양 후 저장실로 바로 옮길 때
④ 배양실에 찬 공기가 곧바로 병에 유입될 때

[해설]
대부분의 유리수분은 변온(온도 차이)에 발생함

[정답] ①

19
표고버섯균 증식에 주로 사용하지 않는 배지는?

① YM배지 ② 하마다배지
③ 버섯완전배지 ④ 감자추출배지

[해설]
하마다배지는 송이와 같은 공생형 버섯 균사 생장에 이용됨

[정답] ②

20

버섯균 배양에 대한 설명으로 옳은 것은?

① 버섯균 배양에는 이산화탄소 농도가 높아야 한다.
② 버섯균 배양에 가장 큰 영향을 미치는 것은 빛이다.
③ 새로운 배지로 균을 옮기는 것을 균배양이라고 한다.
④ 생장온도보다 낮거나 높으면 균의 생장이 멈추거나 죽을 수 있다.

[해설]
- 버섯균 배양 시 이산화탄소 농도는 5,000ppm 이하로 유지하고, 광(빛)은 필요 없음
- 새로운 배지로 균을 옮기는 것을 계대배양이라 함

[정답] ④

22

다음 설명에 해당하는 장소는?

| 보기 |
- 버섯재배 전체 과정에서 가장 청결해야 한다.
- 완전한 무균 시설을 갖추어야 하며, 무균상이나 무균실이 필요하다.

① 배양실　　② 억제실
③ 접종실　　④ 생육실

[정답] ③

제2과목　버섯배지

21

병재배 버섯 종류별 배지의 최적 수분 함량과 가비중으로 옳은 것은?

① 팽이버섯의 최적 가비중은 $0.22 \sim 0.23 \text{g/cm}^3$이고, 수분 함량 $59 \sim 61\%$이다.
② 팽이버섯의 최적 가비중은 $0.15 \sim 0.21 \text{g/cm}^3$이고, 수분 함량 $64 \sim 66\%$이다.
③ 큰느타리버섯의 최적 가비중은 $0.20 \sim 0.21 \text{g/cm}^3$이고, 수분 함량 $66 \sim 68\%$이다.
④ 큰느타리버섯의 최적 가비중은 $0.17 \sim 0.19 \text{g/cm}^3$이고, 수분 함량 $56 \sim 58\%$이다.

[해설]
병재배 배지의 수분 함량은 $65 \sim 68\%$, 가비중은 0.22 이내

[정답] ③

23

느타리버섯 및 양송이버섯 균상재배 입상용 배지에 대한 설명으로 옳지 않은 것은?

① 느타리버섯의 경우 배지 재료로 폐면보다는 볏짚을 주로 사용한다.
② 느타리버섯의 경우 배지 재료가 폐면이면 야외 발효를 생략하기도 한다.
③ 양송이버섯의 경우 입상 전에 배지 재료의 물축이기, 퇴적과 뒤집기를 수회 반복하여 발효 과정을 거친다.
④ 볏짚을 야외에서 발효할 때 퇴비화 정도는 양송이버섯이 느타리버섯배지보다 더 진행된 것을 사용한다.

[정답] ①

24
배지 냉각실의 청결 관리에 대한 설명으로 옳지 않은 것은?

① 냉각실은 오염 방지를 위해 양압 상태를 유지한다.
② 외부공기는 냉각실의 헤파필터를 통과하여 내부로 유입되도록 한다.
③ 냉각실은 작업자가 없을 때 항상 자외선등을 켜 놓아야 한다.
④ 냉각실은 염소계 소독제 등을 이용하여 고온에서 정기적으로 소독해야 한다.

[해설]
냉각실은 오염방지를 위해 헤파필터를 통과한 공기를 유입시키며 양압을 유지해야 함

[정답] ④

25
신령버섯 균상재배용 퇴비배지의 구비 요건으로 옳지 않은 것은?

① 신령버섯 생장에 알맞은 영양분을 함유해야 한다.
② 신령버섯 생장을 저해하는 유해물질이 없어야 한다.
③ 신령버섯 생장에 알맞은 물리적 성질을 갖추어야 한다.
④ 신령버섯뿐만 아니라 다른 유익한 균도 같이 자랄 수 있어야 한다.

[정답] ④

26
큰느타리버섯의 균사 배양 관리방법으로 옳지 않은 것은?

① 배양실의 온도는 22℃ 내외로 유지한다.
② 배양실의 상대습도는 75~80% 정도로 유지한다.
③ 이산화탄소 농도는 2,000~3,000ppm 수준을 유지한다.
④ 안정적 버섯 발생 및 수확을 위하여 7~10일 정도 후숙배양 단계가 필요하다.

[해설]
배양실 내의 공중 습도는 65% 정도로 가습이 필요함

[정답] ②

27
양송이버섯 균상재배 시 곡립종균으로 접종할 때 가장 적정한 접종량(kg/m^2)은?

① 0.6~0.9   ② 1.2~1.5
③ 1.8~2.1   ④ 2.3~2.5

[정답] ①

28
살균 방법 및 살균기 작동 요령에 대한 설명으로 옳지 않은 것은?

① 고압살균의 경우 탈기 및 배기에 유의한다.
② 상압살균은 98~102℃에서 60~90분 동안 실시한다.
③ 살균 직후 반출 및 급냉 작업을 신속히 진행해야 한다.
④ 상압살균의 경우 내열성 미생물의 잔존에 유의해야 한다.

[해설]
상압살균은 95~98℃에서 4시간 이상을 유지해야 함

[정답] ②

29
접종실 관리 방법에 대한 설명으로 옳지 않은 것은?

① 크레졸비누액 등의 소독제를 이용한다.
② 접종실 온도는 연중 20℃ 내외로 유지한다.
③ 접종실의 상대습도를 높여 잡균 발생률을 낮춘다.
④ 바닥, 벽, 천장은 먼지가 나지 않는 재질로 설치한다.

[해설]
상대습도가 높을수록 잡균오염이 높아짐

[정답] ③

30
양송이버섯 균상재배용 퇴비배지 제조 시 후발효 작업에 대한 설명으로 옳지 않은 것은?

① 퇴비배지를 입상한 후에 실시한다.
② 60℃ 정도의 온도에서 발효를 종료한다.
③ 유기태 공급원으로 닭똥, 쌀겨, 깻묵 등을 사용한다.
④ 퇴비제조 시 병해충을 제거하기 위한 정열 과정을 거친다.

[해설]
입상 후, 문과 환기구를 밀폐하고 가온을 하여 실내와 배지의 온도를 60℃에서 6시간 유지시킴. 정열이 끝나면 퇴비온도를 55~58℃로 하여 1~2일, 50~55℃에서 2~3일, 48~50℃에서 1~2일 발효시킨 후, 45℃ 내외일 때 발효 종료

[정답] ②

31
느타리버섯 폐면배지 제조 및 재배 과정 순서로 옳은 것은?

① 재료선택→수분조절→살균→종균 접종→입상→후발효→균사 생장→버섯발생
② 재료선택→수분조절→후발효→입상→살균→종균 접종→균사 생장→버섯발생
③ 재료선택→수분조절→입상→살균→후발효→종균 접종→균사 생장→버섯발생
④ 재료선택→입상→살균→종균 접종→후발효→수분조절→균사 생장→버섯발생

[정답] ③

32
느타리버섯 병재배 재료 중 톱밥에 대한 설명으로 옳지 않은 것은?

① 톱밥의 주성분은 리그닌, 셀룰로오스와 같은 고분자 탄수화물이다.
② 톱밥은 버섯균에 의해 분해되어 포도당 등의 형태로 흡수된다.
③ 톱밥은 탄소원보다는 공극 등 물리성을 개선하는 충진재의 역할이 크다.
④ 병재배와 같이 재배 기간이 짧은 재배 방식의 경우 분해 흡수율이 비교적 높다.

해설
병재배의 경우, 단기간 재배로 미강과 같은 질소원 첨가로 영양원 흡수율을 높임

정답 ④

33
버섯재배용 병과 봉지에 대한 설명으로 옳지 않은 것은?

① 병재배에 사용하는 플라스틱 병은 견고하여 재사용이 가능하다.
② 봉지재배에 사용하는 비닐봉지는 재사용하는 것이 경제적이다.
③ 병재배는 플라스틱 병을 사용하고, 봉지재배는 내열성 비닐봉지를 사용한다.
④ 수축과 팽창이 용이해 봉지 내 배지의 공극 유지가 비교적 유리하다.

정답 ②

34
노화종균의 특징으로 옳지 않은 것은?

① 배지가 수축되어 있다.
② 종균병 바닥에 붉은색 물이 고여 있다.
③ 종균병 입구 부위에 버섯 원기가 형성되어 있다.
④ 균사가 고유의 색택 이외에 푸른색 또는 검정색을 나타낸다.

해설
균사가 고유 색택 이외의 색이면 오염종균으로 판단함

정답 ④

35
버섯재배에 사용되는 배지 재료에 대한 설명으로 옳지 않은 것은?

① 버섯배지 재료의 품질은 육안, 냄새, 감촉 등 관능검사만으로도 충분하다.
② 원목재배용 수종은 참나무류가 적합하고, 원목은 단단하고 껍질이 쉽게 벗겨지지 않아야 한다.
③ 일반적으로 병재배용 배지 재료의 크기는 1~3mm, 3~5mm, 5~7mm 정도가 동일한 비율로 섞인 것이 좋다.
④ 콘코브는 옥수수이삭 속을 톱밥처럼 절단한 것이며, 비트펄프 펠릿은 사탕무에서 설탕원액을 짜낸 후 펠릿으로 만들었다가 톱밥처럼 분쇄한 것이다.

해설
배지 재료 품질은 성분분석도 포함되어 관리해야 함

정답 ①

36
양송이버섯 균상재배 시 종균 접종 후부터 복토 전까지 관리 방법으로 옳지 않은 것은?

① 퇴비의 온도는 23~25℃ 정도로 유지한다.
② 종균 접종이 끝나면 종이 또는 비닐로 덮어 습도를 유지한다.
③ 접종 후 6~7일경부터 복토 시까지는 재배사의 온도를 25℃ 정도로 유지한다.
④ 퇴비배지가 너무 습한 경우에는 환기를 자주 하여 퇴비가 건조되도록 하고, 유해가스가 방출되도록 한다.

[해설]
접종 후 6~7일경에는 균사 활성이 높아 호흡열 등이 발생하므로 온도를 적온보다 낮게 관리해주어야 함

[정답] ③

37
양송이버섯재배용 퇴비배지의 발효 과정에 대한 설명으로 옳지 않은 것은?

① 발효에 관여하는 미생물은 혐기성 균에 속한다.
② 재료의 수분 함량은 70~75%로 조절하는 것이 알맞다.
③ 발효에 관여하는 미생물은 45~60℃에서 생육하는 고온성 미생물이다.
④ 발효가 원활히 일어나기 위해서는 아미노산, 포도당, 과당 등 영양분이 충분해야 한다.

[해설]
퇴비 발효미생물은 호기성균으로 발효 중 뒤집기 등으로 산소 공급과 온도조절을 해주어야 함

[정답] ①

38
다음 설명에 해당하는 표고버섯 원목재배용 수종은?

| 보기 |

- 재배자들이 강참나무라고도 하며, 참나무 원목 중에서 표고버섯 발생량이 가장 많다.
- 갓이 크고 살이 두꺼운 표고버섯이 발생한다.
- 25년생 이상이 되면 심재부가 많아지고 나무껍질이 두꺼워져 원목으로서 가치가 저하된다.

① 신갈나무   ② 졸참나무
③ 굴참나무   ④ 상수리나무

[정답] ④

39
느타리버섯 병재배용 배지 제조에 대한 설명으로 옳지 않은 것은?

① 배지의 수분 함량은 68~70%로 한다.
② 비트펄프와 면실박은 가장 나중에 넣는다.
③ 재배하려는 품종에 따라 재료의 종류와 혼합 비율이 다르다.
④ 수분 함량 조절은 3~4회에 걸쳐 실시하고, 교반 시간을 최소한 1시간 이상 유지한다.

[해설]
병재배 배지 제조 시 모든 재료가 잘 혼합되도록 혼합기를 돌린 후 수분 함량 조절을 해야 함

[정답] ②

40
살균 대상에 따른 살균 방법으로 옳지 않은 것은?

① 항생제는 화염살균한다.
② 액체배지는 습열살균한다.
③ 초자기구는 건열살균한다.
④ 클린벤치는 자외선으로 살균한다.

[해설]
항생제 등 열에 약한 액체류의 살균은 여과법을 이용함

[정답] ①

제3과목 | 버섯생육환경

41
양송이버섯의 수확 시기에 대한 설명으로 옳은 것은?

① 갓은 전개되고 포자가 비산하기 전에 수확한다.
② 갓은 전개되지 않고 포자가 비산한 후에 수확한다.
③ 갓 끝부분이 대에 붙어있거나 약간 벌어진 상태에서 수확한다.
④ 포자가 비산하여 갓 위에 쌓이고 갓 주변부의 색이 갈색이 되면 수확한다.

[정답] ③

42
표고버섯 수확 후 원목 관리 방법으로 옳지 않은 것은?

① 원목은 휴양기간 동안 15~25℃로 유지한다.
② 원목의 수확한 부위는 잔여물 없이 정리한다.
③ 휴양기간 동안 통풍을 충분히 하여 원목을 건조하게 둔다.
④ 원목의 침수사용 횟수가 많아질수록 휴양기간도 길게 해주어야 한다.

[해설]
휴양기에는 건조하지 않게 수분관리와 균사 활력을 위한 온도관리가 중요함

[정답] ③

43
버섯재배사에 대한 설명으로 옳지 않은 것은?

① 자동화 시설 재배사: 내외부의 온도 편차를 최소화하는 환경감지 센서를 이용한다.
② 원목재배용 하우스: 변온이 적고 실내 습도 조절이 가능하여 연중재배가 가능하다.
③ 균상재배용 하우스: 하우스 골조시설에 부직포와 단열재로 피복하여 온도를 관리한다.
④ 톱밥재배용 하우스: 균사 배양이나 자실체 발생 및 생육에 적당한 환경조건을 유지할 수 있는 공조시설이 필요하다.

[정답] ②

44

버섯재배시설의 화재 시 산소를 차단하여 연소가 지속될 수 없도록 하는 질식소화(희석소화) 방법을 올바르게 모두 나열한 것은?

| 보기 |

가. 가연물을 불연성 기체로 피복한다.
나. 공기를 차단하여 산소의 농도를 15% 이하로 유지한다.
다. 재배사를 밀폐한다.
라. 가연물을 불연성 고체로 덮는다.
마. 연소물을 냉각하여 착화 온도 이하로 조절한다.

① 가, 나, 다, 라
② 가, 나, 라, 마
③ 가, 다, 라, 마
④ 나, 다, 라, 마

[해설]
- **질식소화**: 산소농도를 15% 이하로 억제함으로써 화재를 소화
- **냉각소화**: 연소물을 냉각하여 소화하는 방법

정답 ①

45

산업안전보건법의 안전검사에 대한 설명이다. ( ) 안에 들어갈 내용으로 옳은 것은?

| 보기 |

유해하거나 위험한 기계, 기구, 설비를 사용하는 사업주는 (　　) 장관이 정하는 검사기준에 맞는지 안전검사를 받아야 한다.

① 환경부
② 고용노동부
③ 행정안전부
④ 산업통상자원부

정답 ②

46

건표고 향고 품질 중 '상' 등급에 대한 설명으로 옳지 않은 것은?

① 갓 전개율이 50% 이하인 것
② 갓 두께가 1.0cm 이상이 60% 이상인 것
③ 갓 모양이 원형, 타원형으로 40% 이상인 것
④ 갓 표면이 거북등 모양으로 균열이 40% 이상인 것

정답 ②

47

영지버섯 원목재배 시 생육 시기별 재배환경 관리에 대한 설명으로 옳지 않은 것은?

① 버섯 발생기에는 실내습도를 90~95%로 유지한다.
② 버섯 갓 형성기에는 실내습도를 70~80%로 유지한다.
③ 버섯 수확기에는 산란광으로 밝게 해주고 환기를 최소화한다.
④ 버섯 건조기에는 관수를 중단하고 실내습도를 30~40% 낮춘다.

정답 ③

48

건조 저장 방법으로 동결건조의 장점으로 옳지 않은 것은?

① 건조 비용이 적게 소요된다.
② 원물이 거의 변형되지 않아 외관이 양호하다.
③ 고가의 제품을 건조할 때에 적합한 방법이다.
④ 버섯의 영양가, 색깔, 향기, 맛의 변화가 거의 없다.

정답 ①

49
배양실 및 생육실에 외부로부터 신선한 공기를 흡수하고 배양 및 생육과정에서 발생하는 이산화탄소를 외부로 배출시키는 설비는?

① 탈병기　　② 냉난방기
③ 컨트롤 판넬　　④ 환기공조닥트

해설
재배시설의 공기 흐름은 환기공조닥트

정답 ④

50
버섯의 품온을 저하시켜 포장 후에 유통 및 판매 과정에서 선도유지가 가능한 예냉 방법으로 가장 부적합한 것은?

① 냉수냉각　　② 진공냉각
③ 강제통풍냉각　　④ 차압통풍냉각

해설
• 냉수냉각: 과실, 채소를 냉수에 담가 냉각하는 방법

정답 ①

51
버섯재배 기간 중 숙기 작업이 필요하지 않은 품목은?

① 큰느타리버섯
② 느티만가닥버섯
③ 톱밥 봉지재배 시 표고버섯
④ 배지의 배양 상태가 불량한 경우의 양송이버섯

정답 ②

52
재배사 주변 청결 관리에 대한 설명으로 옳지 않은 것은?

① 작업자의 위생관리나 재배사 주위의 소독을 철저히 시행해야 한다.
② 재배사 주변 토양 속에는 다양한 미생물 등이 서식하므로 청결하게 관리해야 한다.
③ 작업자가 재배사에 출입할 때 의복과 신발은 항상 소독된 상태에서 출입해야 한다.
④ 재배사 주변에 우거진 숲이 많으면 외부의 바람을 막아주어 외부에서 침입하는 잡균을 줄일 수 있다.

정답 ④

53
버섯 상품의 이력관리 및 저장 방법에 대한 설명으로 옳지 않은 것은?

① 버섯의 수확 시기를 정확히 기록하여 이력을 관리한다.
② 이력 관리를 통해 저장고 내 보관 버섯의 선입선출을 수행한다.
③ 오랫동안 저장할 경우 포장재에 작은 구멍을 내어 호흡을 용이하게 한다.
④ 수출용 버섯은 선적할 때까지 저온저장고에 보관하면서 별도의 관리를 받아야 한다.

정답 ③

54

큰느타리버섯 수확 시 저장에 가장 유리한 방법은?

① 약간의 배지와 함께 수확한다.
② 칼을 이용하여 대의 밑부분을 절단하여 수확한다.
③ 가위를 이용하여 대의 밑부분을 절단하여 수확한다.
④ 수확 시에는 자실체의 기부를 1~2cm 정도 남겨두고 수확한다.

정답 ①

55

버섯 종류 및 배지 특성에 대한 설명으로 옳은 것은?

① 느타리버섯은 병과 배지 사이의 공간에 균피막 형성이 팽이버섯에 비해 적다.
② 배지 제조 시 팽윤계수가 높은 재료를 많이 사용할수록 버섯의 생산량이 많고 품질이 좋아진다.
③ 부피비가 톱밥 50%, 비트펄프 30%, 면실박 20%로 제조한 배지는 팽이버섯과 큰느타리버섯재배에 최적화된 배지이다.
④ 부피비가 톱밥 50%, 비트펄프 30%, 면실박 20%로 제조한 배지는 버섯재배 과정에서 배지의 수축이 심하게 발생한다.

해설
느타리병재배에 532배지(톱밥 : 비트펄프 : 면실박=50 : 30 : 20)를 이용함. 느타리버섯 532배지의 단점이 배지 수축임

정답 ④

56

버섯재배용으로 사용되는 입병기에 대한 설명으로 옳지 않은 것은?

① 입병기에 부착된 병 이송 부분은 롤러형과 체인형 등이 있다.
② 시간당 10,000병 이상의 규모가 되면 턴테이블식을 선호한다.
③ 입병기의 종류로는 피스톤식, 스크루식, 턴테이블식, 블록식 등이 있다.
④ 입병기에 부착된 병 이송 부분은 롤러형보다 체인형 콘베이어가 작업속도가 늦다.

정답 ②

57

영지버섯 원목재배 시 버섯 발생 및 생육관리의 최적 온도는?

① 10~25℃   ② 15~20℃
③ 20~25℃   ④ 25~30℃

해설
영지는 고온성 버섯으로 균사부터 자실체 생장까지 25℃ 이상을 유지해 주어야 함

정답 ④

58
양송이버섯 균상재배에서 자실체 발생 조건으로 옳지 않은 것은?

① 습도는 90% 이상으로 유지한다.
② 충분한 관수와 저온 처리를 한다.
③ 20Lux 정도의 광조사가 필요하다.
④ 이산화탄소의 농도는 1,000ppm 내외가 되도록 한다.

[해설]
양송이버섯재배에서 광은 필요 없음

[정답] ③

59
버섯 저장고의 위생관리 방법으로 옳지 않은 것은?

① 저장고 소독은 월 2회 이상 실시하는 것이 좋다.
② 염소계 살균제를 물에 희석하여 저장고를 소독한다.
③ 저장고 바닥에 있는 이물질을 쓸어 담거나 진공청소기로 제거한다.
④ 저장고 바닥을 물로 충분히 세척하고 습도 유지를 위하여 바닥에 물이 적당히 고여 있도록 한다.

[해설]
저장고에 고인 수분은 세균 등의 오염 원인이 됨

[정답] ④

60
재배사의 보일러 관리 방법에 대한 설명으로 옳지 않은 것은?

① 저수위 연료차단장치는 정기적으로 작동 상태를 확인해야 한다.
② 연소실 내 잔류가스 배출을 위해 댐퍼의 개방 상태를 확인해야 한다.
③ 효율적이고 안전적인 관리를 위해 내부개방을 실시해서는 안 된다.
④ 운전 상태에서 이상 진동과 소음, 냄새 등이 날 때에는 즉시 기기가동을 중지시킨 후 점검한다.

[정답] ③

제4과목 | 버섯병충해

61
내열성 세균에 해당하는 것은?

① *Tuber*속   ② *Bacillus*속
③ *Penicillium*속 ④ *Agrobaterium*속

[해설]
*Bacillus*속은 아포를 형성하여 내열성을 가짐

[정답] ②

62
버섯을 가해하는 해충으로 환경이 좋을 때에는 유태생을 하는 것은?

① 포리드   ② 세시드
③ 시아리드 ④ 마이세토필

[정답] ②

63

느타리버섯 수확 후 배지를 사료화하는 과정에 대한 설명으로 옳은 것은?

① 가소화영양소 총량이 원물일 때 맥주박과 비슷하다.
② 톱밥, 비트펄프, 면실박이 포함되어 있어 사료로 재활용하는 것이 가장 효과적이다.
③ 비육우 사양시기에 따라 섬유질 배합사료에 45% 내외 정도로 배합하여 사용 가능하다.
④ 셀룰로오스 활성이 낮은 미생물을 가축사료 첨가용 생균제로 이용하는 것이 가장 적합하다.

정답 ①

64

수확 후 배지의 재활용에 대한 설명으로 옳은 것은?

① 재배양식에 관계없이 혼합하여 재활용하는 것이 효과적이다.
② 버섯배지로 재활용할 수확 후 배지는 비가림 시설 안에서 보관하는 것이 바람직하다.
③ 병재배 버섯 수확 후 배지는 펠렛으로 제작하여 연료화하는 것이 가장 경제적이다.
④ 표고버섯 톱밥재배의 수확 후 배지는 톱밥함량이 높은 편으로 열량이 목재와 거의 비슷하다.

해설
비가림시설에 보관하는 이유는 수확후배지의 건조와 비바람 등으로 인한 잡균오염 예방을 위한 것

정답 ②

65

버섯 병원균의 전염원이 될 수 없는 것은?

① 물
② 빛
③ 공기
④ 토양

정답 ②

66

버섯 생육과 온도에 대한 설명으로 옳은 것은?

① 같은 품목에서도 품종에 따라 적합 생육온도가 다를 수 있다.
② 병재배 시설에서는 일시적인 온도 상승과 저하가 문제되지 않는다.
③ 원목재배는 장기간 여러 차례 수확하므로 온도변화에 대처가 쉽다.
④ 간이재배사의 원목재배 및 균상재배는 계절에 따른 온도변화에 의한 생산성 변화가 심하지 않다.

해설
버섯은 온도변화에 민감하게 반응함

정답 ①

67

양송이버섯 수확 후 배지를 퇴비화하여 엽채류 등을 재배할 때 가장 문제가 되는 버섯은?

① 낙엽버섯
② 단추버섯
③ 구멍버섯
④ 먹물버섯

해설
먹물버섯은 성숙하면 자가분해하여 먹물과 같은 형태로 포자를 퍼트림

정답 ④

68
버섯 생육 시에 갓의 크기가 작고 대가 가늘고 길어지는 생리장애가 나타났을 경우 가장 적합한 조치 방법은?

① 생육실의 습도를 높인다.
② 생육실의 온도를 높인다.
③ 생육실의 광을 어둡게 한다.
④ 생육실의 환기량을 증가시킨다.

[해설]
산소 부족으로 인한 증상으로 환기량을 늘려야 함

정답 ④

69
느타리버섯 균상재배에서 응애 발생을 예방할 수 있는 방법으로 옳지 않은 것은?

① 균상 표면에 방제 약제를 살포한다.
② 배지 중에 잡균이 발생하지 않도록 양질의 배지를 제조한다.
③ 버섯재배 후 폐상 시에는 증기에 의한 열처리 작업을 실시한다.
④ 재배사 내에 가급적 외부인의 출입을 제한하고, 버섯파리를 방제한다.

[해설]
약제처리는 예방법이 아님

정답 ①

70
버섯에 피해를 주는 해충이 발생한 후에 실시하는 방제 방법으로 적절하지 않은 것은?

① 재배적 방제
② 물리적 방제
③ 화학적 방제
④ 생물학적 방제

정답 ③

71
버섯 병원균에 대하여 길항력이 있는 미생물을 이용하여 방제하는 방법은?

① 물리적 방제
② 화학적 방제
③ 경종적 방제
④ 생물학적 방제

정답 ④

72
양송이버섯에 발생하는 연부병에 대한 설명으로 옳지 않은 것은?

① 주로 물을 통하여 전염된다.
② 초기에는 연한 회색이며, 후기에는 붉은색이다.
③ 알칼리성에 강하고 50℃에서 30분간 열처리하면서 사멸된다.
④ 포자는 노란색으로 달걀 모양이며, 두 개 이상의 세포로 되어 있다.

정답 ①

73
다음 중 갈색부후균에 속하는 버섯은?

① 복령, 덕다리 버섯 ② 송이버섯
③ 표고버섯 ④ 느타리버섯

해설
- 갈색부후균: 복령이 대표적이며 나무가 갈색의 블록으로 분해됨

정답 ①

74
병재배 시 배지의 가비중이 균일해야 하는 이유로 가장 적합한 것은?

① 배지 살균을 균일하게 할 수 있다.
② 버섯 발생을 균일하게 할 수 있다.
③ 배지 수분 함량을 균일하게 조절할 수 있다.
④ 버섯 발생기간 장기화로 고품질의 버섯을 수확할 수 있다.

정답 ②

75
영지버섯재배 시 피해를 주는 치마버섯의 학명으로 옳은 것은?

① *Mesosa longipennis*
② *Moechotypa diphysis*
③ *Schizophyllum commune*
④ *Morophagoides moriotti*

해설
- 치마버섯: *Schizophyllum commune*

정답 ③

76
팽이버섯 흑색썩음병(흑부병)을 일으키는 병원균은?

① 진균 ② 세균
③ 바이러스 ④ 파이토플라즈마

해설
팽이버섯의 흑부병은 *Psudomonas* spp.의 세균에 의한 것으로 추정됨

정답 ②

77
병원성 세균의 특징에 대한 설명으로 옳은 것은?

① 세포벽에 키틴을 포함하고 있다.
② 영양체는 균사이며 포자로 번식한다.
③ 세포 내에 핵, 미토콘드리아, 액포 등이 있다.
④ 세포막이 없어 염색체가 세포질에 노출되어 있다.

정답 ④

78
다음 중 절지동물문 거미강 진드기아강에 속하는 것은?

① 선충 ② 응애
③ 톡토기 ④ 진딧물

해설
응애는 거미강에 속함

정답 ②

79
원목을 벌채하여 표고버섯 종균을 접종한 초기 골목에 주로 발생하는 해충은?

① 꽃무지 ② 사슴벌레
③ 곡식좀나방 ④ 가문비왕나무좀

해설
가문비왕나무좀

정답 ④

80
다음 해충 중에서 양송이버섯재배용 퇴비 배지의 pH를 측정하여 발생 여부를 파악하는 데 가장 용이한 것은?

① 지렁이 ② 흰개미
③ 선충류 ④ 민달팽이

정답 ③

버섯종균기능사 + 버섯산업기사

CHAPTER 01   버섯종균기능사 실기(작업형)

CHAPTER 02   버섯산업기사 실기(작업형)

PART 03

실기 한권 쏙

CHAPTER 01 버섯종균기능사 실기(작업형)

1 실험기구의 명칭

2 실험기구 사용법

(1) 메스실린더(눈금실린더) 사용법

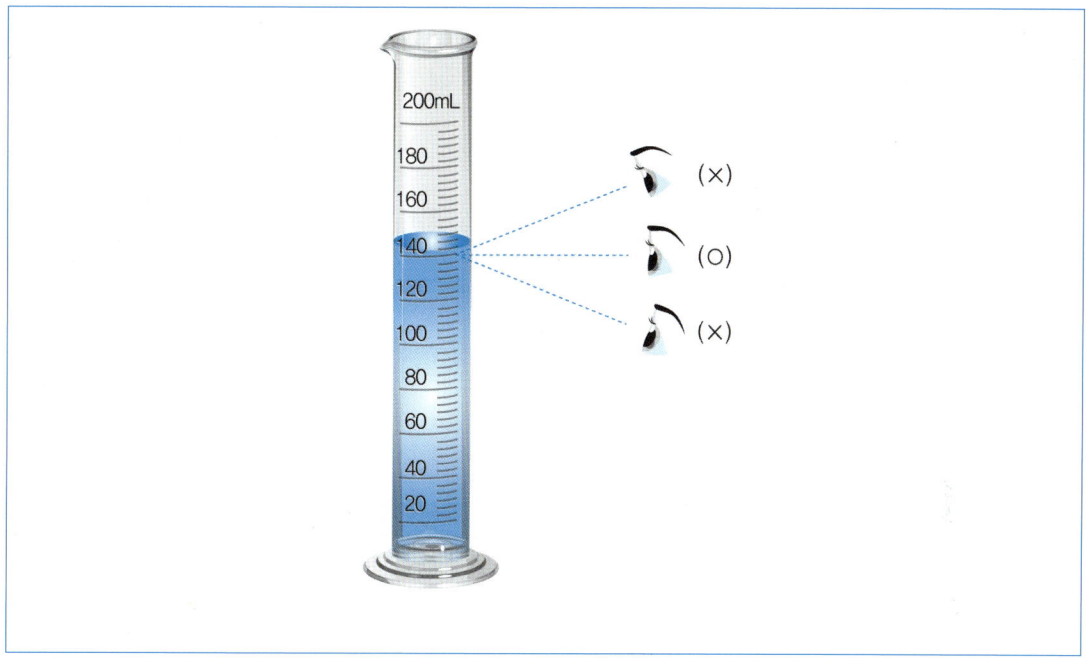

① 메스실린더는 평평한 곳에 두고, 물을 담는다.
② 측정은 눈금과 눈이 일직선이 되도록 하여 확인한다.

(2) 전자저울 사용법

① 저울의 수평 맞추기
② 영점 맞추기(측정용 용기 무게 제거): 측정하는 시료마다 영점 맞추기와 측정용 용기를 교체한다.
③ 시약 등의 무게 측정 후 정리

3 톱밥종균배지 제조

■ 톱밥종균배지 제조영상

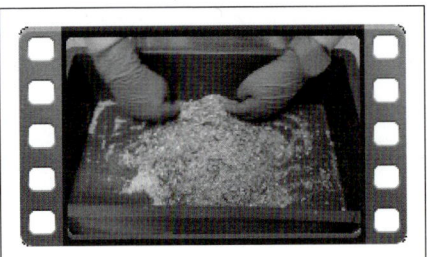

QR 스캔하여
동영상 확인

📖 준비물

톱밥, 미강, 물, 타공용 막대, 비커, 혼합용 용기, 배지 용기, 실리콘마개, 깔때기, 다지기용 막대, 위생장갑

(1) 재료 혼합
① 종균용 톱밥배지의 혼합 비율은 톱밥 : 미강＝4 : 1(부피비)로 한다.
② 혼합용 용기에 톱밥과 미강을 담아준다.
③ 수분 조절을 위해 물 투입 전, 톱밥과 미강을 고루 섞어준다.

(2) 수분 조절
① 종균용 톱밥배지의 적정 수분은 65% 정도이다.
② 물은 조금씩 투입하며 중간중간 수분 함량을 가늠해야 한다.
③ 손으로 제조 중인 배지를 한 움큼 주먹을 쥐어 물 맺힘으로 확인한다.

(3) 입병
배지 용기에 배지를 입병 시에는 투입 중간중간 다지기 작업을 해야 한다.

(4) 타공
① 배지 다지기 후, 배지 중앙 위치에 막대를 이용하여 구멍을 만든다.
② 배지 구멍 주위가 무너지지 않도록 단단하게 다진다.

(5) 마개 덮기 및 병 주변 정리
① 실리콘 마개를 하기 전, 병 외부와 입구 부분의 안쪽은 톱밥 등 배지를 깨끗하게 제거하고 닦아준다.
② 마개는 주름이 생기지 않도록 하고, 쉽게 빠지지 않도록 막는다.

4 곡립종균배지 제조

곡립종균배지 제조영상

QR 스캔하여
동영상 확인

준비물
통밀, 석고, 탄산칼슘, 저울, 혼합용 용기, 배지 용기, 위생장갑

(1) 재료 혼합

① 저울을 사용하여 통밀 454g을 측정하고, 혼합용 용기에 담는다.
② 석고는 통밀 무게의 0.6~2% 이내이고, 탄산칼슘의 양은 석고의 1/2 만큼 첨가한다.
　[예] 석고 양이 9g이면, 탄산칼슘은 4.5g이다.
③ 혼합용 용기에서 통밀, 석고, 탄산칼슘이 고루 섞이도록 충분히 혼합한다.

(2) 입병

① 병 용적의 70~80% 정도만 입병한다.
② 입병 후에는 병의 외부 및 입구를 깨끗이 정리하고 닦아낸다.

(3) 면전

① 실리콘 마개로 막아준다.
② 마개가 쉽게 빠지지 않도록 잘 막아야 한다.

5 물한천배지 제조

준비물
한천, 증류수, 전자저울, 시약수저, 유산지, 메스실린더

① 제조하려는 용량의 증류수를 메스실린더를 사용하여 측량하고, 비커에 담는다.
② 유산지를 저울에 올리고 영점을 맞춘다(전자저울 사용법 참조).
③ 증류수 양의 2%인 한천을 저울로 정확히 측량하여 증류수가 담겨져 있는 비커에 섞는다.
   예 100ml 물한천배지를 제조 시 한천의 양은 2g이다.
④ 한천을 가열하여 완전히 녹인다.

6 감자한천배지 제조

준비물
Potato Dextrose Broth, 한천, 증류수, 전자저울, 시약수저, 유산지, 메스실린더

① 제조하려는 용량의 증류수를 메스실린더를 사용하여 측량하고, 비커에 담는다.
② 유산지를 저울에 올리고 영점을 맞춘다(전자저울 사용법 참조).
③ 증류수 1L에 한천 20g과 PDB 24g을 저울로 정확히 측량하여 증류수가 담겨져 있는 비커에 섞는다.
   예 100ml 제조 시 한천의 양은 2g이고, PDB의 양은 2.4g이다.
④ 한천과 PDB를 가열하여 완전히 녹인다.

7 사면배지 제조

① 한천물배지와 감자한천배지를 피펫을 이용하여 시험관에 분주한다.
   참고 분주량은 시험관의 1/4이 넘지 않도록 한다.
② 시험관 입구를 깨끗하게 닦고, 실리콘마개를 주름이 생기지 않도록 막고, 살균한다.
③ 살균 후 배지가 굳기 전에 시험관을 사면이 되도록 기울여 굳힌다.
   참고 사면을 만들 때, 배지가 마개에 닿지 않도록 주의한다.

피펫필러(Pipette Fillers) 사용법	
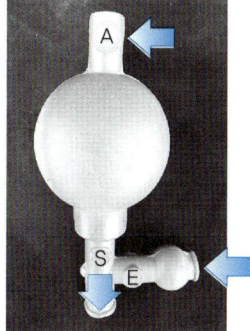	• A: 공 부분의 공기를 넣고 빼는 역할 • S: Pipette에 액체를 빨아올리는 역할 • E: Pipette의 액체를 빼내는 역할 • E 부분 옆의 둥근 부분: Pipette에 남아있는 액체를 빼내는 역할
	① A를 누르고 공의 공기를 빼낸다. ② S는 눌러서 피펫으로 액체를 계량한다. ③ E는 계량된 액체를 빼낸다. ④ S와 E를 적당히 누르며 원하는 양을 조절한다.

피펫펌프(Pipette Pump) 사용법	
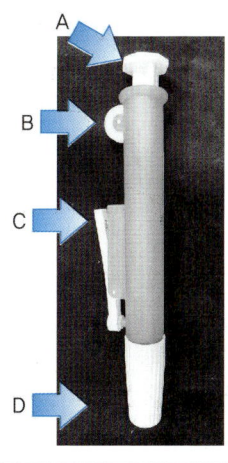	• A: 피스톤 막대 • B: 다이얼을 돌려 액체를 빨아올리는 역할 • C: Pipette의 액체를 빼내는 역할 • D: Pipette을 끼우는 부분

8 배지 재료(기능사 및 산업기사 중복) 부록 p.2

QR 스캔하여
부록 확인

참나무톱밥, 포플러톱밥, 미송톱밥, 콘코브, 비트펄프, 면실박, 면실피, 소맥피(밀기울), 대두박, 옥수수배아박, 대두피, 미강, 건비지, 탄산칼슘, 볏짚, 밀짚, 배지솜, 밀, 조

참나무톱밥	 미송톱밥	 포플러톱밥
 면실피	 면실박	 콘코브
 대두피	 대두박	 건비지

※ 대두박, 면실박과 같은 "~박"은 기름을 짜내고 남은 찌꺼기
※ 대두피, 면실피과 같은 "~피"는 그 식물 종자의 겉껍질

9 종균의 정상, 미숙, 노화, 오염 구분하기 부록 p.4

| 정상 | 미숙 | 노화 | 오염 |

CHAPTER 02 버섯산업기사 실기(작업형)

1 원목의 종류 부록 p.5

소나무

미루나무

상수리나무

굴참나무

낙엽송

2 배지재료의 종류(기능사 및 산업기사 중복) 부록 p.2

3 현미경 사용법

① 현미경을 안정적으로 설치한 후, 배율이 가장 낮은 대물렌즈를 재물대 위에 오게 한 다음, 빛(광원)의 세기 조절 나사를 조절하여 빛의 세기를 조절한다.
② 프레파라트를 재물대 위에 고정시켜 관찰할 부분이 대물렌즈의 바로 아래 오도록 조절한다.
③ 조동 나사를 이용하여 대물렌즈와 관찰할 물체가 가까워지도록 재물대를 올린다.
④ 접안렌즈의 간격을 관찰자의 눈 간격과 맞게 조절하고, 조동 나사로 재물대를 천천히 내리며 상을 찾는다.
⑤ 상을 찾은 후에는 미동 나사를 돌리면서 상이 뚜렷이 보이도록 초점을 맞춘다.
⑥ 관찰물의 초점이 맞춰지면 프레파라트를 상하좌우로 움직이면서 관찰한다.
⑦ 관찰하고자 하는 부분이 시야의 중심에 오도록 한 다음 순차적으로 높은 배율의 대물렌즈로 바꾸어 관찰한다.
⑧ 조리개를 조정하여 선명한 상을 얻도록 조정한다.

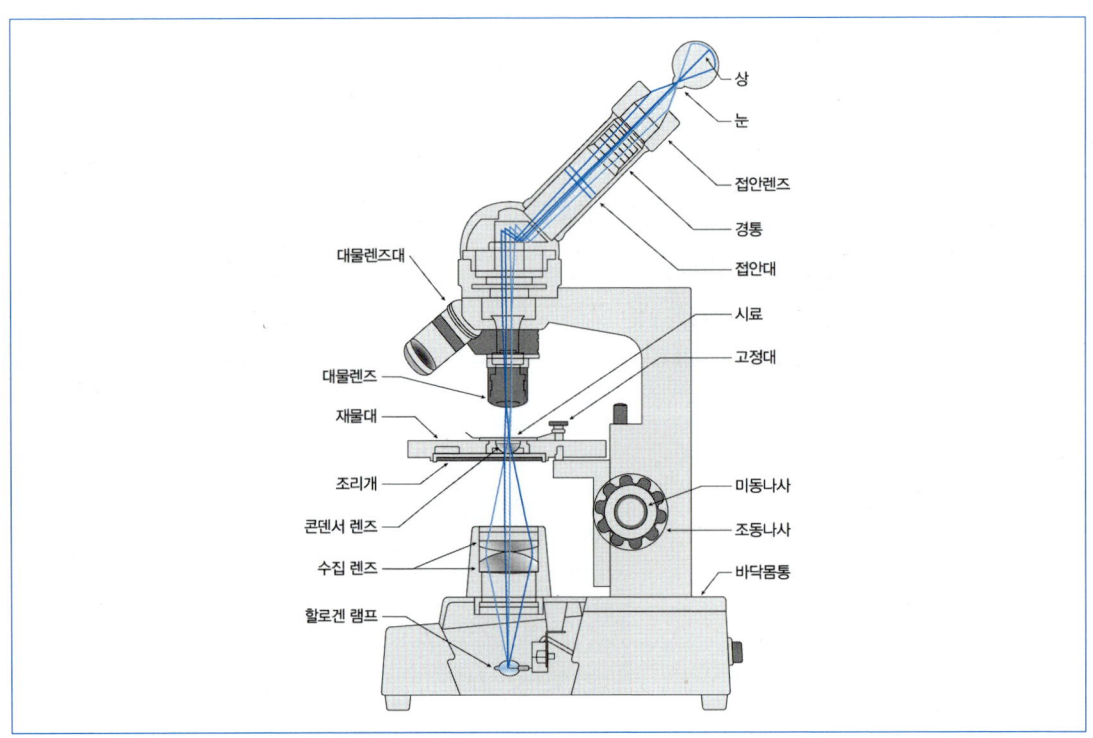

4 사진에 나타난 균사체의 꺽쇠연결체 개수 찾기

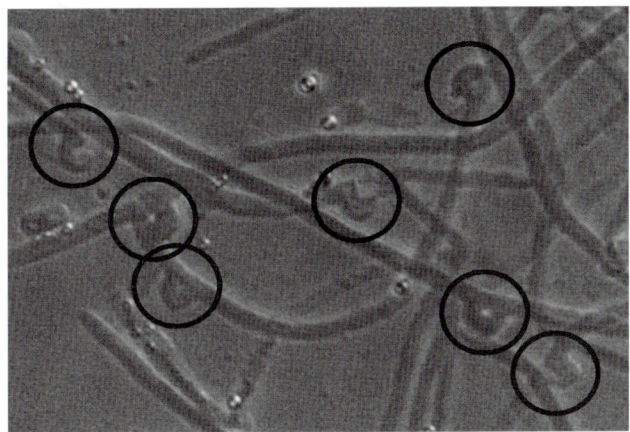

정답: 7개

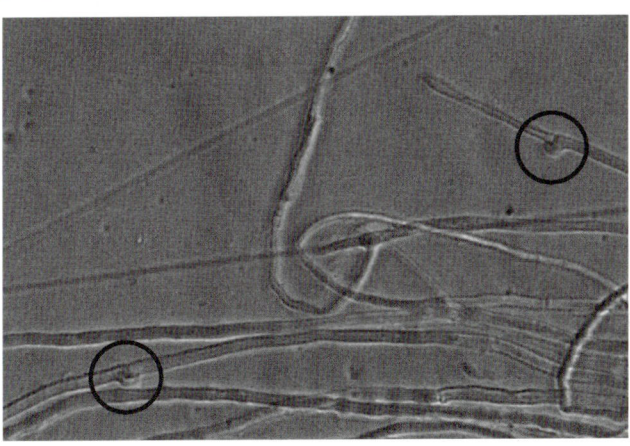

정답: 2개

5 감자한천배지 제조 및 분주

■ 감자한천배지 제조영상

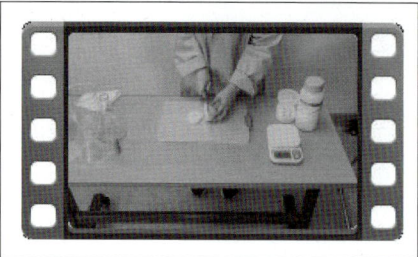

QR 스캔하여
동영상 확인

준비물

한천(Agar), 감자, 칼, 도마, 거즈, 깔때기, 증류수, 전자저울, 시약수저, 유산지, 메스실린더, 삼각플라스크, petri-dish

① 감자는 물 1ℓ에 200g을 일정한 크기로 깍둑썰기($1 \times 1cm^2$)하여 끓여준다.

> **참고** 전자레인지 사용 시 2분 내외 작동

② 끓인 물을 거즈와 깔때기를 활용하여 여과하고, 메스실린더로 물 용량을 측량하고, 1ℓ가 안 되는 경우에는 증류수를 추가하여 준비한다.

③ 살균 용기(삼각플라스크 등)에 감자추출물 1ℓ에 Dextrose 20g, 한천(Agar) 20g을 첨가하고 잘 섞어준다.

전자저울 사용법

❶ 저울의 수평 맞추기
❷ 전원 On - 시약 접시 - 영점 맞추기(용기 무게 제거)
❸ 시약 무게 측정 후 정리 - 전원 Off

---

④ 고압살균

고압살균기(Autoclave) 사용법

❶ Autoclave 내외부의 청결 상태, 내부의 열선 및 센서 파손 여부 확인
❷ 전원 및 배기 및 배수 밸브 작동 확인
❸ 살균조건 설정
  • 일반적인 실험실 조건: 121℃, 1.1kg/cm^2(1.2~1.5기압), 20분
  • 톱밥배지 등 살균 조건: 121℃, 1.1kg/cm^2(1.2~1.5기압), 90분
❹ 살균 후, 자연 배기하여 기압이 "0" 이고, 온도가 100℃ 이하가 되기 전까지는 살균기를 열지 않음

---

⑤ 분주

• 살균된 배지는 60~70℃ 정도까지 식히고, 내용물을 잘 혼합해 준 후 분주
• ø90 petri dish에 분주량은 보통 15~20ml 정도로 하고, 굳지 않도록 빠르게 분주

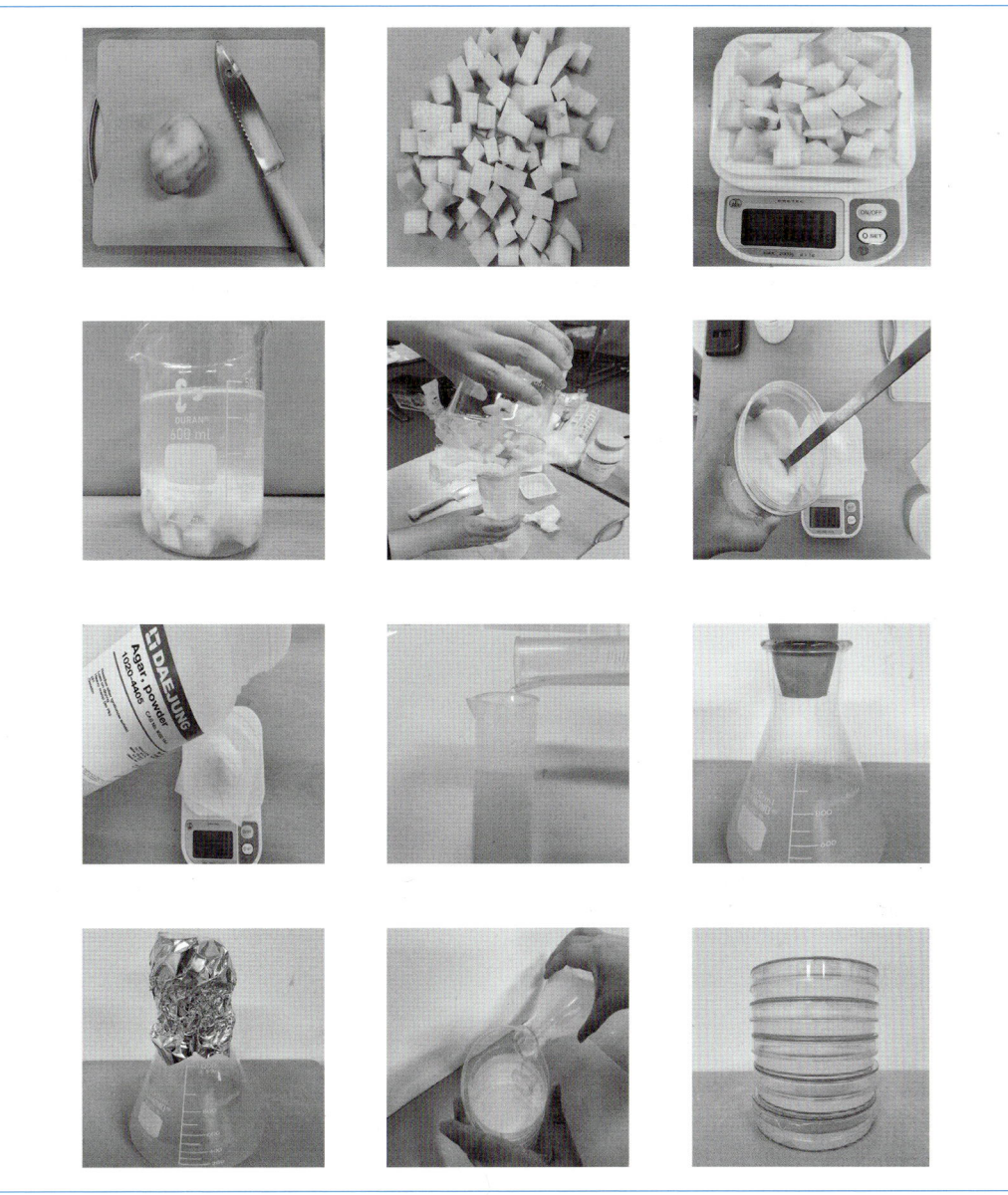

6 보존균주 제조

무균상(Clean bench) 사용법
❶ 무균상 내부에 실험에 사용할 petri dish 등 실험도구 준비
❷ 무균상 사용 전에는 70% 알코올로 내부를 닦고, fan을 작동시키고, UV 램프를 점등하여 소독
❸ 사용 전에는 꼭 UV 점등 유무를 확인하고, 소등 후 형광등 점등
❹ 실험자도 70% 알코올로 소독 후 실험을 수행해야 함
❺ 배지분주나 접종 등 실험 후 사용 도구 정리 및 내부 청소
❻ fan을 작동시키고, UV 램프를 점등하여 소독

7 주어진 재료를 사용하여 클린벤치 사용 수칙을 준수하여 균주 보존 과정을 수행하시오. (20분)

(1) 냉동 보존을 위한 작업을 수행하시오.

■ 저온 냉동 보존

QR 스캔하여
동영상 확인

📖 **준비물**
Cryo tube, 마이크로피펫, tip, 멸균증류수, Glycerol, 코르크보러, 백금구, 보존할 균주

❶ 10~20% glycerol 용액을 cryo tube에 1ml 분주한다.
  [예] 10% glycerol 용액 1ml 제조 방법: cryotube에 증류수 0.9ml(900㎕)와 glycerol 0.1ml(100㎕)를 넣고 섞어준다.
❷ 보존할 균주를 코르크보러를 이용하여 일정한 크기의 조각으로 만든다.
❸ 백금구를 이용하여 10% glycerol 용액이 든 cryo tube에 3~5조각을 넣는다.

(2) 저온(4°C 정도) 보존을 하기 위한 작업을 수행하시오. (예시)